中国焊接协会指定教材
焊接机器人系列教材第五册
现代焊接技术与应用培训教程

焊接机器人操作编程及应用

主编　刘　伟　李　飞　姚鹤鸣
参编　胡煌辉　郭广磊　关　强　李金铎
主审　戴建树　杜志忠

机械工业出版社

本书以焊接机器人的系统构成、操作方法和编程指令为主线，介绍了具有代表性、市场占有率较大的5种品牌机器人的操作及应用。本书分为6个部分，先简单介绍了机器人的基础知识，随后分别列举了ABB、安川、FANUC、KUKA、OTC五种焊接机器人的编程操作方法。本书突出实用性，循序渐进，理论联系实际，并配备了精彩视频供读者参考。

本书可作为焊接机器人技能培训教程，也可作为职业技术院校焊接及相关专业的教材，还可作为专业技术人员的参考资料。

图书在版编目（CIP）数据

焊接机器人操作编程及应用/刘伟，李飞，姚鹤鸣主编. —北京：机械工业出版社，2016.10（2025.1重印）

现代焊接技术与应用培训教程

ISBN 978-7-111-55192-8

Ⅰ.①焊… Ⅱ.①刘…②李…③姚… Ⅲ.①焊接机器人-程序设计-技术培训-教材 Ⅳ.①TP242.2

中国版本图书馆CIP数据核字（2016）第249465号

机械工业出版社（北京市百万庄大街22号 邮政编码100037）

策划编辑：侯宪国 责任编辑：侯宪国

责任校对：杜雨霏 封面设计：张 静

责任印制：邓 博

北京盛通数码印刷有限公司印刷

2025年1月第1版第7次印刷

184mm×260mm · 19印张 · 460千字

标准书号：ISBN 978-7-111-55192-8

定价：49.80元

电话服务

客服电话：010-88361066

010-88379833

010-68326294

网络服务

机 工 官 网：www.cmpbook.com

机 工 官 博：weibo.com/cmp1952

金 书 网：www.golden-book.com

机工教育服务网：www.cmpedu.com

序

近年来，广州、佛山、中山等地相继出台政策，推进“机器人换工人”计划。珠三角地区的机器人革命是全国工业化转型的一个缩影，机器人作为自动化技术的集大成者，是“工业4.0”最主要的基础设施之一。作为世界第一制造业大国，我国正在向制造强国的目标进发。2015年5月，我国实施强国战略第一个十年的行动纲领《中国制造2025》出台，将高档数控机床和机器人技术纳入到我国大力推动的十大重点领域。据中国机器人产业联盟统计数据显示，2009—2014年，我国工业机器人销量平均年增速达到了58.9%。2014年，我国市场销售的机器人达到5.7万台，增长达51%，连续两年成为全球最大的机器人消费国。根据工信部的发展规划，到2020年，机器人装机量将达到100万台，大概需要20万机器人应用人员。这就意味着，从2015年开始到2020年，平均每年需要培养4万名左右的机器人应用人才，而焊接用机器人占全部机器人的45%以上，因此每年至少需新增焊接机器人操作员1.8万名。

反观我国的焊接技术人才现状，人们对传统手工焊接岗位的从业意愿逐年下降，焊接技术职业教育专业课程设置严重滞后，人才规格与培养目标与企业的实际需求不符，机器人应用人才缺乏。为此，中国焊接协会在各地陆续建立了15个机器人焊接培训基地，几年来，为企业输送了5000余名机器人焊接编程人员，缓解了企业在该岗位的人员紧缺局面。中国焊接协会机器人焊接（厦门）培训基地的刘伟老师主编出版的《焊接机器人基本操作及应用》《中厚板焊接机器人系统及传感技术应用》《焊接机器人离线编程及仿真系统应用》《点焊机器人系统及编程应用》四本机器人焊接系列教材，较为全面地概括了机器人编程及应用的相关知识，填补了国内机器人操作应用培训教材的不足。但由于该系列教材主要以松下机器人为范例，对于其他品牌机器人来说编程语言不同、操作方法各异，因此在普适性方面有一定的局限。为此，中国焊接协会机器人焊接（厦门）培训基地的刘伟老师以ABB、KUKA、FANUC、安川、OTC等市场占有率较高的弧焊机器人品牌为素材，编写了这本《焊接机器人编程操作及应用》，普适性较强，便于读者选学和比较。中国焊接协会机器人焊接培训基地的部分老师参与了本书的编审工作。希望通过这本焊接机器人培训教程的出版，进一步促进我国焊接机器人编程应用工作的普及和提高。

中国焊接协会副秘书长
吴九澎

前　言

近年以来，“工业 4.0”成为社会各界广泛热议的话题。在“工业 4.0”时代，人们可以通过应用信息通信技术和互联网将虚拟系统信息与物理系统相结合，进而完成各行各业的产业升级。机器人是工业 4.0 最主要的基础设施之一。目前，我国工业机器人密度仅为 30 台/万人，不足全球平均水平的一半，与工业自动化程度较高的韩国（437 台/万人）、日本（323 台/万人）和德国（282 台/万人）相比差距更大，今后的市场需求潜力巨大。

纵观机器人生产企业和市场占有率情况，目前国产焊接机器人（广数、华数、新松、埃夫特等）的市场占有率还较低，而日系（安川、松下、OTC、FANUC、神钢、不二越、川崎等）和欧系（德国 KUKA、CLOOS，瑞典 ABB，意大利 COMAU，奥地利 IGM 等）的机器人占有很大的市场。由于机器人品牌众多，编程语言不同，操作方法各异，而现有的机器人编程教材都是以某一种机器人品牌为范本，给教学工作带来很大困难，同时浪费了教学资源。为丰富机器人教学资源，总结焊接机器人教学规律与经验，推广机器人操作技术，普及机器人知识，特此编写本书。本书将企业应用中最具代表性、市场占有率较大的几种机器人品牌的编程和操作方法汇总在一起，便于操作者比较、理解、分析和掌握。

本书共 6 个部分，先简单介绍了机器人的基础知识，随后列举了 ABB、安川、FANUC、KUKA、OTC 五种焊接机器人的编程操作方法，具有较强的普适性和实用性。

本书由中国焊接协会机器人焊接（厦门）培训基地的刘伟老师，中国焊接协会机器人焊接（昆明）培训基地的李飞老师，欧地希机电（上海）有限公司的姚鹤鸣老师担任主编，刘伟老师统稿。同时，湖南智谷焊接技术培训有限公司的胡煌辉老师，厦门集美职校的郭广磊、关强老师也参与了编写工作。除此之外，中国焊接协会培训工作委员会的戴建树主任、厦门集美职校的杜志忠校长担任了本书的审核工作，并提出了宝贵的意见。

本书在编写过程中，还得到了中国焊接协会的大力支持，ABB、安川、FANUC、KUKA、OTC 机器人企业给予了素材方面的提供和帮助，在此一并表示衷心的感谢！

由于编者水平有限，书中难免有疏漏和错误之处，敬请读者提出宝贵意见！

全书 PPT 教学文档可扫描下面二维码下载。

编者

目　录

第1章　机器人基础知识

1.1　基本概念

1.1.1　工业机器人常用术语

1. 自由度（Degree of Freedom，DOF）

物体相对坐标系能够进行独立运动的数目称为自由度，对于自由刚体，具有6个自由度。自由度通常作为机器人的技术指标，反映机器人的灵活性，对于弧焊机器人一般应具有6个或以上的自由度 。

2. 位姿（Pose）

位姿指工具的位置和姿态。

3. 末端操作器（End Effector）

末端操作器位于机器人腕部末端，是直接执行工作要求的装置，如夹持器、焊枪、焊钳等。

4. 载荷（Payload）

载荷指机器人手腕部的最大负重，通常情况下弧焊机器人载荷为5~20kg，点焊机器人载荷为50~200kg。

5. 工作空间（Working Space）

工作空间是指机器人工作时，其腕轴交点能在空间活动的范围。

6. 重复位姿精度（Pose Repeatability）

在同一条件下，重复N次所测得的位姿一致的程度。

7. 轨迹重复精度（Path Repeatability）

沿同一轨迹跟随N次，所测得的轨迹之间的一致程度。

1.1.2　工业机器人运动控制

1. 机器人连杆参数及连杆坐标系变换

机器人手臂可以看作是一个开链式多连杆机构，始端连杆就是机器人的机座，末端连杆与工具相连，相邻连杆之间用一个关节连接在一起。

一个有6个自由度的机器人，由6个连杆和6个关节组成。编号时，机座称为连杆0，不包含在这6个连杆内，连杆1与机座由关节1相连，连杆2通过关节2与连杆1相连，以此类推，如图1-1所示。

下面通过两个关节轴及连杆的示意图，说明连杆参数和动作关系，如图1-2所示。

（1）连杆参数

1）连杆长度a_{i-1}：连杆两端轴线间的距离。

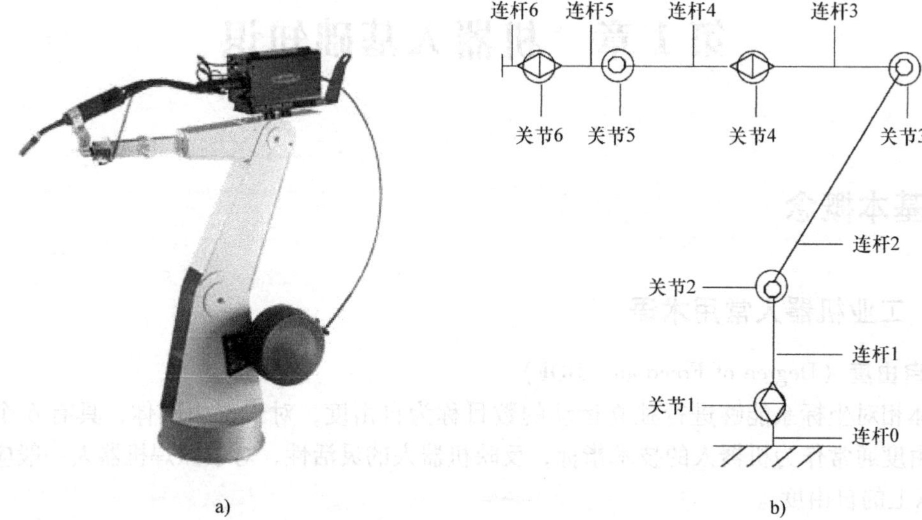

图 1-1　机器人手臂关节链

a）机器人手臂　b）关节链

2）连杆扭角 α_{i-1}：连杆两端轴线间的夹角，方向为从轴$_{i-1}$到轴$_i$。

（2）连杆连接参数

1）连杆之间的距离 d_i：a_i、a_{i-1}之间的距离。

2）关节角 θ_i：α_i、α_{i-1}之间的夹角，方向为从 a_{i-1} 到 a_i。

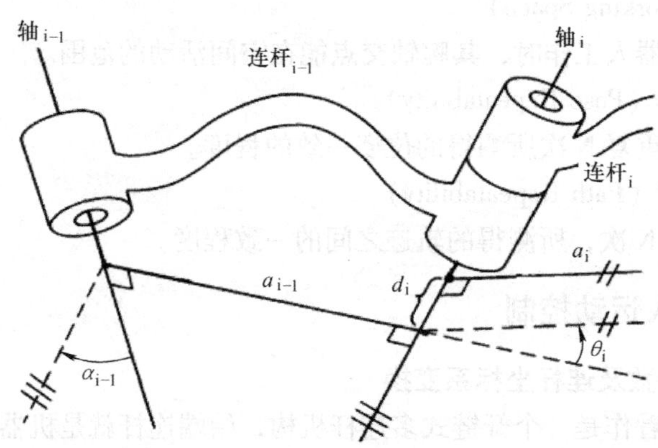

图 1-2　关节轴及连杆参数标识示意

2. 机器人运动学

机器人运动学主要包括两方面内容：

（1）运动学正运算　已知各关节角值，求工具在空间的位置和姿态。实际上这是建立运动学方程的过程。如果通过传感器（通常为绝对编码器）获得各关节变量的值，就可以确定机器人末端连杆上工具的位置和姿态。这样就解决了机器人的正运动学问题。

（2）运动学逆运算　已知工具的位姿，求各关节角值，这是求解运动学方程的问题。换句话说，机器人运动学方程，描述的是末端连杆（工具）相对于基坐标系之间的变换矩阵与关节变量之间的关系，是运动学方程求解的过程。

机器人运动学只限于对机器人相对于参考坐标系的位姿和运动问题的讨论，未涉及引起这些运动的力和力矩以及与机器人运动的关系。

3. 机器人动力学

机器人动力学主要研究机器人运动和受力之间的关系，目的是对机器人进行控制、优化设计和仿真。机器人动态性能不仅与运动学因素有关，还与机器人的结构形式、质量分布、执行机构的位置、传动装置等对动力学产生重要影响的因素有关。

1）机器人是一个复杂的动力学系统，在关节驱动力矩（驱动力）的作用下产生运动变化，或与外载荷取得力矩平衡。

2）机器人控制系统是多变量的、非线性的自动控制系统，也是动力学耦合系统，每一个控制任务本身就是一个动力学任务。

3）动力学的正、逆问题：①正问题是已知机器人各关节的作用力或力矩，求机器人各关节的位移、速度和加速度（即运动轨迹），主要用于机器人的仿真；②逆问题是已知机器人各关节的位移、速度和加速度，求解所需要的关节作用力或力矩，以便实现实时控制。

机器人动力学的实质，即求解机器人动态特性的运动方程式，一旦给定输入的力或力矩，就确定了系统的运动结果。

1.1.3　机器人关节驱动机构

1. 驱动电动机

电动机是机器人驱动系统中的执行元件。机器人常采用的电动机有：步进电动机、直流伺服电动机、交流伺服电动机。

（1）步进电动机　经常应用于开环控制系统，特点为具有较大的低速转矩，可不配减速器，直接驱动。主要分为三类：

1）永磁式步进电动机：转子由磁性材料制成，具有低力矩、低速度、低成本的特点，一般用于计算机外围设备（打印机、光驱等）。

2）变磁阻式步进电动机：没有磁性材料，不通电时，没有保持力矩，也称感应式步进电动机。

3）混合式步进电动机：上述两种步进电动机的结合，是目前应用越来越广的一种电动机。

步进电动机驱动多为开环控制，控制简单但功率不大，有较好的制动效果，但在速度很低或大负载情况下，可能产生丢步现象，多用于低精度、小功率机器人系统。

（2）直流伺服电动机　该类电动机在20世纪80年代中期以前被广泛使用，优点是易于控制，缺点是需要定期维护，速度不能太高，功率不能太大。

（3）交流伺服电动机　转子是永磁的，线圈绕在定子上，没有电刷。线圈中通交变电流。转子上装有码盘传感器，检测转子所处的位置，根据转子的位置，控制通电方向。

由于线圈绕在定子上，可以通过外壳散热，可做成大功率电动机。由于没有电刷，可以免维护。目前，该类电动机是机器人上应用最多的电动机。交流伺服电动机结构如图1-3

所示。

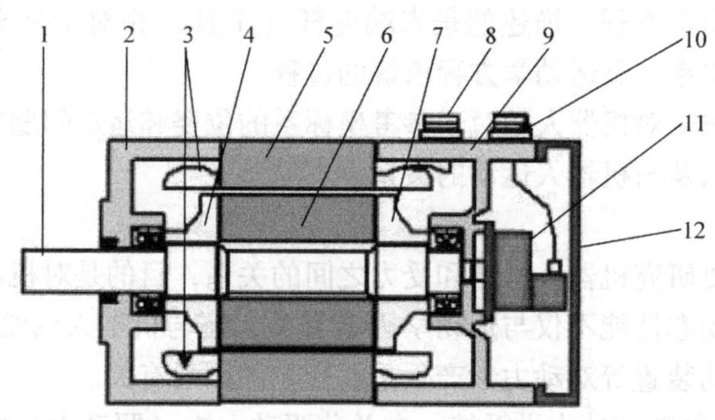

图 1-3　交流伺服电动机的结构

1—电动机轴　2—前端盖　3—三相绕组线圈　4—压板　5—定子　6—磁钢　7—后压板　8—动力线插头　9—后端盖　10—反馈插头　11—脉冲编码器　12—电动机后盖

和步进电动机相比，伺服电动机有以下几点优势：

1）实现了位置、速度和力矩的闭环控制，克服了步进电动机失步的问题。

2）高速性能好，一般额定转速能达到 2000 ~ 3000r/min。

3）抗过载能力强，能承受三倍于额定转矩的负载，对有瞬间负载波动和要求快速起动的场合特别适用。

4）低速运行平稳，低速运行时不会产生类似于步进电动机的步进运行现象。

5）电动机加减速的动态相应时间短，一般在几十毫秒之内。

6）发热和噪声明显降低。

2. 关节减速机构

为了提高机器人控制精度，增大驱动力矩，一般均需配置减速机。

（1）谐波减速机　具有传动比大、传动平稳、齿面磨损小而均匀、传动效率和精度高、回差小等优点，常作为机器人手腕关节的减速及传动装置。

（2）RV 摆线针轮减速机　具有传动速比大、同轴线传动、结构紧凑、效率高、刚度好、转动惯量小的优点，但质量较大，适用于作为机器人的第一级旋转关节（腰关节），如图 1-4 所示。

机器人是由多轴（关节）组成的，每轴的运动都影响机器人末端的位置和姿态。如何协调各轴的运动，使机器人末端完成要求的轨迹，是需要解决的问题。

（3）滚动螺旋传动（滚珠丝杠）　滚动螺旋传动能够实现回转运动与直线运动的相互转换。在一些机器人的直线传动中有螺旋传动的应用。

3. 关节传动机构

大部分机器人的关节是间接驱动的，通常有下列两种形式：

（1）链条、钢带　链条和钢带的刚度好，是远程驱动的手段之一，而且能传递较大的力矩。

（2）平行四边形连杆　这种方式的特点是能够把驱动器安装在手臂的根部，而且该结构能够使坐标变换运算变得极为简单。

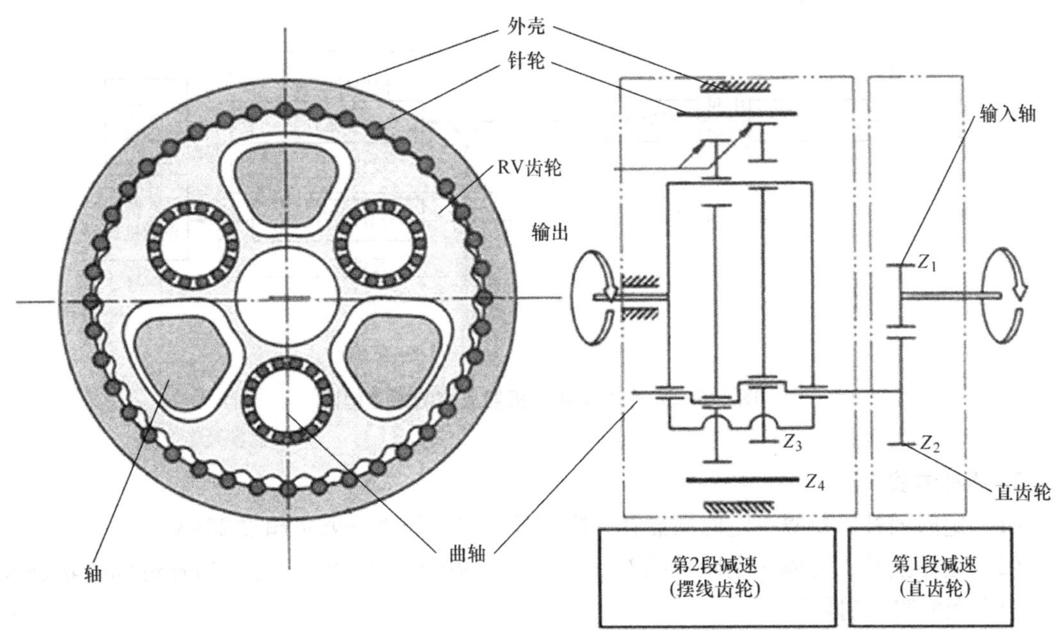

图 1-4　RV 减速机结构原理图

1.1.4　工业机器人位置控制

1. 关节轴控制原理

绝大多数工业机器人采用关节式运动形式，很难直接检测机器人末端的运动，只能对各关节进行控制，属于半闭环系统，即仅从电动机轴上闭环，如图 1-5 所示。

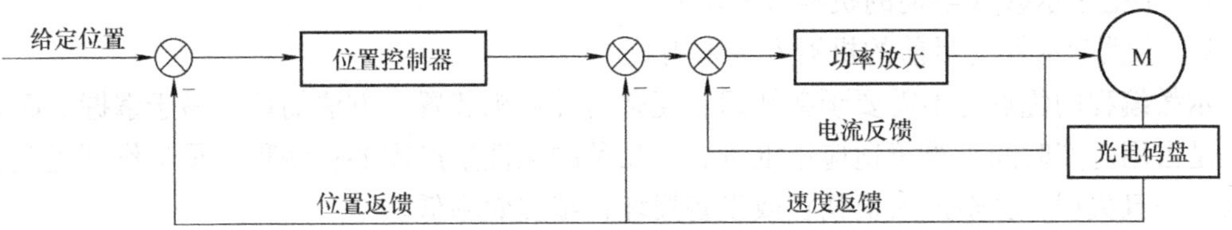

图 1-5　关节轴控制原理框图

目前，工业机器人基本操作方式多为示教再现。示教时，不能将轨迹上的所有点都示教一遍，一是费时，二是占用大量的存储器。

依据机器人运动学理论，机器人手臂关节在空间进行运动规划时，需进行的大量工作是对关节变量的插值计算。插补是一种算法，对于有规律的轨迹，仅示教几个特征点。例如，对直线轨迹，仅示教两个端点（起点、终点）；对圆弧轨迹，需示教三点（起点、终点、中间点），轨迹上其他中间点的坐标通过插补方法获得。实际工作中，对于非直线和圆弧的轨迹，可以切分成若干个直线段或圆弧段，以无限逼近的方法实现轨迹示教。多关节（轴）机器人控制原理如图 1-6 所示：

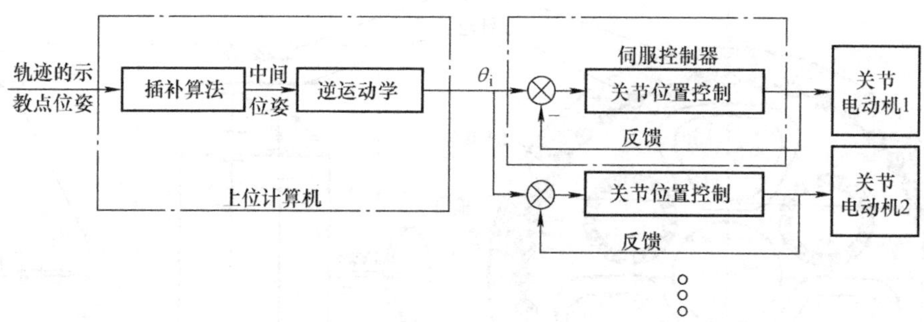

图1-6　多关节（轴）机器人控制原理框图

2. 插补方式

（1）定时插补　每隔一定时间插补一次，插补时间间隔一般不超过25ms。

（2）定距插补　每隔一定距离插补一次，可避免快速运动时，定时插补造成的轨迹失真，但也受伺服周期限制。

3. 插补算法

（1）直线插补　在两示教点之间按照直线规律计算中间点坐标。

（2）圆弧插补　按圆弧规律计算中间点。

4. 弧焊机器人编程技术

（1）示教编程　示教编程是目前工业机器人广泛使用的编程方法，根据任务的需要，将机器人末端工具移动到所需的位置及姿态，然后把每一个位姿连同运行速度、焊接参数等记录并存储下来，机器人便可以按照示教的位姿再现。示教方式有两种：

1）手把手示教（早期的机器人采用）。

2）示教盒示教（目前的机器人多采用）。

示教编程的优点是不需要预备知识和复杂的计算机装置，方法简单、易于掌握。而它的缺点是占用生产时间，难于适应小批量、多品种的柔性生产需要；编程人员工作环境差、强度大，一旦失误，会造成人员伤亡或设备损坏；编程效率低。

（2）离线编程　在计算机中建立设备、环境及工件的三维模型，对虚拟环境中的机器人进行编程。它充分利用了计算机图形学的成果，建立机器人及其工作环境的模型，再利用一些规划算法，通过对图形的控制和操作，在离线的情况下进行编程。离线编程的主要优点如下：

1）减少机器人不工作时间。

2）改善了编程环境，使编程者远离危险的工作环境。

3）提高了编程效率与质量，可使用高级语言对复杂任务进行编程。

4）便于和CAD系统集成，实现CAD/CAM/Robotics一体化。

因此，离线编程能够提高工作效率和工作质量，这是今后应用和发展的方向。

1.2　机器人焊接安全生产管理体系

1.2.1　机器人安全保障

1. 机器人培训间安全装置

机器人系统必须始终装备相应的安全设备。例如，隔离性防护装置（防护围栏、光栅、安全门等）、紧急停止按键、制动装置、轴范围限制装置等。培训间的安全装置示意如图 1-7所示。

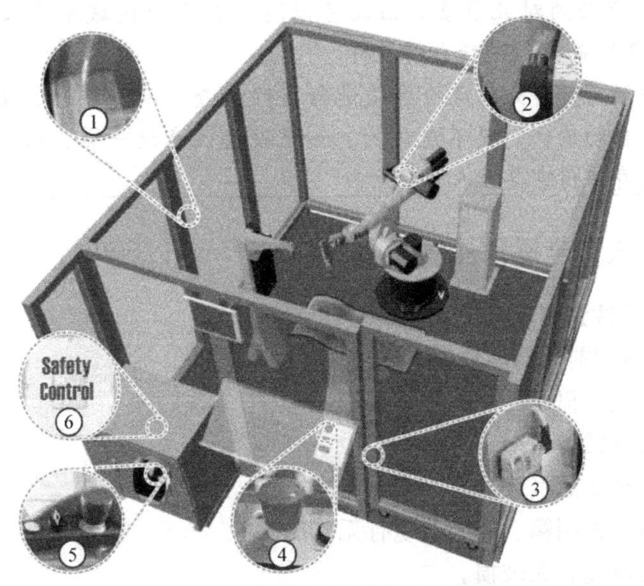

图 1-7　培训间的安全装置示意图

图中①表示防护围栏；②表示轴 1、2 和 3 的机械终端止挡或者轴范围限制装置；③表示防护门及具有关闭功能监控的门触点或光栅；④表示紧急停止按钮（外部）；⑤表示紧急停止按钮、确认键、调用连接管理器的钥匙开关；⑥表示内置的安全控制器。

警告：

在安全防护装置功能不完善的情况下，机器人系统可能会导致人员受伤或财产损失。在安全防护装置被拆下或关闭的情况下，不允许运行机器人系统。

2. 机器人系统急停装置的使用及说明

（1）紧急停止装置　工业机器人的紧急停止装置位于示教编程器右上方（通常为红色）。在出现危险情况或紧急情况时必须按下此按钮。按下紧急停止按钮后，若欲继续运行，则必须旋转紧急停止按钮以将其解锁，接着对停机信息进行确认。

警告：

与机械手相连的工具或其他装置若可能引发危险，必须将其连入设备侧的紧急停止回路中。如果没有遵照执行这一规定，则可能会造成死亡、严重身体伤害或巨大的财产损失。至少要安装一个外部紧急停止装置，以确保紧急停止装置方便使用。

（2）外部紧急停止　在每个可能引发机器人运动或其他可能带来危险情况的工位上都必须有紧急停止装置可供使用。系统集成商应对此承担责任。

至少要安装一个外部紧急停止装置，外部紧急停止装置通过客户方的接口连接。外部紧急停止装置不包括在工业机器人的供货范围中。

（3）操作人员防护装置　操作人员防护装置信号用于锁闭隔离性防护装置，如防护门触点、安全光栅等。没有此信号，就无法使用自动运行方式。如果在自动运行期间出现信号缺失的情况（如防护门被打开），则机器人停止工作，以保证人员安全。

> **警告：**
>
> 在出现信号缺失后，不允许仅仅通过关闭防护装置来重新继续自动运行，而是要先进行确认。系统集成商必须对此负责。由此可以避免在危险区域中有人员停留时因疏忽（如防护门意外闭合）而继续进行自动运行。
>
> 确认必须被设置为可事先对危险区域进行实际检查。不具备此种设置的确认（比如在防护装置关闭时自动确认）是不允许的。如果没有注意这一点，则可能会造成巨大的财产损失、严重的身体伤害甚至人员死亡。

1.2.2　焊接机器人安全操作注意事项

1. 示教操作时的注意事项

（1）电源投入使用前，请确认以下事项：

1）安全栅栏有无破损。

2）是否按要求穿戴工作服。

3）是否准备保护用品（安全帽、安全鞋等）。

4）机器人本体、控制箱、控制电缆有无破损。

5）焊机、焊接电缆有无破损。

6）安全装置（紧急停止、安全插销、配线等）有无破损。

（2）示教作业前，请确认以下事项：

1）手动操作机器人，确认有无异响及异常。

2）在伺服电源供电状态按压紧急停止按钮，确认机器人的伺服供电能否正确切断。

3）在伺服电源供电状态松开示教盒背面的拉杆开关，确认机器人伺服供电能否正确切断。

（3）示教操作过程中，请确认以下事项：

1）示教作业时，操作场所应确保操作人员可及时避让至机器人动作范围外。

2）操作机器人时，请尽量面向机器人进行操作（视线勿离开机器人）。

3）不操作机器人时，尽量避免站立于机器人的动作范围内。

4）不操作机器人时，按下紧急停止按钮让机器人停止。

5）在配备安全栅栏等安全对策时，需有协助监视人员陪同，监视人员不在场时，避免操作机器人。

2. 自动运行时的注意事项

（1）自动运行前，请确认以下事项：

1）安全栅栏内有无人员。

2）有无正确设定要再生运动的程序号。

3）机器人是否在正常的动作位置。

4）示教盒是否在合适的位置。

5）机器人动作范围内有无工具等遗留物品。

6）机器人的动作速度（超越速度等）是否合适。

7）操作安全装置（紧急停止等）时，机器人能否紧急停止。

8）是否为随时按压紧急停止按钮状态。

9）如需焊接，在焊接前是否准备焊接用的防护面罩。

（2）自动运行时，请注意以下事项：

1）一旦有异常或感觉不安全时，请立即按下紧急停止按钮。

2）禁止站立在安全栅栏内、机器人工作范围内。

3）禁止从安全栅栏的缝隙将手或工具伸入。

（3）自动运行后，请确认以下事项：

1）自动运行结束后，请按下紧急停止按钮使机器人停止。

2）进入安全栅栏前，请将操作模式切换至手动模式（示教模式），另外，还应满足按下紧急停止按钮时机器人停止。

3）若有焊接，请勿直接触摸焊接工件。

1.2.3　示教器使用安全注意事项

1）小心操作示教器，不要摔打、抛掷或重击示教器（或称示教盒），以免导致破损或故障。在不使用该设备时，将其挂到专门位置或支架上，以防意外掉到地上。

2）示教器在使用和存储过程中，应避免被人踩踏其电缆或用力拉拽示教器电缆。

3）切勿使用锋利的物体（如螺钉旋具或笔尖）操作触摸屏，这样可能会使触摸屏受损，要使用手指或触摸笔（一般位于带有 USB 端口的背面）。

4）定期清洁触摸屏，灰尘和小颗粒可能会挡住屏幕造成故障。

5）切勿使用溶剂、洗涤剂或擦洗海绵清洁示教器。使用软布蘸少量水或中性清洁剂清洁即可。

6）使用示教器的 USB 端口时，只在操作文件期间装上 USB 存储器，并遵守以下事项：

① 文件操作结束后，请取下 USB 存储器，务必关上 USB 端盖。

② 在插入 USB 存储器的状态继续使用示教器，或者一直打开 USB 端盖，防尘性、防水性、耐飞溅性将会受损，可能导致故障。

③ USB 端盖是消耗品。当 USB 端盖出现松动，或者发生破损和丢失时，请迅速更换新品。更换前，请用胶带等替代品堵塞 USB 端口。

1.2.4　焊接生产质量管理概述

焊接质量管理的核心是使人们确信某一产品（或服务）能满足规定的质量要求，并且使需求方对供应方能否提供符合要求的产品和是否提供了符合要求的产品掌握充分的证据，建立足够的信心，同时，也使本企业自己对能否提供满足质量要求的产品（或服务）有相当的把握而放心地组织生产。

对焊接生产质量进行有效的管理和控制，使焊接结构制作和安装的质量达到规定的要求，是焊接生产质量管理的最终目的。

焊接生产质量管理实质上就是在具备完整质量管理体系的基础上，运用以下六个基本观点，对焊接结构制作与安装工程中的各个环节和因素所进行的有效控制。

1）系统工程观点。

2）全员参与质量管理观点。

3）实现企业管理目标和质量方针的观点。

4）对人、机、料、法、环实行全面质量控制的观点。

5）质量评价和以见证资料为依据的观点。

6）质量信息反馈的观点。

1.2.5 焊接生产质量管理体系

由于产品的质量管理体系是运用系统工程的基本理论建立起来的，因此，可把产品制造的全过程，按其内在的联系，划分成若干个既相对独立而又有机联系的控制系统、环节和控制点，并采取组织措施，遵循一定的制度，使这些系统、环节和控制点的工作质量得到有效的控制，并按规定的程序运转。

1. 质量控制点的设置

质量控制点也称为“质量管理点”。任何一个生产施工过程或活动总是有许多项的质量特性要求，这些质量特性的重要程度对产品（工程）使用的影响程度并不完全相同。例如，压力容器的安全性与原材料的材质好坏、焊缝的质量优劣关系很大，而容器表面的油漆刷涂颜色不均匀却只影响容器的外观。前者的影响是致命的，非常严重；后者是外观效果问题，在一定条件下，还是可以接受的。因此，为保证工序处于受控状态，在一定的时间和一定条件下，在产品制造过程中需要重点控制的质量特性、关键部件或薄弱环节就是质量控制点。

在什么地方设置质量控制点，需要对产品（工程）的质量特性要求和生产施工过程中的各个工序进行全面分析来确定。设置质量控制点一般应考虑以下原则：

1）对产品（工程）的适用性（性能、精度、寿命、可靠性、安全性等）有严重影响的关键质量特性、关键部位或重要影响因素，应设质量控制点。

2）对工艺上有严格要求，对下道工序的工作有严重影响的关键质量特性、部位应设质量控制点。

3）对质量不稳定，出现不合格品多的工序或项目，应建立质量控制点。

4）对用户反馈的重要不良项目应建立质量控制点。

5）对紧缺物资或可能对生产安排有严重影响的关键项目应建立质量控制点。

2. 焊接生产质量管理体系的主要控制系统与控制环节

焊接生产质量管理体系中的控制系统主要包括：材料质量控制系统、工艺质量控制系统、焊接质量控制系统、无损检测质量控制系统和产品质量检验控制系统等。在每个控制系统均有自己的控制环节和工作程序、检查点及责任人员。

（1）材料质量控制系统　它是从编制材料计划到订货、采购、到货、验收、保管、发放、标记移植等全过程进行控制，重点是入厂（场）验收并严格管理和发放可靠，坚持标记移植制度。

（2）工艺质量控制系统　对生产工艺或施工方案的分析确定、工艺规程和工艺卡的编制、生产定额估算等一系列工作进行控制的流程。

（3）焊接质量控制系统　其涉及的范围比较宽，主要包括焊工考试、焊接工艺评定、焊接材料管理、焊接设备管理和产品焊接这五条控制线。

（4）无损检测质量控制系统，无损检测按其任务不同，控制程序繁简不同。原材料只要求作超声波检验，经无损检测责任工程师签发检测记录报告后交材料检验员，作为原材料检验的一部分原始资料。而焊工技能考试及工艺评定试板的控制程序是相同的，其检测记录报告签发后，交焊接试验室立案存档。

（5）产品质量控制系统实际上反映了产品制作全过程的控制，由于职责分工的不同，如材料、焊接、无损检测是由各独立的系统加以控制。

3. 质量管理机构及工作方式

质量管理机构的设置和复杂程度，主要取决于产品质量管理控制系统、环节和点的划分情况。一般这些系统、环节和点划分得越细，质量管理机构就越复杂，需要的岗位责任人员也越多。质量管理机构是由一定的职能部门（如企业的质量管理办公室）、产品质量主要负责人（一般是企业的厂长或经理）、产品质量主要保证人（一般是指企业技术总负责人或质量管理主要保证人，常称质量管理工程师）、各控制系统责任人（常称系统责任工程师或主管工程师）以及各控制点岗位责任人（多由各关键工序岗位生产人员担任）组成。各级质量控制责任人，除应对本岗位、本环节和本系统工作质量负责外，还应向上一级质量控制责任人、质量管理总负责人、最后向企业厂长（经理）保证工作，形成一个完整的质量控制网络。

4. 建立“三检制度”

三检制度包括自检、互检、专检，是施行全员参与质量管理的具体表现。

（1）自检。

1）操作人员在操作过程中，必须进行个人自检，填写有关检验评定表中自检项目内容。经班组长验收后，方可准许继续其他部位的生产施工。

2）班组长对所负责的分项工程施工或零部件生产，必须按相应的质量验评表中所列的检查内容，在生产过程中逐项检查班组成员的操作质量。在完成后会同质量干事逐项地进行班组自检，并认真填写自检记录，经自检达标后方可提请工长或车间主任组织质量验收。

3）工长或车间主任除督促班组认真自检、填写自检记录，为班组创造自检条件外，还要对班组操作质量进行中间检查。在班组自检达标基础上，组织施工队或车间自检。经自检合格后，方可提请项目经理或单位质量负责人组织专职质量检验员进行质量核验。

4）项目经理或单位质量负责人必须认真地组织专检人员、有关工长（车间主任）、班组长进行所承担生产项目的质量核验。专检人员在核验时，要先查阅班组自检记录，无班组自检记录时，不予进行质量核验评定。

5）项目经理、工长对于未经专检人员进行核验的分项任务或虽经核验未达标的任务不得安排进行下道工序，否则要追究责任直至罚款。

（2）互检

1）工种间的交接检验：上道工序完成后下道工序插入前，必须组织双方工长、班组长进行交接检查。由交方工长填写“工种交接检查表”，经双方认真检查并签认后，方可进行下道工序施工。未经交接检验或虽经交接检验但未达到要求的产出物，接方可拒绝插入施工。

2）总、分包间的交接检验：对规范、规程、标准及施工图中规定的，需要在工序间进行检查的项目，交方应按接方要求认真办理总分包交接检查表。移交有关资料和进行交接签证等工作，否则不得进行下道工序。

3）隐藏项目的交接检验：有很多工序完成后，其产出物会被下道工序的产出物所掩盖或封闭。如箱型梁内的焊缝，即是被封闭隐藏的。负责做下道工序的单位必须在隐蔽前填写“隐蔽项目交接检查表”，与做前一道工序的单位办理交接检验手续。经交方自检（指安装工程中的隐蔽部位）或交接双方共同检查，达到质量标准并经双方签认后，方可进行下一道工序的施工生产。否则，由做最后一道工序的单位或部门承担一切后果。

4）成品、半成品保护交接检验：

① 进行下道工序施工的单位在施工前，必须对已完成的成品、半成品进行保护。在生产施工过程中始终要采取防止成品、半成品损坏（或污染等）的有效措施。

② 上道工序出成品、半成品后如果没有向下一道工序办理成品、半成品保护手续，如果发生成品、半成品损坏、污染、丢失时，由负责上道工序的单位承担后果。

③ 对已办理成品、半成品保护交接检验的项目，若发生成品损坏、污染、丢失等问题时，由做下道工序的单位承担后果。

（3）专检

1）所有分项任务，“隐检”“预检”项目，必须按程序，作为一道工序，提请专检人员进行质量检验评定。未经专检人员进行检验、评定的项目，或虽经检验、评定未达到质量标准的项目不得进行下道工序。对违反此规定的责任者，专检人员有对其实行罚款的权利。

2）专检人员进行分项任务质量核验之前要先查阅班组自检记录是否符合要求，若无自检记录或其不符合要求时，不予进行核验，以促进班组质量管理工作。对有自检记录的分项任务，在对其评定时应会同项目经理组织工长、班组长共同进行，并以专检人员核验评定的质量等级为准。

3）专检人员在核验评定分项任务工程质量等级时，必须按质量标准、质量控制设计目标认真检查、严格把关；在施工过程中，应认真检查原材料、成品、半成品的质量是否符合要求，并主动协助工长、班组长搞好质量管理和工程质量。要注重抓薄弱环节、抓重点部位、抓防止（治）质量通病及抓隐、预检等工作。

5. 建立健全质量信息系统

建立健全质量信息系统主要应该由专职的质量管理人员、技术人员来执行。但是，生产工人在其中也应发挥积极的作用。生产现场中的质量缺陷预防、质量维持、质量改进，以及质量评定都离不开及时正确的质量动态信息、指令信息和质量反馈信息。对各种需要的数据进行收集、整理、传递和处理，形成一个高效率的信息闭环系统，是保证现场质量管理正常开展的基本条件之一。

1.3 焊接机器人日常维护及保养

1.3.1 日检查及维护

1）送丝机构。包括送丝力矩是否正常，送丝导管是否损坏，有无异常报警。

2）气体流量是否正常。

3）焊枪安全保护系统是否正常（禁止关闭焊枪安全保护工作）。

4）水循环系统工作是否正常。

5）测试TCP点是否准确（做一个尖点，编制一个测试程序，每班在工作前运行检查）。

1.3.2　周检查及维护

1）擦洗机器人各轴。

2）检查程序点的精度。

3）检查清渣油位。

4）检查机器人各轴零位是否准确。

5）清理焊机水箱后面的过滤网。

6）清理压缩空气进气口处的过滤网。

7）清理焊枪喷嘴处杂质，以免堵塞。

8）清理送丝机构，包括送丝轮、压丝轮、导丝管。

9）检查软管束及导丝软管有无破损及断裂（建议取下整个软管束，用压缩空气清理）。

10）检查焊枪安全保护系统是否正常，以及外部急停按钮是否正常。

1.3.3　一年检查及维护（包括日常、三个月）

1）检查控制箱内部各基板接头有无松动。

2）内部各线有无异常情况（如通断情况，有无灰尘，各接点情况）。

3）检查本体内配线是否断线。

4）机器人的电池电压是否正常（ABB机器人正常为3.6V）。

5）机器人各轴的马达制动是否正常。

6）5轴的传动带松紧度是否正常。

7）4、5、6（腕部）轴减速机加油（机器人专用油）。

8）各设备的电压是否正常。

1.3.4　三年检查及维护（包括日常、三个月、一年）

以ABB机器人为例，检查及维护内容如下：

1）第1、2、3（基本）轴减速机更换油（机器人专用油）。

2）机器人本体电池更换（机器人专用电池），由于各品牌机器人更换电池步骤相似，现以ABB机器人本体电池更换步骤为例进行说明：

① 将机器人设置为“MOTORS OFF”（电动机关闭）操作模式（这意味着更换电池后不必进行粗校准）。

② 移除法兰盖。除了用于串行链路的信号接触件之外，法兰盖上的所有连接均可断开。

③ 卸除其中一个螺钉，并拧松固定在串行测量电路板的其余两个螺钉，把装置推到一侧并向后卸除。所有电缆和触点必须保持完好无损。请注意ESD防护（ESD为静电放电）。

④ 拧松串行测量电路板上的电池接线端，断开固定电池单元位置的挂钩。

⑤ 使用两个挂钩安装新电池，并把接线端连接到串行测量电路板。

⑥ 重新安装串行测量电路板、法兰盖和连接。

⑦ 镍镉电池需充电 36h，在此期间主电源必须打开。

1.3.5 机器人设备管理条例

1）每次保养必须填写保养记录，设备出现故障时应及时汇报给维修，并详细描述故障出现前设备的情况和所进行的操作，积极配合维修人员检修，以便顺利恢复生产。主管将对设备保养情况进行不定期抽查。操作者在每班交接时仔细检查设备状况是否完好，记录好各班设备运行情况。

2）操作者必须严格按照保养计划书来保养维护设备，严格按照操作规程操作。设备发生故障时，应及时向维修部门反映设备情况，包括：故障出现的时间、故障现象以及故障出现前后的情况，操作者都应如实地进行详细说明，以便维修人员正确快速地排除故障。

1.4 焊接机器人设备基本构成

工业机器人主要用于：Arc welding（弧焊）、Spot welding（点焊）、Handing（搬运）、Sealing（涂胶）、Painting（喷漆）等。

焊接机器人设备分为机器人系统和焊接机辅具，机器人系统包括：机器人本体、控制箱、示教器以及控制线缆；焊接机辅具包括：焊机（或切割机）、送丝系统（焊丝盘及支架、送丝机及支架，同轴电缆、送丝管和焊枪或切割枪）。各类品牌的焊接机器人基本构成基本一致，如图 1-8 所示。

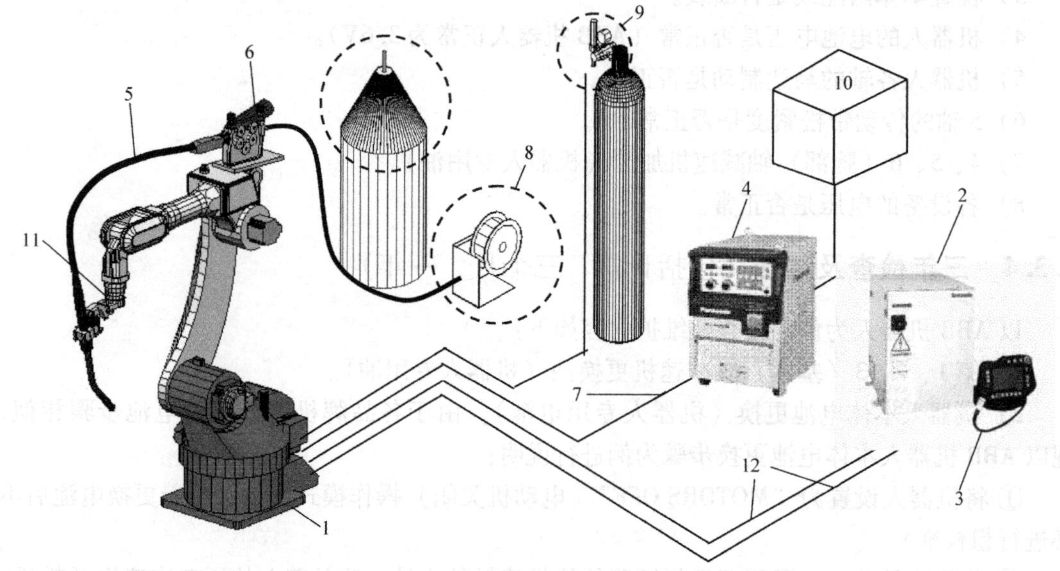

图 1-8 焊接机器人设备的基本构成

1—机器人本体 2—机器人控制柜 3—机器人示教器 4—全数字焊接电源和接口电路 5—焊枪 6—送丝机构 7—电缆单元 8—焊丝盘架（焊接量较大时多选用桶装焊丝“OP”） 9—气体流量计 10—变压器（380V/200V） 11—焊枪防碰撞传感器 12—控制电缆

> **注意：**
>
> 1）部分日系机器人供电电压是三相200V，需要加配一个三相380V/200V的变压器。
>
> 2）部分品牌机器人具有高性能碰撞检测机能，机器人没有配置外加传感器。
>
> 3）部分品牌机器人将控制柜和焊接电源整体设计，称作电源融合型弧焊专用机器人。

1.5　示教和运行

1.5.1　示教作业的基本步骤

示教作业就是编写程序的作业，又叫“Teaching作业”，包括编写和修订作业程序以及优化作业程序。编写作业程序的基本步骤是：首先，给机器人设备送电，然后进行作业程序的选择。在示教模式下手动操作机器人移动焊枪，记录作业程序，然后检查作业程序，进行动作确认（有些机器人厂家称为跟踪或再生），应用命令的记录、修订或删除，再进行动作确认，直至完成。示教作业的步骤如图1-9所示。

1.5.2　自动运转程序

作业程序完成后，首先查看电源投入情况并启动周边装置，然后，转动模式转换开关（“示教”Teaching→“自动”Auto），再按下程序启动按钮，执行自动运转。执行自动运转后，反复（再生）选择作业程序，如图1-10所示。

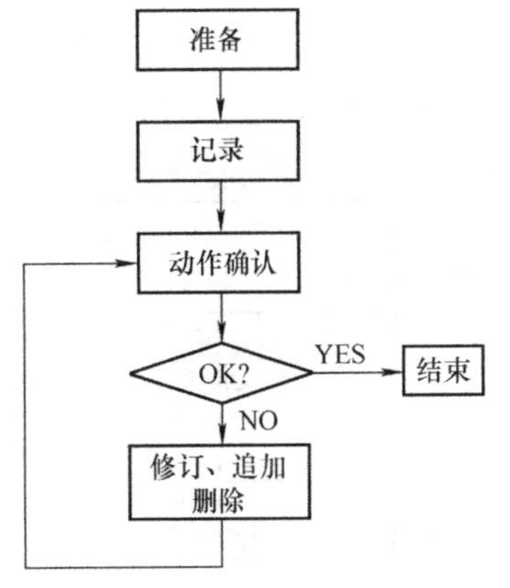

图1-9　编写（示教）作业程序的步骤

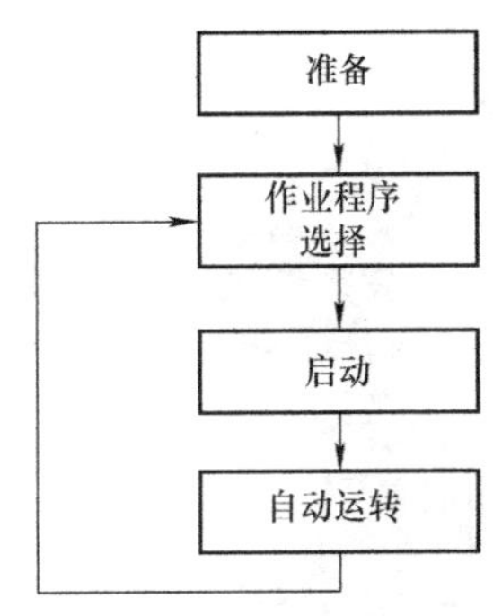

图1-10　自动运转程序

第 2 章　ABB 机器人

2.1　ABB 机器人简介

2.1.1　ABB 机器人本体构造及技术参数

下面以 IRB1410 机器人为例来说明本体构造和技术参数。

1. IRB1410 机器人本体构造

1）机械手是由 6 个转轴组成的空间六杆开链机构，理论上可达到运动范围内任何一点。

2）每个转轴均带有一个齿轮箱，机械手定位精度（综合）达 ±0.05mm。

3）6 个转轴均由 AC 伺服电动机驱动，每个电动机均有编码器与制动装置。

4）机械手带有串口测量板（SMB），使用电池保存电动机数据。

5）机械手带有手动松闸按钮，维修时使用，非正常使用会造成设备或人员被伤害。

6）机械手带有平衡气缸或弹簧。

7）选择机器人时首先要考虑机器人的最大承载能力，IRB1410 机器人手腕的最大承载能力为 6kg。

IRB1410 型机器人本体及动作区域如图 2-1 和图 2-2 所示。

图 2-1　IRB1410 型机器人本体

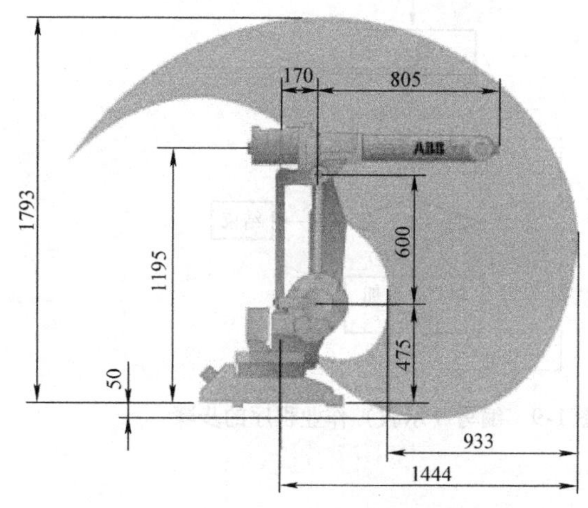

图 2-2　IRB1410 型机器人动作区域

2. IRB1410 机器人本体技术参数

IRB1410 机器人本体技术参数见表 2-1。

表 2-1　IRB1410 机器人本体技术参数

控制轴（关节）	6	
腕部最大负荷能力	5kg	
重复定位精度	±0.05mm	
单轴最大动作范围	回转	±180°
	立臂	−100° ~ +110°
	横臂	−60° ~ +65°
	腕	±185°
	腕摆	±115°
	腕转	±400°
单轴最大速度	回转	150°/s
	立臂	150°/s
	横臂	150°/s
	腕	360°/s
	腕摆	360°/s
	腕转	450°/s
本体重量	225kg	
周围条件	温度	5 ~ 45℃
	最大湿度	95%
	最大噪声	70dB（A）
动作范围	最小 511mm；最大 1440mm	
功率	4kVA/7.8kVA（带外部轴）	

2.1.2　焊接机器人示教器

1. 示教器结构及功能

示教器是进行机器人的手动操纵、程序编写、参数配置以及监控用的手持装置。ABB 机器人示教器有时也称为 TPU 或教导器单元，如图 2-3 所示。

图 2-3　ABB 机器人示教器

ABB 机器人采用 5.7″全彩色触摸屏示教器，易于清洁，防水、防油、防溅。三方向控制杆可以上下、左右移动和旋动（功能类似于松下机器人示教器的拨动按钮）。示教器各部位的标识字母如图 2-4 所示。

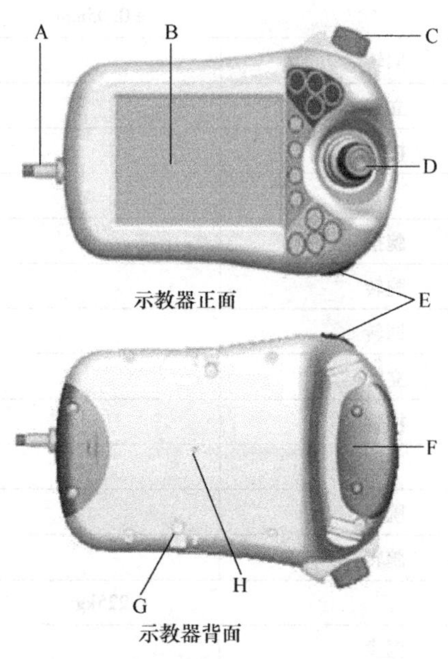

图 2-4　示教器各部位的标识字母

图 1-4 中，标识字母所对应的示教器各部位的名称及功能见表 2-2。

表 2-2　示教器各部位的名称及功能

标识字母	名称	功　　能
A	连接器	由电缆线和接头组成，连接控制柜主要用于数据的输入
B	触摸屏	显示操作界面，用于点触摸操作
C	紧急停止按钮	紧急停止，断开电动机电源
D	控制杆	手动控制机器人运动，又称三方向操纵摇杆
E	USB 端口	与外部移动存储器（U 盘）连接施行数据交换
F	使动装置	手动电动机上电/失电按钮
G	触摸笔	专用于触摸屏触摸操作
H	重置按钮	重新启动示教器系统

2. ABB 机器人示教器的握持姿势

示教器是人机对话的主要装置，操作者必须知道应该如何正确去握持示教器，通常习惯右手工作的人，以左手握持示教器，用右手操作。对于左右手不同习惯的操作者，握持示教器位置如图 2-5 所示。

这里以右手操作者为例进行说明：将左手四指伸进皮带口至拇指虎口处，然后，四指自然弯曲按住示教器侧面的“使动装置”，用左手掌和小臂内侧托住示教器，使显示屏朝上处于水平位置，右手用来编程操作，如图 2-6 所示。

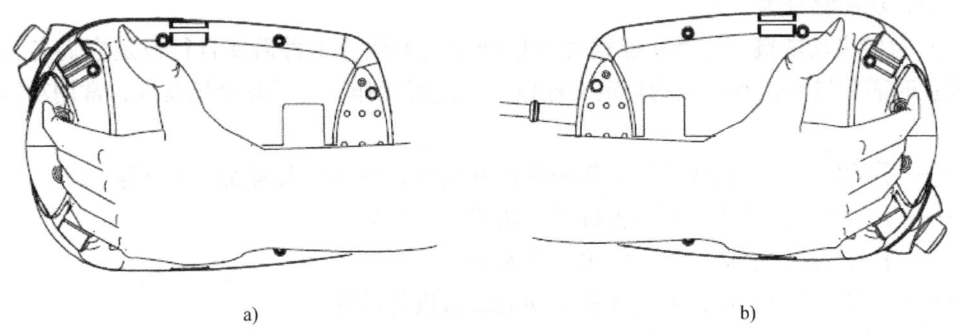

图2-5　握持示教器位置
a）右手操作者　b）左手操作者

图2-6　示教器握持姿势

3. 示教器面板按钮操作

示教器面板为操作者提供丰富的功能按钮，目的就是使得机器人操作起来更加快捷简便。面板按钮大致分为三个功能区域：自定义功能键、选择切换功能键与运行功能键，如图2-7所示。

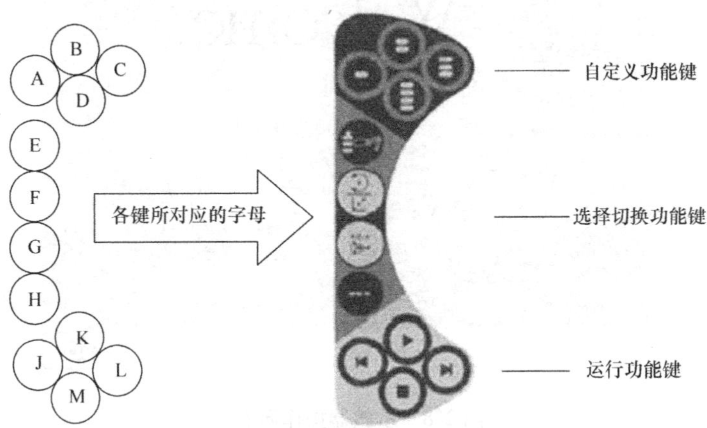

图2-7　示教器面板按钮功能

图中，功能键分为三类：

（1）自定义功能键　这类功能键可以根据个人习惯或工种需要自行设定它们各自的功能，设置时需要进入控制面板的自定义键设定中进行操作。对于焊接机器人，常用功能设定如下：

A——手动出丝，检验送丝轮工作是否正常或者方便机器人编程时定点等。

B——手动送气，确认气瓶是否打开与调节送气流量。

C——手动焊接，手动点焊时使用（不常用）。

D——不进行设置，待需要某项手动功能时再进行设置。

（2）选择切换功能键　这类功能键可以根据图标提示知道它们的功能：

E——切换机械单元，通常情况下切换机器人本体与外部轴。

F——线性与重定位模式选择切换，按第一下按钮会选择“线性”模式，再按一下会切换成“重定位”模式。

G——1－3 轴与 4－6 轴模式选择切换，第一下按按钮会选择 1－3 轴运动模式，再按一下会切换成 4－6 轴运动模式。

H——增量”切换，按一下按钮切换成有“增量”模式（增量大小在手动操纵中设置），再按一下切换成无“增量”模式。

（3）运行功能键　运行功能键用于运行程序时使用，按下“使动装置”启动电动机后才能使用该区域按钮。

J——步退按钮，使程序后退一步的指令。

K——启动按钮，开始执行程序。

L——步进按钮，使程序前进一步的指令。

M——停止按钮，停止程序执行。

4. 示教器触摸屏操作界面

示教器在没有进行任何操作之前它的触摸屏界面大致由四部分组成：系统主菜单、状态栏、任务栏和快捷菜单，如图 2-8 所示。

图 2-8　示教器操作界面

(1) 系统主菜单　单击主菜单“ABB”，操作界面会跳出一个界面，这个界面就是机器人操作、调试、配置系统等各类功能的入口，如图 2-9 所示。

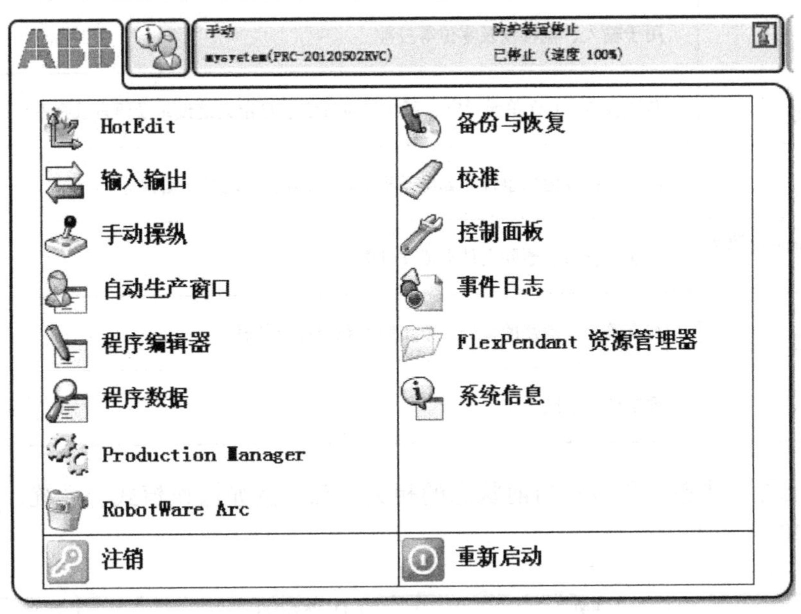

图 2-9　系统主菜单中的功能项目

图 2-9 中，系统主菜单中的项目图标及功能说明见表 2-3。

表 2-3　系统主菜单中的项目图标及功能说明

图标及名称	功　能
Hot Edit	在程序运行的情况下，坐标和方向均可调节
输入输出	查看输入输出信号
手动操纵	手动移动机器人时，通过该功能选择需要控制的单元，如机器人或变位机等
自动生产窗口	由手动模式切换到自动模式时，此窗口自动跳出，用于在自动运行过程中观察程序运行状况
程序编辑器	用于建立程序、修改指令及程序的复制、粘贴等操作
程序数据	设置数据类型，即设置应用程序中不同指令所需的不同类型数据
Production Manager	生产经理，显示当前的生产状态
RobotWare Arc	弧焊软件包，主要用于启动与锁定焊接等功能
注销	切换使用用户
备份与恢复	备份程序、系统参数等

（续）

图标及名称	功　能
校准	用于输入、偏移量及零位等校准
控制面板	参数设定、I/O 单元设定、弧焊设备设定、自定义键设定及语言选择等
事件日志	记录系统发生的事件，如电动机上电/失电、出现操作错误等
FlexPendant 资源管理器	新建、查看、删除文件夹或文件等
系统信息	查看整个控制器的型号、系统版本和内存等信息
重新启动	重新启动系统

（2）状态栏　状态栏会显示当前状态的相关信息，例如操作模式、系统、活动机械单元，如图 2-10 所示。

图 2-10　状态栏显示的当前状态相关信息

图中，A 为操作员窗口，B 为操作模式，C 为系统名称（和控制器名称），D 为控制器状态，E 为程序状态，F 为机械单元。

选定单元（以及与选定单元协调的任何单元）以边框标记，活动单元显示状态栏为彩色，若未启动单元则呈灰色。

（3）任务栏　用于存放已打开的窗口，最多能存放 6 个窗口，如图 2-11 所示。

（4）快捷菜单　快捷菜单采用更加快捷的方式，菜单上的每个按钮显示当前选择的属性值或设置。在手动模式中，快速设置菜单按钮显示当前选择的机械单元、运动模式和增量大小，如图 2-12 所示。

图 2-12 中，各字母代表按钮的名称及意义如下：

A—机械单元，快速选择机械单元、动作模式、坐标系、工具、工件。

B—增量，设置增量移动。

C—运行模式，可以定义程序执行一次就停止，也可以定义程序持续运行。

D—单步模式，可以定义逐步执行程序的方式。

E—速度，速度设置适用于当前操作模式。但是，如果降低自动模式下的速度，则更改模式后该设置也适用于手动模式。

F—任务，停止或启动机器人工作的任务。

5. 使动装置及摇杆的正确使用

（1）使动装置　使动装置是工业机器人为保证操作人员安全而设置的。只有在按下使

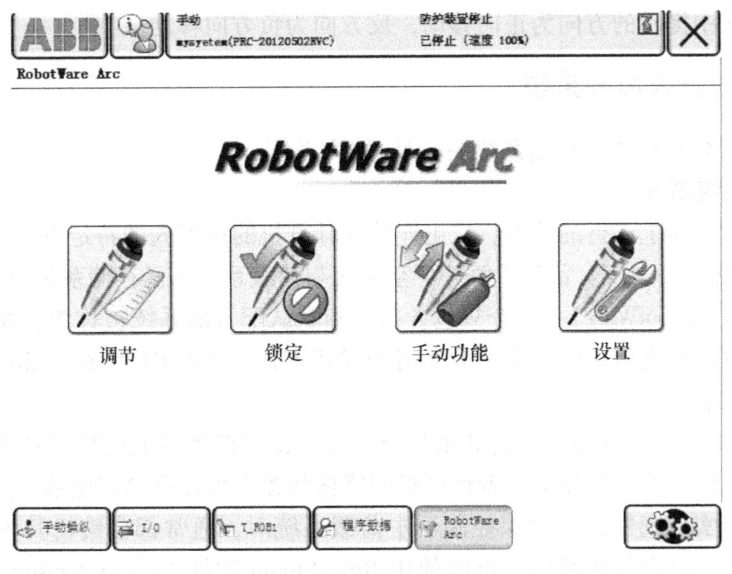

图 2-11　任务栏示意

图 2-12　快捷菜单上的按钮

动装置按钮并保持在“电动机开启”的状态，才可以对机器人进行手动的操作与程序的调试。当发生危险时，人会本能地将使动装置按钮松开或抓紧，机器人则会马上停下来，保证安全。使动装置按钮有三种情况：

1）不按（释放状态）：机器人关节电动机不上电，机器人不能动作。

2）轻轻按下：机器人电动机上电，机器人可以按指令或摇杆操作方向移动。

3）用力按下：机器人电动机失电，机器人停止运动。

（2）摇杆　摇杆主要用于手动操作机器人运动时使用，它属于三方向控制，摇杆扳动幅度越大，机器人移动的速度越大。摇杆的扳动方向与机器人的移动方向取决于选定的动作模式，动作模式中提示的方向为正向移动，反方向为负方向移动。

2.1.3 焊接机器人控制系统

目前，ABB 焊接机器人控制系统主要是 IRC5 系统。

1. IRC5 系统简介

系统就是控制器上运行的软件。它由连接在计算机的机器人的特定 RobotWare 部分、配置文件和 RAPID 程序组成。首先了解一下空系统与荷载系统和已存储系统的概念。

1）空系统（RobotWare）：一个只包含部分和默认配置的系统被称为空系统。进行机器人或者特定过程配置之后，就定义了 I/O 信号或者创建了 RAPID 程序（ABB 机器人应用程序），系统不再为空。

2）荷载系统和已存储系统：荷载系统指启动后将在控制器上运行的系统。控制器只能荷载一个系统，但是控制器硬盘或者计算机网络任何盘上可以存储其他系统。

无论是在真实控制器还是虚拟控制器中荷载系统时，通常都会编辑其内容，如 RAPID 程序和配置。对于已存储的系统，可以使用 RobotStudio 软件中的 SystemBuilder（系统编辑功能菜单）进行变更，比如添加和删除选项以及替换整个配置文件等。

（1）IRC5 控制器 控制器用于安装 IRC5 系统需要的各种控制单元，并进行数据处理、储存及执行程序等，它是机器人系统的大脑。控制器分控制模块和驱动模块。若系统中含多台机器人，需要 1 个控制模块及对应数量的驱动模块（现在单机器人系统一般使用整合型单柜控制器）。一个系统最多包含 36 个驱动单元（最多 4 台机器人），一个驱动模块最多包含 9 个驱动单元，可处理 6 个内轴及 2 个普通轴或附加轴（取决于机器人型号）。IRC5 系统控制器部品名称及功能见表 2-4。

表 2-4 IRC5 系统控制器部品名称及功能

部品位置	部品构成及标识
1. 控制开关及按钮	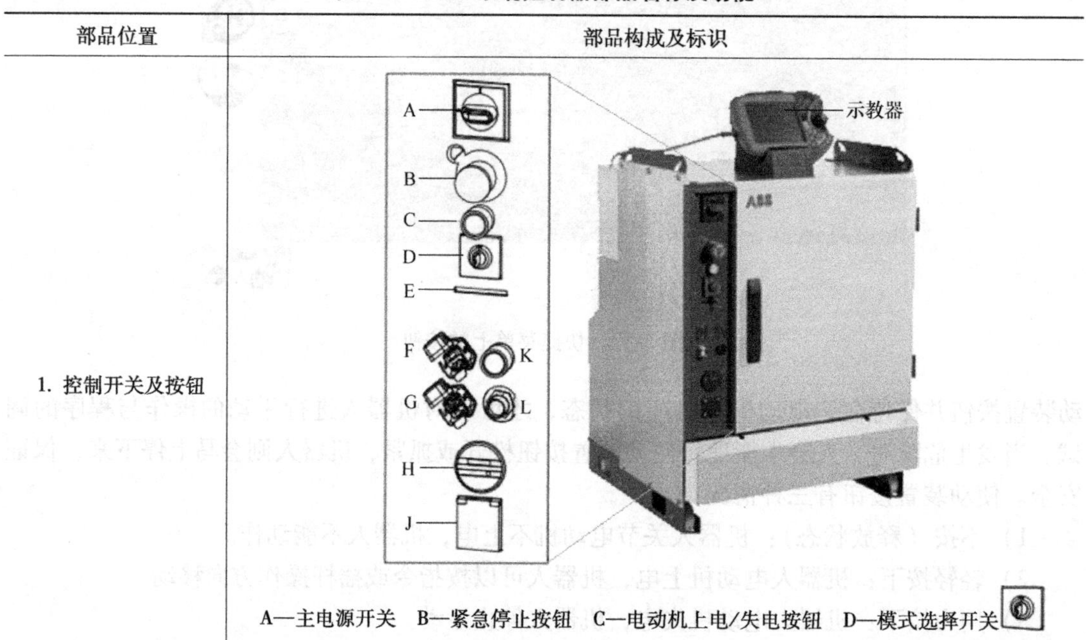 A—主电源开关 B—紧急停止按钮 C—电动机上电/失电按钮 D—模式选择开关 E—安全指示灯 F—USB 端口 G—服务端口（网线） H，J—备用端口 K，L—示教器连接端口

（续）

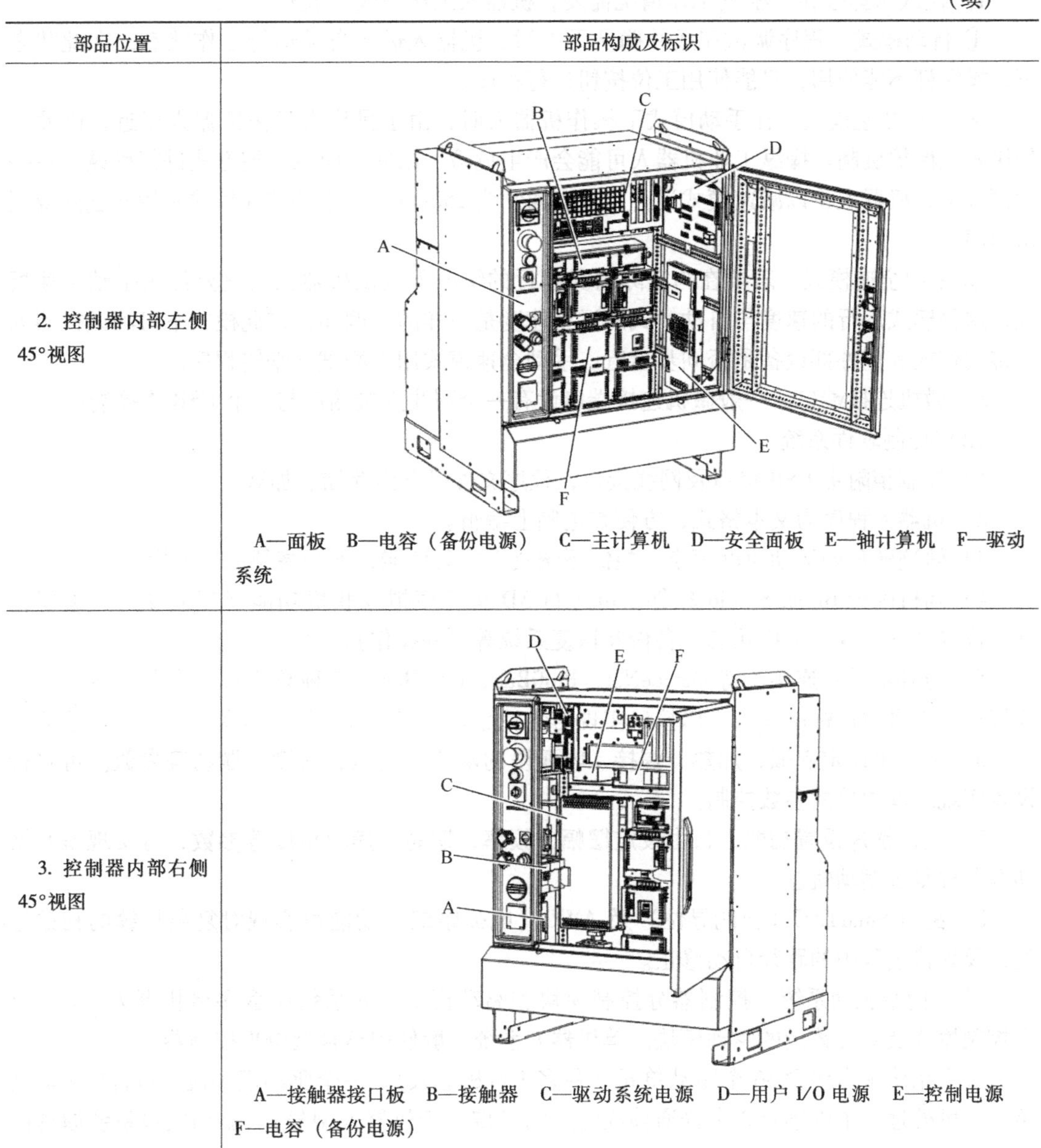

部品位置	部品构成及标识
2. 控制器内部左侧45°视图	A—面板 B—电容（备份电源） C—主计算机 D—安全面板 E—轴计算机 F—驱动系统
3. 控制器内部右侧45°视图	A—接触器接口板 B—接触器 C—驱动系统电源 D—用户 I/O 电源 E—控制电源 F—电容（备份电源）

其中，“控制开关及按钮”部品构成及标识说明如下：

1）主电源开关。主电源开关是整个机器人系统的电源开关，开关设有两个档位（0 档与 1 档），0 档为关闭电源，1 档为开启电源。焊接机器人系统中的焊机有独立的电源开关。

2）紧急停止按钮。在任何运动模式的情况下都可以使用紧急停止按钮，按下紧急停止按钮机器人立即停止工作。要是机器人重新动作，需要把紧急停止按钮旋起释放。

3）电动机上电/失电按钮。此按钮表示机器人电动机的工作状态，按键灯常亮，表示上电状态，机器人的电动机被激活，已准备好执行程序；按键灯快闪，表示机器人未同步（计数器未更新），但电动机已被激活；按键灯慢闪，表示至少有一种安全停止（紧急停止或模式切换）生效，电动机未被激活，需要按下此开关激活电动机。

4）模式选择按钮。根据工作情况需要，机器人工作模式一般有三种：

① 自动模式。程序调试完成并确认无误后，机器人进入自动运行工作状态，在此状态下，操纵杆不能使用，只能使用工位按钮运行程序。

② 手动减速模式。在手动模式下操作机器人时，由于操作人员距机器人很近，因此会禁用安全保护机制。操纵工业机器人可能会产生危险。因此，应以可控方式进行操纵。在手动模式中，机器人将以减速模式运行，速度通常为250mm/s。手动减速模式常用于创建或调试程序。

③ 手动全速模式。若要在与实际情况相近的情况下调试机器人时就要使用手动全速模式，这种模式运行的速度与自动模式的运行速度是一样的。例如，在此模式下可测试机器人与传动带或其他外部设备是否同步运行。手动全速模式用于测试和编辑程序。

5）微机连接端口。一般微机连接端口设有一个网线连接端口与一个 USB 连接端口。

（2）控制软件系统

1）控制柜附带 USB 接口及网线接口，程序文件可自由存储、加载。

2）机器人程序为文本格式，方便在电脑上编辑。

3）轨迹转角处运动速度恒定。控制系统具有屏蔽性能，不受高频信号干扰。

4）随机附带 Robot Studio 软件，可进行 3D 运行模拟及联机功能（复制文件、编写程序、设置系统、观察 I/O 状态、备份及恢复系统等多种操作）。

5）与外部设备连接支持 DeviceNet、ProfiBus、InterBus（三种总线）等多种通用工业总线接口。也可通过标准输入输出接口实现与各种品牌焊接电源、切割电源、PLC 等的通信。

6）可自由设定起弧、加热、焊接、收弧段的电流、电压、速度、摆动等参数。可自行设置实现双丝焊接的参数控制。

7）提供摆焊设置功能，自由设定摆幅、频率、摆高、摆动角度等参数，可实现偏心摆动等各种复杂摆动轨迹。

8）配合 SmarTAC（智能寻位）及 AWC（电弧跟踪）功能可实现对复杂焊缝的初始定位，及焊接过程中的路径自动修正。

（3）伺服驱动系统　控制器分控制模块和驱动模块，如系统中含多台机器人，需要 1 个控制模块及对应数量的驱动模块。单机器人系统一般使用整合型单柜控制器。

一个系统最多包含 36 个驱动单元（最多 4 台机器人），一个驱动模块最多包含 9 个驱动单元，可处理 6 个内轴及 2 个普通轴或附加轴（取决于机器人型号）。驱动模块系统原理图如图 2-13 所示。

（4）存储空间

1）内存：256M，主要有下面 2 个功能：

① 加载系统及运行数据。

② 掉电可保护数据区。

2）CF 卡：1G（相当于硬盘）。示教器显示的程序保存于掉电保护区，不会自动保存在 CF 卡上，需要手工操作。

2. 系统数据的备份与恢复

定期对 ABB 焊接机器人的数据进行备份，是保证 ABB 焊接机器人正常工作的良好习惯，这样做可以防止由于误操作导致数据的丢失。

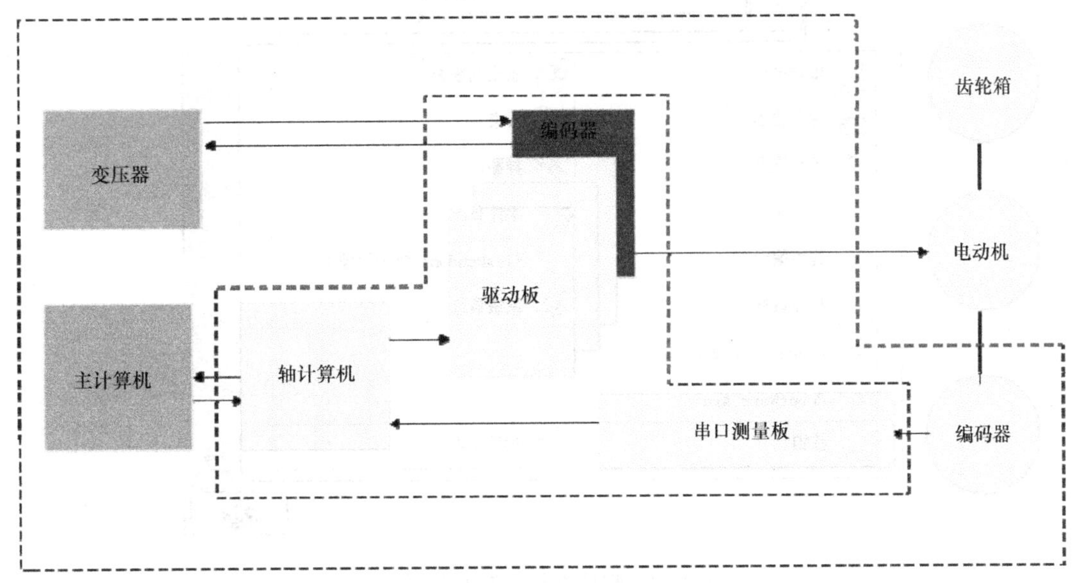

图2-13 驱动模块系统原理图

ABB焊接机器人数据备份的对象是所有正在系统内存运行的RAPID程序和系统参数。当机器人系统出现错乱或者重新安装系统以后，可以通过之前的备份快速地把机器人恢复到备份时的状态。

备份可保存所有系统参数、系统模块、程序模块等。备份文件以目录形式存储，默认目录名后缀为当前日期。一般存储在系统的BACKUP目录中，包含以下内容：

1）BACKINFO目录：当前备份的相关信息。

2）HOME目录：复制系统HOME目录中的内容（建议程序存储目录）。

3）RAPID目录：保存当前加载到内存中的程序。

4）SYSPAR目录：保存系统参数配置文件（如EIO. cfg，PROC. cfg）。

5）system. xml：可查看系统信息，如版本、控制器密匙、机器人型号、机器人密匙、软件配置选项等。

恢复功能仅限于使用本机的备份文件。需要注意的是，在进行恢复时，备份数据是具有唯一性的，不能将一台机器人的备份恢复到另一台机器人中去，如果这样做，会造成系统故障。

（1）ABB焊接机器人数据备份操作

1）打开系统主菜单“ABB”，选择“备份与恢复”功能，如图2-14所示。

2）单击“备份当前系统”，如图2-15所示。

3）备份以文件夹的形式创建，单击“ABB”可以对其备份目录进行修改；单击“…”可以选择备份文件夹存放的位置，默认存放位置在系统的BACKUP目录下，如图2-16所示。

4）单击备份，等待备份完成。

（2）ABB焊接机器人数据恢复操作

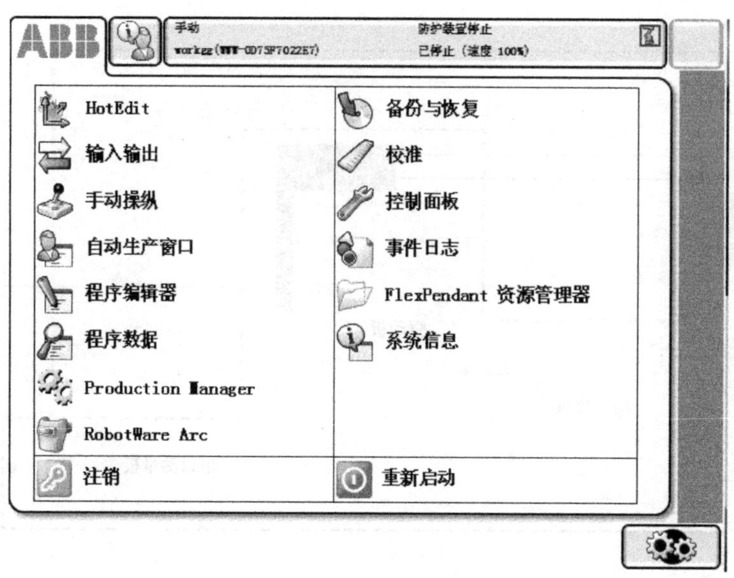

图 2-14　焊接机器人数据备份操作

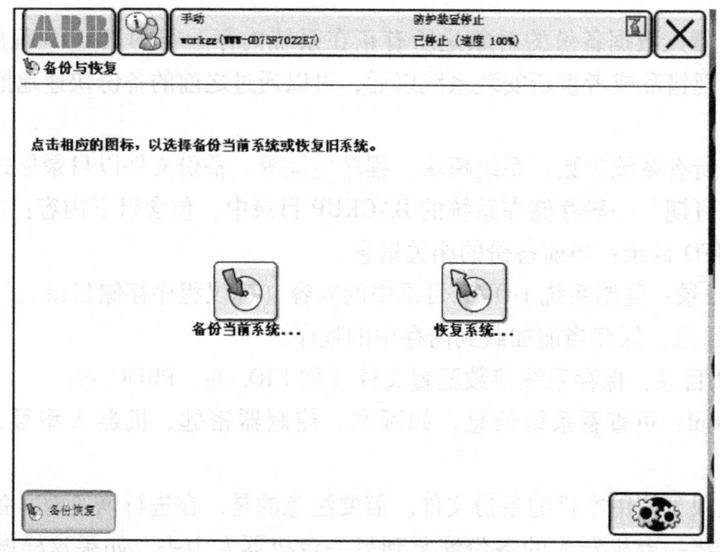

图 2-15　备份当前系统

1）打开系统主菜单“ABB”，选择“备份与恢复”功能，单击“恢复系统”，如图2-17所示。

2）在备份文件夹选项中选择已有的备份文件夹，文件夹可以为机器人系统内存中的文件夹，也可以是外部存储卡中的备份文件夹，但是必须是同一系统、同一台机子创建的备份文件夹；选择“恢复”，系统重启后完成系统恢复操作。

3. 重新启动功能

ABB 机器人系统长时间无人操作，无须定期重新启动运行的系统。以下情况下需要重

图2-16　备份以文件夹的形式创建

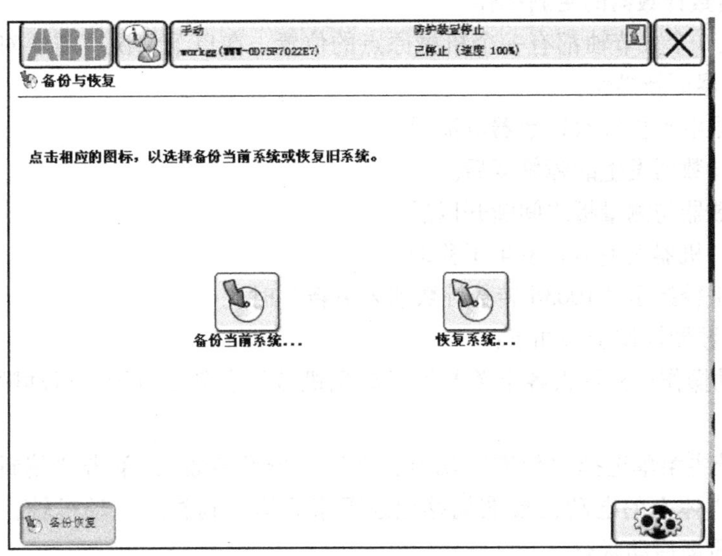

图2-17　恢复系统

新启动机器人系统：

1）安装了新的硬件。

2）更改了机器人系统配置文件。

3）添加并准备使用新系统。

4）出现系统故障（SYSFAIL）。

重启类型如下：

1）W－启动。重新启动并使用当前系统（热启动），引导应用程序将在启动时启用。

2）X－启动。重新启动并选择其他系统，切换至其他已安装的系统或是安装一个新系统，并且同时从控制器删除当前系统。

> **警告：**
> 此操作不可撤销。系统和 RobotWare 系统包将被删除。

3）C－启动。重启并删除当前系统，删除所有用户加载的 RAPID 程序。

> **警告：**
> 此操作不可撤销。

4）P－启动。重启并删除程序和模块，返回默认系统设置。

> **警告：**
> 此操作将从内存中删除所有用户定义的程序和配置，并以出厂默认设置重新启动系统。

5）I－启动。重启并返回到默认设置，系统已被重新启动，并且希望从最近一次成功关闭的状态使用该映像文件（系统数据）重新启动当前系统。

6）B－启动。从以前存储的系统重新启动，关闭和保存当前系统，同时关闭主机。

4. 机器人转数计数器的更新操作

ABB 机器人 6 个关节轴都有一个机械原点的位置。在以下情况，需要对机械原点的位置进行转数计数器更新操作：

1）更换伺服电动机转数计数器电池后。

2）当转数计数器发生故障修复后。

3）转数计数器与测量板之间断开以后。

4）断电后，机器人关节轴发生了移动。

5）当系统报警提示“10036 转数计数器未更新”时。

更新转数计数器操作步骤如下：

① 使用手动操作让机器人各个关节轴运动到机械原点刻度位置，运动顺序为：4→5→6→1→2→3。

② 打开系统主菜单选择“校准”功能，选择“校准参数”，单击“编辑电动机校准偏移”，将机器人本体上的电动机校准偏移记录下来后输入到相应电动机轴，然后选择“确定”，系统进入重新启动状态。

③ 系统重启完成后进入“校准”功能菜单，选择“转数计数器”中的“更新转数计数器”，选择机器人的 6 个轴单击“更新”，等待数分钟后完成更新操作。

2.2 手动操作机器人

2.2.1 焊接机器人操作注意事项

1）如果发生火灾，请使用二氧化碳灭火器。

2）急停开关不允许被短接。

3）机器人处于自动模式时，任何人员都不允许进入其运动所及的区域。

4）机器人长时间停机时，夹具上不应置物，必须空载。

5）机器人在发生意外或运行不正常等情况下，均可使用急停开关，停止运行。

6）机器人在自动状态下，即使运行速度非常低，其动量仍很大，在进行编程、测试及维修等工作时，必须将机器人置于手动模式。

7）在手动模式下调试机器人，如果不需要移动机器人时，必须及时释放使动装置。

8）调试人员进入机器人工作区域时，必须随身携带示教器，以防他人误操作。

9）在得到停电通知时，要预先关断机器人的主电源及气源。

10）突然停电后，要在再次来电之前预先关闭机器人的主电源开关，并及时取下夹具上的工件。

11）维修人员必须保管好机器人钥匙，严禁非授权人员在手动模式下进入机器人软件系统，随意翻阅或修改程序及参数。

2.2.2　手动（微动）控制

1. 坐标系简介

坐标系是以原点为固定点并通过轴来定义的平面或空间。机器人目标和位置通过沿坐标系轴的测量来定位。机器人使用若干坐标系，每一坐标系都适用于特定类型的微动控制或编程。ABB机器人有以下几种坐标系：

（1）基坐标系　位于机器人基座，它是最便于机器人从一个位置移动到另一个位置的坐标系。

（2）工件坐标系　与工件相关，通常是最适于对机器人进行编程的坐标系。

（3）工具坐标系　机器人到达预设目标时所使用工具（如焊枪）的位置。

（4）大地坐标系　可定义机器人单元，所有其他的坐标系均与大地坐标系直接或间接相关。它适用于微动控制、一般移动以及处理具有若干机器人或外轴移动机器人的工作站和工作单元。

（5）用户坐标系　在表示持有其他坐标系的设备（如工件）时非常有用。

进行手动（微动）控制首先应确定坐标系，工业机器人可以相对于不同的坐标系运动，在每一种坐标系中的运动都不相同。例如，使用工具坐标系能快速地沿焊丝方向进枪和退枪，但是在基坐标系中执行同样的任务时，可能需要同时在 X、Y 和 Z 坐标进行微动控制，从而增加了精确控制的难度。工具坐标系和基坐标系的相对位置如图2-18、图2-19所示。

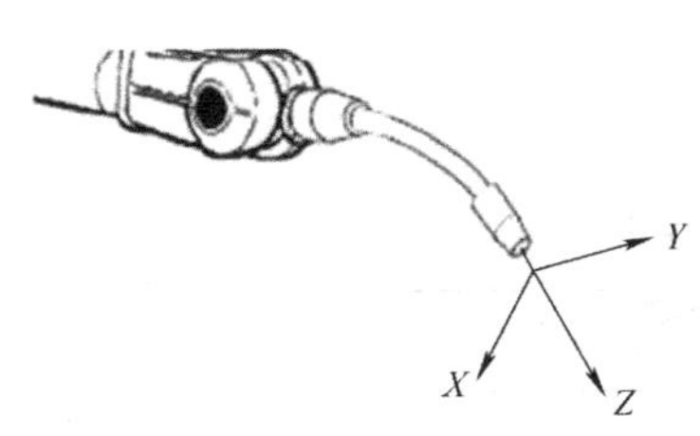

图2-18　工具坐标系

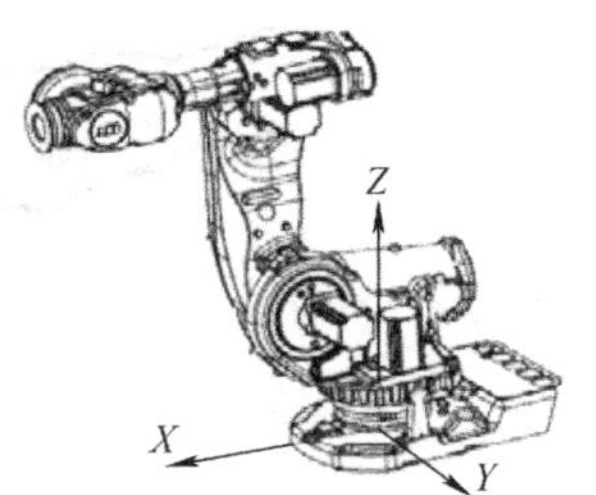

图2-19　基坐标系

选择合适的坐标系会使手动（微动）控制容易一些，但对于选择哪一种坐标系并没有简单或唯一的答案。坐标系的选择要能以较少的控制杆动作将工具中心点移至目标位置。因此，了解各种条件，例如空间限制、障碍物或工件及工具的物理尺寸等有助于操作者做出正确的判断。各种坐标系的用途及说明如图 2-20 所示。

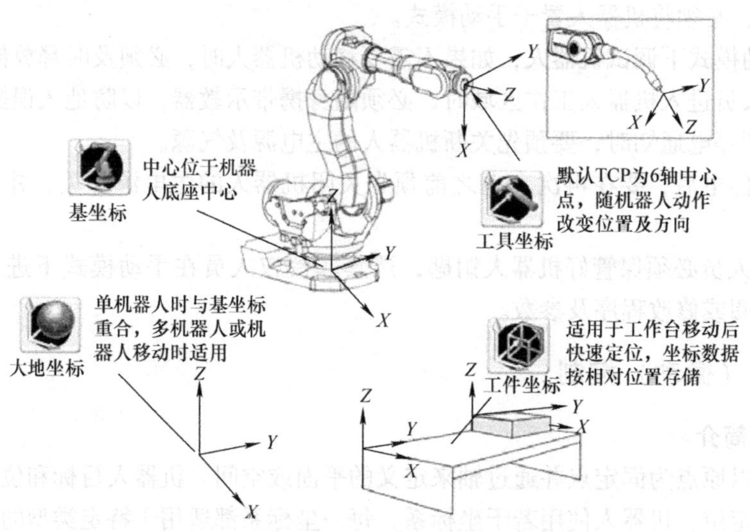

图 2-20　各种坐标系的用途及说明

2. 动作模式与微动控制

机器人的动作模式有三种：单轴模式（轴 1 – 3 模式和轴 4 – 6 模式）、线性模式与重定位模式。在相应的动作模式下，通过控制操纵杆移动机器人到达目标位置。所以，微动控制就是使用“示教器”控制杆手动定位或移动机器人或外轴。手动模式下可以进行微动控制，无论“示教器”上显示什么视图都可以进行微动控制，但在程序执行过程中无法进行微动控制。

要手动移动机器人，首先要选定“动作模式”和“坐标系”来确定机器人移动的方式。例如，单轴模式下，一次只能移动一个机器人轴，很难预测工具中心点将如何移动。因此，单轴模式多用于机器人姿态调整。线性模式下，工具中心点沿空间内的直线移动，即“从 A 点到 B 点移动”方式，工具中心点按选定的坐标系轴的方向移动，多用于移动焊枪位置，工具中心点位置如图 2-21 所示。

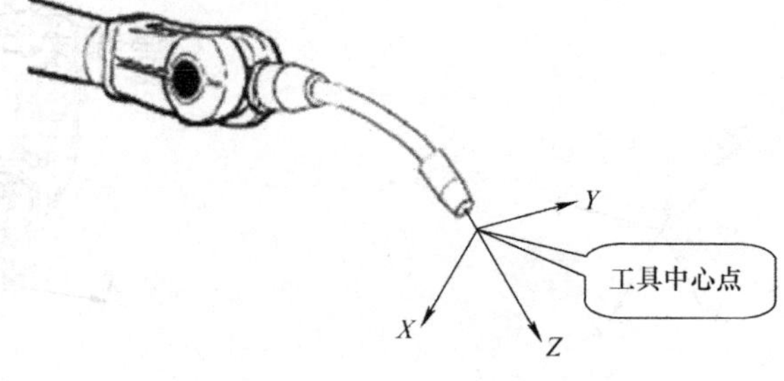

图 2-21　工具中心点位置

对于添加了附加轴的机器人只能进行逐轴微动控制。附加轴可设计为进行某种线性动作或旋转（角）动作的轴。线性动作用于传送带，旋转动作用于各种工件操纵器，附加轴不受选定的坐标系影响，如图2-22所示。

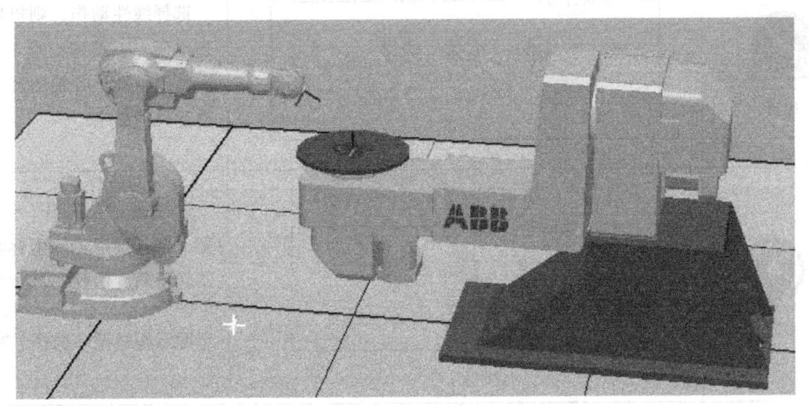

图2-22 机器人与附加轴协调系统

3. 操纵杆的使用

如果将操纵杆比作汽车的油门，操纵杆的扳动或旋转的幅度与机器人速度相关。操纵杆使用技巧如下：

1）扳动或旋转的幅度小，则机器人运行速度较慢。

2）扳动或旋转的幅度大，则机器人运行速度较快。

在手动操作机器人示教时，尽量小幅度操作操纵杆，使机器人在慢速状态下运行，可控性较高。具体的动作模式与操纵杆移动方式及说明见表2-5。

表2-5 动作模式与操纵杆移动方式及说明

动作模式	控制操纵杆图示	说　明
轴1-3模式 轴1-3	操纵杆方向 2 1 3	选择单独操纵1、2、3轴，机器人的1、2、3轴单独运动，没有联动关系。由于控制杆方向的含义取决于选定的动作模式。操纵杆图示窗口中的箭头方向表示操纵杆沿此方向板动，机器人将沿着对应的坐标或者轴正向移动
轴4-6模式 轴4-6	操纵杆方向 5 4 6	选择单独操纵4、5、6轴，机器人的4、5、6轴（或外部轴）单独运动，没有联动关系。可用图示按钮循环选择

（续）

动作模式	控制操纵杆图示	说　明
线性模式 线性	操纵杆方向 X Y Z	选择线性动作，则机器人的工具姿态不变，工具中心点（TCP）在空间内直线移动，各轴的转动角度由控制器运算后决定
重定位模式 重定位	操纵杆方向 X Y Z	选择重定位动作，则 TCP 位置不变，工具绕指定的坐标轴旋转，各轴的转动角度由控制器运算后决定。可用图示按钮循环选择

表2-5 中，由于机器人本体一般有6个轴且示教器上的操纵杆为三方向控制，所以“单轴模式”需要分为“轴1－3模式”与“轴4－6模式”，才能完全控制机器人各个轴运动。动作模式中，选择“轴1－3”，按下“使动装置”到第一档，手动操纵杆左右方向可以控制轴1运动，上下方向控制轴2运动，旋转操纵杆控制轴3运动。如果选择“轴4－6”模式，按下“使动装置”到第一档，手动操纵杆左右方向可以控制轴4运动，上下方向控制轴5运动，旋转操纵杆控制轴6运动。机器人各轴动作方向如图2-23所示。

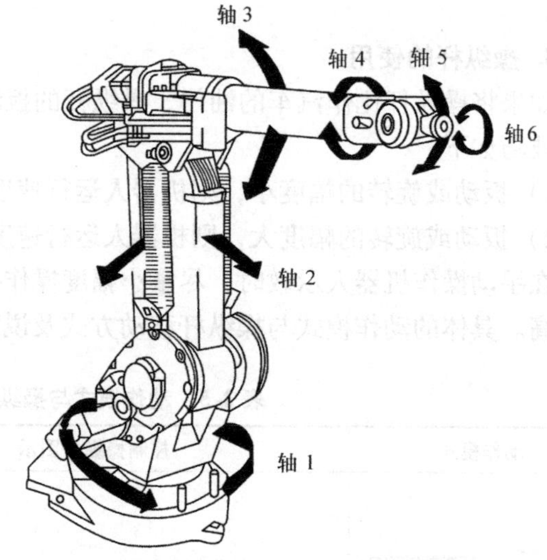

图 2-23　机器人各轴动作方向

4. 默认设置

线性和重新定位动作模式均有坐标系默认设置，在每个机械单元中都有效。这些默认设置通常在重新启动后就已设定。如果改变了其中一个动作模式的坐标系，此改变将被系统记忆，直至下一次重新启动（热启动）。模式与默认坐标系见表2-6。

表 2-6　模式与默认坐标系

动作模式	默认坐标系
线性	基坐标系
重定位	工具坐标系

5. 增量模式

在精确定点时，如果操作员对控制操纵杆还不是很熟练，这时需要在原有的动作模式下添加“增量模式”。增量模式采用增量移动对机器人进行微幅调整，可非常精确地进行定位操作。控制杆偏转一次，机器人就移动一步（增量）。如果控制杆偏转持续1s或数秒，机器人就会持续移动（速率为每秒10步）。

默认模式不是增量移动，此时当控制杆偏转时，机器人将会持续移动。按切换增量按钮以切换增量大小，在没有增量和以前选择的增量大小之间切换，如图2-24所示。

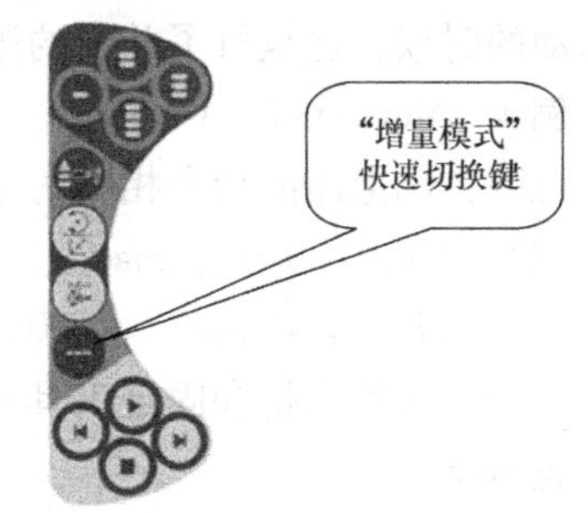

图2-24 增量按钮以切换增量大小

增量移动幅度能在小、中、大之间选择，也可以定义自己的增量移动幅度，见表2-7。

表2-7 增量移动幅度

增量	距离	角度
小	0.05mm/步	0.005°/步
中	1mm/步	0.02°/步
大	5mm/步	0.2°/步
用户模块	自定义	自定义

2.3 焊接机器人编程

2.3.1 焊接机器人常用指令

1. 常用运动指令

机器人在空间中进行运动主要有四种方式：关节运动（MoveJ）、线性运动（MoveL）、圆弧运动（MoveC）和绝对位置运动（MoveAbsJ）。

（1）绝对位置运动（MoveAbsj，有时也称回原点指令）用于机器人各轴转角与外部轴各轴转角运动到转轴目标中的各轴对应角度位置，一般用于回原点等能够明确各轴转角的场合，如图2-25所示。

```
MoveAbsJ jposl, v100, z10, tool1;
         ↑
      转轴目标
```

图2-25 绝对位置运动程序

例1 MoveAbsJ ＊，v2000\V：=2200，z40 \Z：=45，grip3；

说明：grip3表示沿着一个非线性路径运动到存储在指令中的一个绝对轴位置。执行的运动数据为v2000和z40。TCP的速度大小是2200mm/s，zone的大小是45mm。

例2 MoveAbsJ p5，v2000，fine \ Inpos ： =inpos50，grip3；

说明：grip3表示沿着一个非线性路径运动到绝对轴位置p5。当停止点fine的50%的位置条件和50%的速度条件满足的时候，机器人认为它已经到达位置。它等待条件满足最多等待2s。

例 3　MoveAbsJ　\ Conc，*，v2000，z40，grip3；

说明：grip3 表示沿着一个非线性路径运动到存储在指令中的一个绝对轴位置。当机器人运动的时候，也执行了并发的逻辑指令。

例 4　MoveAbsJ　\ Conc，*　\ NoEOffs，v2000，z40，grip3；

说明：和上面的指令相同的运动，但是它不受外部轴激活的偏移量的影响。

例 5　GripLoad obj_ mass；

MoveAbsJ start，v2000，z40，grip3 \ Wobj：= obj；

说明：机器人把和固定工具 grip3 相关的工作对象 obj 沿着一个非线性路径移动到绝对轴位置 start。

（2）关节运动（MoveJ）　关节运动指令是在对路径精度要求不高的情况，机器人的工具中心点 TCP 从一个位置移动到另一位置，两个位置之间的路径不一定是直线，如图 2-26 所示。

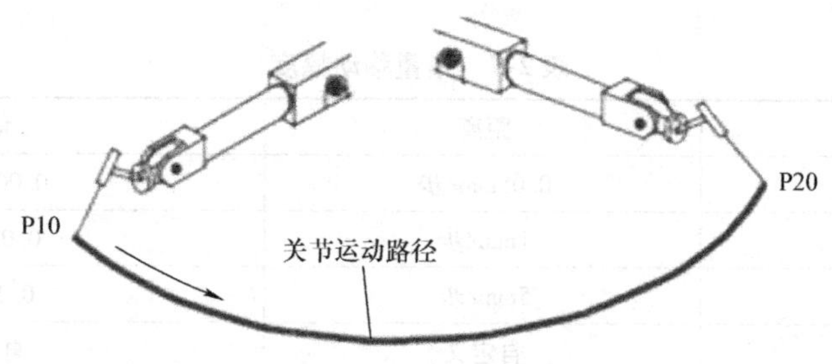

图 2-26　关节运动示意

关节运动的路径不可以预测，由控制系统自定，所以使用关节运动指令时要注意避开工件或者其他障碍物。关节运动指令应用时具有以下 3 个特点：

1）不存在运动死点。

2）对机械保护好。

3）只适用于大范围空间运动。

（3）线性运动（MoveL）　线性运动是机器人的 TCP 从起点到终点之间的路径始终保持为直线，一般如焊接、涂胶等对路径要求高的场合使用此指令。需要注意的是，线性运动机器人关节存在死点，应尽量避免四轴与五轴成同一直线的情况，如图 2-27 所示。

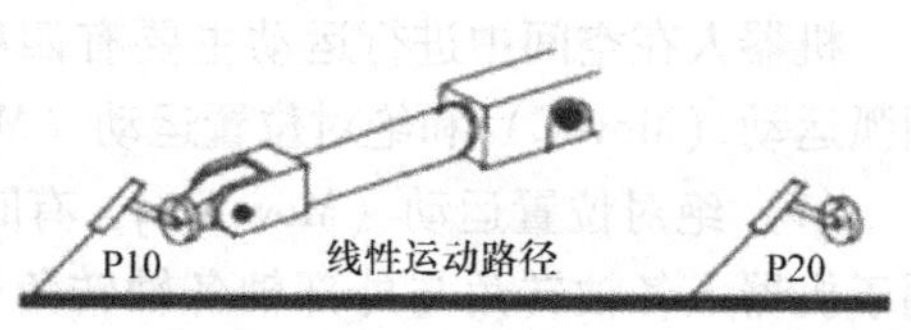

图 2-27　线性运动示意

（4）圆弧运动（MoveC）　如图 2-28 所示，圆弧运动是在机器人可到达的空间范围内定义三个位置点，第一点是圆弧的起点 P10，第二点用于定义圆弧的中点 P30，第三点是圆弧的终点 P40，要形成一个完整的圆形轨迹至少使用 3 个 MoveC 指令（参见“1 - 1 法兰与管调试视频”）。

注意：
圆弧的起点为前一指令的最后一点（与部分其他机器人品牌示教方法有所不同）。

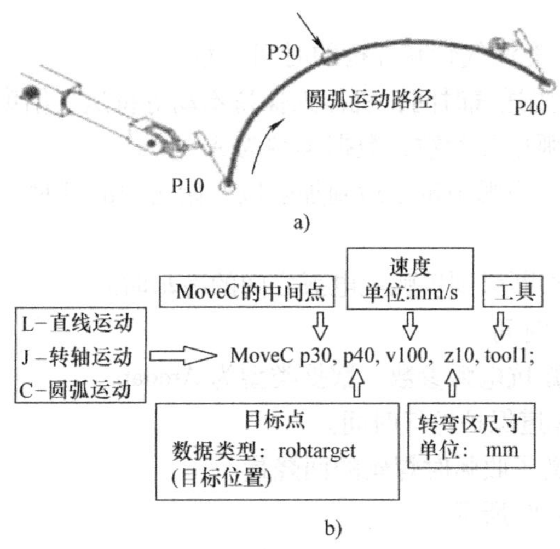

图2-28　圆弧运动
a）圆弧运动示意　b）圆弧运动程序

2. 常用焊接指令及相关焊接参数

焊接指令的基本功能与普通Move指令一样，要实现运动及定位。它包括三个参数：①seam（Seamdata，弧焊参数的一种，定义起弧和收弧时的焊接参数）；②weld（Welddata，弧焊参数的一种，定义焊缝的焊接参数）；③weave（Weavedata，弧焊参数的一种，定义焊缝的摆焊参数）。

（1）焊接指令

1）ArcLStart：直线焊接开始指令，其有以下3个特点。

① 以直线或圆弧轨迹行走至焊道开始点，并提前做好焊接准备工作（不执行焊接）。

② 若直接用ArcL命令，焊接在命令的起始点开始执行，但在所有准备工作完成前机器人保持不动。

③ 不管是否使用Start指令，焊接开始点都是精确停止（fine）点（无圆角过渡），即使设置了变量菜单指令（Zone）参数。

2）ArcL、ArcC：直线焊道、圆弧焊道。直线焊道、圆弧焊道指令的运动轨迹与线性运动、圆弧运动的轨迹与定点方式相同。使用时应注意，如果使用ArcL指令时，下一条指令是MoveL，焊接会停止，但结果是无法预料的（如没有填弧坑）。

3）ArcLEnd、ArcCEnd：直线或圆弧焊接结束指令。焊接直线或圆弧至焊道结束点，并完成填弧坑等焊后工作。

（2）焊接参数

1）Weld参数：定义主要焊接参数。

① Weld_ speed：焊接速度，单位是mm/s。

② Main_ arc：定义主电弧参数，数据类型为Arcdata。

③ Voltage：电压值，单位是Volt。

④ WireFeed：送丝速度（送丝速度与电流是正比关系），单位是m/min。

2）Seam参数：用于焊接引弧、加热和收弧段，以及中断后重启。

① Ignition：引弧段。

a. purge－time：气体充满气管和焊枪的时间（秒）。

b. preflow_ time：预先送气时间，机器人保持不动等待送气结束。

c. ign_ arc：定义引弧电弧参数，数据类型为 Arcdata。

d. ign_ move_ delay：引弧稳定之后到加热段开始之间的延时。

② End：收弧段。

a. cool_ time：第一次断弧到填弧坑电弧之间的冷却时间。

b. fill_ time：填弧坑时间。

c. fill_ arc：定义填弧坑电弧参数，数据类型为 Arcdata。

d. postflow_ time：焊道保护送气时间。

e. Bback_ time：定义了收弧时焊丝的回烧量。

焊接程序实例如图 2-29 所示。

3）Weave 摆焊参数。

① Weave_ shape，定义了摆动类型，数值 0 ~ 3 所代表的含义如下：0—无摆动；1—平面锯齿形摆动，如图 2-30 所示；2—空间 V 字形摆动；3—空间三角形摆动。

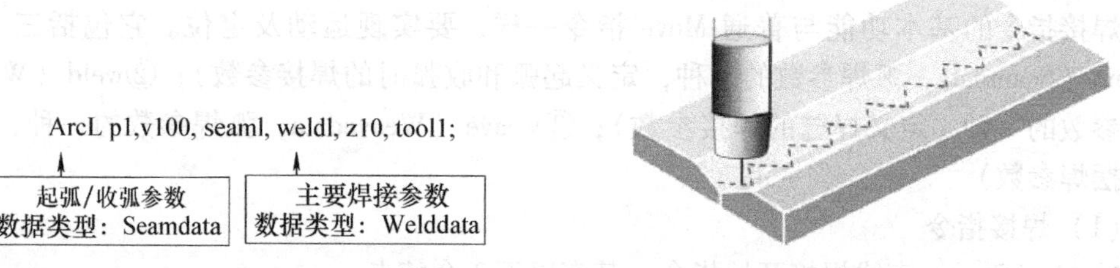

图 2-29　焊接程序实例　　图 2-30　平面锯齿形摆动

② Weave_ type，定义了机器人实现摆动的方式，数值 0 ~ 1 所代表的含义如下：0—机器人所有的轴均参与摆动；1—仅手腕参与摆动。

③ Weave_ length，定义了摆动一个周期的长度。

④ Weave_ width，定义了摆动一个周期的宽度。

⑤ Weave_ height，定义了空间摆动一个周期的高度。

3. 指令使用示例

（1）移动指令使用示例　如图 2-31 所示，假设机器人的 TCP 运行轨迹为从当前点至 p1 到 p2 再到 p3。

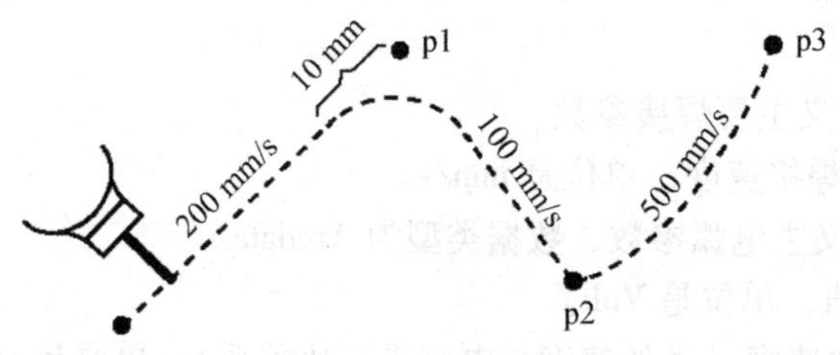

图 2-31　曲线轨迹图

机器人（焊枪）按照该轨迹运行的示教指令如下：

1）MoveL p1，v200，z10，tool1/wobj = wobj1；

机器人的 TCP 从当前位置以线性的运动方式向 p1 点前进，速度是 200mm/s，拐弯区尺寸为 10mm，距离 p1 点位置还有 10mm 时开始拐弯。使用的工具数据为 tool1，工件数据为 wobj1。

2）MoveL p2，V100，fine，tool1/wobj = wobj1；

机器人的 TCP 从 p1 点位置以线性的运动方式向 p2 点前进，速度是 100mm/s，拐弯区尺寸为 fine，机器人在 p2 点位置稍作停顿。使用的工具数据为 tool1，工件数据为 wobj1。

3）MoveJ p3，v500，fine，tool1/wobj = wobj1；

机器人的 TCP 从 p2 点位置以关节运动方式向 p3 点前进，速度是 500mm/s，拐弯区尺寸为 fine，机器人在 p3 点位置停止。使用的工具数据为 tool1，工件数据为 wobj1。

（2）焊接指令使用示例　如图 2-32 所示，焊道的开始点为 p1，焊接结束点为 p2，由 p1 向 p2 移动。

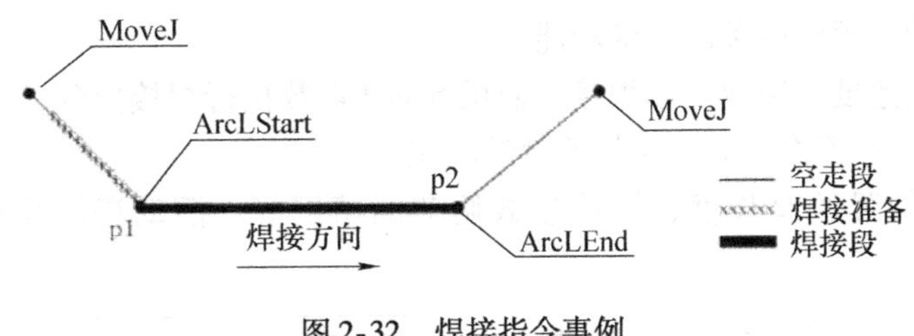

图 2-32　焊接指令事例

图 2-32 中，从左至右各点的指令如下：

1）MoveJ；

机器人的 TCP 以关节的运动方式移动到焊道的开始点 p1 上方，焊枪的姿势调整到适合焊接。

2）ArcLStart p1，V100，seam1，weld1，fine，gun1；

机器人的 TCP 以线性的运动方式移动到焊道的开始点 p1，运动速度为 100mm/s，机器人准备好焊接时所使用的参数。机器人在 p1 点位置稍作停顿后开始起弧，起弧的参数在 seam1 中设定。使用的工具数据为 gun1。

3）ArcLEnd p2，v100，seam1，weld1，fine，gun1；

机器人的 TCP 以直线的焊接方式从焊道的开始点 p1 向焊接结束点 p2 焊接，焊接速度在 weld1 中设置。机器人在 p2 点位置完成收弧动作后焊接停止，收弧的参数在 seam1 中设定。使用的工具数据为 gun1。

4）MoveJ；

机器人的 TCP 以关节的运动方式移动到焊道的结束点 p2 上方。焊接起收弧程序如图2-33 所示。

上面指令使用示例中提到了速度拐弯区，这里作以下说明：

ArcL pl. v100, seaml, weld1, z10, tool1;

起弧/收弧参数 数据类型：Seamdata

主要焊接参数 数据类型：Welddata

图 2-33　焊接起收弧程序

1）速度。

① 速度一般最高到 v5000。

② 在手动限速状态下，所有速度都被限制在250mm/s。

2）拐弯区。

① fine 是精确停止点，是指机器人 TCP 达到目标点，在目标点速度降为零，机器人动作有所停顿后再向下一目标点运动。如果是一段路径的最后一点，则一定为 fine 点。

② 拐弯区数值越大，机器人动作路径就会越圆滑、越顺畅。

4. 摆动程序操作示例

（1）单击“ABB”，选择机器人摆动焊接“ Robot Ware Arc”。

1）调节——手动或自动焊接过程中焊接参数及摆动参数的调节。

2）锁定——焊接、摆动、跟踪等功能的锁定，用于程序调试。

（2）焊接启动　锁定后可在不焊接情况下执行程序。

（3）摆动启动　锁定后关闭摆动功能。

（4）跟踪启动　锁定后关闭跟踪功能。

（5）使用焊接速度　锁定后不焊接且使用 Speed 参数执行焊接指令。

1）手动功能——提供送丝、送气等手动功能。

2）设置——设置送丝长度、焊接参数调节的精度等。摆动程序操作图标如图 2-34 所示。

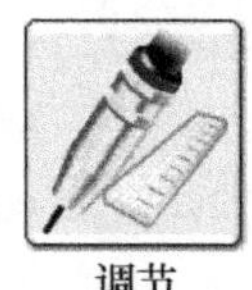
调节

锁定

手动功能

设置

图 2-34　摆动程序操作图标

5. 综合练习

如图 2-35 所示，按照图中轨迹所标出的各点编写程序，其中 p20 ~ p80 为焊接段。

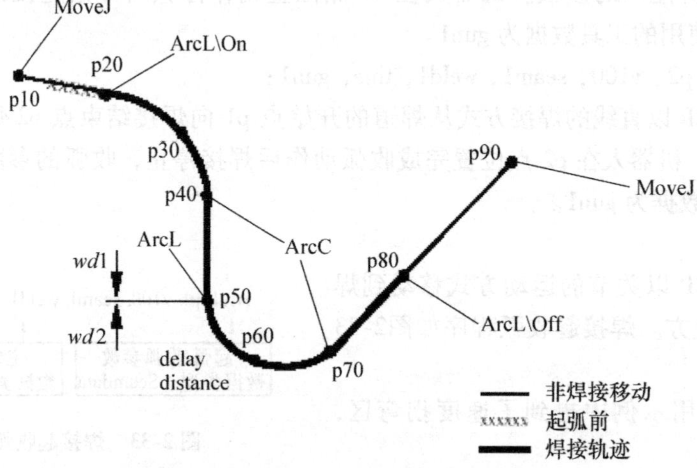

图 2-35　曲线轨迹示教指令示意图

程序及解读如下：

PROC guanbanjian(管板件) - 程序名

MoveJ P10, v1000, z50, Torch1; - - - - - - - - - - - - - 机器人以关节方式移动到P20

ArcLStart P20, v200, seam2, weld2, fine, Torch1; - - - - - - - - 焊接开始点P20

ArcC P30,P40, v200, seam2, weld2, z10, Torch1; - - - - - - - - - - 中间点P30、P40

ArcC P50,P60, v200, seam2, weld2, z10, Torch1; - - - - - - - - 中间圆弧点P50、P60

ArcC P70, v200, seam2, weld2, z10, Torch1; - - - - - - - - - - - - - - 中间圆弧点P70

ArcLEnd P80, v200, seam1, weld1, fine, Torch1; - - - - - - - - - - 焊接结束点P80

MoveJ P90, v200, z50, Torch1; - - - - - - - - - - - - - - - - - - P80点到P90点移动

Stop;ENDPROC - 程序结束

2.3.2　焊接机器人示教编程

1. 示教再现工作原理

绝大多数工业机器人属于示教再现方式的机器人。“示教”就是机器人学习的过程，在这个过程中，操作人员要手把手教机器人做某些动作，机器人的控制系统会以程序的形式将其记忆下来。机器人按照示教时记录下来的程序展现这些动作，就是“再现”过程。示教再现机器人的工作原理如图2-36所示。

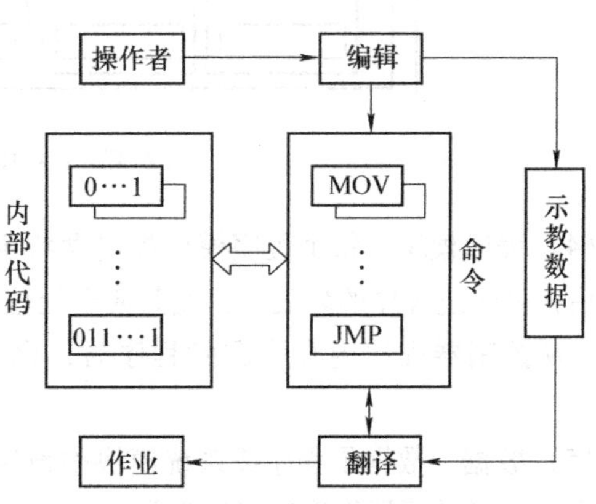

图2-36　示教再现机器人的工作原理

示教时，操作人员通过示教器编写运动指令，也就是工作程序，然后由计算机查找相应的功能代码并存入某个指定的示教数据区，这个过程称为示教编程。

再现时，机器人的计算机控制系统自动逐条提取出示教指令及其他有关数据，进行解读、计算。做出判断后，将信号送给机器人相应的关节伺服驱动器或端口，使机器人再现示教时的动作。

2. RAPID程序结构

RAPID应用程序结构如图2-37所示，组成如下：

(1) 任务　通常每个任务包含了一个RAPID程序和系统模块，并实现一种特定的功能(例如点焊或操纵器的运动)。一个RAPID应用程序包含一个任务，如果安装了Multitasking(任务选项)，则可以包含多个任务。

(2) 任务属性参数　任务属性参数将设置所有任务项目的特定属性。存储于某一任务的任何程序将采用为该任务设置的属性。

(3) 程序　每个程序通常都包含具有不同作用的RAPID代码的程序模块。所有程序必须定义可执行的录入例行程序。

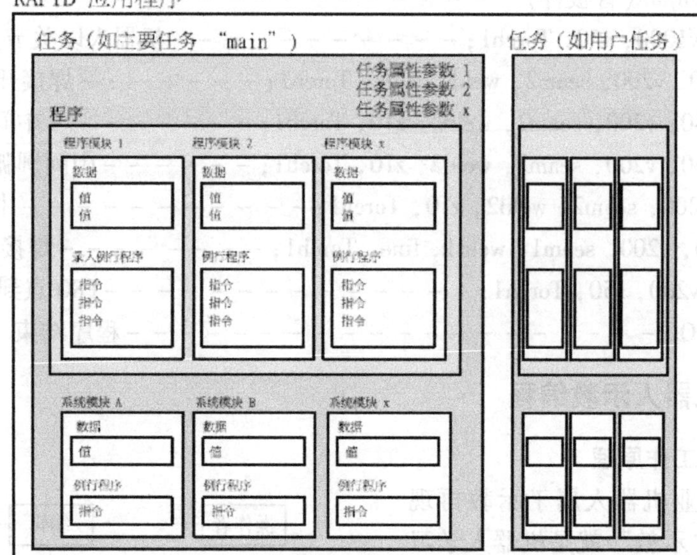

图 2-37　RAPID 应用程序结构

（4）程序模块　每个程序模块都包含特定作用的数据和例行程序。将程序分为不同的模块后，可改进程序的外观，且使其便于处理。每个模块表示一种特定的机器人动作或类似动作。从控制器程序内存中删除程序时，也会删除所有程序模块。程序模块通常由用户编写。

（5）数据　数据是程序或系统模块中设定的值和定义。数据由同一模块或若干模块中的指令引用（其可用性取决于数据类型）。

（6）例行程序　例行程序包含一些指令集，它定义了机器人系统实际执行的任务。例行程序也包含指令需要的数据。

（7）录入例行程序　在英文中有时称为"main"的特殊例行程序，被定义为程序执行的起点。每个程序必须含有名为"main"的录入例行程序，否则程序将无法执行。

（8）指令　指令是对特定事件的执行请求，如"运行操纵器 TCP 到特定位置"或"设置特定的数字化输出"。

3. 新建与加载程序

新建与加载一个程序的步骤如下：

1）在主菜单下选择程序编辑器。

2）选择任务与程序。

3）若创建新程序，按"新建"，然后打开软件盘对程序进行命名；若编辑已有程序，则选加载程序，显示文件搜索工具。

4）在搜索结果中选择需要的程序，单击"确认"，程序被加载。为了给新程序腾出空间，可以删除先前加载的程序。

4. 程序的存储

备份、程序和配置等信息都以文件形式保存在机器人系统中。这些文件可用特殊的 FlexPendant（示教器）应用程序（例如程序编辑器）处理，也可用 FlexPendant 资源管理器处理。

程序是以目录的形式保存，目录名可带工件编号或日期，以便识别 mod 文件中保存了某个模块内所有例行程序和数据。Pgf 文件记录了这个程序中包含的模块文件名称。如图 2-38所示，程序就包含了 MainModule 和 Useful_ Routine 两个模块，加载程序要选择 pgf 文件进行。

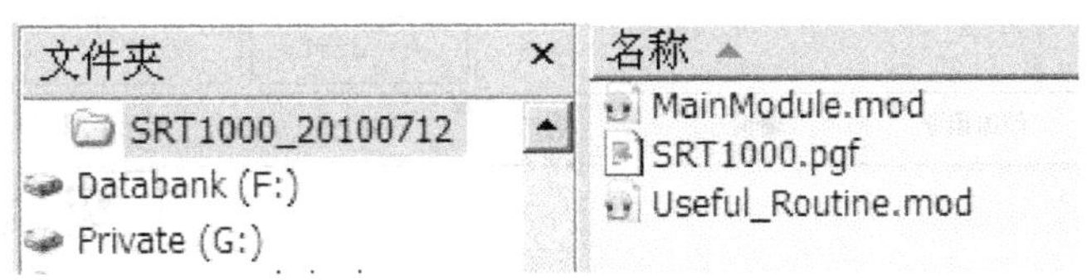

图 2-38　程序的存储

5. 程序的示教编程

（1）添加指令　在程序中添加运动指令的方法有两种：

1）在程序编辑器编辑状态下复制、粘贴需要的运动指令，必要时可修改其参数，如图 2-39所示。

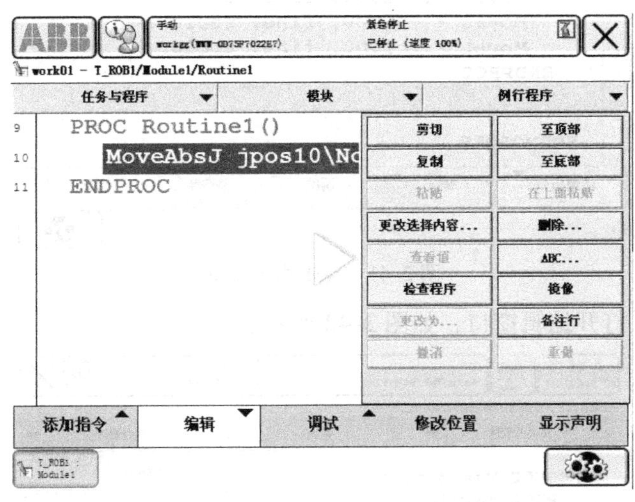

图 2-39　程序编辑器处于编辑状态

2）在程序编辑器中，将光标移动到需要添加运动指令的位置，操纵摇杆使机器人到达新位置，使用“添加指令”添加新的运动指令，如图 2-40 所示。

（2）编辑指令变量　例如，修改程序的第一个 MoveL 指令，改变精确点（fine）为转弯半径 z10。步骤如下：

1）在主菜单下，选程序编辑器，进入程序，选择要修改变量的程序语句，如图 2-41 所示。

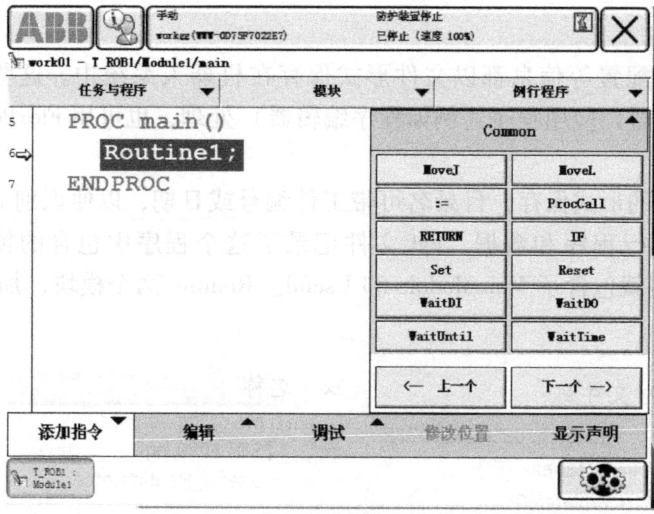

图 2-40　添加新的运动指令

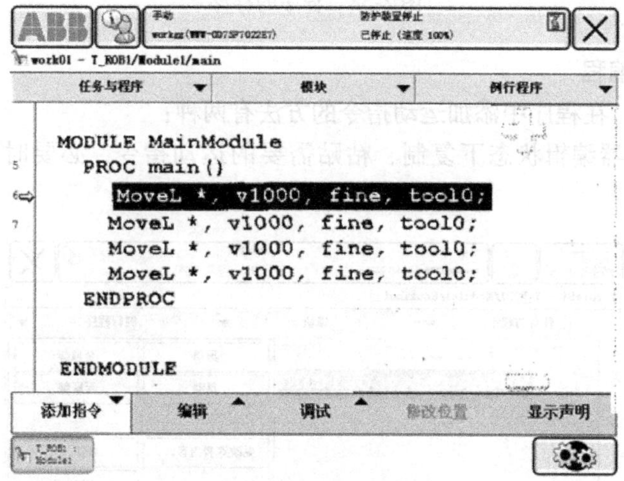

图 2-41　编辑指令变量

2）按“编辑”打开编辑窗口，如图 2-42 所示。

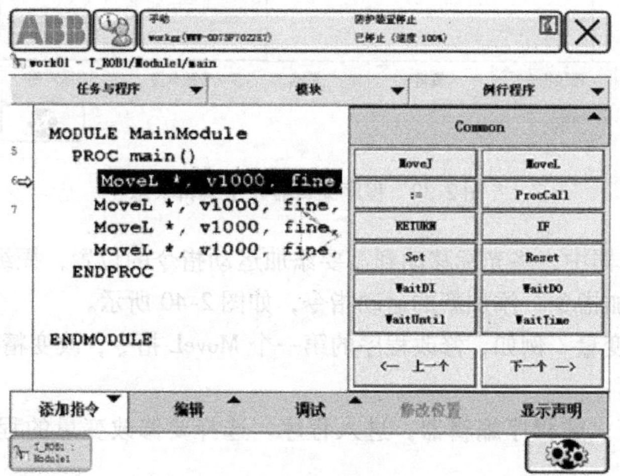

图 2-42　打开编辑窗口

3）按“可选变量”，进入当前语句菜单，如图 2-43 所示。

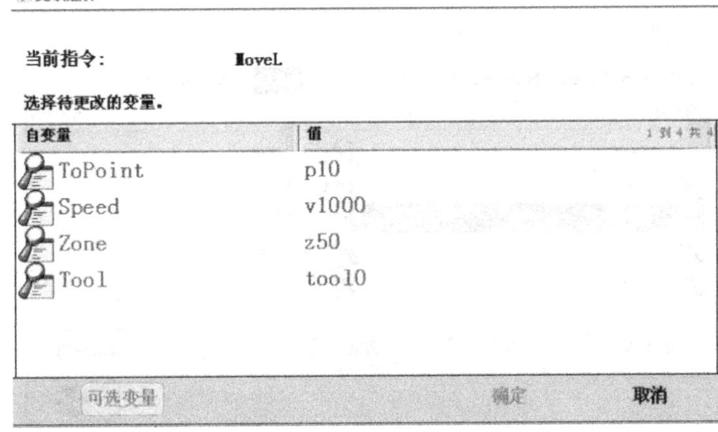

图 2-43　单击“可选变量”

4）单击“Zone”进入当前变量菜单，如图 2-44 所示。

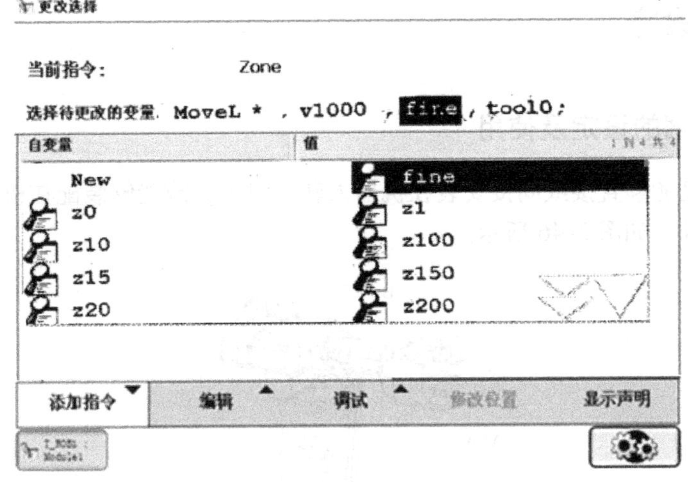

图 2-44　进入当前变量菜单

5）选择 z10，即可将 fine 改变为 z10，如图 2-45 所示。

6）单击“确认”。

（3）修改位置点　修改位置点的步骤如下：

1）在主菜单中选程序编辑器。

2）单步运行程序，使机器人轴或外部轴到达希望修改的点位或附近。

3）移动机器人轴或外部轴到新的位置，此时指令中的工件或工具坐标已自动选择。

4）按“修改位置”，系统提示确认，完成点位置的修改确认。

5）确认修改时按“修改”，保留原有点时按“取消”。

6）重复步骤 3）~4），修改其他需要修改的点。

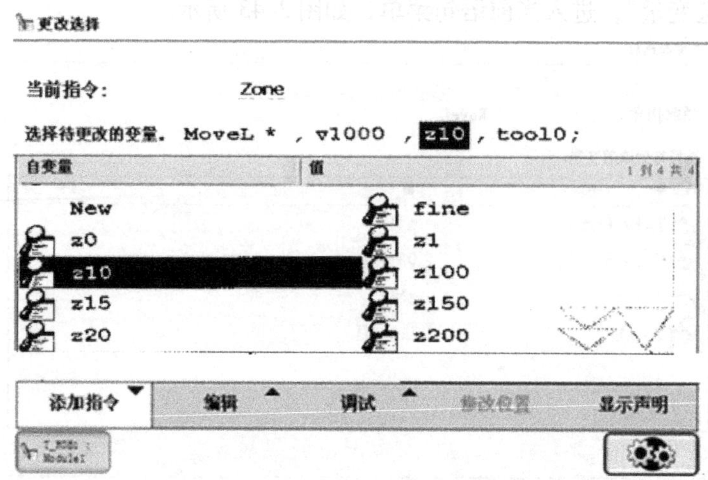

图 2-45 fine 改变为 z10

2.4 机器人设定

2.4.1 工具数据的设定及使用

机器人工具是能够直接或间接安装在机器人转动盘上，或能够装配在机器人工作范围内固定位置上的物件，如图 2-46 所示。

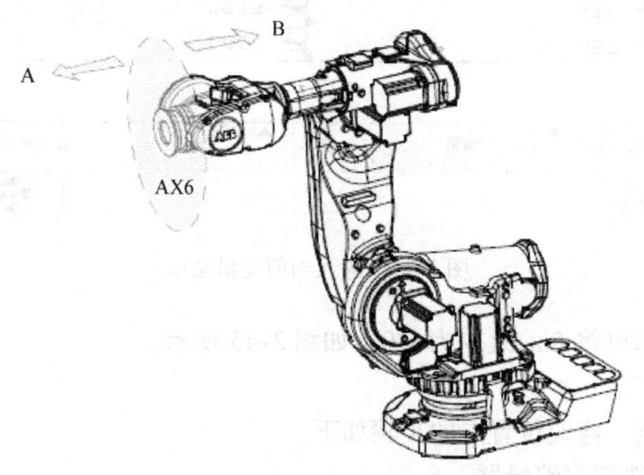

图 2-46 机器人工具安装位置

图中，A 侧为工具侧，B 侧为机器人侧。固定装置（夹具）不是工具，所有工具必须用 TCP（工具中心点）定义。

（1）工具数据（tooldata） 用于描述安装在机器人第 6 轴上的工具（焊枪、吸盘夹具等）的 TCP、质量、重心等参数数据。

（2）工具中心点（TCP） 工具中心点（TCP）位置取决于执行机构的类别，弧焊机器人工具中心点（TCP）在焊丝伸出端部。改变点的坐标值与位移量有关，与机器人姿态无关，如图2-47所示。

工具中心点（TCP）是定义所有机器人定位的参照点。通常TCP定义为与操纵器转动盘上的位置相对。

TCP可以微调或移动到预设目标位置。工具中心点也是工具坐标系的原点。机器人系统可处理若干TCP定义，但每次只能存在一个有效TCP。TCP有两种基本类型：移动或静止。多数应用中TCP都是移动的，即TCP会随操纵器在空间移动。典型的移动TCP可参照弧焊枪的顶端、点焊的中心或是手锥的末端等位置定义。某些应用程序中使用固定的TCP，如使用固定的点焊枪。此时，TCP要参照静止设备而不是移动的操纵器来定义。

(3) 定义工具TCP点的作用　机器人执行程序时，TCP将移至编程位置，定义TCP将有利于编程时工具TCP点能更精确地定位、更精确地到达目标点。

默认工具（tool0）的工具中心点（tool center ponit）位于机器人安装法兰的中心，如图2-48所示，A点就是原始的TCP点。

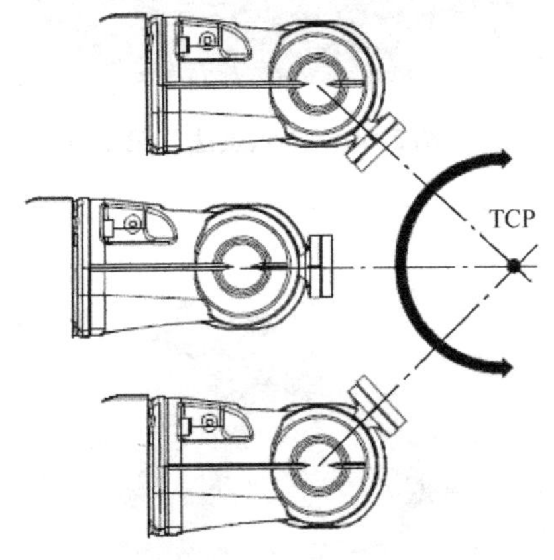

图2-47　工具中心点（TCP）示意

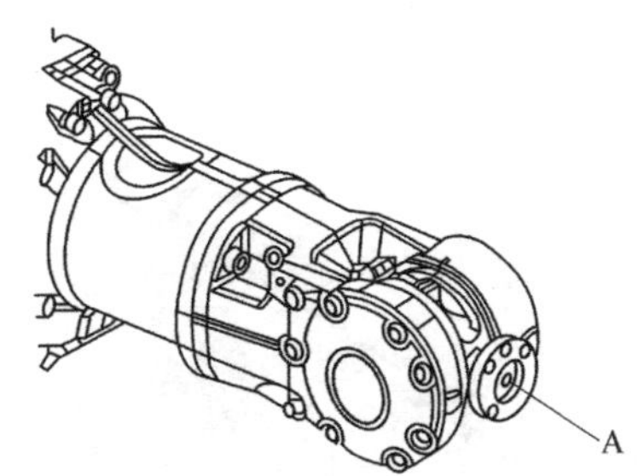

图2-48　工具中心点示意

(4) TCP的设定原理

1）首先在机器人工作范围内找一个非常精确的固定点作为参考点。

2）然后在工具上确定一个参考点（最好是工具的中心点）。

3）用之前介绍的手动操纵机器人的方法，去移动工具上的参考点，以四种以上不同的机器人姿态尽可能与固定点刚好碰上（为了获得更准确的TCP，在以下的例子中使用六点法进行操作，第四点是用工具的参考点重合于固定点，第五点是工具参考点从固定点向将要设定TCP的X轴方向移动，第六点是工具参考点从固定点向将要设定为TCP的Z方向移动）。

4）机器人通过这四个位置数据计算求得TCP的数据，然后TCP的数据就保存在tooldata这个程序数据中，被程序进行调用。

(5) TCP取点数量介绍

1）4点法，不改变tool0的坐标方向。

2）5点法，改变tool0的Z方向。

3）6点法，改变tool0的X和Z方向（在焊接应用中最为常用）。

前三个点的姿态相差尽量大些，这样有利于TCP精度的提高。

（6）工具数据设定的步骤

1）依次单击“ABB”→“手动操纵”→“工具坐标”→“新建”→“确定”→“tool1”→“编辑”→“定义”→在方法中选“TCP和z”，点数选“5点”→选择不同的姿势（姿势变化应尽量大些）接近同一点并修改各点“确定”后看平均误差，一般焊接的平均误差在0.4mm以下。如图2-49和图2-50~图2-52所示。

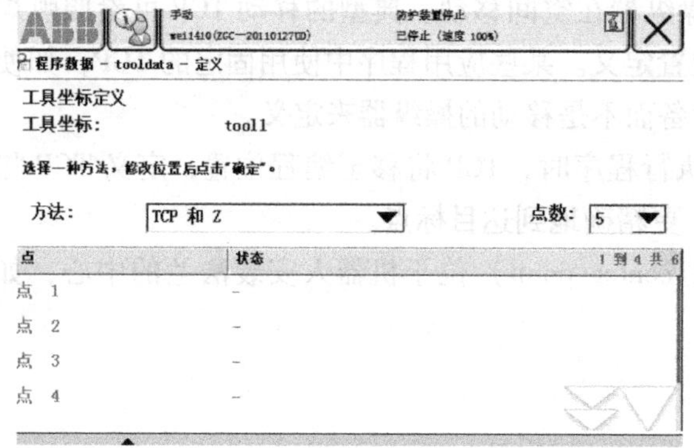

图2-49　工具数据设定图示

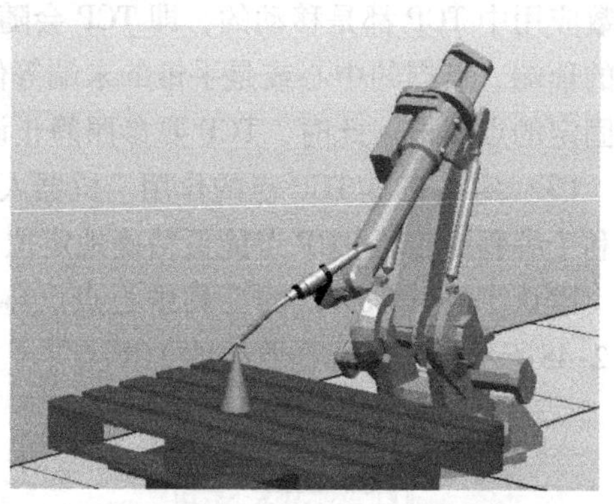

图2-50　“六点法”第2点

图2-51　“六点法”第4点

图2-52　“六点法”第6点

2）选中工具后，依次单击“编辑”→“更改值”→修改质量mass：2kg；重心位置为X=50mm、Y=0、Z=－150mm→单击“确定”，完成设置。

3）选择“重定位”和坐标系“工具tool1”，摆动操纵杆，查看TCP设定精确度。

2.4.2　工件坐标的设定及使用

1. 焊接机器人的坐标系

机器人使用若干坐标系，每一坐标系都适用于特定类型的微动控制或编程。

1）基坐标系位于机器人基座。它是最便于机器人从一个位置移动到另一个位置的坐标系。

2）工件坐标系与工件相关，通常是最适于对机器人进行编程的坐标系。

3）工具坐标系定义机器人到达预设目标时所使用工具的位置。

4）大地坐标系可定义机器人单元，所有其他的坐标系均与大地坐标系直接或间接相关。它适用于微动控制、一般移动以及处理具有若干机器人或外轴移动机器人的工作站和工作单元。

5）用户坐标系在表示持有其他坐标系的设备（如工件）时非常有用。

2. 焊接机器人工作站中的工件

工件是拥有特定附加属性的坐标系，它主要用于简化编程（因置换特定任务和工件进程等而需要编辑程序时）。创建工件可用于简化对工件表面的微动控制。可以创建若干不同的工件，这样就必须选择一个用于微动控制的工件。使用夹具时，有效载荷是一个重要因素。为了尽可能精确地定位和操纵工件，必须考虑工件重量。必须选择一个用于微动控制，如图 2-53 所示。

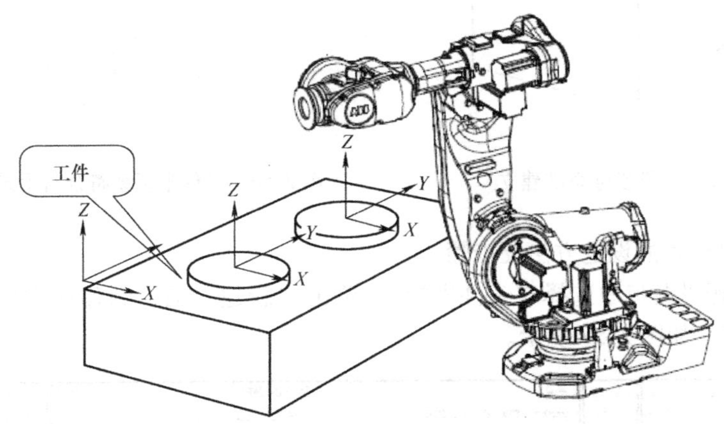

图 2-53　工件坐标系微动控制示意

3. 工件坐标系的定义

工件坐标系：它定义工件相对于大地坐标系（或其他坐标系）的位置，如图 2-54 所示。工件坐标系必须定义于两个框架：用户框架（与大地基座相关）和工件框架（与用户框架相关）。

机器人可以拥有若干工件坐标系，表示不同工件，或者表示同一工件在不同位置的若干副本。

对机器人进行编程就是在工件坐标系中创建目标和路径，会有很多优点：

1）重新定位工作站中的工件时，只需更改工件坐标系的位置，所有路径将即刻随之更新。

2）允许操作外轴旋转或直线导轨移动工件，使整个工件与机器人协调运动并始终处于最佳焊接位置。

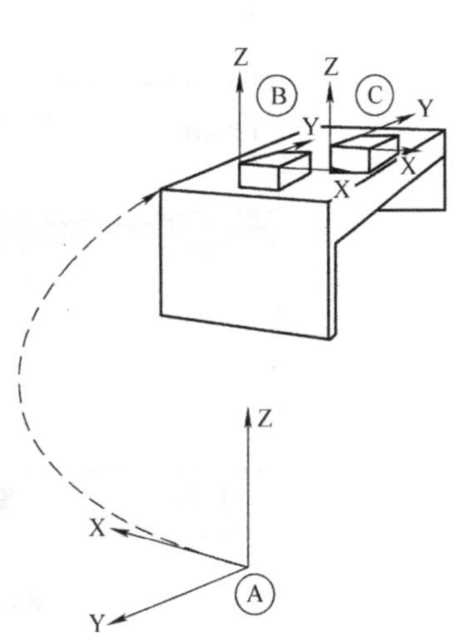

图 2-54　工件坐标系的定义

A—大地坐标系　B—工件坐标系 1

C—工件坐标系 2

4. 工件坐标系的设定

（1）工件坐标系的建立　在对象的平面上，只需要定义三个点，就可以建立一个工件坐标系：

1）X1 点确定工件坐标的原点。

2）X1、X2 确定工件坐标 X 正方向。

3）Y1 确定工件坐标 Y 正方向，如图 2-55 所示。

工件坐标系符合右手定则，如图 2-56 所示。

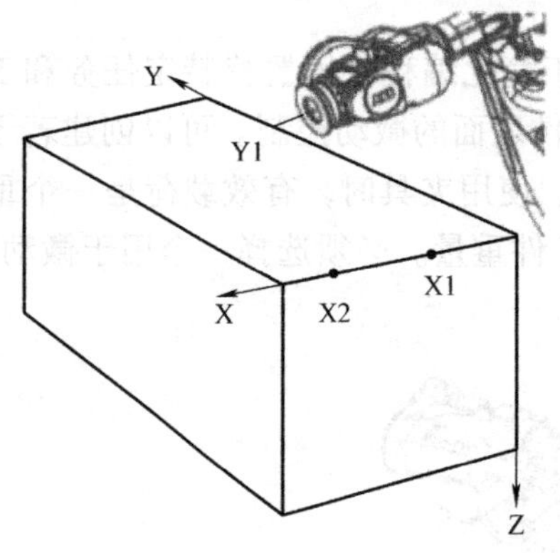

图 2-55　工件坐标系的建立

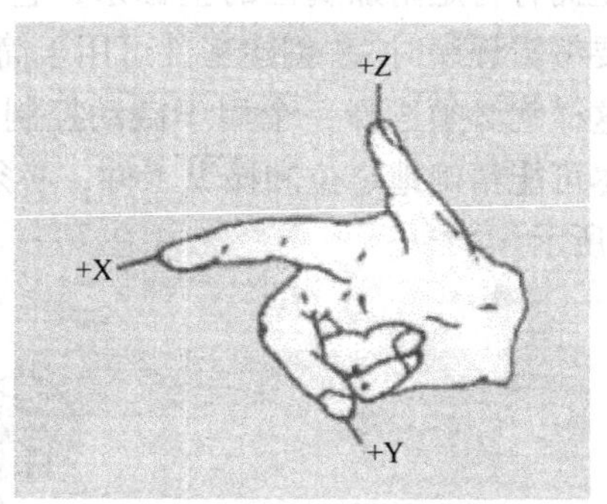

图 2-56　工件坐标系符合右手定则

（2）工件坐标系的设定方法及步骤

1）在手动操纵窗口中选择“工件坐标”，单击“新建”后，新建一个默认名称的工件坐标系“wobj1”，如图 2-57 所示。

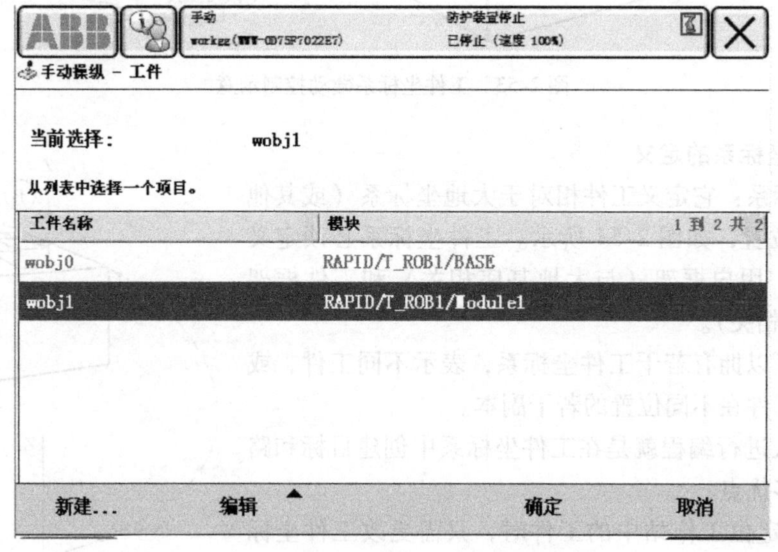

图 2-57　新建一个默认名称的工件坐标

2）选中新建好的工件坐标“wobj1”，单击“编辑”“定义”，选择用户方法为 3 点，如图 2-58 所示。

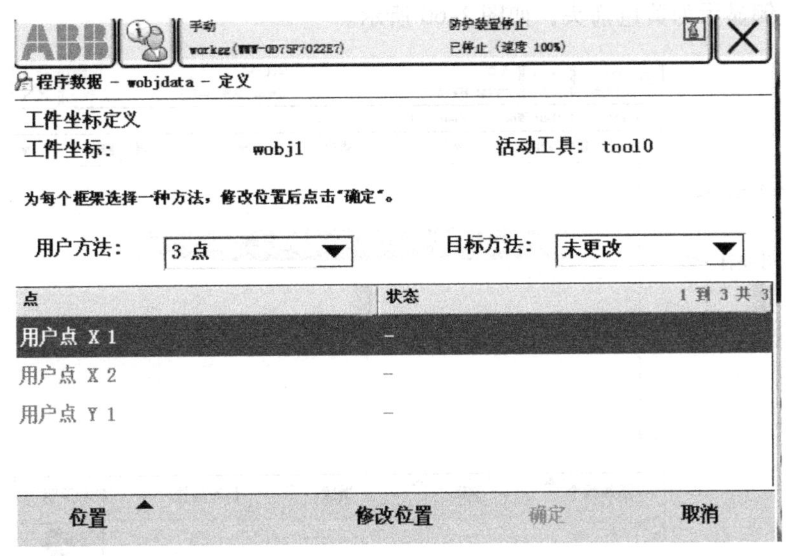

图 2-58　选择用户方法为 3 点

3）在工作台面上或者工件上面定义出相应的点 X1、X2、Y1，确定后完成工件坐标的设定过程。使用手动操纵中的“线性模式”，选择工件坐标为“wobj1”，验证机器人移动方向有什么改变，如图 2-59 所示。

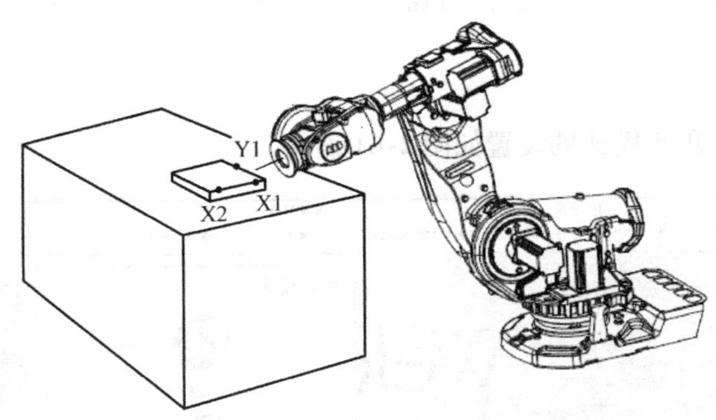

图 2-59　验证机器人移动方向的改变

2.5 手动模式运行程序

1. 指针

指针在编辑程序过程中是不会出现的，只有在调式过程中才会显示出来。单击“PP 移至例行程序”或“PP 移至 Main”都会将指针调用出来。

（1）程序指针　程序指针（PP）指的是无论按 FlexPendant 上的“启动”“步进”或“步退”按钮都可启动程序的指令。程序将从“程序指针”指令处继续执行。但是，如果程序停止时光标移至另一指令处，则程序指针可移至光标位置（或者光标可移动至程序指针），程序执行也可从该处重新启动。“程序指针”在“程序编辑器”和“运行时窗口”中的程序代码左侧显示为黄色箭头，如图 2-60 所示。

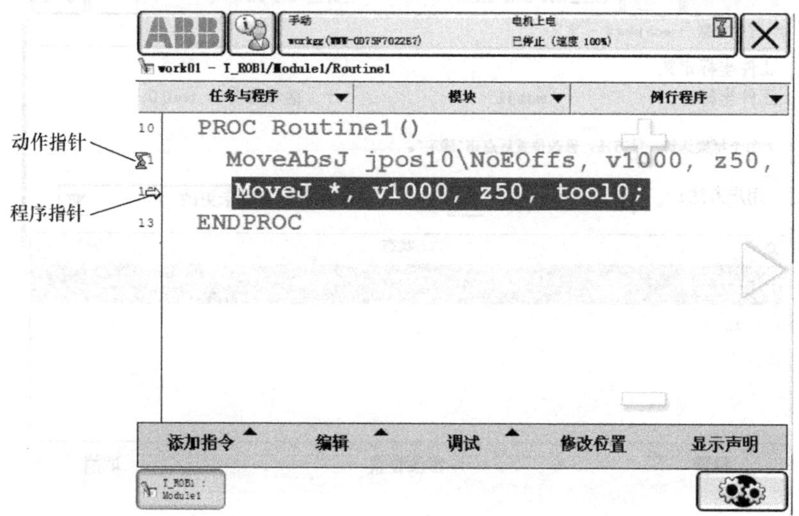

图 2-60 “程序指针”图示

（2）动作指针　动作指针（MP）是机器人当前正在执行的指令。通常比“程序指针”落后一个或几个指令，因为系统执行和计算机器人路径比执行和计算机器人移动更快。“动作指针”在“程序编辑器”和“运行时窗口”中的程序代码左侧显示为小机器人，如图 2-60所示。

2. 程序运行

（1）单步运行　单步模式的设置如图 2-61 所示。

图 2-61 单步模式的设置

单步模式在快速设置菜单中可以有以下几种运动模式。

1）步进入：单步进入已调用的例行程序并逐步执行它们。

2）步进出：执行当前例行程序的其余部分，然后在例行程序中的下一指令处（即调用当前例行程序的位置）停止。无法在 Main 例行程序中使用。

3）跳过步：执行调用的例行程序。

4）下一移动指令：步进到下一条运动指令。在运动指令之前和之后停止，如修改位置。

在所有的操作模式中，程序都可以步进或步退执行。当步进执行时，在程序代码中，程序指针指示下一步应该执行的程序指令，动作指针指示机器人的动作指令。当步退执行时，在程序代码中，程序指针指示的动作指令优先于动作指针指示的动作指令。当程序指针和动作指针指示不同的动作指令时，动作将会移动到程序指针指示的目标处，并使用动作指针指示的类型和速度。步退执行是有限制的，步退执行有以下限制：

1）当通过 MoveC 指令执行步退时，程序执行不会在圆周点停止。

2）步退时无法退出 IF、FOR、WHILE 和 TEST 语句。

3）到达某一例行程序的开头时将无法以步退方式退出该例行程序。

4）有些影响动作的指令不能以步退方式执行（例如 ActUnit、ConfL 和 PDispOn）。如果执行这些步退操作，就会出现一个警告框，告知无法执行此操作。

（2）连续运行　连续运行就是要执行整个例行程序，与单步运行不同的是，连续运行会将整个程序的功能都表现出来，而单步只是对点操作没有执行功能。比如说在调试焊接程序时，单步运行程序是不会执行焊接功能，但如果焊接在开启状态下执行连续运行程序时，只要执行动作到焊接指令就会执行焊接功能。

3. 运行服务例行程序

服务例行程序是执行一系列常用服务。这些服务例行程序取决于系统设置及可用选项；服务例行程序只能以手动模式启动。服务例行程序根据系统备置与使用场合的不同可以有许多个，下面就来介绍两个每个系统都必须使用的服务例行程序。

（1）检修服务例行程序（ServiceInfo）：焊接机器人在系统备置好后会自动进入检修倒计时，这个时间通常为一年。当焊接机器人在使用时间超过一年后系统会提示检修信息，检修需要调用检修程序运行对机器人的各部分组成与外部轴各个部分进行自动检修。检修完成后，如果机器人各个部分都运行正常，检修程序又进行为期一年的倒计时；如果机器人运行不正常，检修程序中就会列出哪一部分出了问题。

执行检修程序的方法及步骤如下：

1）在机器人示教器面板上单击“ABB”，然后单击“程序编辑器”，如图 2-62 所示。

2）在程序编辑器窗口里面单击“调试”，如图 2-63 所示。

3）在程序编辑器窗口里面单击“调用例行程序”，如图 2-64 和图 2-65 所示。

4）单击“调用例行程序”后，弹出图 2-66 所示窗口，然后选择例行程序“ServiceInfo”，单击“转到”。

5）当单击“转到”后，弹出图 2-66 所示窗口，这时要按下示教器的使动装置，然后按下开始按钮，如图 2-66 所示。

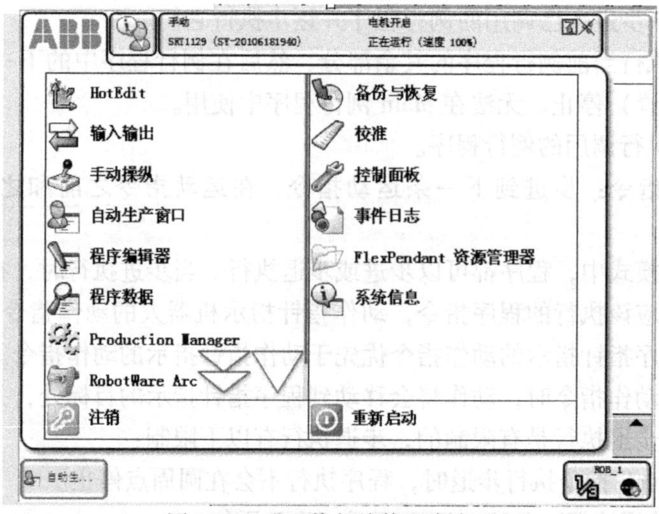

图 2-62　进入执行检修程序窗口

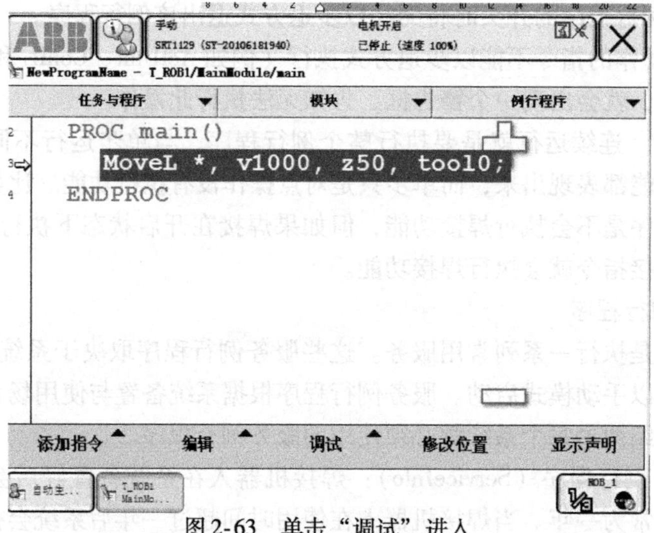

图 2-63　单击“调试”进入

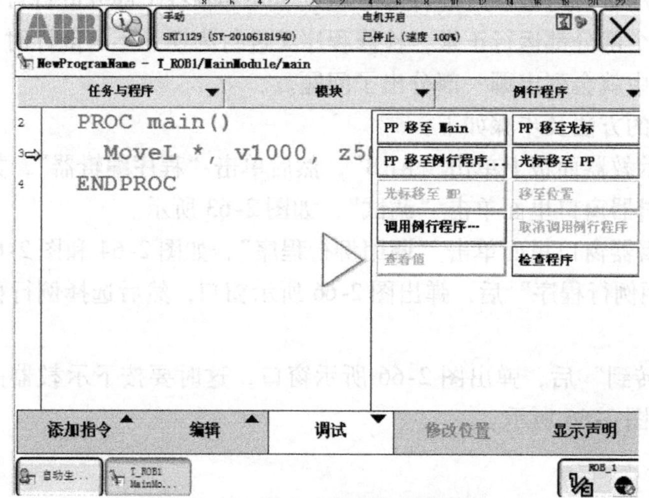

图 2-64　单击“调用例行程序”

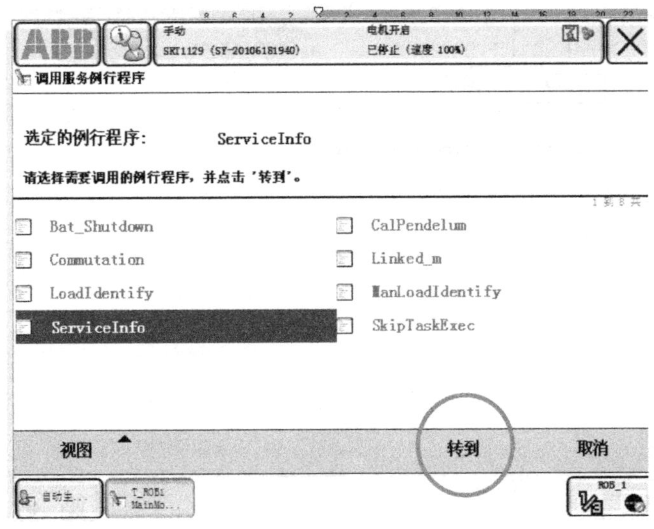

图 2-65　“调用例行程序” 窗口

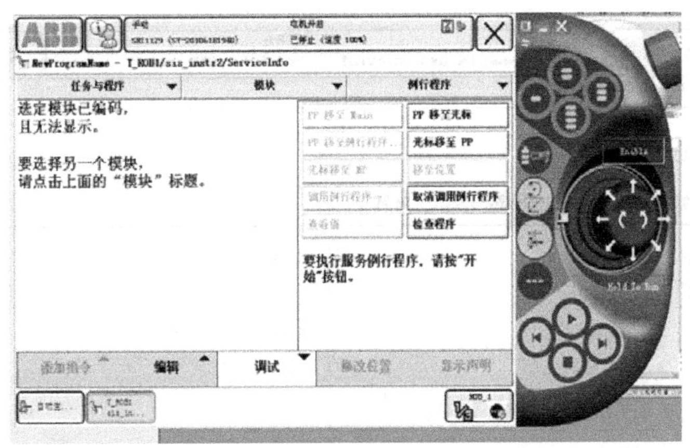

图 2-66　按下开始按钮显示界面

6）按下 “开始按钮” 后会弹出如图 2-67 所示的窗口。这时应根据提示依次对机器人和外部轴电动机进行检修，先选择 1 再选 2。然后根据提示操作，更新到 OK 为止。

（2）电池关闭服务例行程序（Bat_ Shutdown）　运输或存储过程中可关闭串行测量电路板的后备电池以节省电池电量。系统重新开启时将重置该功能。转数计数器将丢失，需要更新，但校准值将保留下来。正常关机的消耗约为 1mA。使用睡眠模式消耗可减少到 0.3mA。在电池几乎用完，少于 3Ah 时，会在示教器上显示一个警告，并且在下次较长时间关机之前应更换电池，如图 2-68 所示。

电池关闭服务例行程序的调用运行方法与检修服务例行程序的方法步骤类似，在这里就不再重复。

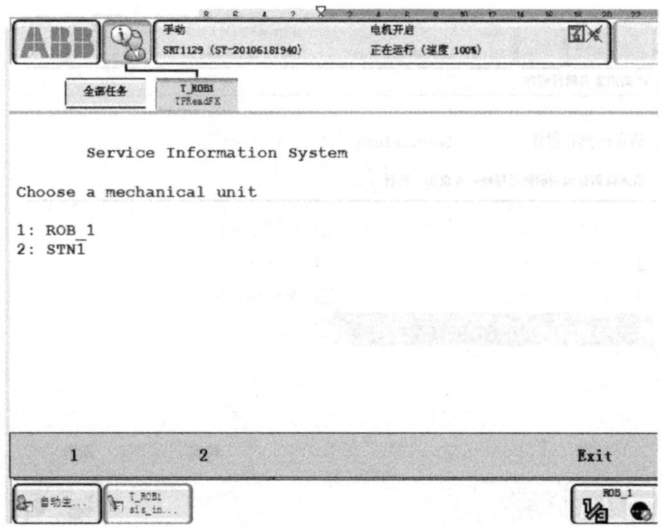

图 2-67　对机器人和外部轴电动机进行检修对话框

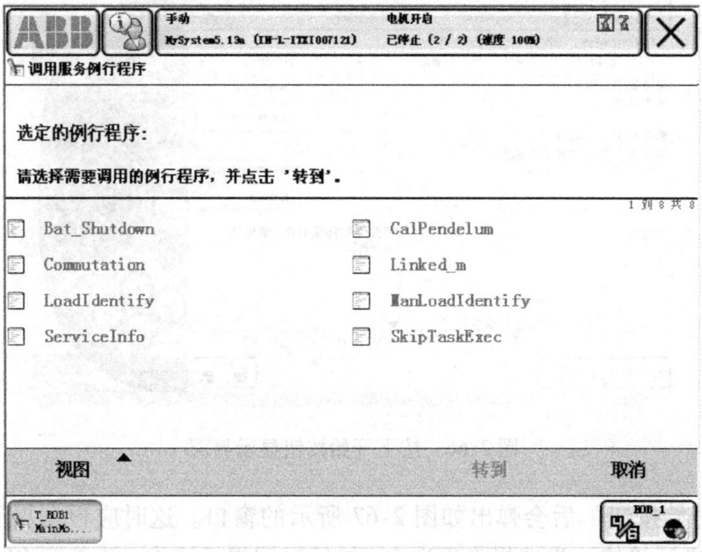

手动
MySystem5.13a (IN-L-ITXI007121)
电机开启
已停止（2 / 2）（速度 100%）
调用服务例行程序
选定的例行程序:
请选择需要调用的例行程序，并点击 '转到'.
1 到 8 共 8

Bat_Shutdown　CalPendelum
Commutation　Linked_m
LoadIdentify　ManLoadIdentify
ServiceInfo　SkipTaskExec

视图　转到　取消
T_ROB1 MainMo...
ROB_1

图 2-68　调用服务例行程序

ABB 焊接机器人的应用可参见视频 1-2 ~ 视频 1-5。

第 3 章　安川机器人

3.1　安川机器人简介

3.1.1　机器人本体

这里，我们以安川 MOTOMAN—MA1400 机器人为例说明，机器人本体如图 3-1 所示。

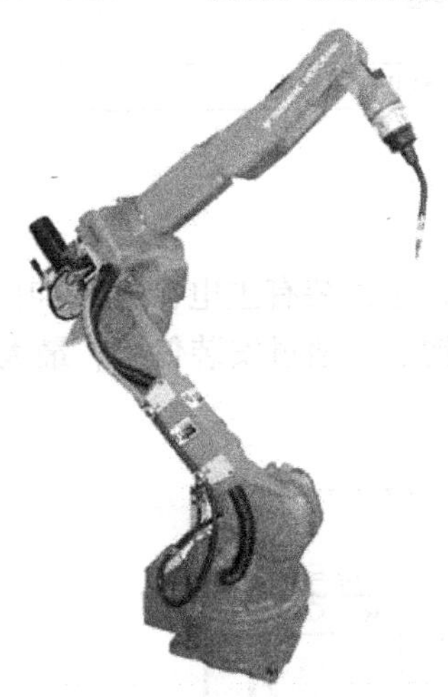

图 3-1　安川 MOTOMAN—MA1400 机器人本体

安川 MOTOMAN—MA1400 机器人本体技术参数见表 3-1。

表 3-1　安川 MOTOMAN—MA1400 机器人本体技术参数

<table>
<tr><td>结构</td><td colspan="2">垂直多关节型（6 自由度）</td></tr>
<tr><td>载荷</td><td colspan="2">3kg</td></tr>
<tr><td>重复定位精度</td><td colspan="2">±0.08mm</td></tr>
<tr><td>最大到达距离为</td><td colspan="2">1434mm</td></tr>
<tr><td rowspan="6">动作范围</td><td>S 轴（旋转）</td><td>±170°</td></tr>
<tr><td>L 轴（下臂）</td><td>+155° ~ −90°</td></tr>
<tr><td>U 轴（上臂）</td><td>+190° ~ −175°</td></tr>
<tr><td>R 轴（手腕旋转）</td><td>±150°</td></tr>
<tr><td>B 轴（手腕摆动）</td><td>+180° ~ −45°</td></tr>
<tr><td>T 轴（手腕回转）</td><td>±200°</td></tr>
<tr><td rowspan="6">最大速度</td><td>S 轴（旋转）</td><td>3.84rad/s，200°/s</td></tr>
<tr><td>L 轴（下臂）</td><td>3.49rad/s，200°/s</td></tr>
<tr><td>U 轴（上臂）</td><td>3.84rad/s，200°/s</td></tr>
<tr><td>R 轴（手腕旋转）</td><td>7.16rad/s，410°/s</td></tr>
<tr><td>B 轴（手腕摆动）</td><td>7.16rad/s，410°/s</td></tr>
<tr><td>T 轴（手腕回转）</td><td>10.65rad/s，610°/s</td></tr>
</table>

（续）

结构	垂直多关节型（6 自由度）	
容许力矩	R 轴（手腕旋转）	8.8N · m
	B 轴（手腕摆动）	8.8N · m
	T 轴（手腕回转）	2.9N · m
容许惯性力矩（$DG^2/4$）	R 轴（手腕旋转）	0.27kg · m^2
	B 轴（手腕摆动）	0.27kg · m^2
	T 轴（手腕回转）	0.03kg · m^2
本体重量	130kg	
安装环境	温度	0 ~ +45℃
	湿度	20% ~80% RH（无结露）
	振动	4.9m/s^2 以下
	其他	1. 不可有引火性及腐蚀性气体、液体 2. 不可涉及水、油、粉等 3. 不可靠近电磁气源头
电源容量	1.5kVA	

3.1.2　机器人控制柜

NX100 控制柜如图 3-2 所示，正面装有主电源开关和门锁，柜门的右上角装有急停键，示教编程器挂在急停键下方的挂钩上。通过安装偏柜，最大可控制 72 个轴（8 台机器人）。

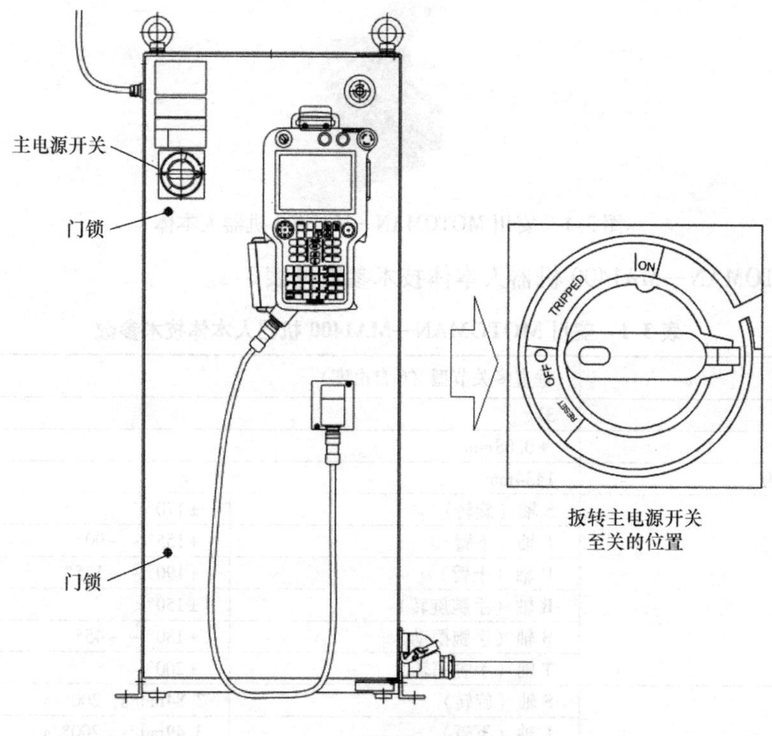

图 3-2　NX100 机器人控制柜

NX100 控制柜技术规格见表 3-2。

表 3-2　NX100 控制柜技术规格

结构	独立式、封闭型
外形尺寸	500mm（宽）×1200mm（高）×500mm（宽）
冷却系统	间接冷却
环境温度	0～+45℃（操作区间） -10～+60℃（运输和存储区间）
相对湿度	10%～90% RH（不结露）
电源	三相交流：AC200V（-15%至+10%），50/60Hz（±2%） AC220V（-15%至+10%），60Hz（±2%）
接地	接地电阻：小于或等于100Ω，单独接地
数字输入/输出（I/O）	专用信号（硬件）19个输入和3个输出 通用信号（标准，最大）40个输入和40个输出
自动位置调节系统	采用串行通信方式（绝对值编码器）
驱动单元	交流（AC）伺服电动机的伺服包
加速度/负加速度	软件伺服控制
存储容量	60000程序点，60000条命令（包括程序点）

NX100 控制柜的功能见表 3-3。

表 3-3　NX100 控制柜的功能

示教编程器操作	坐标系统	关节、直角/圆柱、工具、用户坐标系
	变更示教点	插入、删除、修改（机器人轴和外部轴可分别修改）
	微动操作	可以
	轨迹确认	程序点的前进/后退，连续执行
	速度调整	操作或暂停期间均可进行精细地调整
	时间设定	可以0.01s为单位
	便利功能	直接打开功能，预约画面功能
	接口	CF卡插槽（示教编程器上） RS232C（控制基板上） LAN（100 BASE—TX/10BASE—T）（控制基板上）（选项）
	用途	弧焊、点焊、搬运、通用、其他
安全保护	基本安全措施	JIS标准（日本工业标准）
	运行速度极限	用户可限定
	安全开关	三位型、伺服电源仅在中间位置能被接通（在示教编程器上）
	干涉监视区域	S轴干涉监视区域（扇形），立方体干涉监视区域（用户坐标）
	自诊断功能	错误分类及二种类型的报警（重故障和轻故障）及数据显示
	用户报警功能	外围设备可能显示报警信息
	机械锁定	外围设备试运行时机器人不动
	门联锁装置	只有当主电源关闭时，门才能打开

（续）

维护功能	显示操作时间	控制电源接通时间，伺服电源接通时间，再现时间，动作时间，作业时间
	报警显示	报警信息及以前的报警历史
	输入/输出（I/O）状态诊断	可模拟输出
	工具常数（TCP）校验	使用主机具进行工具尺寸的自动校验（自动生成）
编程功能	编程方式	菜单引导方式
	编程语言	机器人语言、INFORM Ⅲ
	机器人动作控制	关节运动，直线/圆弧插补运动，工具姿态控制
	速度设置	百分比设定（对于关节运动），0.1mm/s 设定（对于插补运动），角速度设定（工具姿态控制）
	程序控制命令	跳转命令、调用命令、定时功能、机器人停止（暂时停止、完全停止）、机器人动作过程中可执行命令
	操作命令	备有对应各种用途的作业命令（如引弧、熄弧等）
	变量	全局变量、局部变量
	变量类型	字节型、整数型、双精度型、实数型、位置型
	输入/输出命令	离散输入/输出、成组输入/输出信号处理

3.1.3 示教编程器

1. 示教编程器规格和外观

示教编程器规格见表 3-4。

表 3-4 示教编程器规格

名称	规格
外形尺寸	200mm（宽）×300mm（高）×60mm（厚）
毛重	0.998kg
材质	强化塑料
操作机器	3 位安全开关，启动开关，暂停开关，模式选择旋钮（3 种模式）
显示器	薄膜晶体管彩色显示器 6.5in、视频图形显示卡（640×480）、触摸屏
防护等级	IP65
电缆长度	标准 8m、最大 36m（选配、追加延长缆线）
其他	带有 CF 卡插槽

示教编程器用于对机器人进行示教和编程，各操作键和按钮名称如图 3-3a 所示，握持方法如图 3-3b 所示。

左手握持示教器，右手单击触摸屏操作，如图 3-4 所示。

示教编程器的键、按钮、画面的表示方法见表 3-5。

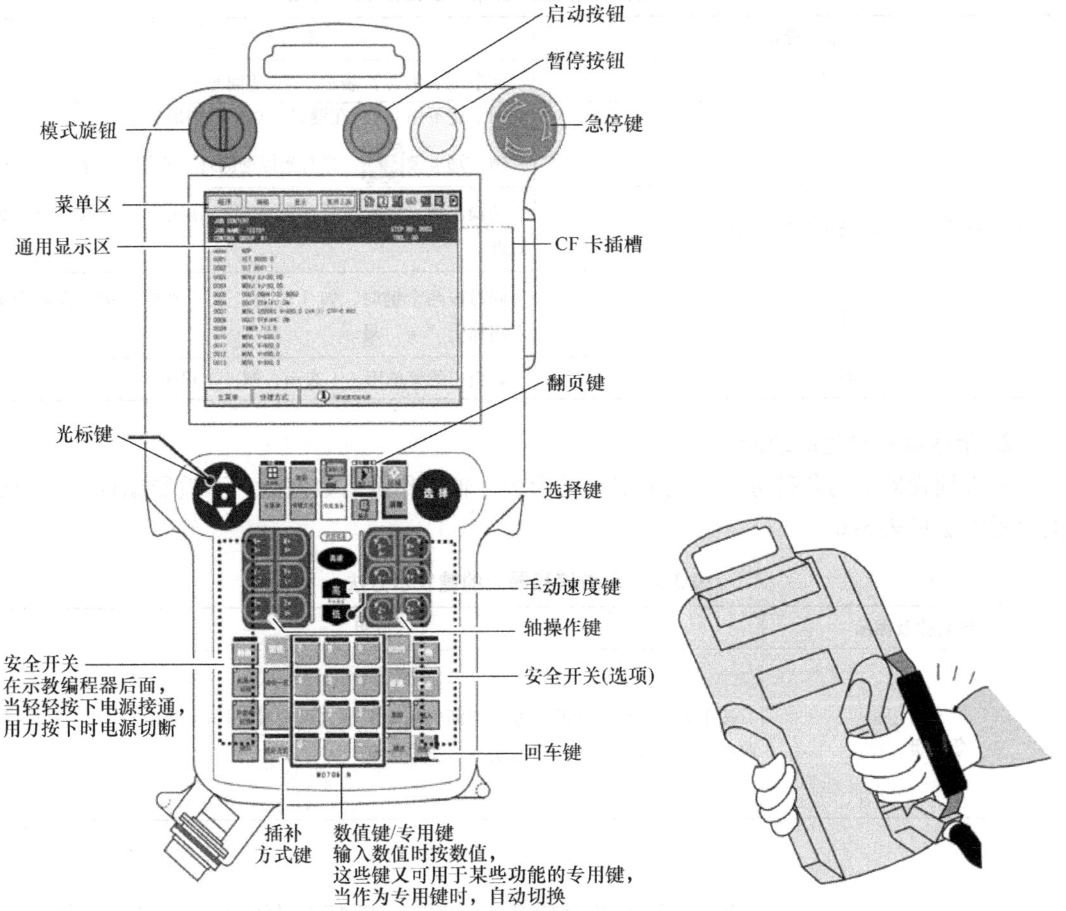

启动按钮
暂停按钮
模式旋钮
急停键
菜单区
通用显示区
CF 卡插槽
翻页键
光标键
选择键
手动速度键
轴操作键
安全开关
在示教编程器后面，
当轻轻按下电源接通，
用力按下时电源切断
安全开关(选项)
回车键
插补
方式键
数值键/专用键
输入数值时按数值，
这些键又可用于某些功能的专用键，
当作为专用键时，自动切换

a)

b)

图 3-3 示教编程器

a）示教编程器各键按钮名称 b）示教编程器握持方法

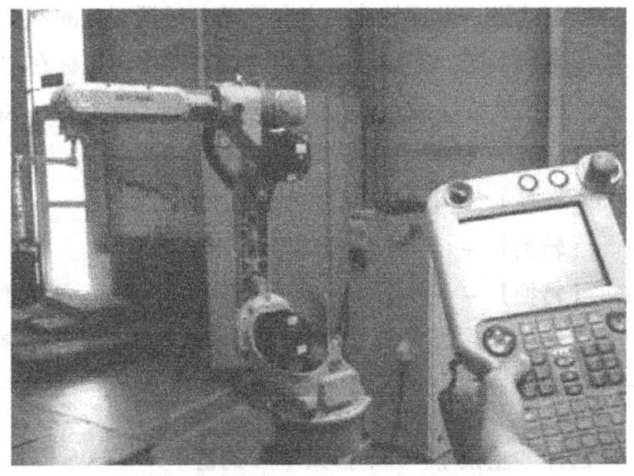

图 3-4 机器人控制柜和示教器

表 3-5 示教编程器的键、按钮、画面的表示方法表

操作设备		本书表示方法
示教编程器	文字键	文字键名用〔〕表示，例：〔回车〕
	图形建	图形键不用〔〕，在键名后直接用图形表示 例：翻页键，只有光标键例外，不用图形表示
	轴操作键和数值键	轴操作键、数值键总体称呼时，分别称作轴操作键、数值键
	同时按键	同时按两个键时，如〔转换〕+〔坐标〕键，在两个键之间加上“+”号
	画面	画面中的菜单用｛｝表示，例：｛程序｝

2. 示教编程器键的功能

示教编程器上的各键可分为文字键、图形键、轴操作键与数值键，示教器编程器上的键的表示方法见表 3-6。

表 3-6 示教编程器上的键表示方法

键名称及图示	说明
急停键	按下此键，伺服电源切断，切断伺服电源后，示教编程器的 SERVO ON LED（伺服打开指示灯）熄灭，屏幕上显示急停信息
安全开关	按下此键，伺服电源接通，在 SERVO ON LED（伺服打开指示灯）闪烁状态下，安全插头置于“ON”，模式旋钮设定在“TEACH”上时，轻轻握住安全开关，伺服电源接通，此时，若用力握紧，则伺服电源切断
光标	按下此键，光标朝箭头方向移动，根据画面的不同，光标的大小，可移动的范围和区域有所不同。在显示程序内容的画面中，光标在“TOP”行时，按光标键的“上”，光标将跳到程序最后一行，光标在“END”行时，将光标键的“下”，光标将跳到程序第一行 【转换】+【上】退回画面的前页 【转换】+【下】翻至画面的下页 【转换】+【右】向右滚动程序内容画面、再现画面的命令区域 【转换】+【左】向左滚动程序内容画面、再现画面的命令区域
选择	选择“主菜单”“下拉菜单”的键
主菜单	显示主菜单，在主菜单显示的状态下按下此键，主菜单关闭。当一个窗口打开时，按下【转换】+【主菜单】两键，窗口按以下顺序变换：窗口→子菜单→主菜单

（续）

键名称及图示	说明
	按下此键，光标在“菜单区”和“通电显示区”间移动。当同时按：【转换】+【区域】时，具有双语功能，可以进行语言转换（双语功能是选项） 按下光标键【下】+【区域】，把光标移动到屏幕上显示的操作键上 按下光标键【上】+【区域】，当光标在操作键上时，把光标移动到通用显示区
【翻页】 	按下此键，显示下页，【翻页】和【转换】同时按，显示上页 只有在屏幕的状态区域显示图标  ▶ 时，才可进行翻页
	按下此键，显示与当前行相关联的内容。显示程序内容时，把光标移到命令上，按此键后，显示出与此命令相关的内容 例如，对于 CALL 命令，显示被调用的程序内容；对于作业命令，显示条件文件的内容；对于输入输出命令，显示输入输出状态
	手动操作时，机器人的动作坐标系选择键。可在关节、直角、圆柱、工具和用户 5 种坐标系中选择。此键每按一次，坐标系按以下顺序变化：“关节”→“直角/圆柱”→“工具”→“用户”，被选中的坐标系显示在状态区域 【转换】+【主菜单】：坐标系为“关节”或“用户”坐标系时，按下这两个键，可更改坐标序号
手动速度键 	手动操作时，机器人运行速度的设定键，此时设定的速度在【前进】和【后退】的动作中均有效。手动速度有 4 个等级：低、中、高和微动 每按一次【高】，速度按以下顺序变化：“微动”→“低”→“中”→“高” 每按一次【低】，速度按以下顺序变化：“高”→“中”→“低”→“微动”，被设定的速度显示在状态区域
	手动操作时，按住轴操作键中的一个键再按此键，此时，机器人可快速移动，没有必要进行速度修改。按此键时的速度，预先已设定
	再现运行时，机器人插补方式的指定键。所选定的插补方式种类显示在输入缓冲区。每按一次此键，插补方式做如下变化：“MOVJ”→“MOVL”→“MOVC”→“MOVS” 【转换】+【主菜单】：按这两个键，插补方式按以下顺序变化：“标准插补方式”*→“外部基准点插补方式”*→“传送带插补方式”*，在任何模式下，均可变更插补方式 “*”：这些方式是选项功能
	轴操作时，机器人轴的操作键，在 1 个 DX100 控制多台机器人的系统或带有外部轴的系统中，【机器人切换】键有效
	轴操作时，外部轴（基座轴或工装轴）的切换键，在带有外部轴的系统中，【外部轴切换】键有效

（续）

键名称及图示	说明
轴操作键	对机器人各轴进行操作的键，只有按住轴操作键，机器人才动作。可以按住两个或更多的键，操作多个轴。机器人按照选定坐标系和手动速度运行，在进行轴操作前，要确认设定的坐标系和手动速度是否正确
试运行	此键与【联锁】键同时按下时，机器人运行中，可把示教的程序点作为连续轨迹加以确认。在三种循环方式中（连续、单循环、单步），机器人按照当前选定的循环方式运行 【联锁】+【试运行】：同时按下此两键，机器人沿示教点连续运行。在连续运行中。松开【试运行】键，机器人停止运行
前进	按住此键时，机器人按示教的程序点轨迹运行。只执行移动命令 【联锁】+【前进】：执行移动命令以外的其他命令 【转换】+【前进】：连续执行移动命令 【参考点】+【前进】：机器人按照设定的手动速度运行，在开始操作前，务必确认设定的手动速度是否正确
后退	按住此键时，机器人按示教的程序点轨迹逆向运行。只执行移动命令 机器人按照设定的手动速度运行，在开始操作前，务必确认设定的手动速度是否正确
命令一览	在程序编辑中，按此键后显示可输入的命令一览
清除	按下此键，清除输入中的数据和错误
删除	按下此键，删除已输入的命令。此键指示灯点亮时，按下【回车】键删除完成
插入	按下此键，插入新命令。此键指示灯点亮时，按下【回车】键插入完成
修改	按下此键，修改示教的位置数据、命令等。此键指示灯点亮时，按下【回车】键，修改完成
回车	执行命令或数据的登录，机器人当前位置的登录，与编辑操作等相关的各项处理时的最后的确认键 在输入缓冲中显示的命令或数据，按【回车】键后，会输入到显示屏的光标所在位置，完成输入、插入、修改等操作

（续）

键名称及图示	说明
转换	与其他键同时使用，有各种不同功能。可与转换键同时使用的键有：【主菜单】、【坐标】、【插补方式】、光标、数值键、翻页键，关于【转换】键与其他键同时使用的功能，参阅各键的说明
联锁	与其他键同时使用，有各种不同功能。可与【联锁】键同时使用的键有：【试运行】、【前进】、数值键（数值键的用户定义功能）。关于【联锁】键与其他键同时使用的功能，参阅各键的功能
数值键	输入行前“>”，按数值键可输入键上的数值和符号。“.”是小数点，“-”是减号或连字符。数值键也作为用途键来使用，有关细节参照各用途键的说明
【起动】 START	按下此按钮，机器人开始再现运行。再现运行中，此指示灯亮。通过专用输入的起动信号使机器人开始再现运行时，此指示灯也亮。由于发生报警，暂停信号或转换模式使机器人停止再现运行时，该指示灯熄灭
【暂停】 HOLD	按下此键，机器人暂停运行。此键在任何模式下均可使用 此键指示灯只在按住此键时灯亮，放开时熄灭。机器人未得到再次起动命令时，即使此灯熄灭，机器人仍处于停止状态。暂停指示灯亮时，表示系统进入暂停状态，在以下情况下，该灯也自动点亮。另外，该灯亮时机器人不能起动及进行轴操作 1）通过专用输入使暂停信号置于ON 2）远程模式时，通过外部设备发出暂停要求 3）各种作业引起的停止（如弧焊时的焊接异常等）
模式旋钮 REMOTE PLAY TEACH	选择再现模式、示教模式或远程模式
	PLAY：再现模式。可对示教完的程序进行再现运行。在此模式中，外部设备发出的起动信号无效
	TEACH：示教模式。可用于示教编程器进行轴操作和编辑。在此模式中，外部设备发出的起动信号无效
	REMOTE：远程模式。可通过外部信号进行操作。在此模式中，【START】按钮无效
多画面	按下此键，可显示多个画面。此功能是将来的功能，目前无此功能。最多同时可显示4个画面。【转换】+【多画面】：显示选择多画面显示形式的对话框
快捷方式	按下此键，显示快捷选择对话框。此功能是将来的功能，目前无此功能。登录操作中经常打开的画面，在快捷选择对话框中，只要一点登录的画面，可立即显示
伺服准备	按下此键，伺服电源有效接通。由于急停、超程等原因伺服电源被切断后，用此键有效地接通伺服电源。按下此键后： 1）再现模式时，安全栏关闭的情况下，伺服电源被接通 2）示教模式时，此键的指示灯闪烁，安全开关接通的情况下，伺服电源被接通 3）伺服电源接通期间，此键指示灯亮

（续）

键名称及图示	说明
辅助	按下此键，对应当前画面，出现帮助操作的菜单。此功能是将来的功能，目前无此功能。当光标在程序编辑画面时，按下此键，显示复制、剪切、粘贴、撤销、插入命令等程序编辑操作的菜单。在文件编辑画面时，按下此键，显示与操作对应的帮助指导 【转换】+【辅助】：显示和【转换】键一起使用的键的功能表 【联锁】+【辅助】：显示和【联锁】键一起使用的键的功能表
退位	输入字符时，删除最后一个字符

3. 示教编程器的画面显示

示教编程器的显示屏是6.5in的彩色显示屏，能够显示数字、字母和符号。显示屏分为五个显示区（不包括操作键），如图3-5所示。其中，通用显示区、菜单区、人机对话显示区和主菜单区可以通过按【区域】键从显示屏上移开，或用直接触摸屏幕的方法，选中对象。

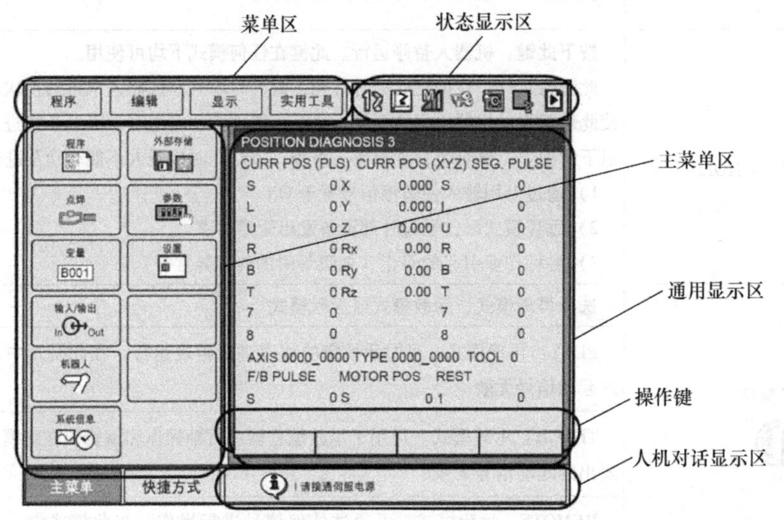

图3-5　示教编程器的五个显示区

操作中，显示屏上显示相应的画面，该画面的名称显示在通用显示区的左上角。如图3-6所示：

（1）通用显示区　在通用显示区，可对程序、特性文件、各种设定进行显示和编辑。根据画面的不同，画面下方显示操作键。

1）按【区域】+光标【下】键，光标从通用显示区移动到操作键。

2）按【区域】+光标【上】键，或按【清除】键，光标从操作键移动到通用显示区。

3）按光标【左】或光标【右】键，光标在操作键之间移动。

4）要执行那个操作键，则把光标移动到该操作键上，然后按【选择】键。各操作键的用途如下：

① 执行：继续操作在通用显示区显示的内容，回到前一画面。

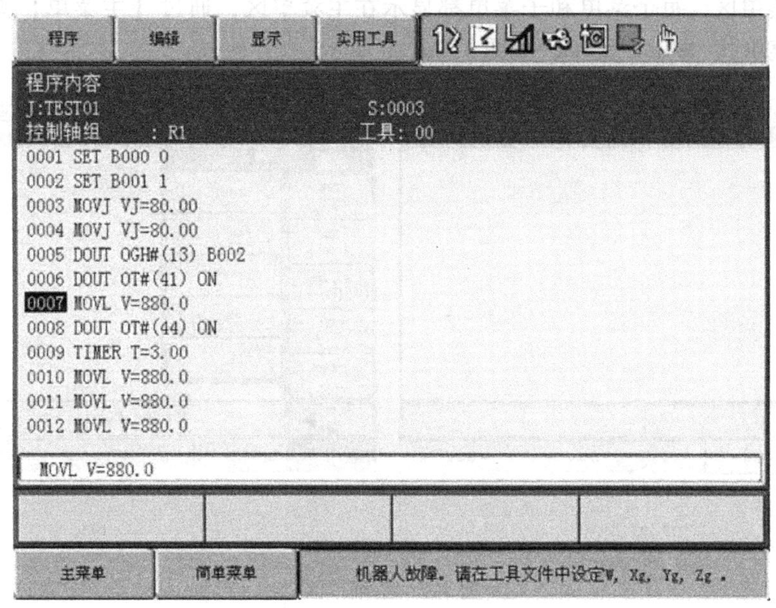

图 3-6　画面的名称显示

② 清除：清除通用显示区显示的内容。

③ 完成：完成在通用显示区显示的设定的操作。

④ 中断：当用外部存储设备进行安装、存储、校验时，可以中断处理。

⑤ 解除：设定接解除超程和碰撞传感功能。

⑥ 消除：消除报警（不能消除重大报警）。

⑦ 指定进入页面：跳转到指定画面。

5）在可以切换页面的画面，选择“进入指定页”后，在对话框中直接输入页号，再按【回车】键，如图 3-7 所示。

在页面可以列表选择时，选择“进入指定页”后，显示列表，通过上下移动光标，选定所需条目后，按【回车】键，如图 3-8 所示。

图 3-7　选择“进入指定页”　　图 3-8　显示列表

（2）主菜单区　每个菜单和子菜单都显示在主菜单区，通过【主菜单】键或点画面左下角的【主菜单】，显示主菜单，如图3-9a、b所示。

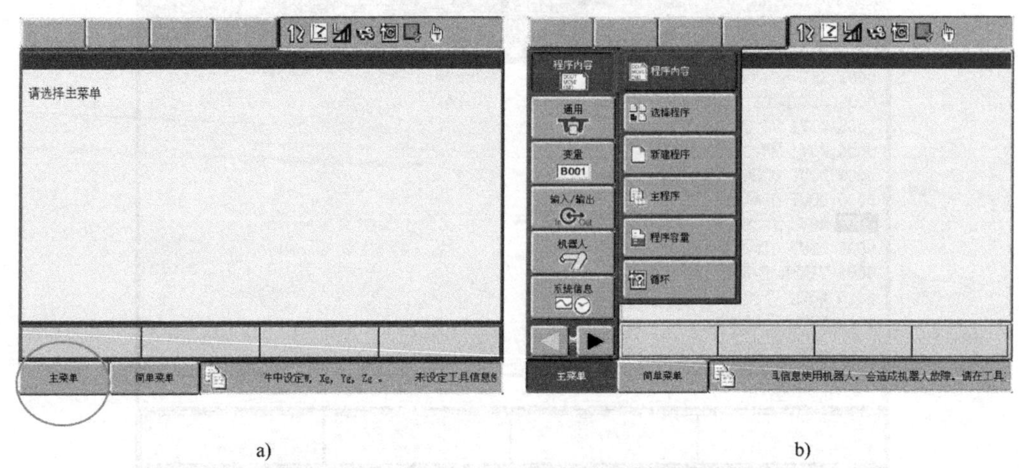

图3-9　主菜单区
a）选择主菜单　b）主菜单区显示

（3）状态显示区　状态显示区显示控制柜的状态，显示的信息根据控制柜的模式不同（再现/示教）而不同，如图3-10所示。

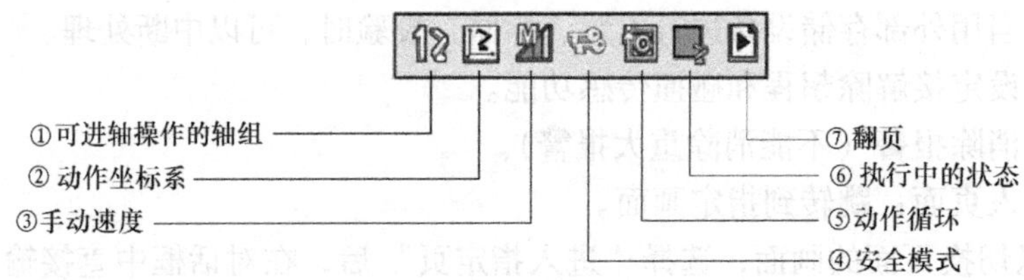

图3-10　控制柜的状态显示

1）可进行轴操作的轴组。在带工装的系统和有多台机器人轴的系统中，轴操作时，显示可能操作的轴组。如图3-11所示。

2）动作坐标系。显示被选择的坐标系，通过按【坐标】键选择坐标系，如图3-12所示。

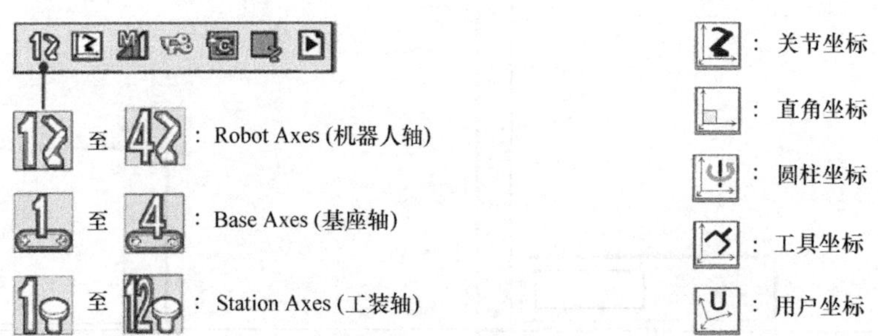

图3-11　机器人系统轴的组合选择图标　　图3-12　动作坐标系显示

3）手动速度。显示被选定的手动速度，根据操作者熟练程度和需要而选择”，如图3-13所示。

4）安全循环。安全循环显示，如图3-14所示。

：微动

：低速

：中速

：高速

图3-13 手动速度显示

：操作模式

：编辑模式

：管理模式

图3-14 安全循环显示

5）动作循环。动作循环显示，如图3-15所示。

6）执行中的状态。显示当前状态（停止、暂停、急停、报警或运行），如图3-16所示。

：单步

：单循环

：连续

图3-15 动作循环显示

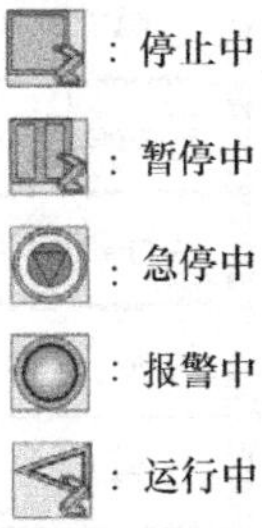

：停止中

：暂停中

：急停中

：报警中

：运行中

图3-16 当前执行中的状态显示

7）翻页。翻页时的显示，如图3-17所示。

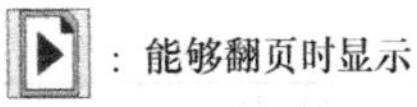

：能够翻页时显示

图3-17 翻页时的显示

（4）人机对话显示区 当有两个以上的错误信息时，人机对话显示区显示标记，如图3-18所示。

激活人机对话显示区，按【选择】键，可浏览当前错误表；按【清除】键，关闭错误表。

图3-18 两个以上的错误信息显示

（5）菜单区 用于编辑程序、管理程序、执行各种实用工具的功能，如图3-19所示。

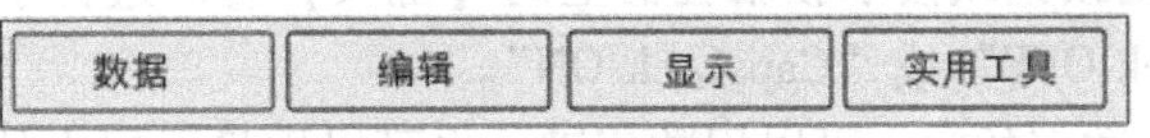

图3-19 菜单区显示

4. 示教编程器画面菜单图标及按钮的应用

（1）表示方式　示教编程器画面中显示的菜单用图标按钮“　　”来表示，如图3-20所示。

图 3-20　画面中的菜单显示

菜单的明细显示（如 数据、编辑、显示、实用工具 等）如图 3-21 所示。

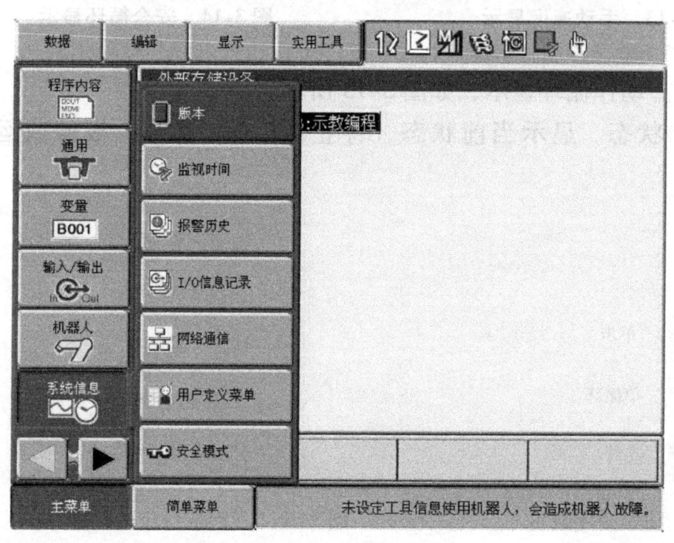

图 3-21　菜单的明细显示

> **注意：**
> 下拉菜单用同样的方法表示。

（2）显示位置　画面根据不同的需要显示不同部位，如图 3-22 所示。

（3）辅助操作信息的显示　通过对以下键的操作，可以显示辅助操作的信息。

1）按【转换】+【辅助】键，显示和【转换】键一起使用的键功能表。

2）按【联锁】+【辅助】键，显示和【联锁】键一起使用的键功能表。

（4）文字输入操作　在文字输入画面中，显示软键盘，把光标移动到准备输入的字符上，按【选择】键，字符进入对话框。

软键盘共有三种：大写字母、小写字母和符号软键盘。字母软键盘和符号软键盘的切换方法是：单击画面上的按钮或按示教编程器上的【翻页】键。进行字母软键盘的大小写切换时，单击“CapsLock OFF”或“CapsLock ON”。

1）字符的输入。数字的输入可以用数值键，也可以用显示屏中的数字画面输入。数字包括 0 ~ 9，小数点（.）和减号/连字符（—）。

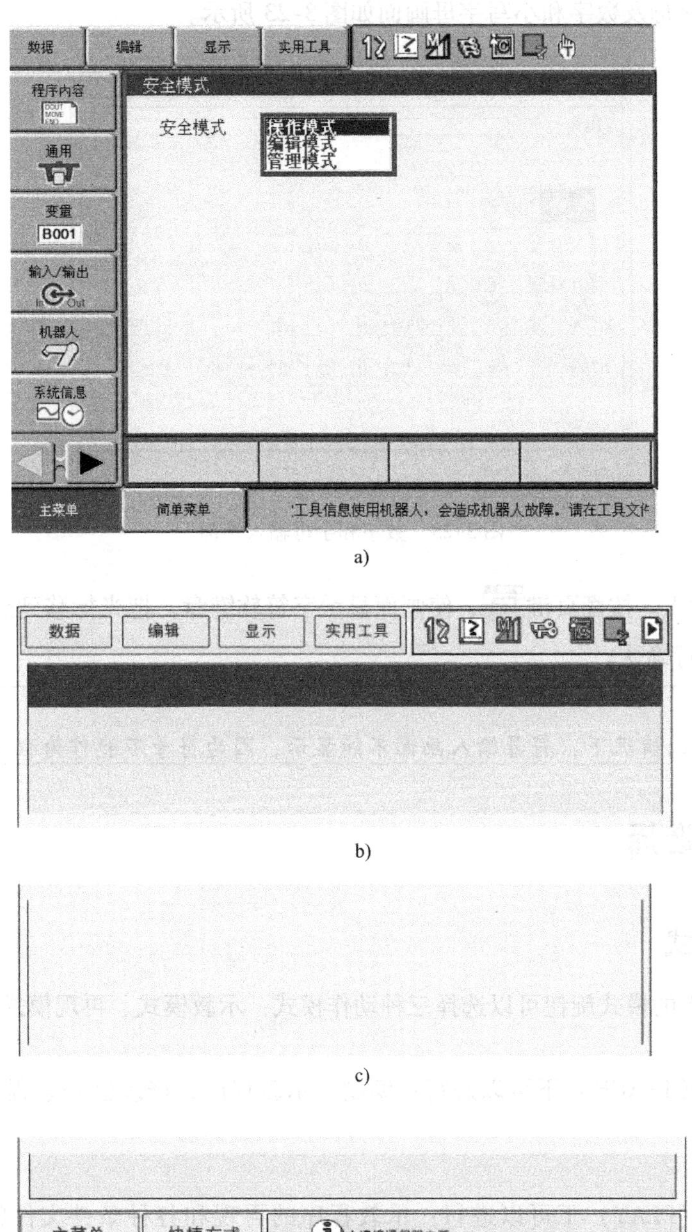

图3-22　显示位置

a）全画面　b）画面上部　c）画面中部　d）画面下部

> **注意：**
> 程序的名称不能使用小数点。

按翻页键，使画面显示字符软键盘，把光标移到想选择的字符上，按【选择】键进行确认。

数字和大写字母及数字和小写字母画面如图 3-23 所示。

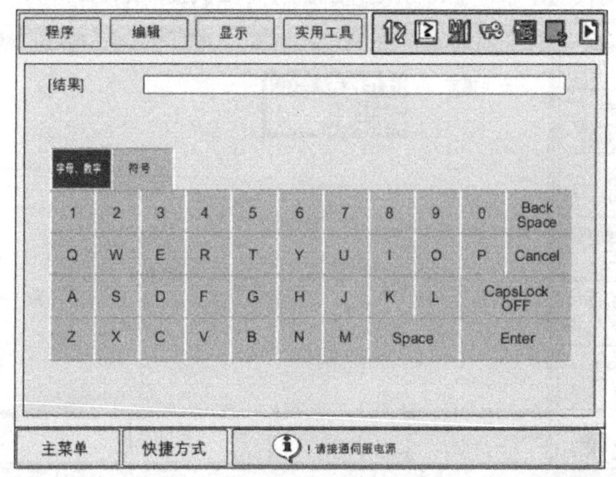

图 3-23　数字和字母输入画面

2）符号的输入。按翻页键，使画面显示字符软键盘，把光标移到想选择的字符上，按【选择】键进行确认。

> **注意：**
> 在程序命名的情况下，符号输入画面不能显示，因为符号不能作为程序名称。

3.2　模式的选择

3.2.1　动作模式

控制柜面板上的模式旋钮可以选择三种动作模式：示教模式、再现模式和远程模式。

1. 示教模式

在示教模式（TEACH）下可以进行：编制、示教程序，修改已登录程序，各种特性文件和参数的设定。

2. 再现模式

在再现模式（PLAY）下可以进行：示教程序的再现和各种条件文件的设定、修改或删除。

3. 远程模式

在远程模式（REMOTE）下可以通过外部输入信号指定进行以下操作：

接通伺服电源，启动、调出主程序，设定循环等与开始运行有关的操作，在远程模式下，外部输入信号有效，示教编程器上的【START】按钮失效，数据传输功能（选项功能）有效。

在示教编程器上对动作模式进行切换，编辑程序和执行程序之间不发生转换，在再现模式下运行一个编辑程序，首先把模式转换成再现模式，然后读出程序。

3.2.2 安全模式

1. 安全模式的类型

（1）操作模式　操作模式是面向生产线中进行机器人动作监视的操作者的模式，主要可进行机器人起动、停止、监视操作以及进行生产线异常时的恢复作业等。

（2）编辑模式　编辑模式是面向进行示教作业的操作者的模式，比操作模式可进行的作业有所增加，可进行机器人的缓慢动作、程序编辑以及各种动作文件的编辑。

（3）管理模式　管理模式是面向进行系统设定及维护的操作者的模式，比编辑模式可进行的作业有所增加，可进行参数设定、时间设定、用户口令设定的修改等机器管理。

在编辑模式和管理模式下的任何操作，都要设定用户口令。用户口令由4~8个字母、数字或符号组成。

2. 安全模式的变更

安全模式的变更的操作步骤见表3-7。

表3-7　安全模式的变更操作步骤

序号	操作步骤	说　明
1	在主菜单中选择“信息系统”	显示子菜单 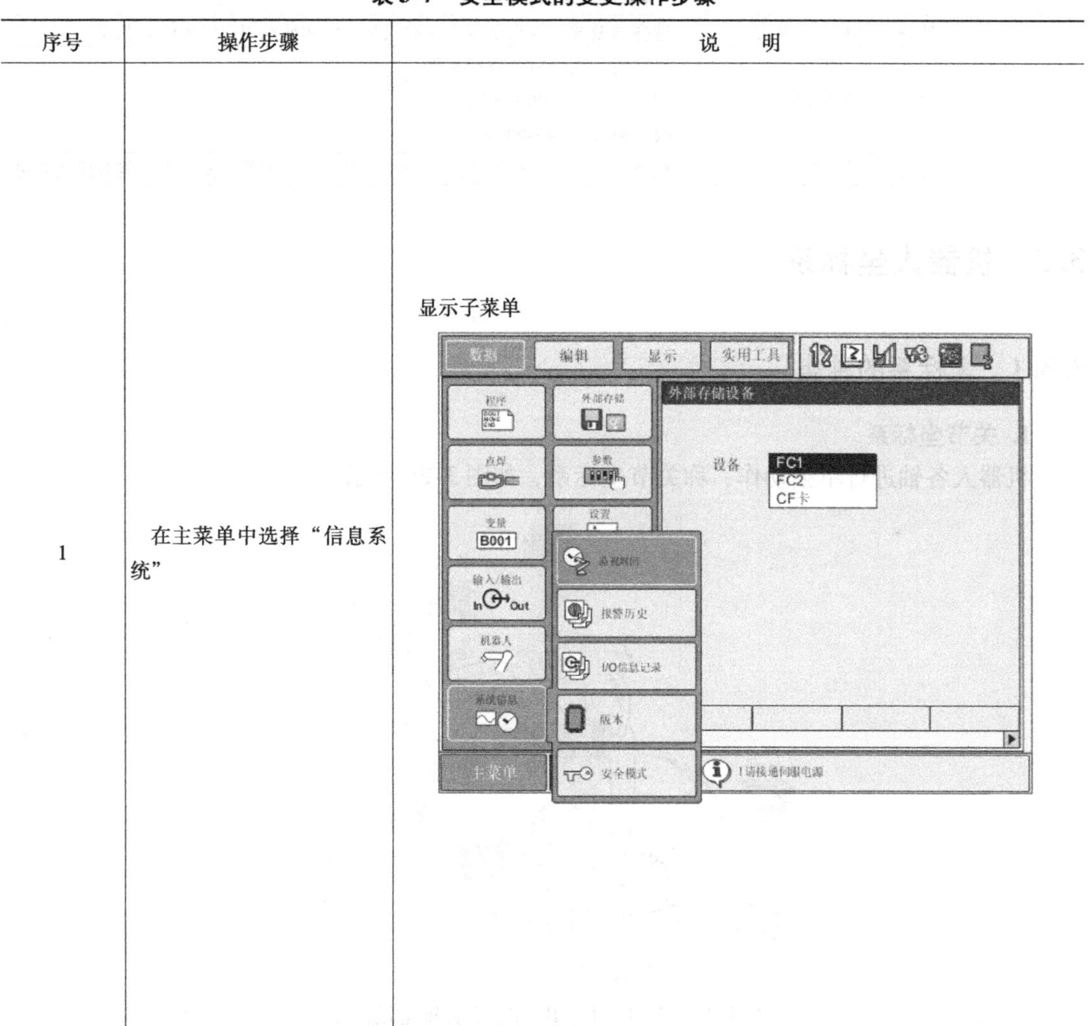

（续）

序号	操作步骤	说　明
2	选择“安全模式”	从对话框的“操作模式”“编程模式”“管理模式”中进行选择
3	选择需要的安全模式	选择的模式等级高于当前的模式时，画面显示用户口令输入状态
4	输入所需的用户口令	出厂时，用户口令设定如下： 编辑模式：【00000000】 管理模式：【99999999】
5	按【回车】键	检查所选择的安全模式的口令，如果口令不正确，安全模式将被成功变更

3.3　机器人坐标系

3.3.1　坐标系的种类

1. 关节坐标系

机器人各轴进行单独动作，称关节坐标系，如图 3-24 所示。

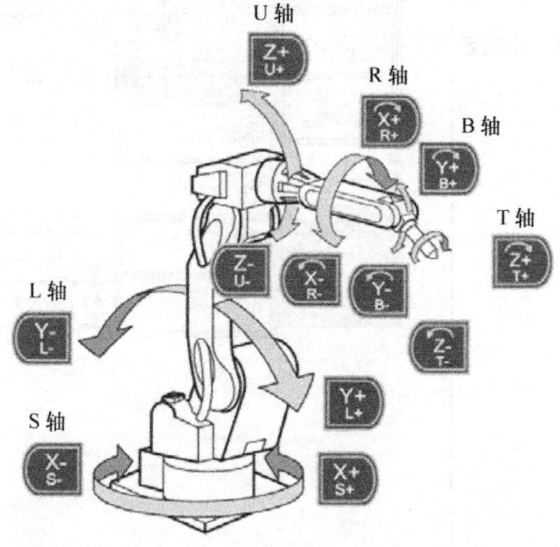

图 3-24　S、L、U、R、B、T 各轴运动图示

设定关节坐标系时，机器人的S、L、U、R、B、T各轴分别运动，按轴操作键时各轴的动作情况见表3-8。

表3-8　关节坐标系的轴动作

轴名称		轴操作键	动作
基本轴	S轴	X- S- / X+ S+	本体左右回旋
	L轴	Y- L- / Y+ L+	下臂前后运动
	U轴	Z- U- / Z+ U+	上臂上下运动
腕部轴	R轴	X- R- / X+ R+	上臂带手腕回旋
	B轴	Y- B- / Y+ B+	手腕上下运动
	T轴	Z- T- / Z+ T+	手臂回旋

参考：

1）同时按下两个以上轴操作键时，机器人按合成动作运动，但如像【S－】＋【S＋】这样，同轴反方向两键同时按下，全轴不动。

2）在使用7轴或8轴机器人时，同时按【转换】＋【S－】或【转换】＋【S＋】，移动C轴（第7轴），同时按【转换】＋【L－】或【转换】＋【L＋】，移动W轴（第8轴）。

2. 直角坐标系

不管机器人处于什么位置，均可沿设定的X轴、Y轴、Z轴平行移动，如图2-25所示。

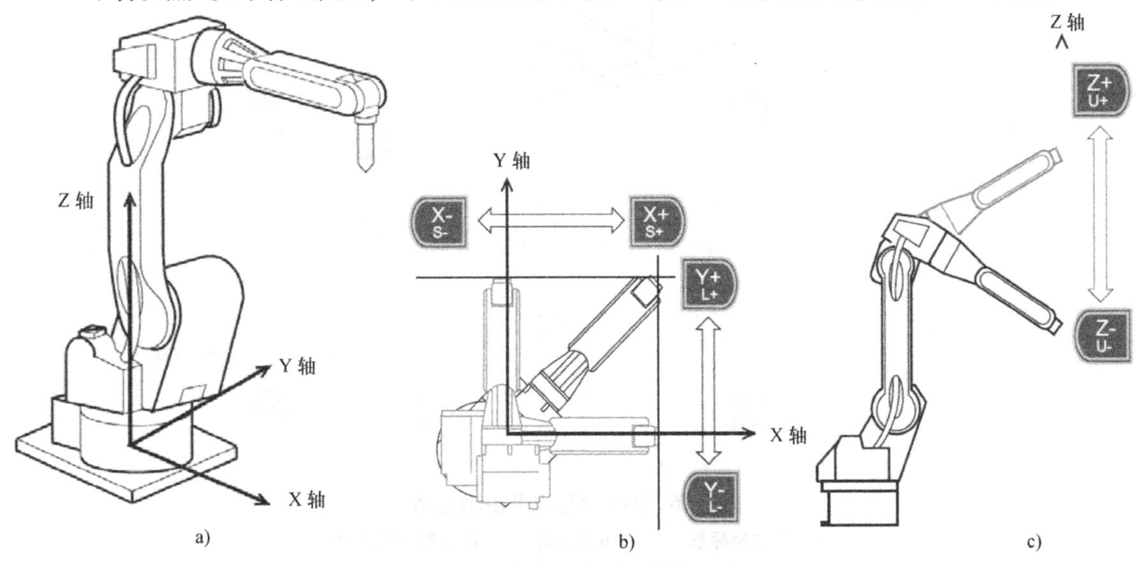

图3-25　直角坐标系及沿轴运动

a）直角坐标系　b）沿X、Y轴方向转动　c）沿Z轴方向运动设定为直角坐标系时，机器人控制点沿 X、Y、Z 轴平行移动，按住轴操作键时，各轴的动作见表 3-9。

表 3-9　关节坐标系的轴动作

轴名称		轴操作键	动作
基本轴	X 轴	X- S-　X+ S+	沿 X 轴平行移动
	Y 轴	Y- L-　Y+ L+	沿 Y 轴平行移动
	Z 轴	Z- U-　Z+ U+	沿 Z 轴平行移动
腕部轴		腕部轴控制点不变动作	

> **参考：**
> 同时按下两个以上轴操作键时，机器人按合成动作运动。但如像【X－】＋【X＋】这样，同轴反方向两键同时按下，全轴不动。

3. 圆柱坐标系

圆柱坐标系中，θ 轴绕 S 轴运动，R 轴沿 L 轴臂、U 轴臂轴线的投影方向运动，Z 轴运动方向与直角坐标完全相同，如图 3-26 所示。

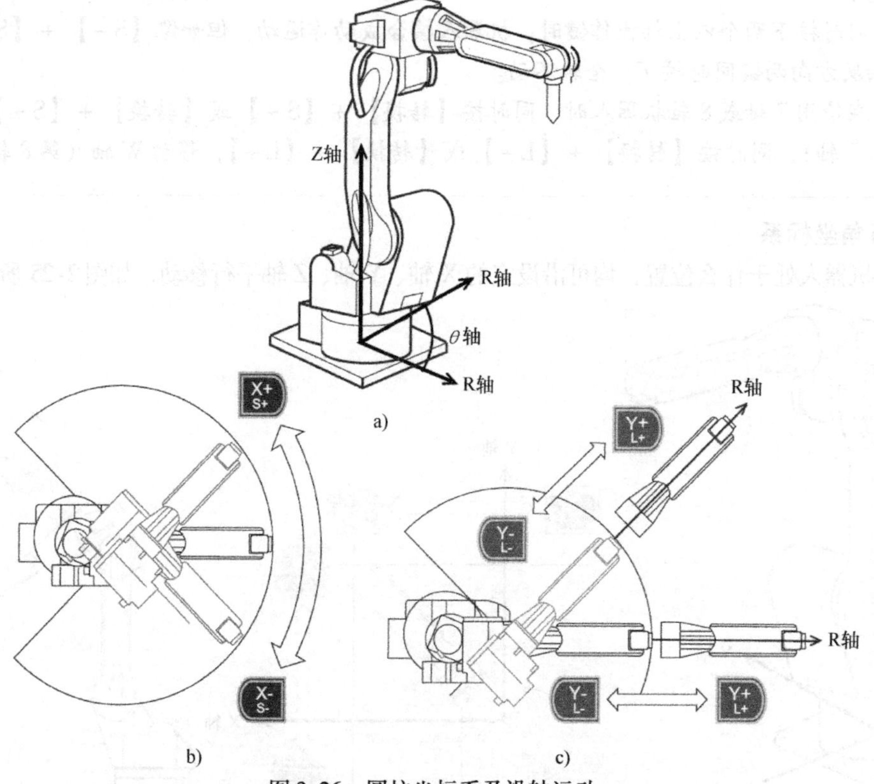

图 3-26　圆柱坐标系及沿轴运动

a）圆柱坐标系　b）沿 θ 轴回转　c）沿 R 轴方向移动

设定为圆柱坐标系时，机器人控制点以本体轴 S 轴为中心回旋运动，或与 Z 轴成直角平行移动。按住轴操作键时，各轴的动作见表 3-10。

表 3-10　圆柱坐标系的轴动作

轴名称		轴操作键	动作
基本轴	θ 轴	X- S-　X+ S+	本体绕 S 轴旋转
	R 轴	Y- L-　Y+ L+	垂直于 Z 轴移动
	Z 轴	Z- U-　Z+ U+	沿 Z 轴平行移动
腕部轴		腕部轴控制点不变动作	

4. 工具坐标系

工具坐标系把机器人腕部法兰盘所持工具的有效方向作为 Z 轴，并把坐标定义在工具的尖端点，如图 3-27 所示。

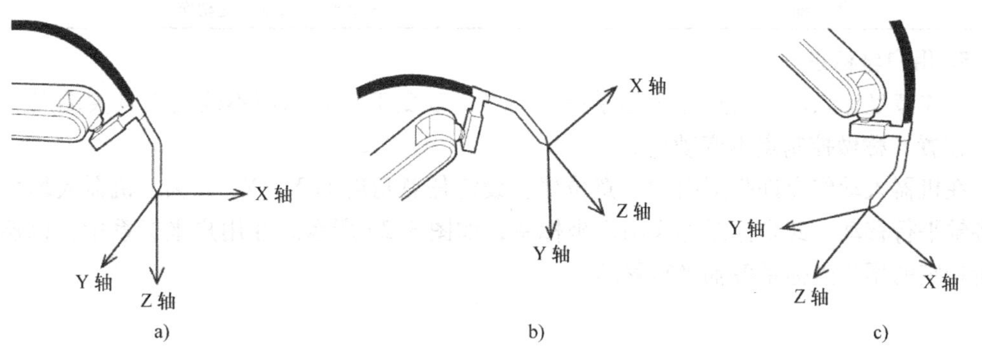

图 3-27　工具坐标系

工具坐标系把机器人腕部法兰盘所握工具的有效方向定为 Z 轴，把坐标定义在工具尖端点，所以工具坐标的方向随腕部的移动而发生变化。

工具坐标的移动以工具的有效方向为基准，与机器人的位置、姿势无关，所以进行相对于工件不改变工具姿势的平行移动操作时最为适宜，如图 3-28 所示。

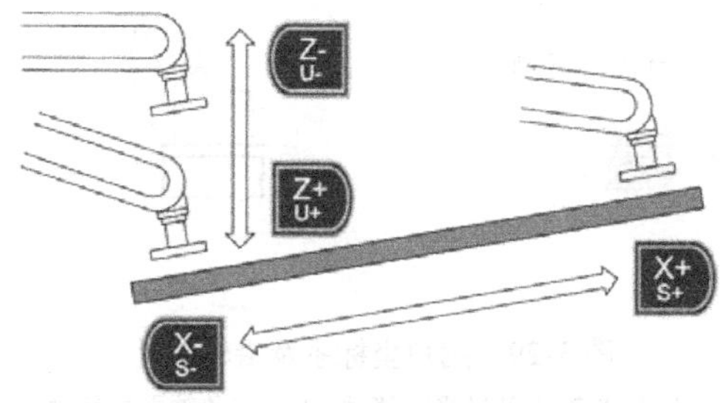

图 3-28　工具坐标的移动

> **注意：**
> 使用工具坐标系要预先登录相应的工具文件。

设定为工具坐标系时，机器人控制点沿设定在工具尖端点的 X，Y，Z 轴做平行移动，按住轴操作键时，各轴的动作见表 3-11。

表 3-11 工具坐标系的轴动作

轴名称		轴操作键	动作
基本轴	X 轴	X- S- / X+ S+	沿 X 轴平行移动
	Y 轴	Y- L- / Y+ L+	沿 Y 轴平行移动
	Z 轴	Z- U- / Z+ U+	沿 Z 轴平行移动
腕部轴		腕部轴控制点不变动作	

5. 用户坐标系

在关节坐标系以外的其他坐标系中，均可只改变工具姿态而不改变工具尖端点（控制点）位置，称做控制点不变动作。

在机器人动作允许范围内的任意位置，设定任意角度的 X、Y、Z 轴，机器人均可沿所设各轴平行移动，此坐标系称作用户坐标系，如图 3-29 所示。在用户坐标系中，机器人可沿所指定的用户坐标系各轴平行移动。

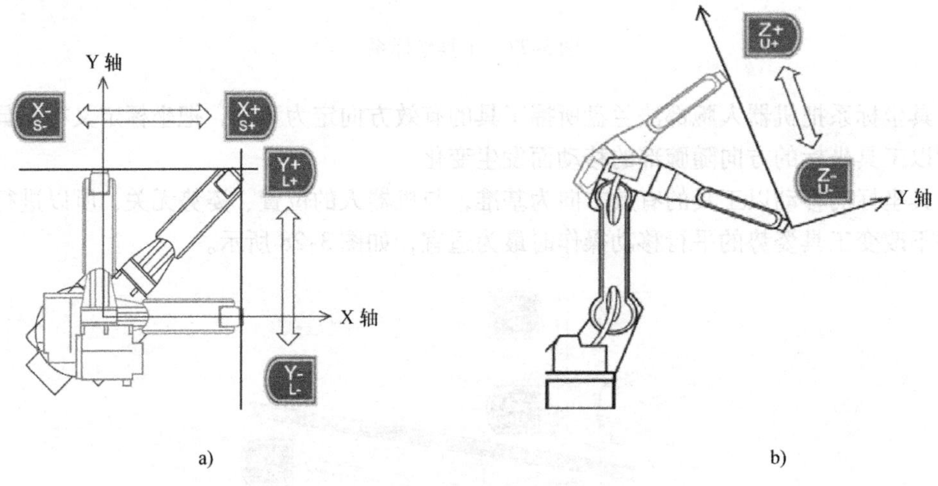

图 3-29 用户坐标系及沿轴移动

a）与 X 轴或 Y 轴平行移动 b）与 Z 轴平行移动

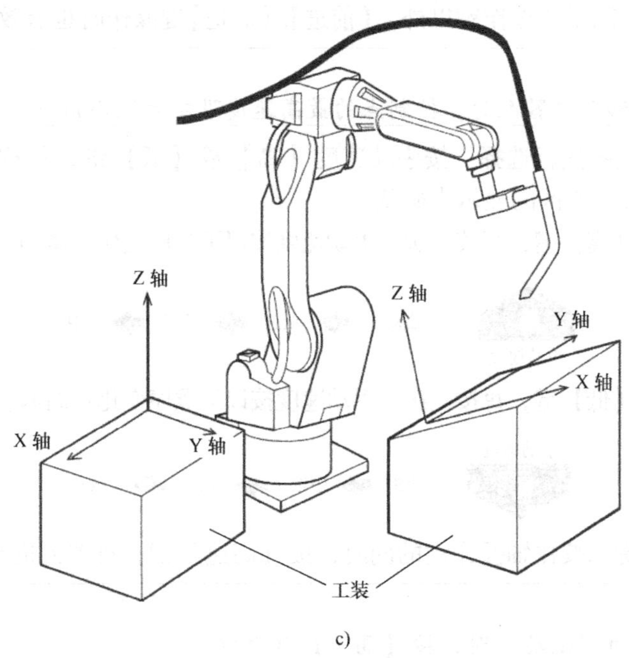

图 3-29　用户坐标系及沿轴移动（续）
c）用户坐标系

机器人系统最多可登录 24 个用户坐标系，与之对应的数字 1 至 24 为用户坐标号码，每个坐标成为一个用户坐标文件。按住轴操作键时，各轴的动作见表 3-12。

表 3-12　用户坐标系的轴动作

轴名称		轴操作键	动作
基本轴	X 轴	X- S- / X+ S+	沿 X 轴平行移动
	Y 轴	Y- L- / Y+ L+	沿 Y 轴平行移动
	Z 轴	Z- U- / Z+ U+	沿 Z 轴平行移动
腕部轴		腕部轴控制点不变动作	

3.3.2　坐标系的操作应用

1. 坐标系的选择

选择坐标系的操作方法是：按【坐标】键，每按一次此键，坐标系按以下顺序变化，通过状态区的显示来确认：关节坐标系→直角（圆柱）坐标系→工具坐标系→用户坐标系。

2. 手动速度的选择

手动速度可选择高、中、低速或微动，此外，还可通过按【高速】键，采用高速移动。

所设定的手动速度，除了轴操作键以外，【前进】/【后退】键操作时也有效。

> **提示：**
> 用示教编程器移动机器人时，控制点的最高速度限制为 250mm/s。

（1）用手动速度键进行选择　按手动速度【高】或【低】键，每按一次，手动速度按以下顺序变化，通过状态区的显示来确认。

1）按手动速度【高】键，每按一次，手动速度按以下顺序变化：微动、低速、中速、高速。

2）按手动速度【低】键，每按一次，手动速度按以下顺序变化：高速、中速、低速、微动。

（2）利用高速键　按住轴操作键的同时，按【高速】键，机器人进行高速移动。

> **提示：**
> 手动速度设定为“微动”时，按【高速】键无效。

3. 应用举例

使用两个以上工具时，有必要按照作业要求选择工具，换工具时，按以下操作选择所登录的工具文件中的一项。

只有使用两个以上工具时，才能选择工具号。当一台机器人使用多个工具时，设定以下参数：S2C333 为切换工具号码指定参数，1 为可以切换工具号码，0 为不可以切换工具号码。

菜单与安全模式的对应见表 3-13。

表 3-13　菜单与安全模式的对应表

主菜单	子菜单	说　明
点焊（伺服焊钳）	按【坐标】键，设定工具坐标	当按【坐标】键时，状态显示区的坐标系按以下顺序变化：关节坐标系→直角坐标系→工具坐标系→用户坐标系 数据　编辑　显示　实用工具 程序内容
通用	按【转换】+【坐标】，显示工具，坐标号码选择画面	显示工具坐标号码选择画面。 数据　编辑　显示　实用工具 选择工具坐标号 序号　名称 00 01 02 03 04 05 06 07 主菜单　快捷方式

（续）

主菜单	子菜单	说　明
X点焊钳或C型点焊钳	选择所希望的工具坐标号码	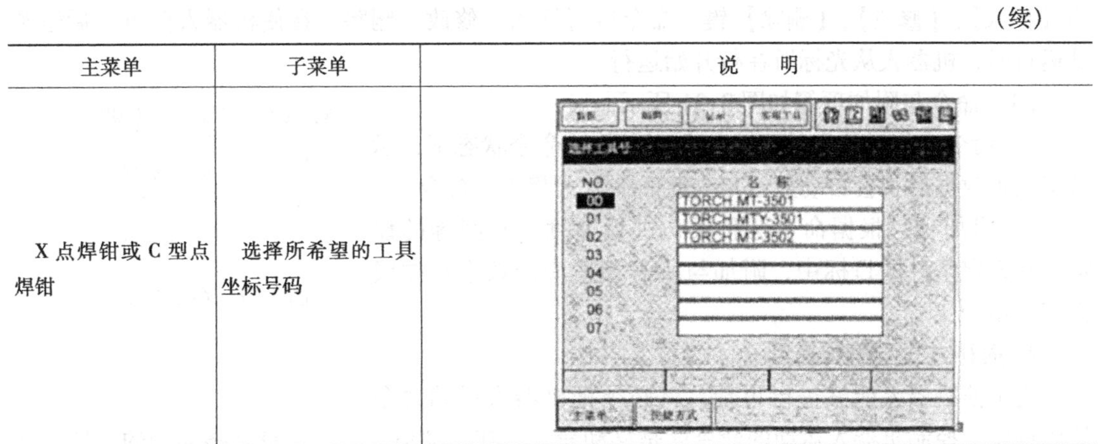

3.4　示教和再现

3.4.1　示教编程

示教编程是指通过由人工导引机器人末端执行器（安装于机器人关节结构末端的夹持器、工具、焊枪、喷枪等），或由人工操作导引机械模拟装置，或用示教盒（与控制系统相连接的一种手持装置，用以对机器人进行编程或使之运动）来使机器人完成预期的动作的作业程序（任务程序），为一组运动及辅助功能指令，用以确定机器人特定的预期作业，这类程序通常由用户编制。由于机器人的此类编程是通过实时在线示教程序来实现，而机器人本身凭记忆操作，故能不断重复再现。

1. 示教画面

如图3-30所示，示教在程序内容画面上进行。程序内容画面显示以下项目：

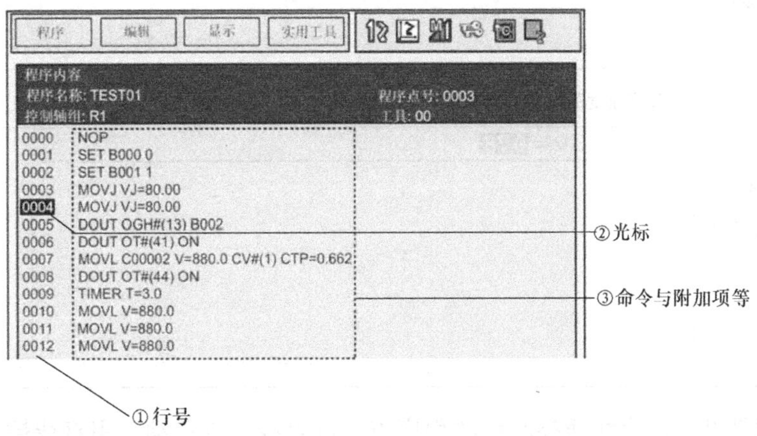

图3-30　程序内容画面显示

（1）行号　表示程序行的序号，自动显示，当插入或删除行时，行号会自动改变。

（2）光标　命令编辑用的光标，按【选择】键，可对光标所在行命令进行编辑，还可用【插入】、【修改】、【删除】键对命令进行插入、修改、删除。在使机器人前进、后退和试运行时，机器人从光标所在行开始运行。

(3) 命令与附加项等如图 3-31 所示。

1) 命令：指示执行处理或作业。在移动命令状态下，示教了位置数据后，会自动显示与当前插补方式相应的命令。

2) 附加项：根据命令的种类，进行速度、时间等的设定。在设定条件的目标中，附加与所需相适应的数字数据或文字数据。

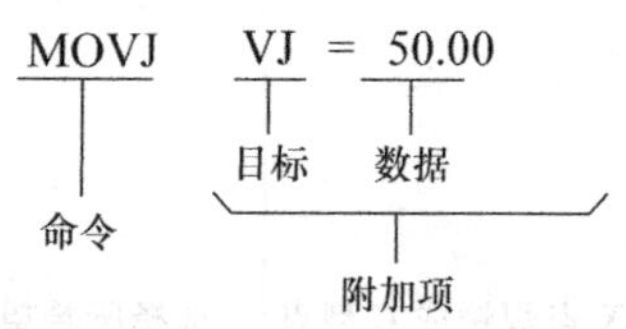

图 3-31　命令与附加项

2. 插补方式与再现速度

为了使机器人能够进行再现，就必须把机器人运动命令编成程序。控制机器人运动的命令就是移动命令。在移动命令中，记录有移动到的位置、插补方式、再现速度等。

因为 DX100 控制器所使用的“INFORMIII”语言其主要移动命令都以“MOV”开头，所以，也把移动命令叫做“MOV 命令”。

例如，MOVJ（插补方式）　VJ = 50.00（移动速度）

(1) 关节插补　机器人在未规定采取何种轨迹移动时，使用关节插补。用关节插补示教机器人轴时，移动命令为 **MOVJ**。出于安全方面的考虑，通常在程序点 1 用关节插补示教。按【插补方式】键，输入缓冲行的移动命令会被切换。

设定关节插补的再现速度时，注意以下两点：

1) 以最高速度的百分比来表示再现速度。

2) 当设定“0：速度省略”时，速度设定为预先决定的速度，其设定操作步骤见表 3-14。

表 3-14　设定关节插补的再现速度的操作步骤及说明

	操作步骤	说明
1	把光标移到再现速度上	
2	按【转换】+光标键，设定再现速度	关节速度的值增加或减少 ⇒ MOVJ VJ=0.78 快 100.00 50.00 25.00 12.50 6.25 3.12 1.56 慢 0.78 (%)

(2) 直线插补　用直线插补示教的程序点，以直线轨迹移动，用直线插补示教机器人轴时，移动命令为 **MOVL**。

直线插补常被用于像焊接区间这样的作业区间，机器人在移动过程中自动改变手腕的位置，如图 3-32 所示。

设定直线插补的再现速度的单位有以下两种，可以根据不同的用途进行切换见表 3-15。

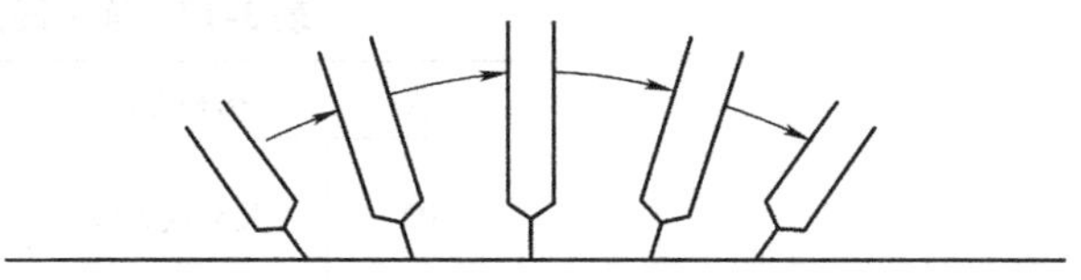

图 3-32　直线插补自动改变手腕的位置

表 3-15　设定直线插补再现速度的操作步骤及说明

	操作步骤	说明
1	把光标移到再现速度上	
2	按【转换】 + 光标键，设定再现速度	再现速度的值增加或减少 ⇒ MOVL V=660 快 1500.0 750.0 375.0 187.0 93.0 46.0 23.0 慢 11 (mm/秒) 快 9000 4500 2250 1122 558 276 138 慢 66 (cm/分)

（3）圆弧插补　机器人沿着用圆弧插补示教的三个程序点执行圆弧轨迹移动。用圆弧插补示教机器人轴时，移动命令为 **MOVC**（参见“2 –3 安川机器人弧线焊接”视频）。

1）单一圆弧。如图 3-33 所示，只有一个圆弧时，用圆弧插补示教 P1、P2、P3 三点。用关节插补或直线插补示教进入圆弧插补前的 P0 时，P0 至 P1 的轨迹自动成为直线。单一圆弧的插补方式见表 3-16。

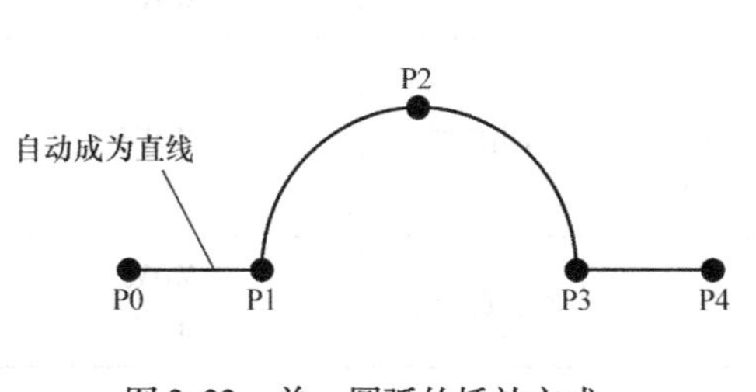

图 3-33　单一圆弧的插补方式

表 3-16　单一圆弧的插补方式

点	插补方式	命令
P0	关节或直线	MOVJ MOVL
P1 P2 P3	圆弧	MOVC
P4	关节或直线	MOVJ MOVL

2）连续圆弧。两个以上圆弧相连时，必须执行圆弧分离。如图 3-34 所示的 P4 点，即前圆弧与后圆弧的连接点处，同一点加入关节插补或直线插补的程序点。连续圆弧的插补方式见表 3-17。

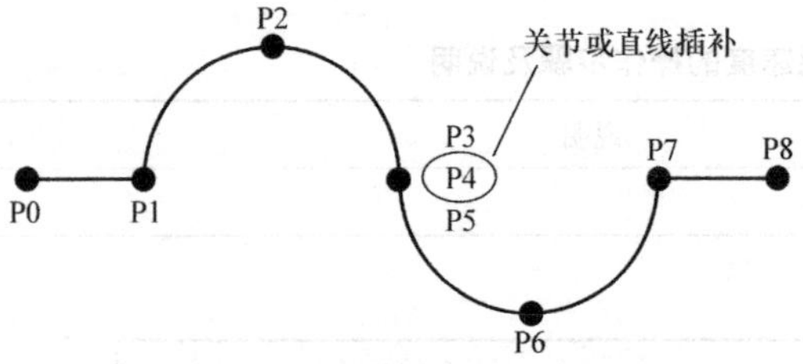

图 3-34 连续圆弧的插补方式

表 3-17 连续圆弧的插补方式

点	插补方式	命令
P0	关节或直线	MOVJ MOVL
P1 P2 P3	圆弧	MOVC
P4	关节或直线	MOVJ MOVL
P5 P6 P7	圆弧	MOVC
P8	关节或直线	MOVJ MOVL

3）圆弧插补的再现速度。再现速度的设定与直线插补相同。P1 至 P2 间用 P2 的速度，P2 至 P3 间用 P3 的速度。高速示教圆弧动作时，实际运行轨迹要比示教的圆弧轨迹小。

（4）自由曲线插补　执行焊接、切割、喷涂等作业时，对于有不规则曲线的工件，使用自由曲线插补方式后，可使此类示教更为简单。轨迹为经过三点的抛物线。用自由曲线插补示教机器人轴时，移动命令为 MOVS。

1）单一自由曲线　如图 3-35 所示，用自由曲线插补示教 P1、P2、P3 三点。用关节插补或直线插补示教进入自由曲线前的 P0 后，P0 至 P1 的轨迹自动成为直线。单一自由曲线的插补方式见表 3-18。

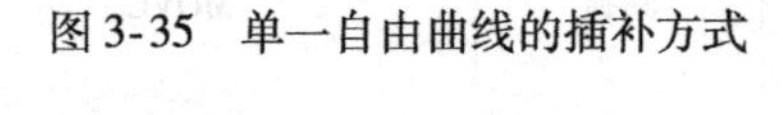

图 3-35 单一自由曲线的插补方式

表 3-18 单一自由曲线的插补方式

点	插补方式	命令
P0	关节或直线	MOVJ MOVL
P1 P2 P3	自由曲线	MOVS
P4	关节或直线	MOVJ MOVL

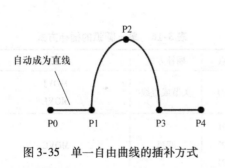

2）连续自由曲线。用重叠的抛物线的合成作为轨迹。与圆弧插补不同，两个自由曲线的连接点不用加入同点程序点，如图 3-36 所示。连续自由曲线插补方式见表 3-19（参见“2－5 自行车架焊接”视频）。

为重叠抛物线时，作成合成的轨迹，如图 3-37 所示。

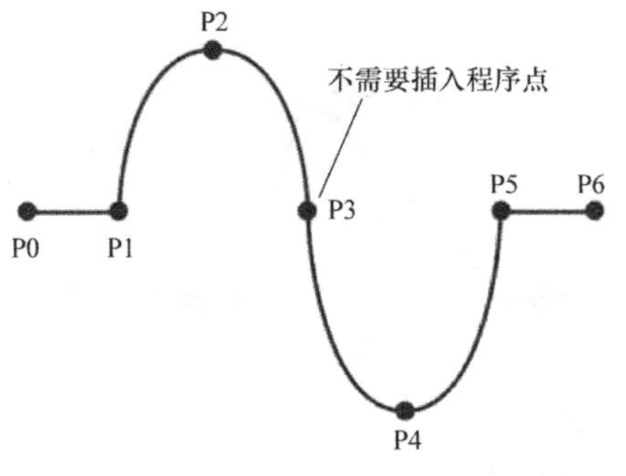

图3-36　连续自由曲线插补方式

表3-19　连续自由曲线插补方式

点	插补方式	命令
P0	关节或直线	MOVJ MOVL
P1至P5	自由曲线	MOVS
P6	关节或直线	MOVJ MOVL

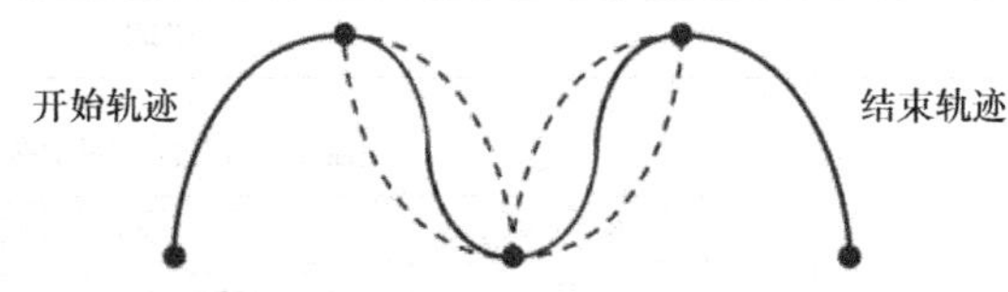

图3-37　重叠抛物线

3）自由曲线插补的再现速度。再现速度的设定与直线插补和圆弧插补一样，P1至P2间用P2点的速度，P2至P3间用P3点的速度运行。

提示：

把三点间的距离设为大体均等后再执行示教。因为如果间距相差太大，再现时会发生错误，机器人的动作将不可预测，所以很危险。要把程序点间的距离比n: m的值设定为0.25至0.75范围内。

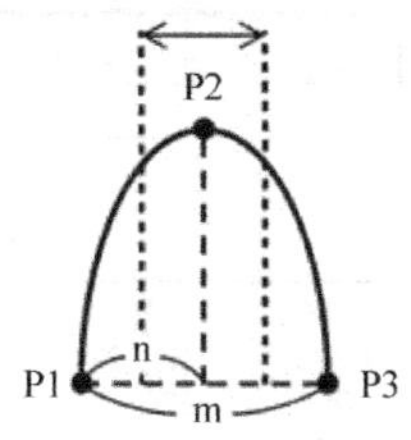

3.4.2　程序点的示教

1. 输入移动命令

每示教一个程序点，需输入一个程序命令。程序点的示教有按顺序示教和在示教过的程序点间插入程序点示教两种情况。图3-38a显示了作为插入程序点示教的操作。

从头开始按照程序点顺序进行示教，通常在END命令前输入（在END命令前输入时不用按【插入】键）。插入程序点时，必须按【插入】键，见表3-20。

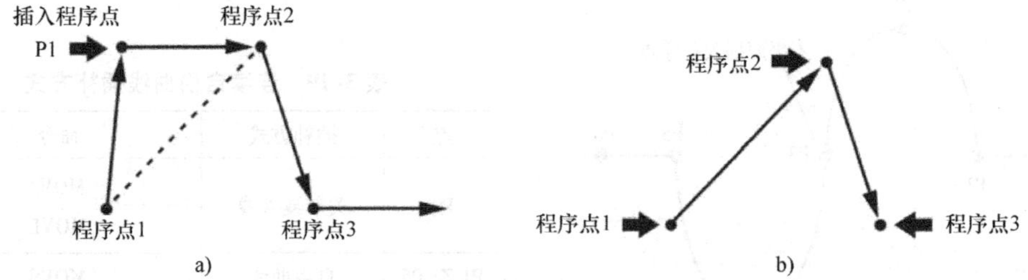

图 3-38　程序点示教
a）插入程序点示教　b）按顺序示教

表 3-20　插入程序点示教操作步骤

程序点	操作步骤	说明
1	选择主菜单的“程序”	显示“程序”的子菜单
2	选择“程序内容”	显示被选择的程序内容 0000　NOP 0001　MOVJ VJ=25.00 0002　MOVJ VJ=25.00 0003　MOVJ VJ=12.50 0004　ARCON ASF#(1) 0005　MOVL V=66 0006　END
3	把光标移到要输入移动命令的前一行	
4	握住安全开关	握住安全开关后伺服电源接通
5	按轴操作键	用轴操作键将机器人移到想要移到的位置

2. 选择工具号

选择工具号操作见表 3-21。

表 3-21　选择工具号操作步骤

程序点	操作步骤	说明
1	按【转换】+【坐标】键	当选择了“关节”“直角/圆柱”“工具”坐标系时，按【转换】+【坐标】键后，显示工具号选择画面 数据 编辑 显示 实用工具 选择工具号 NO. 名 称 00 TORCH MT-3501 01 TORCH MTY-3501 02 TORCH MT-3502 03 04 05 06 07 主菜单 快捷方式
2	把光标移到所需工具号处	
3	按【转换】+【坐标】键	返回程序内容画面 0000 NOP 0001 MOVJ VJ=25.00 0002 MOVJ VJ=25.00 0003 MOVJ VJ=12.50 0004 ARCON ASF#(1) 0005 MOVL V=66 0006 END

3. 设定插补方式

设定插补方式操作步骤见表 3-22。

表 3-22　设定插补方式操作步骤

程序点	操作步骤	说明
1	按【插补方式】键	按【插补方式】键，输入缓冲行中，插补方式以 MOVJ→MOVL→MOVC→MOVS 顺序显示
2	选择需要的插补方式	

4. 设定再现速度

设定再现速度操作步骤见表 3-23。

表 3-23 设定再现速度操作步骤

程序点	操作步骤	说明
1	把光标移到命令上	0001 MOVJ=50.00
2	按【选择】键	光标移到输入缓冲行 ⇒ MOVJ VJ= 50.00
3	把光标移到再现速度上	
4	按【转换】+光标键上下	调节关节速度大小 ⇒ MOVJ VJ=50.00
5	按【回车】键	输入移动命令 0000 NOP 输入的移动命令—0001 MOVJ VJ=50.00 0002 END

重复上述操作进行示教（工具号、插补方式、再现速度与前一次相同时，不需设定）。

> **提示：**
>
> 1. 输入移动命令时，可同时设定位置等级。
>
> 2. 设定再现速度为默认则不在命令中显示，从菜单中选择［编辑］，再选择“显示再现速度”消除“*”号。一台机器人使用多个工具时，把参数 S2C333 设定为 1。

5. 设定位置等级 PL

位置等级是指机器人经过示教位置时的接近程度（有的称为平滑度），可附加于移动命令 MOVJ（关节插补）和 MOVL（直线插补）。未设定位置等级时的精确度，根据运动速度而发生变化，而设定了合适的位置等级时，可使机器人以与周围状况和工件相适应的轨迹运行。位置等级的轨迹与精确度的关系。如图 3-39 所示。

> **提示：**
>
> 若要设定位置等级作为默认在命令中显示，从菜单中选择【编辑】，再选择“显示位置等级”。

设定位置等级 PL 的操作见表 3-24。

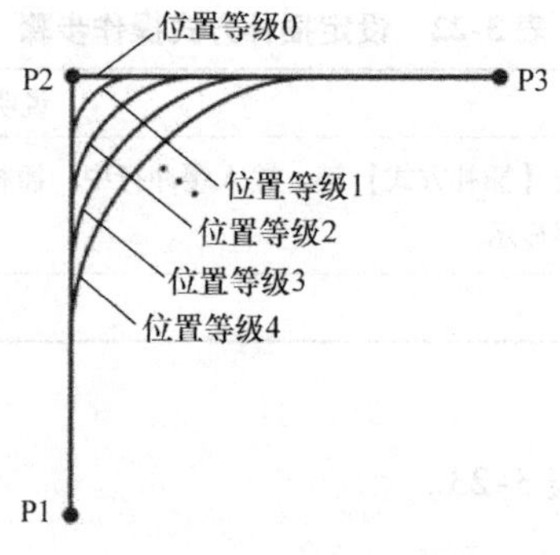

图 3-39 位置等级 PL

表3-24　位置等级PL操作

程序点	操作步骤	说明
1	选择移动命令	显示详细编辑窗口
2	选择位置等级的“未使用”	显示选择对话框
3	选择“PL”	显示位置等级，初始值是1

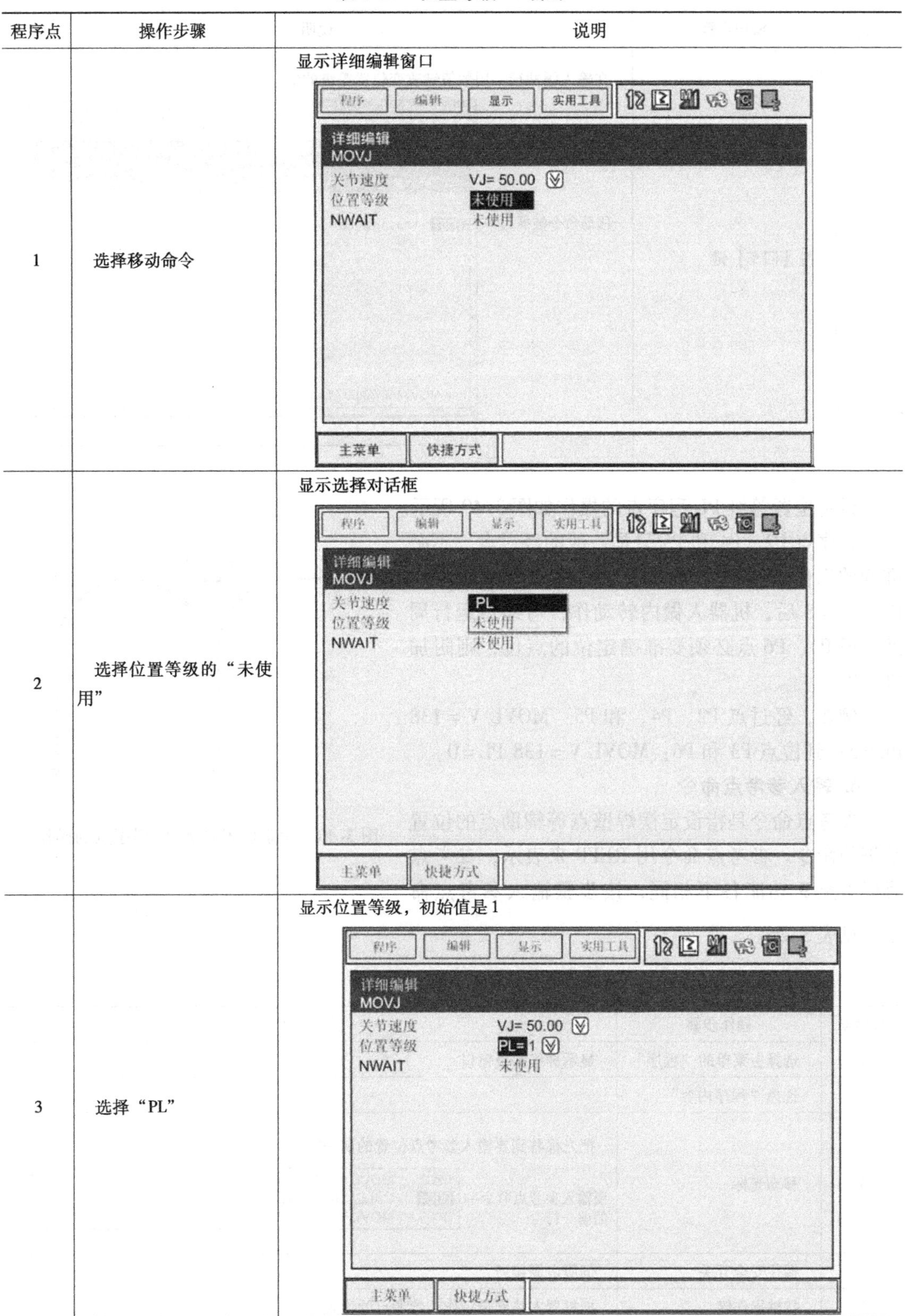

（续）

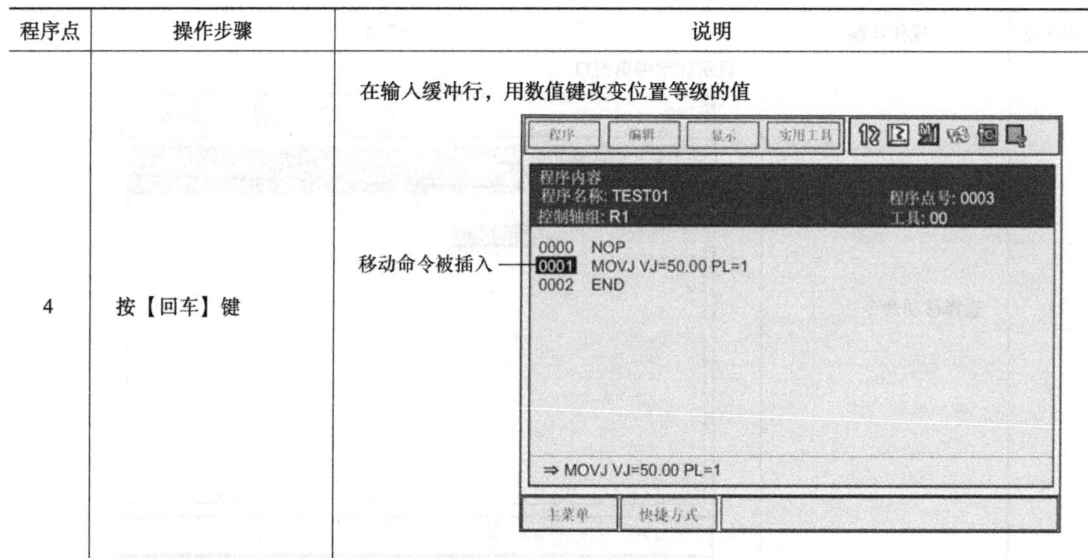

程序点	操作步骤	说明
4	按【回车】键	在输入缓冲行，用数值键改变位置等级的值 程序 编辑 显示 实用工具 程序内容 程序名称: TEST01　程序点号: 0003 控制轴组: R1　工具: 00 0000　NOP 移动命令被插入 — 0001　MOVJ VJ=50.00 PL=1 0002　END ⇒ MOVJ VJ=50.00 PL=1 主菜单　快捷方式

设定位置等级 PL 程序点的操作如图 3-40 所示。

程序点 P2、P4 和 P5 只是一般的经过点，不必准确的定位。且在此类程序点的移动命令上附加 PL＝1 至 8 后，机器人做内转动作，可缩短运行周期。但 P3、P6 点必须要准确定位的点位，则附加 PL＝0。

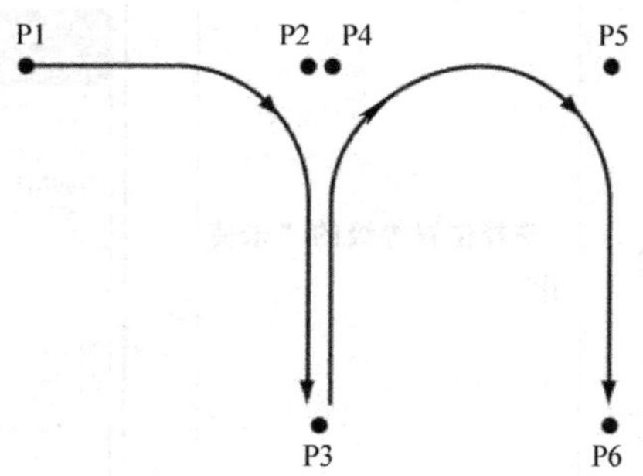

图 3-40　设定位置等级 PL 程序点的操作

例如，经过点 P2、P4、和 P5：MOVL V＝138 PL＝3；到位点 P3 和 P6：MOVL V＝138 PL＝0。

6. 输入参考点命令

参考点命令是指设定摆焊壁点等辅助点的位置数据的命令。参考点命令用 REFP 来表示，参考点号码 1 至 9 功能各不相同，按步骤输入参考点命令，见表 3-25。

表 3-25　输入参考点命令

程序点	操作步骤	说　明
1	选择主菜单的“程序”	显示详细编辑窗口
2	选择“程序内容”	
3	移动光标	把光标移到要输入参考点位置的前一行 0003　MOVL V=558 要输入参考点命令的前一行 — 0004　CALL JOB: TEST 0005　MOVL V=138
4	握住安全开关	伺服电源接通
5	按轴操作键	把机器人移到希望作为参考点的位置

（续）

程序点	操作步骤	说　明
6	按【参考点】键	在输入缓冲行中显示参考点命令 ⇒ REFP 1
7	修改参考点号	1）把光标移到参考点号上，同时按【转换】+光标键，修改参考点号 ⇒ REFP 2 2）用数值键修改参考点号时，把光标移到参考点号上，按【选择】键，用数值键输入参考点号，按【回车】键 参考点号 = ⇒ REFP
8	按【插入】键	【插入】键的指示灯亮。在END命令前输入时，无需按【插入】键
9	按【回车】键	输入REFP命令 0003 MOVL V=558 0004 CALL JOB: TEST 输入的参考点命令—0005 REFP 1 0006 MOVL V=138

7. 输入定时命令

定时命令是使机器人在设定的时间内停止动作的命令。按步骤输入定时命令，见表3-26。

表3-26 输入定时命令

	操作步骤	说　明
1	选择主菜单的“程序”	显示详细编辑窗口
2	选择“程序内容”	
3	移动光标	把光标移到要输入参考点位置的前一行 要输入定时命令位置的前一行—0003 MOVJ VJ=50.00 0004 MOVL V=138
4	按【定时器】键	在输入缓冲显示行中显示定时命令TIMER ⇒ TIMER T=1.00
5	修改定时值	1）向定时值移动光标，同时按【转换】+光标键，修改定时值。这时，定时值的增减单位是0.01s ⇒ TIMER T=2.00 2）用数值键修改定时值时，把光标移到定时值上，按【选择】键，用数值键输入定时值，按【回车】键。 时间 = ⇒ TIMER T=
6	按【插入】键	【插入】键的指示灯亮。在END命令前输入时，无需按【插入】键
7	按【回车】键	输入定时命令TIMER 0003 MOVJ VJ=50.00 输入的定时命令—0004 TIMER T=2.00 0005 MOVL V=138

8. 最初程序点与最终程序点的重合

执行如图 3-41 所示的程序的连续作业时，要发生从最后的程序点 6 到程序点 1 的运动。如果程序点 6 与程序点 1 重合，机器人则从程序点 5 直接运动到程序点 1，可提高工作效率。

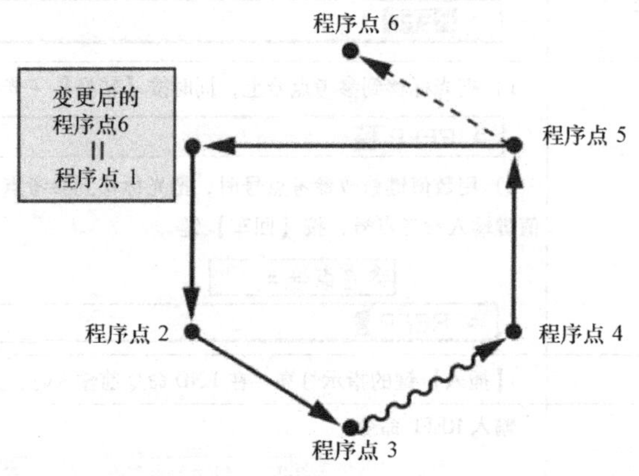

图 3-41　程序点的重合

最初程序点与最终程序点的重合方法见表 3-27。

表 3-27　最初程序点与最终程序点的重合方法

程序点	操作步骤	说　明
1	把光标移到程序点 1	
2	按【前进】键	把机器人移到程序点 1
3	把光标移到最终程序点	光标开始闪烁，在程序内容画面，光标所在行的程序点位置与机器人位置有异时，光标闪烁
4	按【修改】键	此键的指示灯点亮
5	按【回车】键	在最终程序点所在行，程序点 1 的位置数据被输入 此时修改的只是最终程序点的位置数据，插补方式与再现速度不改变

3.4.3　确认程序点

1. 前进/后退操作

示教的程序点位置正确与否，用示教编程器的【前进】或【后退】键进行确认。按住【前进】或【后退】键时，机器人以程序点为单位运动。

> **提示：**
>
> 为了安全，手动速度应设定为中速或更低。

前进/后退操作步骤见表 3-28。

表 3-28　前进/后退操作步骤

程序点	操作步骤	说　明
1	把光标移到待确认的程序点	
2	按【前进】或【后退】键	持续按【前进】/【后退】键时，机器人到达下一个/上一个程序点后停止 当程序中有移动命令以外的命令时，即使按【前进】键也不能执行到下一个程序点。这时请选择下列方法之一执行操作： 1）执行移动命令以外的命令时：按【联锁】+【前进】键 2）不执行移动命令以外的命令时：把光标移动到下一个移动命令，再按【前进】键 3）连续执行移动命令时：按【转换】+【前进】键 要想直接到途中某一程序点，按【转换】键 + 光标键，把光标移动到想去的那点，再按【前进】或【后退】键，机器人即可直接移动到光标所在程序点的位置

前进/后退操作时的注意事项：

（1）前进运动

1）机器人按程序点号运行。按【前进】键时，只执行移动命令。同时按【联锁】+【前进】键，执行所有的命令。

2）动作执行一个循环后停止。到达 END 命令后，即使再按【前进】键机器人也不再动作。但是如果是在被调用程序中则会进入 CALL 命令的下一个命令。

（2）后退运动

1）机器人逆程序点号顺序运动。只执行移动命令。

2）到达程序点 1 后，即使再按【后退】键，机器人也不再动作。但是如果是在被调用程序中则会后退到 CALL 命令前的移动命令。

（3）前进/后退的圆弧运动

1）向圆弧插补的最初程序点移动时所做的运动为直线运动。

2）圆弧插补的程序点三点不连续时不能执行圆弧运动。

3）中途停止前进/后退操作，执行光标移动或搜索操作后，再继续执行前进/后退操作，机器人在到达下一程序点前，做直线运动。

4）如图 3-42 所示，中途停止前进/后退操作，执行轴操作后再执行前进/后退操作时，机器人在到达下一个圆弧插补点在 P2 前做直线运动，在 P2、P3 间做圆弧运动。

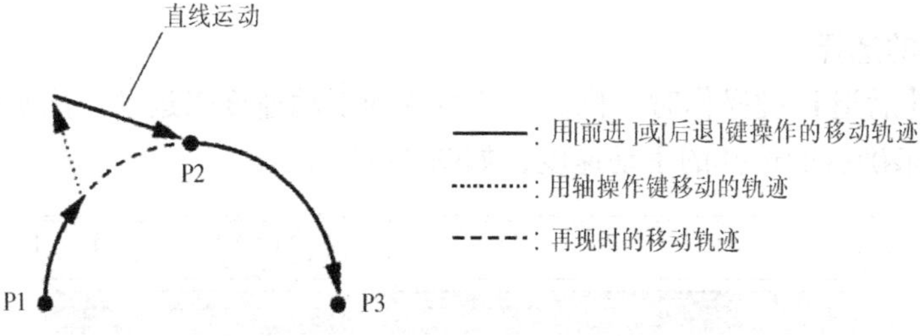

图 3-42　执行轴操作后再执行前进/后退

（4）前进/后退的自由曲线运动

1）向自由曲线插补的最初程序点移动时所做的运动为直线运动。

2）自由曲线插补的程序点三点不连续时不能执行自由曲线运动。

3）根据前进/后退操作的执行位置，有时可能发生“示教点间距离不相等”的报警。执行前进/后退的微动速度操作时，轨迹会有所改变，同时也容易发生上述报警。

4）中途停止前进/后退操作，执行光标移动或搜索操作后，再继续执行前进/后退操作时，机器人在到达下一程序点前做直线运动。

5）如图 3-43 所示，中途停止前进/后退操作，执行轴操作键后再执行前进/后退操作时，机器人在到达下一个自由曲线插补程序点 P2 前做直线运动，P2 点以后转为自由曲线运动。但是，P2 至 P3 之间的轨迹和再现时的轨迹会有些差异。

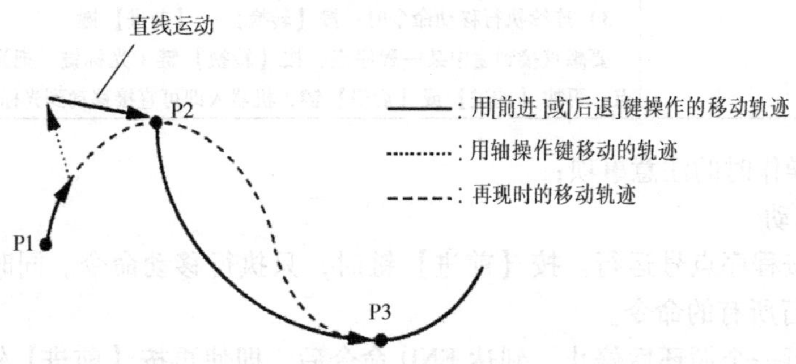

图 3-43　直线运动和自由曲线插补程序点的关联

如图 3-44 所示，用【前进】键运动到 P3 后暂停，再用【后退】键退到 P2 之后，再执行前进运动时，P2 至 P3 之间的轨迹，与开始时的前进运动、后退运动、再执行前进运动的轨迹各不相同。

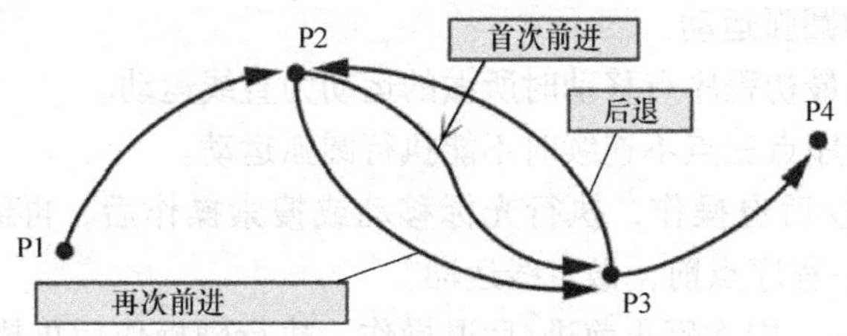

图 3-44　用【前进】键和用【后退】键时运动轨迹的变化

2. 手动速度的选择

用【前进】【后退】键操作时，机器人按所选的手动速度来运动。用示教编程器上状态区中显示的速度来确认所选择的手动速度，如图 3-45 所示。

图 3-45　手动速度显示

3.4.4　修改程序点

1. 插入移动命令程序点

插入移动命令程序点时，伺服电源必须接通，如图 3-46 所示。

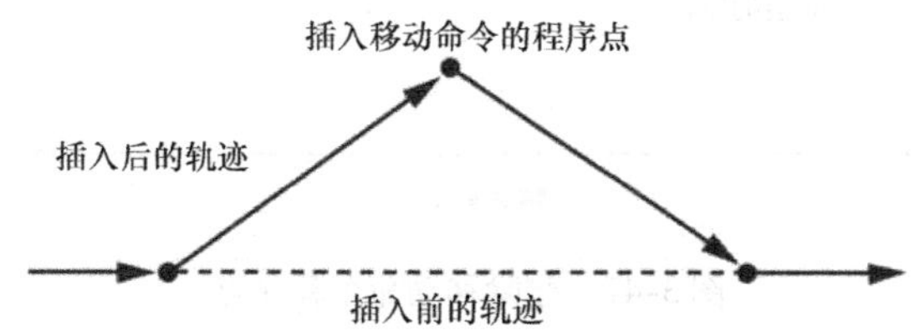

图 3-46　插入移动命令程序点

插入移动命令程序点的操作步骤见表 3-29。

表 3-29　插入移动命令程序点的操作步骤

程序点	操作步骤	说明
1	把光标移到欲插入移动命令位置的前一行	欲插入移动命令位置的前一行 0006　MOVL V=276 0007　TIMER T=1.00 0008　DOUT OT#(1) ON 0009　MOVJ VJ=100.0
2	按轴操作键	接通伺服电源，按轴操作键把机器人移到要插入的位置。确认输入缓冲显示行中显示的移动命令，设定所需的插补方式、再现速度
3	按【插入】键	此键的指示灯点亮。在 END 命令前插入时，不必按【插入】键
4	按【回车】键	移动命令被插入到光标所在行的下面 移动命令被插入 0006　MOVL V=276 0007　TIMER T=1.00 0008　DOUT OT#(1) ON 0009　MOVL V=558 0010　MOVJ VJ=100.0 在程序中插入移动命令时，根据示教条件画面的设定，插入行位置有所不同 插入前 光标所在行 0006　MOVL V=276 0007　TIMER T=1.00 0008　DOUT OT#(1) ON 0009　MOVJ VJ=100.0 插入后：设定为在下一点前插入时 0006　MOVL V=276 0007　TIMER T=1.00 0008　DOUT OT#(1) ON 插入　0009　MOVL V=558 0010　MOVJ VJ=100.0 插入后：设定为在下一行前插入时 0006　MOVL V=276 插入　0007　MOVL V=558 0008　TIMER T=1.00 0009　DOUT OT#(1) ON 0010　MOVJ VJ=100.0

提示：

关于插入移动命令的位置，出厂时设定为在“下一点”前插入，也可以设定为在“下一行”前插入。此设定在示教条件画面的“移动命令输入方法”中执行。

2. 删除移动命令程序点

删除移动命令点如图 3-47 所示：

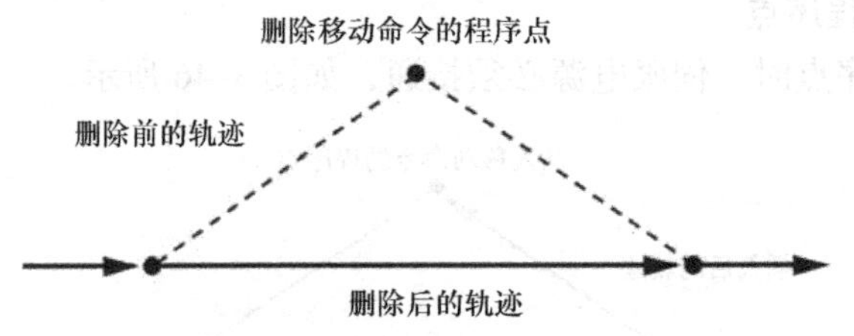

图 3-47　删除移动命令程序点

删除移动命令程序点操作步骤见表 3-30。

表 3-30　删除移动命令程序点操作步骤

程序点	操作步骤	说明
1	把光标移到待删除的移动命令	欲删除的移动命令 —— 0003　MOVL V=138 0004　MOVL V=558 0005　MOVJ VJ=50.00 机器人的位置与光标所在行的位置不一致时，光标闪烁，一致时不闪烁，为使光标不闪烁，使用以下方法之一操作 1）按【前进】键，把机器人移到要删除的移动命令的位置 2）按【修改】、【回车】键，把光标闪烁行的位置数据修改为机器人当前位置的数据
2	按【删除】键	此键的指示灯点亮
3	按【回车】键	光标行的程序点被删除 0003　MOVL V=138 0004　MOVJ VJ=50.00

3.4.5　修改程序

1. 调出程序

调出程序操作步骤见表 3-31。

2. 确认或编辑各程序的设定及输入

程序画面有以下 5 种，可确认或编辑各程序的设定及输入。

(1) 程序信息画面　显示及编辑注释、登录时间、禁止编辑的状态等。

(2) 程序内容画面　显示及编辑输入的程序内容。

(3) 命令位置画面　显示示教点的位置数据。

(4) 程序一览画面　显示登录的程序，可进行程序的选择。

(5) 程序容量画面　显示存储程序的个数、使用的存储空间和输入的程序点数。

1）程序信息画面。程序信息画面操作见表 3-32 所示。

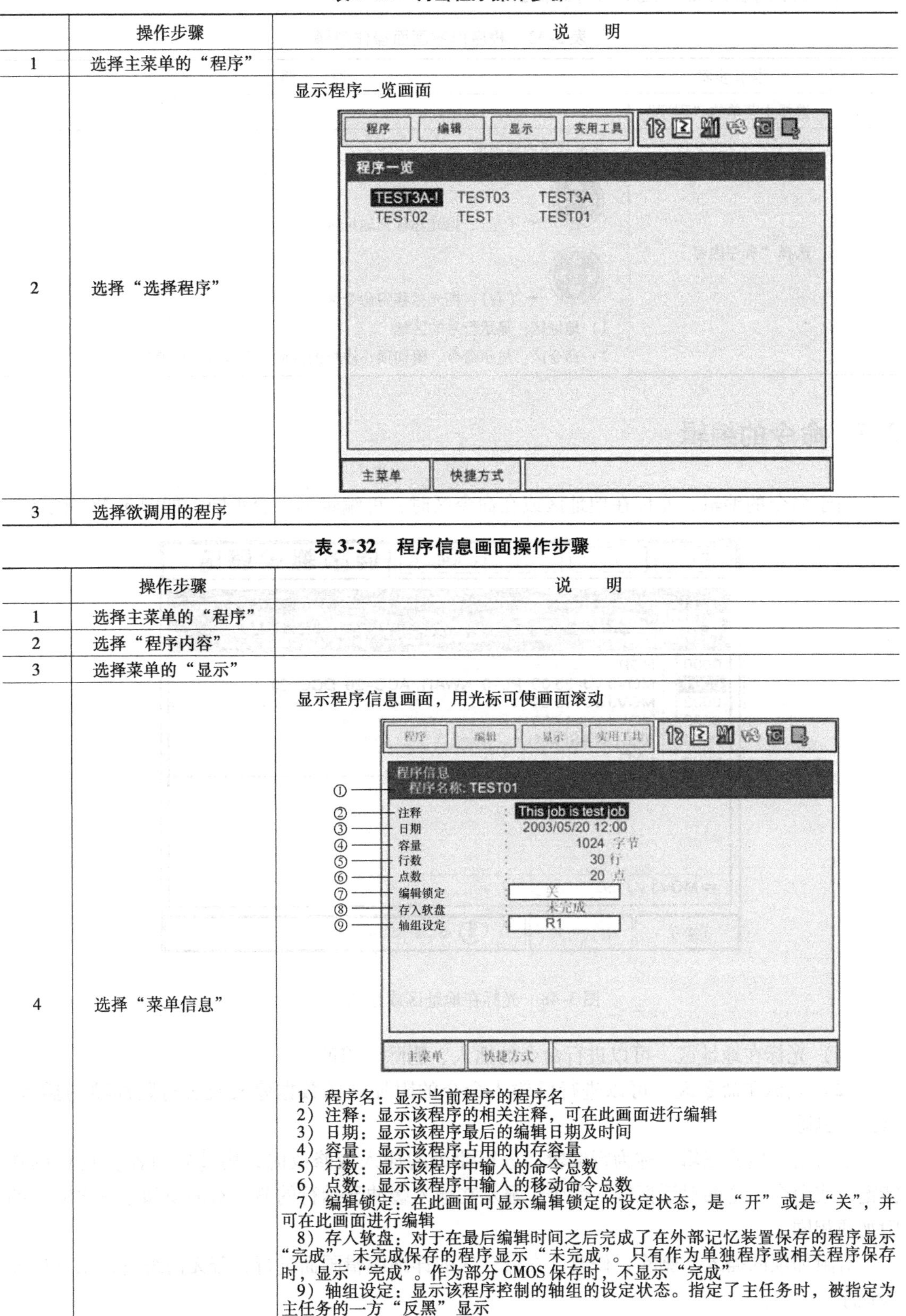

表 3-31　调出程序操作步骤

	操作步骤	说　明
1	选择主菜单的“程序”	
2	选择“选择程序”	显示程序一览画面
3	选择欲调用的程序	

表 3-32　程序信息画面操作步骤

	操作步骤	说　明
1	选择主菜单的“程序”	
2	选择“程序内容”	
3	选择菜单的“显示”	
4	选择“菜单信息”	显示程序信息画面，用光标可使画面滚动 1）程序名：显示当前程序的程序名 2）注释：显示该程序的相关注释，可在此画面进行编辑 3）日期：显示该程序最后的编辑日期及时间 4）容量：显示该程序占用的内存容量 5）行数：显示该程序中输入的命令总数 6）点数：显示该程序中输入的移动命令总数 7）编辑锁定：在此画面可显示编辑锁定的设定状态，是“开”或是“关”，并可在此画面进行编辑 8）存入软盘：对于在最后编辑时间之后完成了在外部记忆装置保存的程序显示“完成”，未完成保存的程序显示“未完成”。只有作为单独程序或相关程序保存时，显示“完成”。作为部分 CMOS 保存时，不显示“完成” 9）轴组设定：显示该程序控制的轴组的设定状态。指定了主任务时，被指定为主任务的一方“反黑”显示

2）程序内容画面。程序内容画面操作见表3-33。

表3-33　程序内容画面操作步骤

	操作步骤	说　明
1	选择主菜单的“程序”	
2	选择“程序内容”	显示程序内容画面 →（左）：把光标移到地址区 →（右）：把光标移到命令区 1）地址区：显示行号的区域 2）命令区：显示命令、附加项、注释的区域，可以进行行编辑

3.5　命令的编辑

对于命令的编辑，光标在地址区或在命令区时，可编辑的内容不同，如图3-48所示。

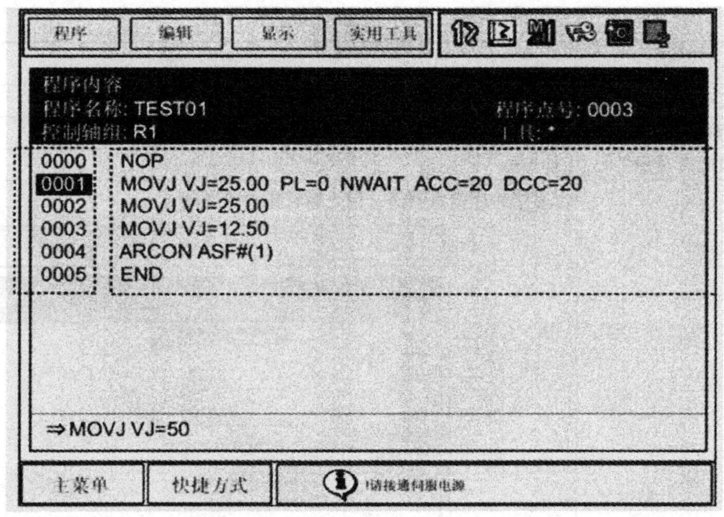

图3-48　光标在地址区或在命令区

（1）光标在地址区　可以进行命令的插入、删除、修改。

（2）光标在命令区　可以进行已输入命令的附加项的数据修改及进行附加项的插入、修改、删除。

仅对附加项的编辑，称为行编辑。进行命令的插入或修改时，用【定时器】这样的功能键，或命令一览的对话框输入命令。显示在输入缓冲显示行的命令附加项和上一次输入的附加项相同。

对附加项的插入、删除、修改，在命令区的详细编辑画面进行，若无需编辑，则直接输入程序。

3.5.1 命令组的说明

命令根据用途不同，分成了8个组。按【命令一览】键，显示命令组一览对话框，如图3-49所示。

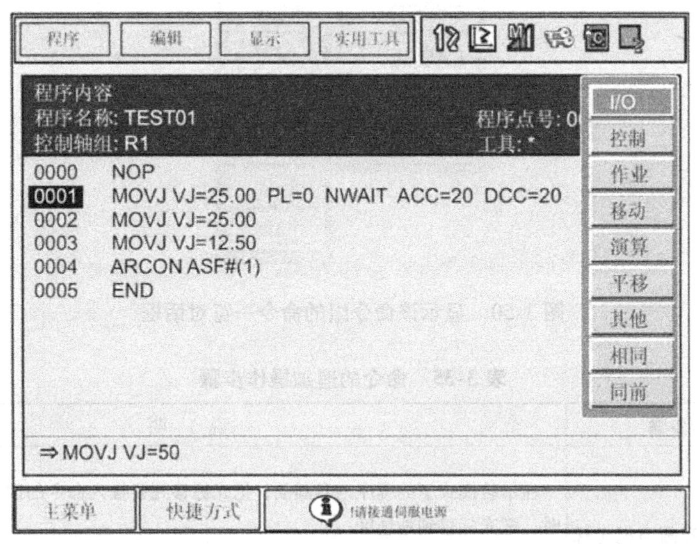

图3-49 显示命令组一览对话框

命令组内容见表3-34。

表3-34 命令组内容

显示	命令组	内容	举例
输入/输出	I/O命令	控制输入输出	DOUT，WAIT
控制	控制命令	进行处理和作业的控制	JUMP，TIMER
作业	作业命令	关于弧焊、点焊、搬运、喷涂等作业的命令	ARCON，WVON，SVSPOT，SPYON
移动	移动命令	关于移动和速度的命令	MOVJ，REFP
演算	演算命令	对变量等进行演算的命令	ADD，SET
平移	平移命令	平移示教点时使用的命令	SFTON，SFTOF
传感器（选项）	传感器命令（选项）	有关传感器的命令	COMARCON
其他	其他命令	其他功能命令	SHCKSET
同样	—	同光标所在处的命令	
同前	—	同上次输入的命令	

选择一个命令组，显示该命令组的命令一览对话框，如图3-50所示。

3.5.2 命令的追加

命令的追加操作步骤见表3-35所示。

图 3-50　显示该命令组的命令一览对话框

表 3-35　命令的追加操作步骤

	操作步骤	说　明
1	在程序内容画面把光标移到地址区	在示教模式下的程序内容画面，把光标移到要插入命令的前一行。光标在命令区时，把光标移到地址区 要插入命令的前一行 0000　NOP 0001　MOVJ VJ=25.00 PL=0 NWAIT ACC=20 DCC=20 0002　MOVJ VJ=25.00
2	按【命令一览】键	显示命令一览对话框。光标移到命令一览对话框，地址区的光标成为下划线 程序　编辑　显示　实用工具 程序内容 程序名称: TEST01　程序点号: 0 控制轴组: R1　工具: * 0000　NOP 0001　MOVJ VJ=25.00 PL=0 NWAIT ACC=20 DCC=20 0002　MOVJ VJ=25.00 0003　MOVJ VJ=12.50 0004　ARCON ASF#(1) 0005　END I/O　控制　作业　移动　演算　平移　其他　相同　同前 ⇒MOVJ VJ=50 主菜单　快捷方式

（续）

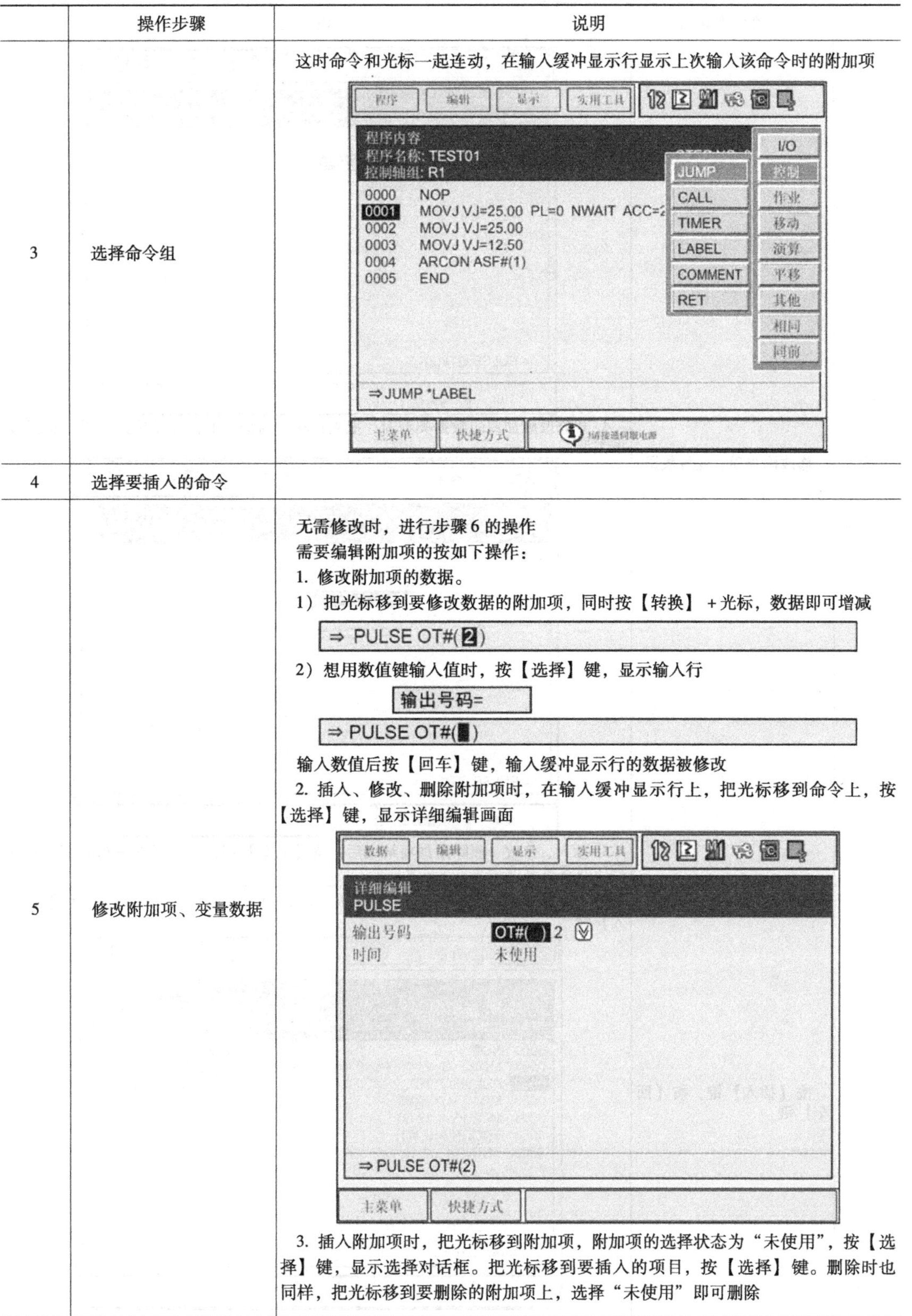

	操作步骤	说明
3	选择命令组	这时命令和光标一起连动，在输入缓冲显示行显示上次输入该命令时的附加项 程序 编辑 显示 实用工具 程序内容 程序名称: TEST01 控制轴组: R1 0000 NOP 0001 MOVJ VJ=25.00 PL=0 NWAIT ACC=2 0002 MOVJ VJ=25.00 0003 MOVJ VJ=12.50 0004 ARCON ASF#(1) 0005 END JUMP CALL TIMER LABEL COMMENT RET I/O 控制 作业 移动 演算 平移 其他 相同 同前 ⇒JUMP *LABEL 主菜单 快捷方式
4	选择要插入的命令	
5	修改附加项、变量数据	无需修改时，进行步骤6的操作 需要编辑附加项的按如下操作： 1. 修改附加项的数据。 1）把光标移到要修改数据的附加项，同时按【转换】+光标，数据即可增减 ⇒ PULSE OT#(2) 2）想用数值键输入值时，按【选择】键，显示输入行 输出号码= ⇒ PULSE OT#( ) 输入数值后按【回车】键，输入缓冲显示行的数据被修改 2. 插入、修改、删除附加项时，在输入缓冲显示行上，把光标移到命令上，按【选择】键，显示详细编辑画面 数据 编辑 显示 实用工具 详细编辑 PULSE 输出号码 OT#( ) 2 时间 未使用 ⇒PULSE OT#(2) 主菜单 快捷方式 3. 插入附加项时，把光标移到附加项，附加项的选择状态为“未使用”，按【选择】键，显示选择对话框。把光标移到要插入的项目，按【选择】键。删除时也同样，把光标移到要删除的附加项上，选择“未使用”即可删除

（续）

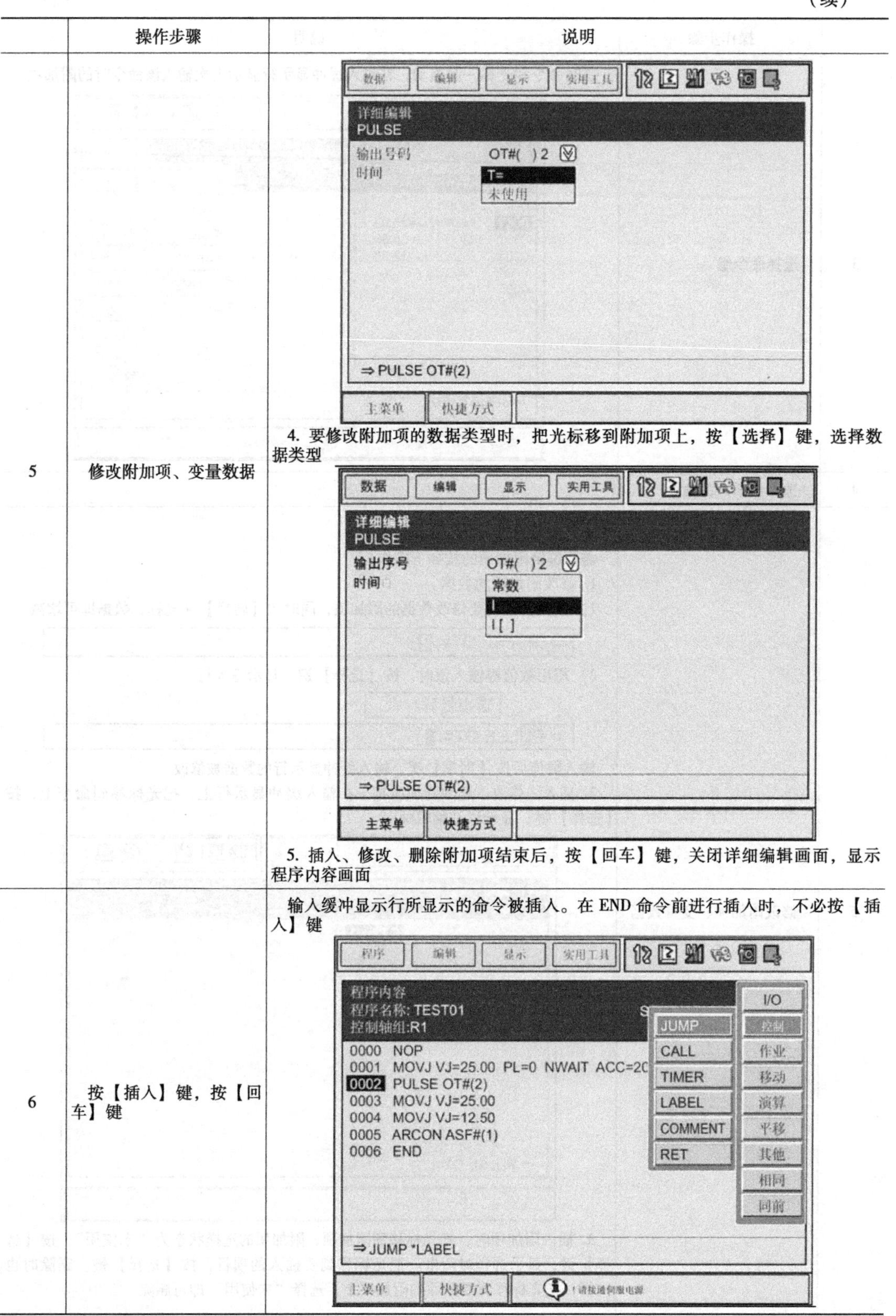

	操作步骤	说明
5	修改附加项、变量数据	4. 要修改附加项的数据类型时，把光标移到附加项上，按【选择】键，选择数据类型 5. 插入、修改、删除附加项结束后，按【回车】键，关闭详细编辑画面，显示程序内容画面
6	按【插入】键，按【回车】键	输入缓冲显示行所显示的命令被插入。在 END 命令前进行插入时，不必按【插入】键

3.5.3　命令的删除

命令的删除见表 3-36。

表 3-36　命令的删除

	操作步骤	说　明
1	在程序内容画面移动光标	在示教模式下，把光标移到待删除的命令行
2	把光标移到待删除行的地址区	待删除的命令行—0021 0020　MOVL V=138 0021　PULSE OT#(2) T=I001 0022　MOVJ VJ=100.00
3	按【删除】【回车】键	下一条命令跟上来—0022 0021　MOVL V=138 0022　MOVJ VJ=100.00 0023　DOUT OT#(1) ON

3.5.4　命令的修改

命令的修改见表 3-37。

表 3-37　命令的修改

	操作步骤	说　明
1	在程序内容画面，把光标移到地址区	在示教模式下，把光标移到待删除的命令行 欲修改的命令行—0023 0022　MOVJ VJ=100.00 0023　DOUT OT#(1) ON 0024　MOVJ VJ=50.00
2	按【命令一览】键	显示命令一览对话框。光标移到命令一览对话框，地址区光标成为下划线 0017　TIMER T=1.00 0018　MOVJ VJ=12.50 0019　MOVJ VJ=50.00 0020　MOVL V=138 0021　PULSE OT#(2) T=I001 0022　MOVJ VJ=100.00 0023　DOUT OT#(1) ON I/O　控制　作业　移动　演算　平移　其他　相同　同前
3	选择命令组	这时命令和光标一起连动，在输入缓冲显示行显示上次输入该命令时的附加项 0017　TIMER T=1.00 0018　MOVJ VJ=12.50 0019　MOVJ VJ=50.00 0020　MOVL V=138 0021　PULSE OT#(2) T=I001 0022　MOVJ VJ=100.00 0023　DOUT OT#(1) ON ⇒ PULSE OT#(1) DOUT　DIN　WAIT　PULSE I/O　控制　作业　移动　演算　平移　其他　相同　同前

（续）

	操作步骤	说明
4	选择要修改的命令	
5	修改附加项、变量数据	<编辑附加项> 1. 修改附加项数据 把光标移到要修改数据的附加项，同时按【转换】＋光标键，数据即可增减 ⇒ PULSE OT#(2) 想用数值键输入时，按【选择】键，选择输入行 输出号= ⇒ PULSE OT#( ) 输入数值后，按【回车】键，缓冲显示行中的数据被修改 2. 插入、修改、删除附加项 插入、修改、删除附加项时，在输入缓冲显示行上，把光标移到命令上，按【选择】键，显示详细编辑画面 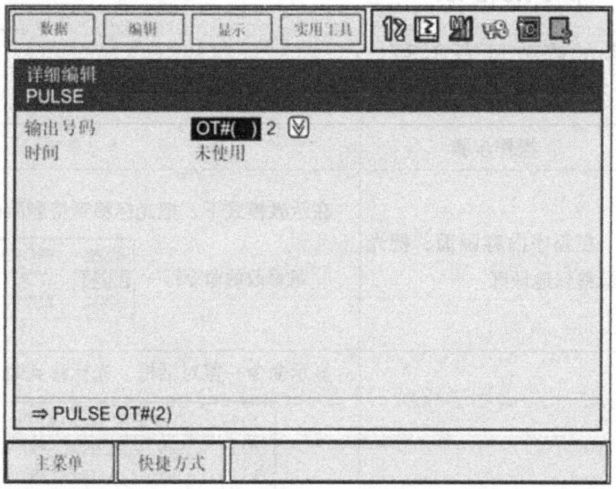 数据 编辑 显示 实用工具 详细编辑 PULSE 输出号码 OT#( ) 2 时间 未使用 ⇒ PULSE OT#(2) 主菜单 快捷方式 插入附加项时，把光标移到“未使用”上，按【选择】键，显示选择对话框，把光标移到要插入的项目上，按【选择】键 删除时也同样，把光标移到要删除的附加项，选择“未使用”，即可删除 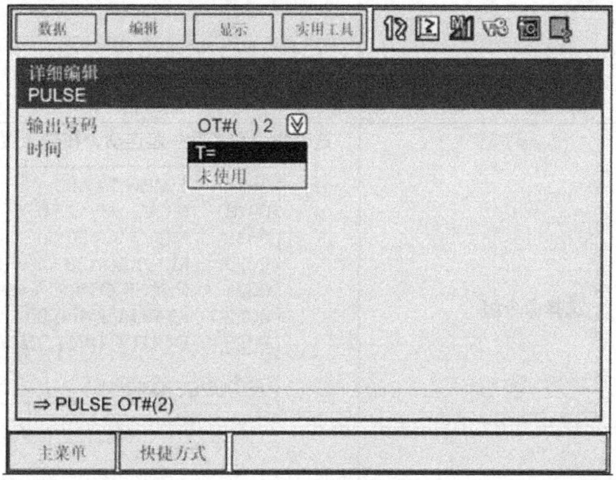 数据 编辑 显示 实用工具 详细编辑 PULSE 输出号码 OT#( ) 2 时间 T= 未使用 ⇒ PULSE OT#(2) 主菜单 快捷方式

3.5.5　其他附加项的编辑

这里主要指再现速度的编辑，修改再现速度的方法有以下两种：

（1）按再现速度的种类修改　再现速度种类有 VJ、V、VR，从中选一种进行修改，其方法如图 3-51 所示。

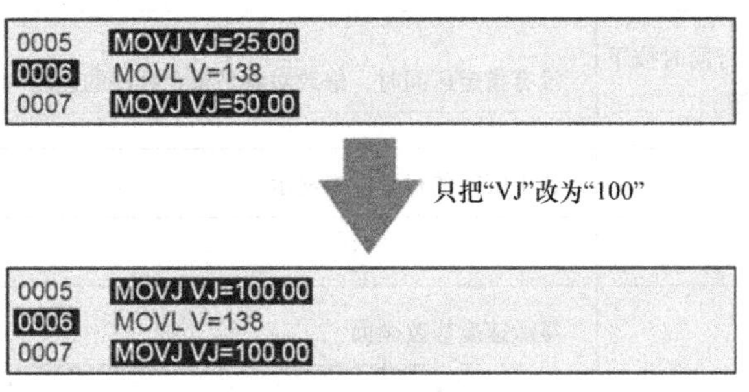

图 3-51　再现速度的修改

再现速度的编辑内容见表 3-38。

表 3-38　再现速度的编辑内容

再现速度种类	操作步骤	说明
VJ	关节速度	一般机器人轴
V	控制点速度	
VR	姿态角速度	
VE	基座轴速度	

（2）相对修改（用相对当前速度的比例进行修改）　与再现速度种类无关，所有的程序点均为修改对象。指定相对当前速度的 1% 至 200%，按此比例增减速度进行修改，如图 3-52 所示。

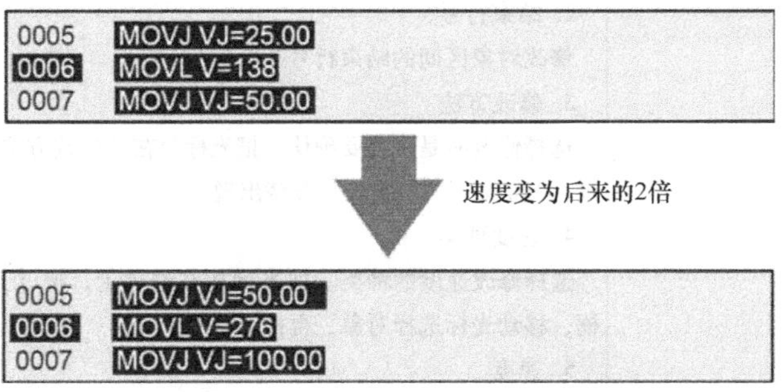

图 3-52　相对当前速度的比例进行修改

相对当前速度的比例进行修改见表 3-39 所示。

表 3-39　相对当前速度的比例进行修改

	操作步骤	说　明
1	选择主菜单的“程序”	
2	选择“程序内容”	显示试运行程序的程序内容画面
3	把光标移到命令区	
4	在修改速度的开始行同时按下【转换】+【选择】键	没有指定区间时，修改对象是整个程序的速度
5	把光标移到结束行	选中区间的行号反黑显示
6	选择菜单的“编辑”	
7	选择“修改速度”	显示速度修改画面 程序　编辑　显示　实用工具 速度修改 ① 开始行号　0001 ② 结束行号　0002 ③ 修改方法　确认 ④ 速度种类　VJ ⑤ 速度　50 % 执行　取消 主菜单　快捷方式
8	项目设定	1. 开始行号 修改对象区间的开始行号 2. 结束行号 修改对象区间的结束行号 3. 修改方法 选择修改时是否需要确认。把光标放在“修改方法”的选项上，按【选择】键，“确认”、“不确认”交替出现 4. 速度种类 选择修改速度的种类。把光标放在选项上，按【选择】键，出现选择对话框，移动光标选择对象，再按【选择】项 5. 速度 设定修改后的速度。移动光标，按【选择】键，出现数值输入方式，用数值键输入修改后的速度，按【回车】键

（续）

	操作步骤	说　明
9	选择“执行”	修改速度开始，修改方法设定为“确认”时，光标停在符合速度种类的速度行 要修改光标所在行的速度时，按【回车】键，可修改速度并检索下一个修改对象。不修改光标所在行的速度时，按光标键，移至下一个修改对象。在修改过程中，按【清除】键，可取消修改 修改方法设定为“不确认”时，修改对象区间的所有速度都被修改

3.5.6　程序的编辑

程序的编辑包括复制、剪切、粘贴、反转粘贴、轨迹反转粘贴等五种操作，如图3-53所示。

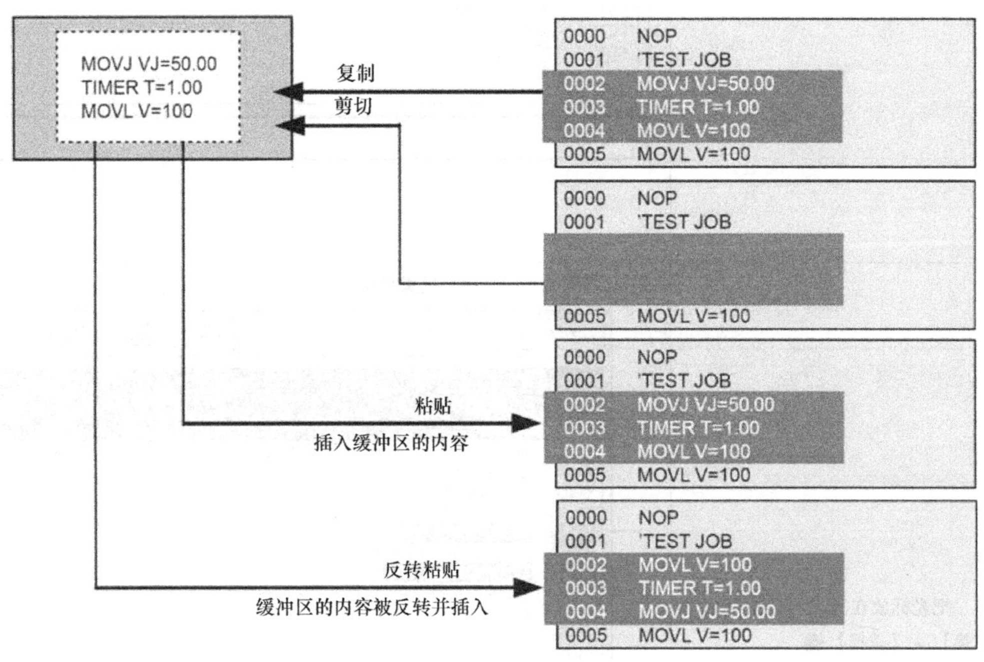

图3-53　程序的编辑示意

1. 选择范围

选择范围以后可以进行复制和剪切等编辑，操作步骤见表3-40。

2. 复制

复制前请选定复制范围，操作步骤见表3-41。

3. 剪切

剪切前请选定剪切范围，操作步骤见表3-42。

4. 粘贴

粘贴前，要粘贴的内容必须存储在编辑缓冲区中，操作步骤见表3-43。

表 3-40　选择范围操作步骤

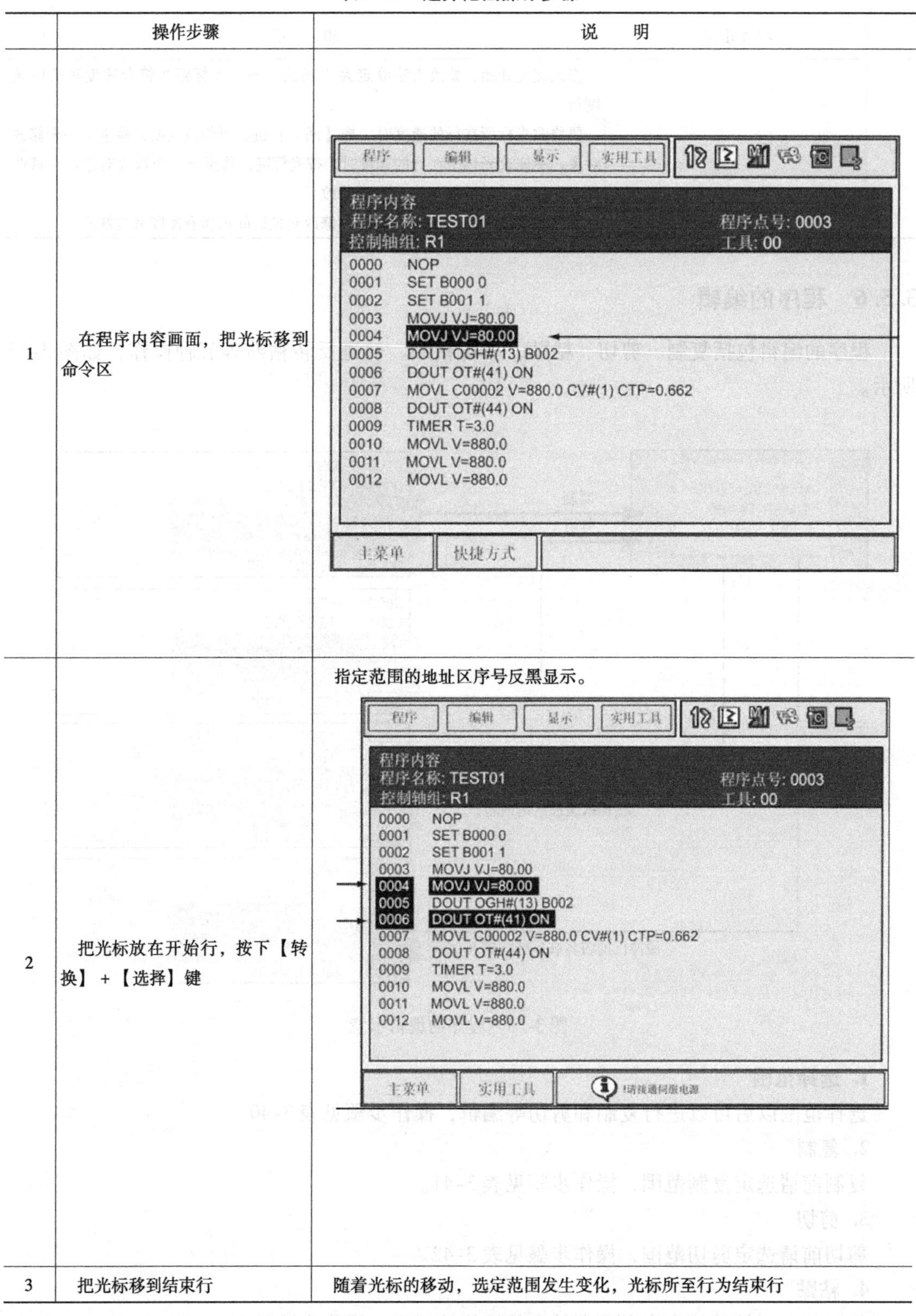

	操作步骤	说　明
1	在程序内容画面，把光标移到命令区	
2	把光标放在开始行，按下【转换】+【选择】键	指定范围的地址区序号反黑显示。
3	把光标移到结束行	随着光标的移动，选定范围发生变化，光标所至行为结束行

表 3-41　复制的操作步骤

	操作步骤	说　　明
1	选择菜单的“编辑”	显示下拉菜单
2	选择“复制”	所指定范围的命令在编辑缓冲区复制

表 3-42　剪切的操作步骤

	操作步骤	说　　明
1	选择菜单的“编辑”	显示下拉菜单 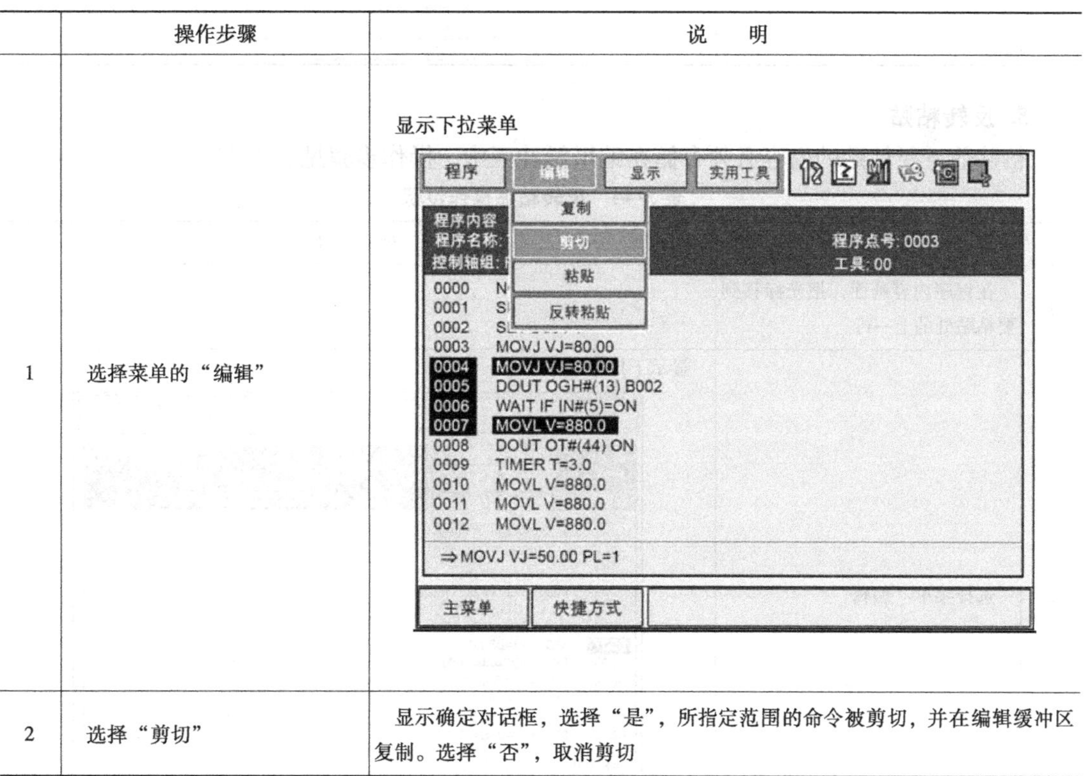
2	选择“剪切”	显示确定对话框，选择“是”，所指定范围的命令被剪切，并在编辑缓冲区复制。选择“否”，取消剪切

表 3-43　粘贴操作步骤

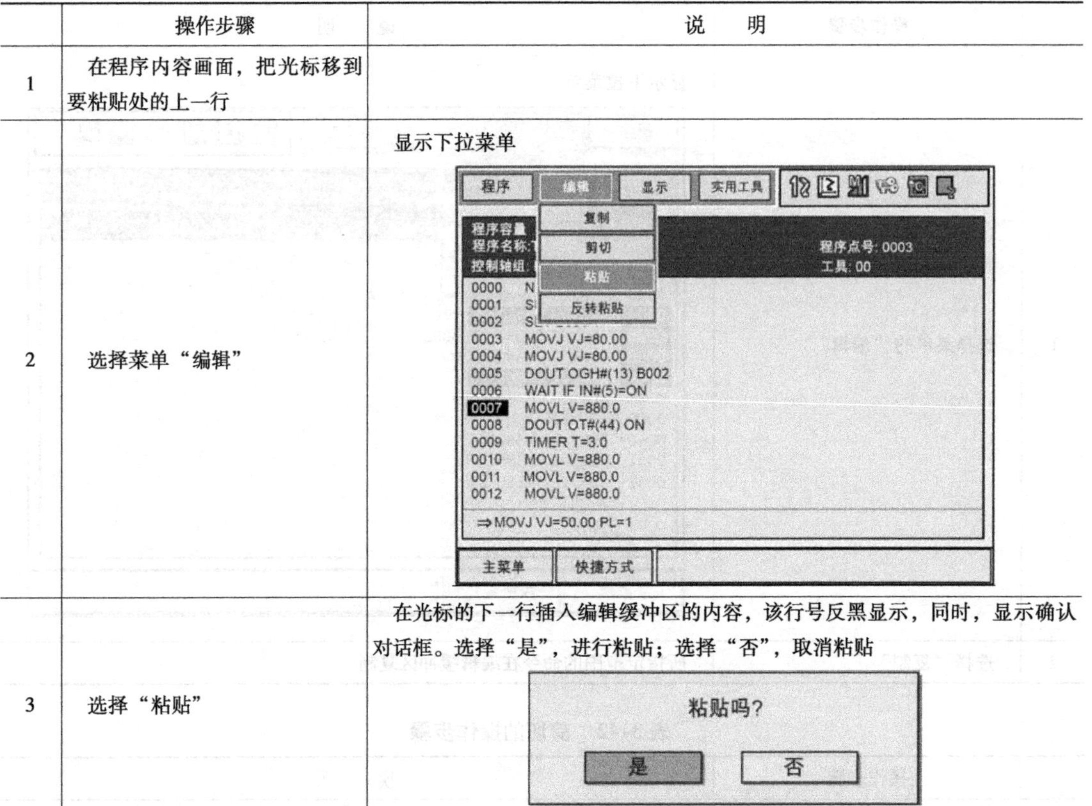

	操作步骤	说　明
1	在程序内容画面，把光标移到要粘贴处的上一行	
2	选择菜单“编辑”	显示下拉菜单
3	选择“粘贴”	在光标的下一行插入编辑缓冲区的内容，该行号反黑显示，同时，显示确认对话框。选择“是”，进行粘贴；选择“否”，取消粘贴 粘贴吗? 是　否

5. 反转粘贴

粘贴前，要粘贴的内容必须存储在编辑缓冲区中，操作步骤见表 3-44。

表 3-44　反转粘贴操作步骤

	操作步骤	说　明
1	在程序内容画面，把光标移到要粘贴处的上一行	
2	选择菜单“编辑”	显示下拉菜单

（续）

	操作步骤	说　　明
3	选择“反转粘贴”	在光标的下一行插入编辑缓冲区的内容，该行号反黑显示，同时显示确认对话框。选择“是”，进行反转粘贴；选择“否”，取消反转粘贴 粘贴吗？ 是　否

6. 试运行

试运行是指在不改变示教模式的前提下，可执行模拟再现动作的功能。此功能对于确认连续轨迹和确认各命令的动作非常方便。试运行与再现模式下的再现动作有以下区别：

1）动作速度超过示教最高速度时，以示教最高速度来限制。

2）在再现模式下执行再现时可能出现的特殊操作中，只能执行机械锁定操作。

3）不能执行引弧等作业命令输出。

试运行用【联锁】和【试运行】键来操作。为了安全，只有按住此两键时机器人才能执行动作。

> **提示：**
> 同时按下【联锁】+【试运行】键操作机器人时，务必确认周围的安全。

试运行操作步骤见表3-45。

表3-45　试运行操作步骤

	操作步骤	说　　明
1	选择主菜单的“程序”	
2	选择“程序内容”	显示试运行程序的程序内容画面
3	按【联锁】+【试运行】键	机器人开始执行与动作循环相适应的动作。开始动作后，即使放开【联锁】键，也会继续动作。机器人只在按住此两键时才会动作，放开【试运行】键，机器人马上停止

3.6　示教编程操作步骤

3.6.1　示教编程命令登录

1. 命令的登录

登录移动命令时，一定要登录位置等级（PL=X）、工具号（TOOL#X），这些标识不能省略。登录移动命令操作步骤见表3-46。

2. 前进/后退操作

确认登录在程序里的命令动作时，使用【前进】/【后退】键。

1）【前进】键：执行全部的登录命令（移动命令和除此之外其他命令完全没有区别）。

2）【后退】键：只执行移动命令和WAIT命令，不执行除此之外的命令。

表 3-46　登录移动命令操作步骤

序号	操作步骤	说　明
1	依次点选“【主菜单】→【程序】→【程序内容】→【回车】”进行移动命令登录	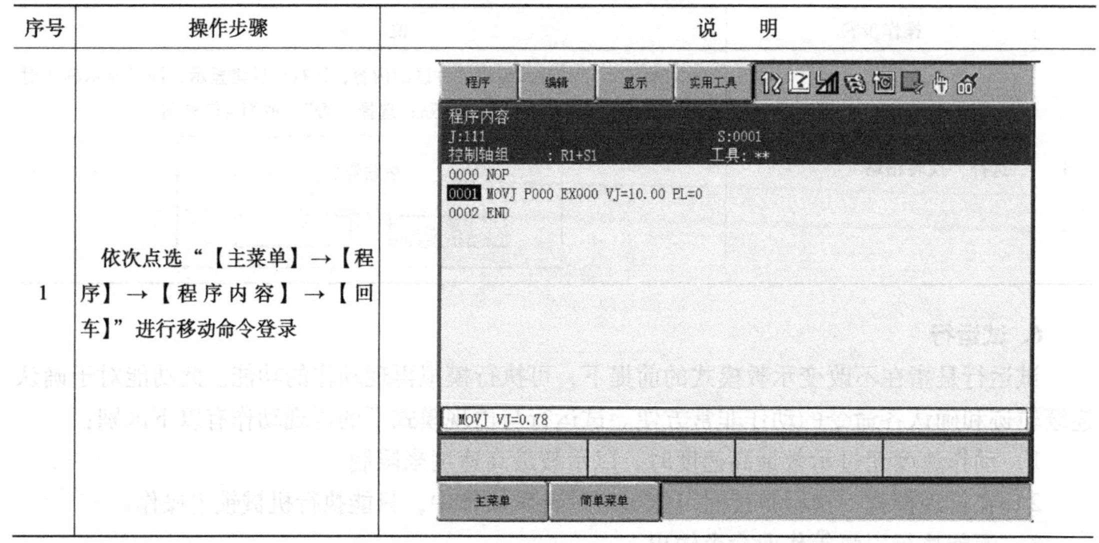

3.6.2　摆焊的示教

摆焊条件文件画面如图 3-54 所示。

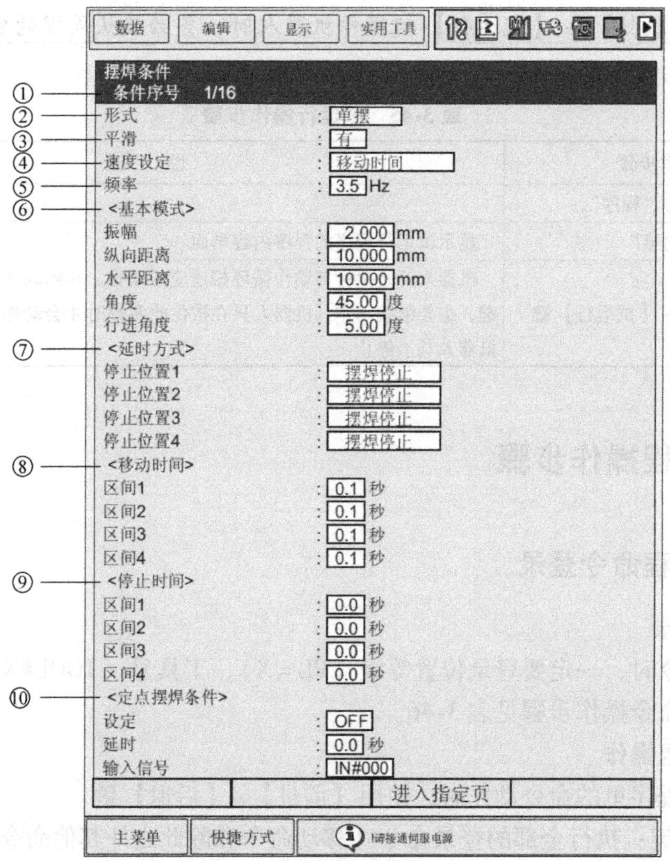

图 3-54　摆焊条件文件

由于频率与振幅存在着制约关系，所以在设定频率时，需选用制约范围内的适当值。

① 条件序号（1至16）。显示摆焊枪件文件的序号。

② 形式。

③ 平滑。摆焊的动作形式有三种：单摆、三角摆、L摆，每种形式分别被指定有/无平滑，如图3-55所示。

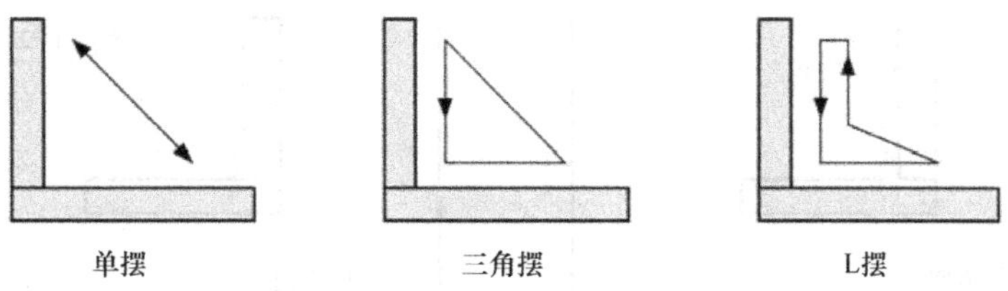

图3-55　摆焊的动作的三种形式

④ 速度设定（频率，移动时间）。

a. 摆焊动作的摆动速度设定方法。

b. 用频率设定。

c. 用摆焊各区间的移动时间来设定。

⑤ 频率。

a. "速度设定"被设定成"频率"时，可使用这个数据。

b. 此外，因为频率与振幅存在着制约关系，所以在设定频率时，请选用制约范围内的适当值。

⑥ 基本模式

a. 振幅。当摆焊模式设定为"单摆"时，请指定振幅大小。

b. 纵方向距离、横方向距离。如果模式被设定为"三角摆""L摆"时，要设定这些数据。如图3-56、图3-57所示（参见"2-2机器人圆弧摆动"视频）。

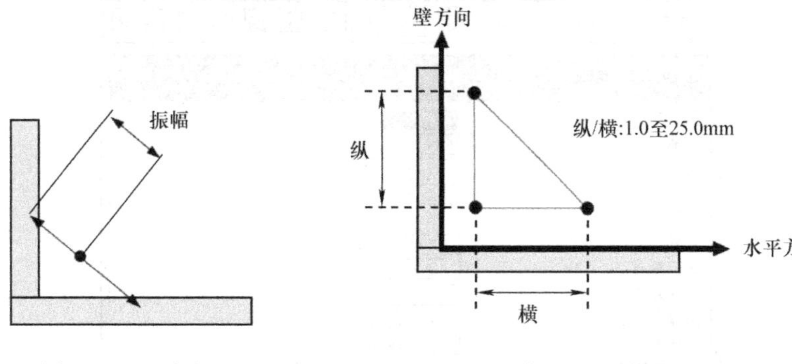

图3-56　三角摆　　图3-57　L摆

振幅点的设定如图3-58所示。

⑦ 延时方式：摆动路径各位置点停止时间设置。

⑧ 移动时间：摆动路径各区间的移动时间设置。

⑨ 停止时间：摆动路径各区间的停止时间设置。

⑩ 定点摆动条件：ON、OFF、延时、输入信号设置。

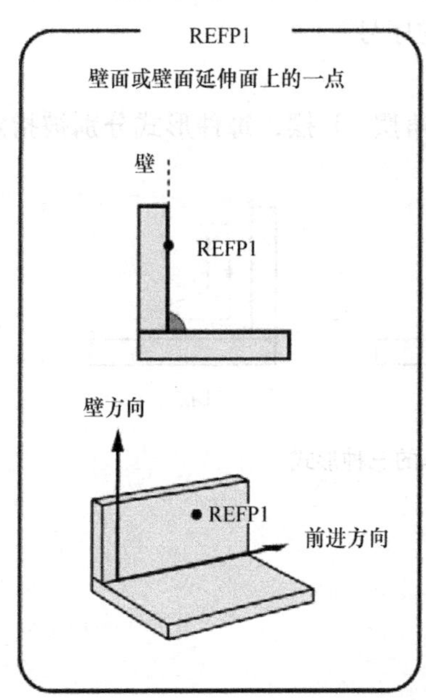

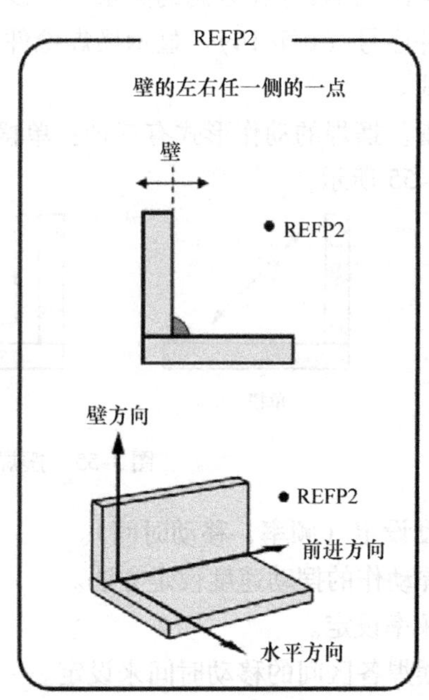

图 3-58　振幅点的设定

摆焊示教的操作步骤：

1）选择“摆焊”。

2）显示想要的文件号。

3）用【翻页】键调出需要的文件。

4）用【翻页】键可调出下一个序号文件。

5）用【转换】键 +【翻页】键可调出前一个序号文件，如图 3-59 所示。

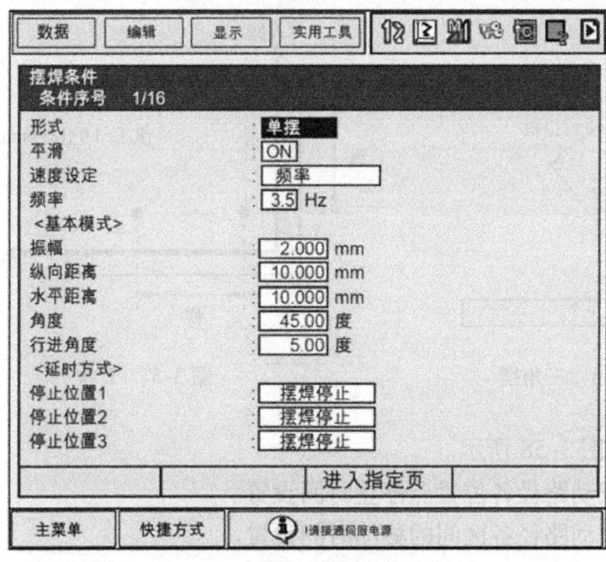

图 3-59　调出前一个序号文件

摆焊指令的调用如图 3-60 所示。

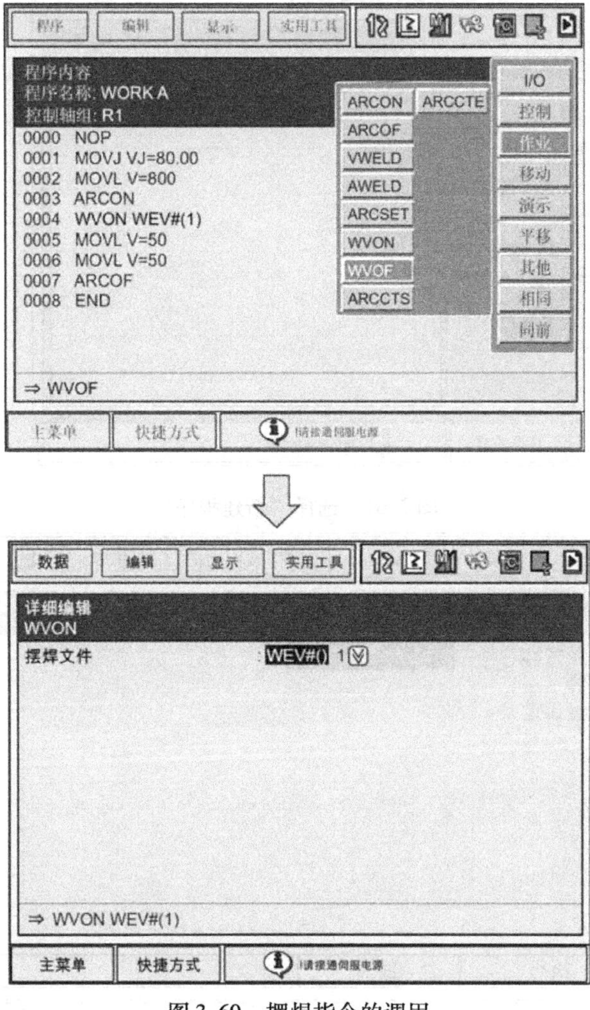

图 3-60　摆焊指令的调用

3.6.3　示教编程实例

1. 示教前的准备

开始示教前，把动作模式设定为示教模式，输入程序名，具体如下：

1）确认示教编程器上的模式旋钮对准“TEACH”，设定为示教模式（）。

2）按【伺服准备】键。伺服电源接通，灯开始闪烁。如果不按【伺服准备】键，即使按住安全开关，伺服电源也不会接通。

3）在主菜单选择“程序”，然后在子菜单选择“新建程序”，（通过➡来选择），如图 3-61 所示。

4）显示新建程序界面后，按【选择】键，如图 3-62 所示。

5）显示字符输入界面后，输入程序名。现以“TEST”为程序名举例说明如下，如图 3-63所示。

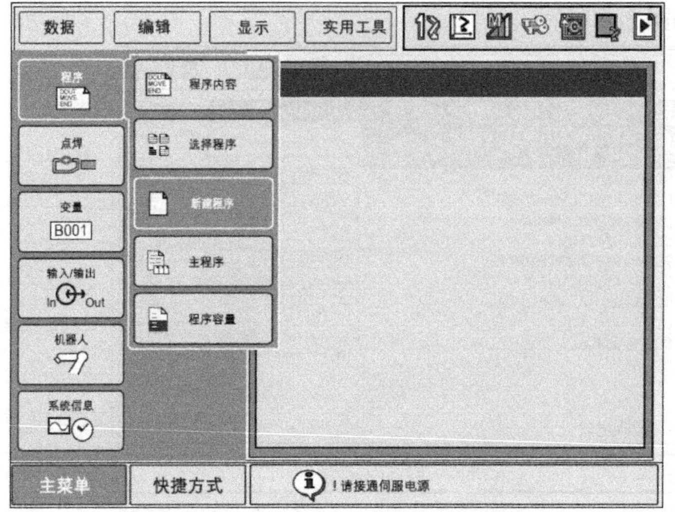

图 3-61　选择“新建程序”

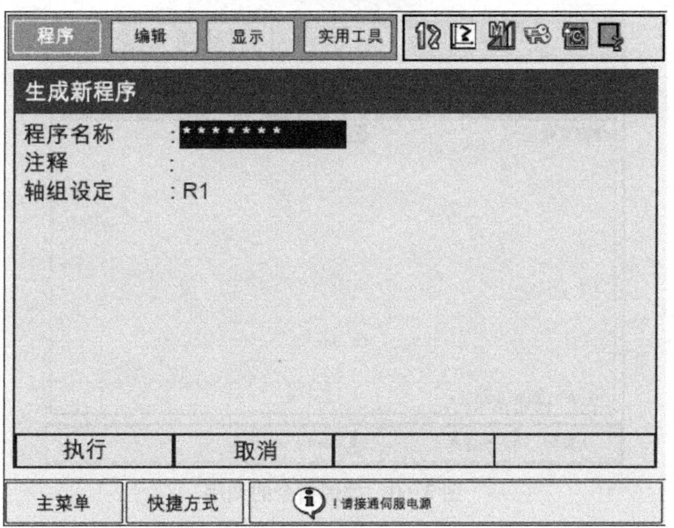

图 3-62　显示新建程序界面

图 3-63　输入程序名界面

6）把光标移到字母“T”上，按【选择】键，选中“T”，用同样的方法再选择“E”“S”“T”。也可以用手指直接在显示屏上点“T”“E”“S”“T”，输入程序名，如图 3-64 所示。

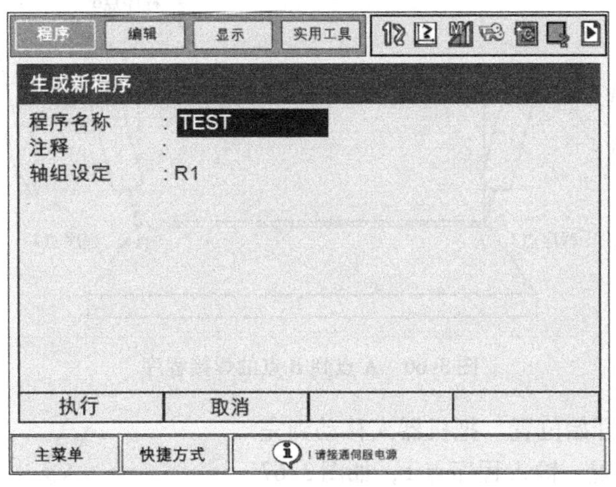

图 3-64　输入程序名 TEST

7）按【回车】键进行登录，光标移动到“执行”上，再按【选择】键，登录程序“TEST”，画面上显示该程序，“NOP”和“END”命令自动生成，如图 3-65 所示。

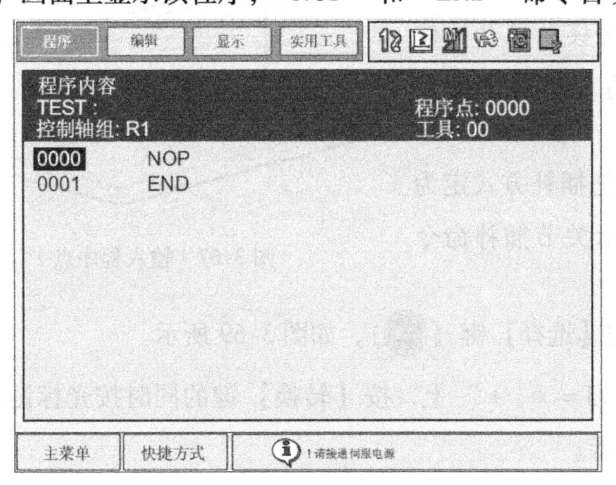

图 3-65　登录程序“TEST”

提示：

程序名称中可使用数字、英文大写、小写字母和符号。操作中，通过按【翻页】键可以进入不同的输入画面。程序名称最多可输入 8 个字符。

2. 示教一个程序

程序是把机器人的作业内容用机器人语言加以描述的作业过程。下面来为机器人输入以下从工件 A 点到 B 点的焊接程序，此程序由程序点 1 至 6 的 6 个程序点组成，如图 3-66 所示。

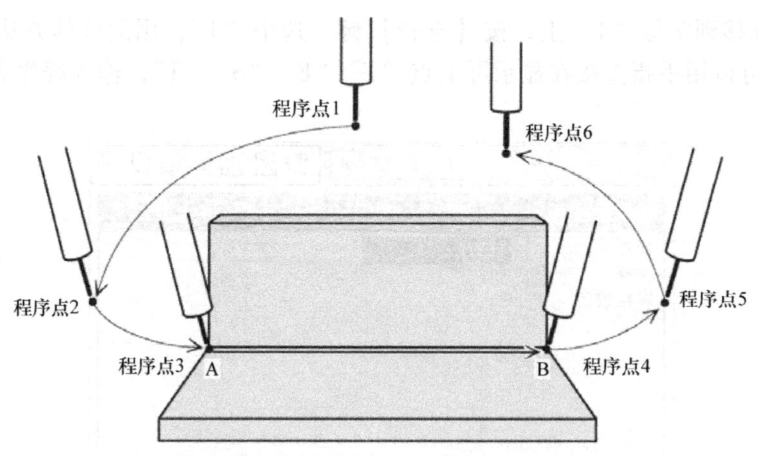

图 3-66　A 点到 B 点的焊接程序

（1）程序点 1—开始位置　把机器人移动到完全离开周边物体的位置，输入程序点 1，如图 3-67 所示。

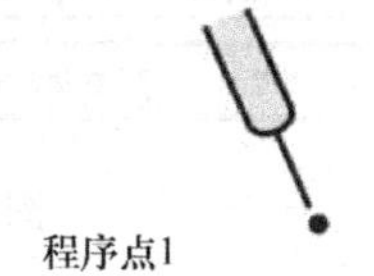

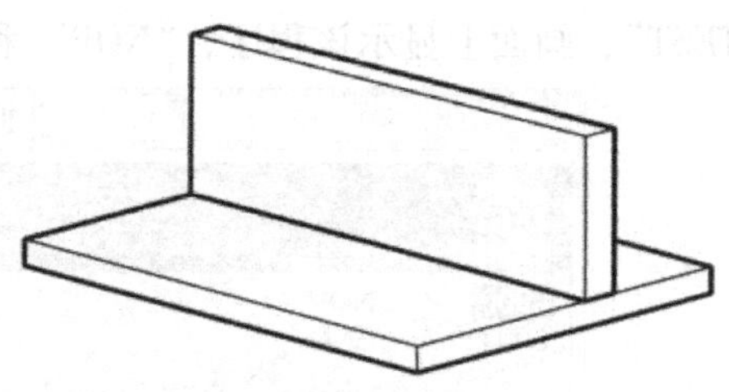

图 3-67　输入程序点 1

1）握住安全开关，接通伺服电源，机器人进入可动作状态（　）。

2）用轴操作键把机器人移动到开始位置，开始位置请设置在安全并适合作业准备的位置。

3）按【插补方式】键，把插补方式定为关节插补。输入缓冲显示行中显示关节插补命令"MOVJ. . ."，如图 3-68 所示。

4）光标放在行号 0000 处，按【选择】键（　），如图 3-69 所示。

5）把光标移到右边的速度"VJ = ＊. ＊"上，按【转换】键的同时按光标键，设定再现速度为 50%，如图 3-70 所示。

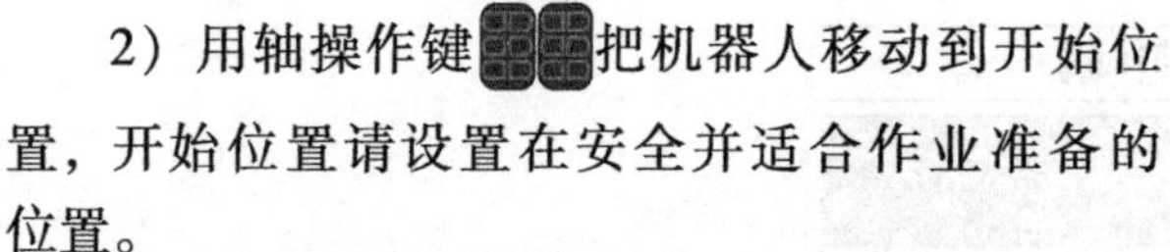

图 3-68　关节插补命令

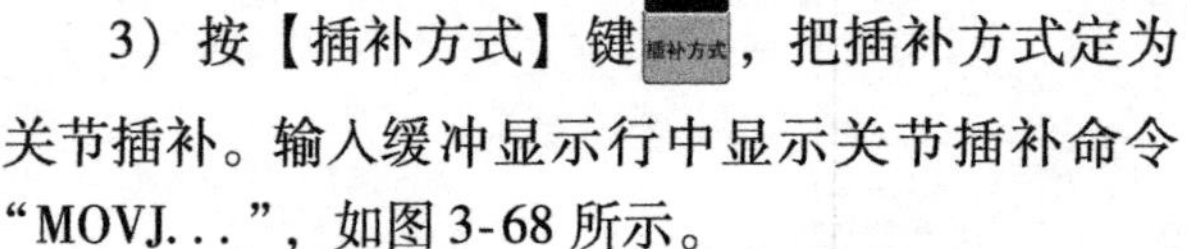

图 3-69　光标放在行号 0000 处

⇒ MOVJ VJ= 50.00

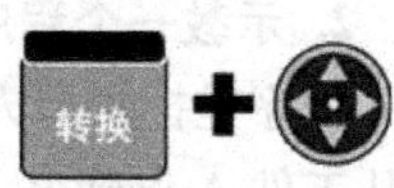

图 3-70　设定再现速度

6）按【回车】键，输入程序点1（行0001），如图3-71所示。

```
0000    NOP
0001    MOVJ VJ=50.00
0002    END
```

图3-71 输入程序点1

（2）程序点2—作业开始位置附近 决定机器人作业姿态，如图3-72所示。

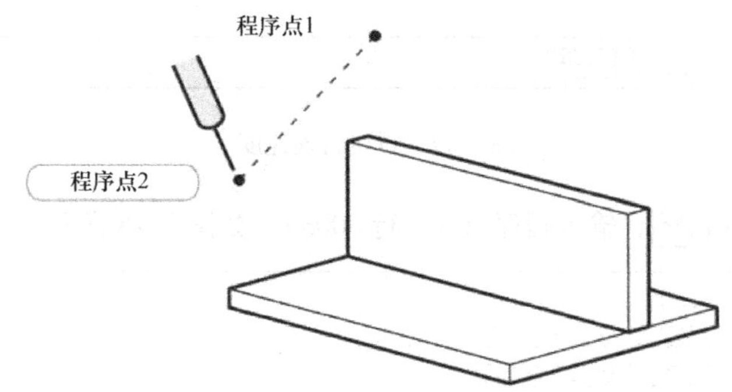

图3-72 机器人作业姿态调整

1）用轴操作键，使机器人姿态成为作业姿态。

2）按【回车】键，输入程序点2（行0002）。如图3-73所示。

```
0000    NOP
0001    MOVJ VJ=50.00
0002    MOVJ VJ=50.00
0003    END
```

图3-73 输入程序点2

（3）程序点3—焊接开始位置 保持程序点2的姿态不变，移向作业开始位置，如图3-74所示。

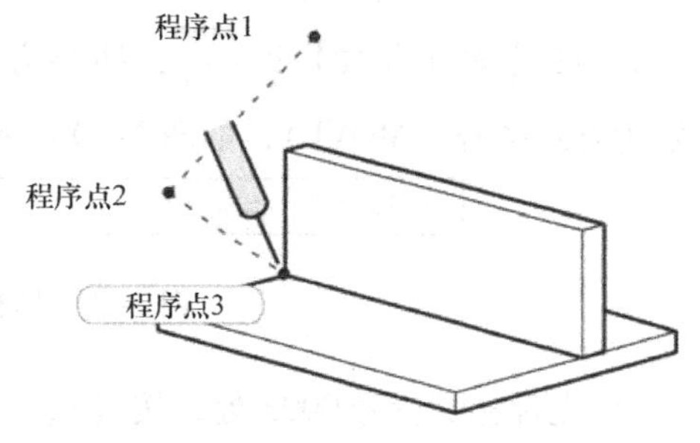

图3-74 焊接开始位置

1）按手动速度【高】或【低】键，直到在状态显示区域显示中速，如图3-75所示。

2）保持程序点2的姿态不变，按【坐标】键，设定机器人坐标系为直角坐标系，用轴操作键把机器人移到焊接开始位置，如图3-76所示。

3）光标在行号0002处，按【选择】键。

4）把光标移到右边的速度“VJ=＊.＊”上，按【转换】键的同时按光标键的上下键，设定再现速度为12.50%，如图3-77所示。

图 3-75　手动速度选择

图 3-76　用轴操作键把机器人移到焊接开始位置

⇒ MOVJ VJ=12.50

图 3-77　设定再现速度

5）按【回车】键，输入程序点 3（行 0003），如图 3-78 所示。

```
0000    NOP
0001    MOVJ VJ=50.00
0002    MOVJ VJ=50.00
0003    MOVJ VJ=12.50
0004    END
```

图 3-78　输入程序点 3

（4）程序点 4—焊接结束位置　指定焊接结束位置，如图 3-79 所示。

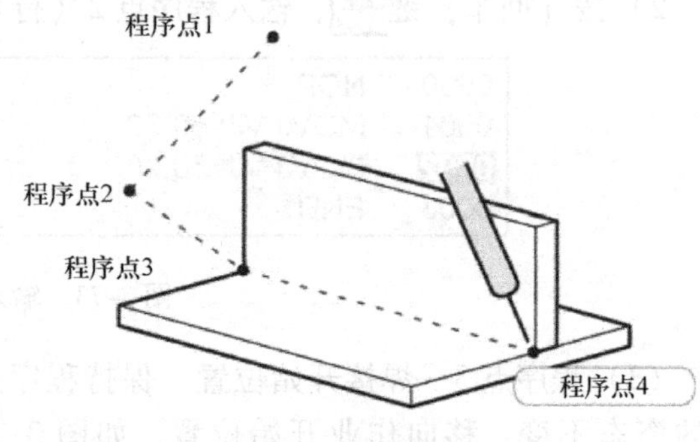

图 3-79　焊接结束位置

1）用轴操作键把机器人移动到焊接作业结束位置。从作业开始位置到结束位置，不必精确沿焊缝移动，为了不碰撞工件，移动轨迹可远离工件。

2）按【插补方式】键，插补方式设定为直线插补（MOVL），如图 3-80 所示。

⇒ MOVL V=66

图 3-80　插补方式设定为直线插补

3）光标移到行号 0003 处，按【选择】键，如图 3-81 所示。

⇒ MOVL V=66

图 3-81　光标移到行号 0003 处

4）把光标移到右边的速度“V = ＊. ＊”上，按【转换】键的同时按光标键的上下键，设定再现速度为 138cm/min（+），如图 3-82 所示。

```
⇒ MOVL V=138
```

图 3-82　设定再现速度

5）按【回车】键，输入程序点4（行0004），如图3-83所示。

```
0000    NOP
0001    MOVJ VJ=50.00
0002    MOVJ VJ=50.00
0003    MOVJ VJ=12.50
0004    MOVL V=138
0005    END
```

图 3-83　输入程序点4

（5）程序点5—不碰触工件、夹具的位置

把机器人移动到不碰触工件和夹具的位置，如图3-84所示。

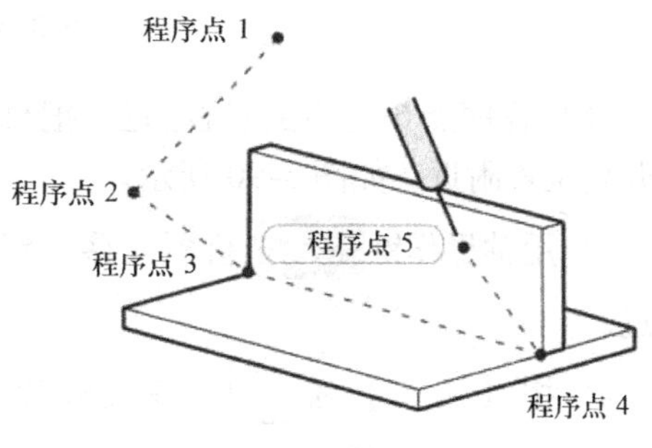

图 3-84　设定过渡点

1）按手动速度【高】键，设定为高速，如图3-85所示。

> **注意：**
> 手动速度【高】键只影响示教速度，程序实际运行时，是按照程序点4中定义的速度运行。

图 3-85　设定为高速

2）用轴操作键把机器人移动到不碰触夹具的位置。

3）按【插补方式】键，设定插补方式为关节插补（MOVJ），如图3-86所示。

```
⇒ MOVJ V=12.50
```

图 3-86　设定插补方式为关节插补

4）光标在行号0004上，按【选择】键，如图3-87所示。

```
⇒ MOVJ VJ=12.50
```

图 3-87　光标在行号0004上

5）把光标移到右边的速度 VJ = 12.50 上，按【转换】键的同时按【光标】键上下，把再现速度设定为50%，如图3-88所示。

```
⇒ MOVJ VJ=50.00
```

图 3-88　再现速度设定

6）按【回车】键，输入程序点 5（行 0005），如图 3-89 所示。

```
0000    NOP
0001    MOVJ VJ=50.00
0002    MOVJ VJ=50.00
0003    MOVJ VJ=12.50
0004    MOVL V=138
0005    MOVJ VJ=50.00
0006    END
```

图 3-89　输入程序点 5

（6）程序点 6—开始位置附近　把机器人移动到开始位置附近，如图 3-90 所示。

1）用轴操作键把机器人移动到开始位置附近。

2）按【回车】键，输入程序点 6（行 0006），如图 3-91 所示。

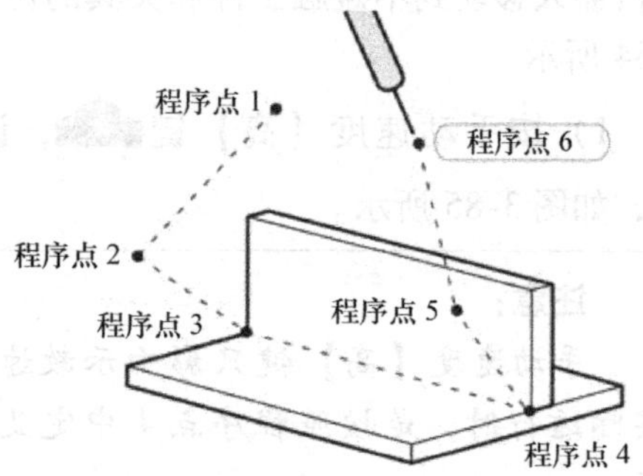

图 3-90　把机器人移动到开始位置附近

（7）最初的程序点和最后的程序点重合　现在，机器人停在程序点 1 附近的程序点 6 处。如果能从焊接结束位置的程序点 5 直接移动到程序点 1 的位置，就可以立刻开始下一个工件的焊接，从而提高工作效率。

下面，我们就试着把最终位置的程序点 6 与最初位置的程序 1 设在同一个位置。

```
0000    NOP
0001    MOVJ VJ=50.00
0002    MOVJ VJ=50.00
0003    MOVJ VJ=12.50
0004    MOVL V=138
0005    MOVJ VJ=50.00
0006    MOVJ VJ=50.00
0007    END
```

图 3-91　输入程序点 6

1）把光标通过【光标】键移动到程序点 1（行 0001），如图 3-92 所示。

```
0000    NOP
0001    MOVJ VJ=50.00
0002    MOVJ VJ=50.00
0003    MOVJ VJ=12.50
0004    MOVL V=138
0005    MOVJ VJ=50.00
0006    MOVJ VJ=50.00
0007    END
```

图 3-92　光标移动到程序点 1

2）按【前进】键，机器人移动到程序点1。

3）把光标通过【光标】键移动到程序点6（行0006），如图3-93所示。

```
0000  NOP
0001  MOVJ VJ=50.00
0002  MOVJ VJ=50.00
0003  MOVJ VJ=12.50
0004  MOVL V=138
0005  MOVJ VJ=50.00
0006  MOVJ VJ=50.00
0007  END
```

图3-93 把光标移动到程序点6

4）按【修改】键。

5）按【回车】键，程序点6的位置被修改到与程序点1相同的位置。

（8）轨迹的确认 在完成了机器人动作程序输入后，运行一下这个程序，以便检查一下各程序点是否有不妥之处。

1）把光标移到程序点1（行0001），如图3-94所示。

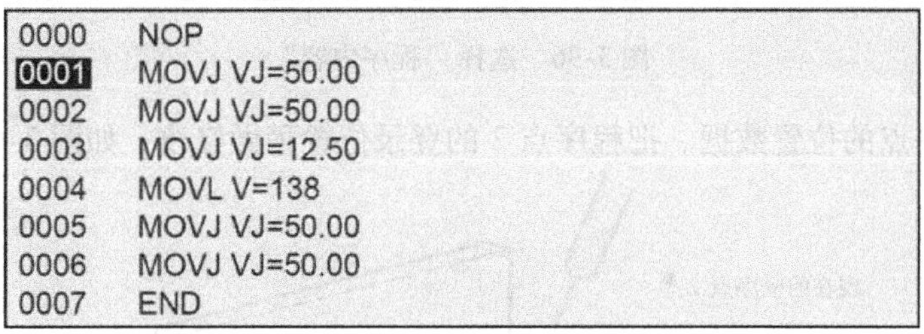

```
0000  NOP
0001  MOVJ VJ=50.00
0002  MOVJ VJ=50.00
0003  MOVJ VJ=12.50
0004  MOVL V=138
0005  MOVJ VJ=50.00
0006  MOVJ VJ=50.00
0007  END
```

图3-94 移动光标到程序点1

2）按手动速度的【高】或【低】键，设定速度为中，如图3-95所示。

图3-95 设定速度为中

3）按【前进】键，通过机器人的动作确认各程序点。每按一次【前进】键，机器人移动到一个程序点。

4）程序点确认完成后，把光标通过光标键移到程序起始处。

5）最后试一下所有程序点的连续动作。按下【联锁】键的同时，按【试运行】键，机器人连续再现所有程序点，一个循环后停止运行。

思考：

机器人是和我们想象的一样运动吗？下面让我们试着改变一下程序中的程序点位置和速度。

（9）程序的修改　修改前，在确认了在各程序点机器人的动作后，若有必要进行位置修改、程序点插入或删除时，请按以下步骤对程序进行编辑。

1）在主菜单中选择“程序”，在子菜单中选择“程序内容”，如图 3-96 所示。

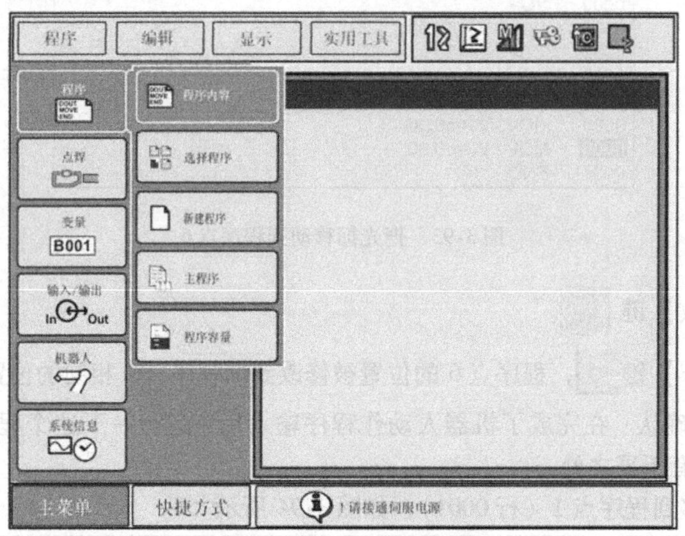

图 3-96　选择“程序内容”

2）修改程序点的位置数据。把程序点 2 的登录位置稍做修改，如图 3-97 所示。

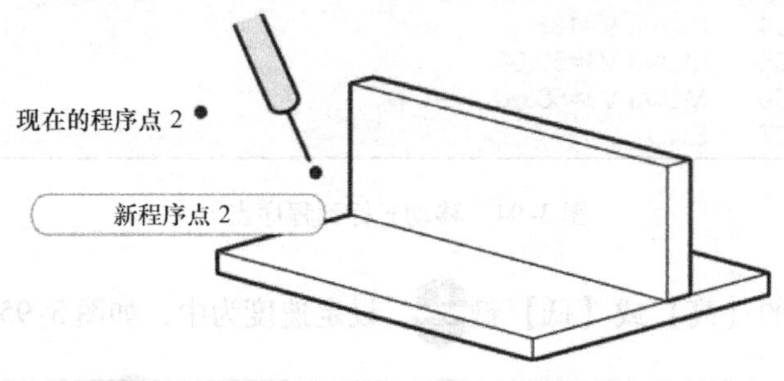

图 3-97　修改过渡点的位置数据

① 连续按【前进】键，把光标移至待修改的程序点 2 处。每按一次【前进】键，机器人移动到一个程序点。

② 用轴操作键把机器人移至修改后的位置。

③ 按【修改】键。

④ 按【回车】键，程序点的位置数据被修改。

3）插入程序点。在程序点 5、6 之间插入新的程序点，如图 3-98 所示。

① 按【前进】键，把机器人移到程序点 5，如图 3-99 所示。

② 用轴操作键把机器人移至欲插入的位置。

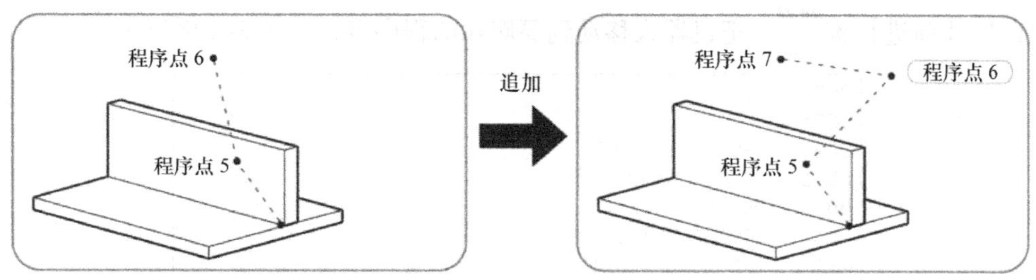

图 3-98 插入新的程序点

```
0000    NOP
0001    MOVJ VJ=50.00
0002    MOVJ VJ=50.00
0003    MOVJ VJ=12.50
0004    MOVL V=138
0005    MOVJ VJ=50.00
0006    MOVJ VJ=50.00
0007    END
```

图 3-99 机器人移到程序点 5

③ 按【插入】键。

④ 按【回车】键，完成程序点的插入。所插入的程序点之后的各程序点序号自动加 1，如图 3-100 所示。

```
0000    NOP
0001    MOVJ VJ=50.00
0002    MOVJ VJ=50.00
0003    MOVJ VJ=12.50
0004    MOVL V=138
0005    MOVJ VJ=50.00
0006    MOVJ VJ=50.00
0007    MOVJ VJ=50.00
0008    END
```

图 3-100 完成程序点的插入

4）删除程序点。试着删除刚刚插入的程序点。从下面的图 3-101a 所示状态，返回到原来的图 3-101b 所示状态，如图 3-101 所示。

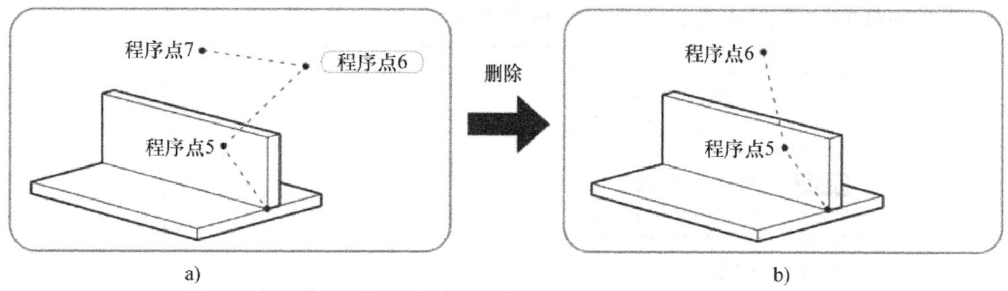

图 3-101 删除插入的程序点

① 按【前进】键，把机器人移动到要删除的程序点，如图 3-102 所示。

```
0000   NOP
0001   MOVJ VJ=50.00
0002   MOVJ VJ=50.00
0003   MOVJ VJ=12.50
0004   MOVL V=138
0005   MOVJ VJ=50.00
0006   MOVJ VJ=50.00
0007   MOVJ VJ=50.00
0008   END
```

图 3-102　把机器人移到要删除的程序点

② 确认光标位于要删除的程序点处，按下【删除】键。

③ 按【回车】键，程序点被删除，如图 3-103 所示。

```
0000   NOP
0001   MOVJ VJ=50.00
0002   MOVJ VJ=50.00
0003   MOVJ VJ=12.50
0004   MOVL V=138
0005   MOVJ VJ=50.00
0006   MOVJ VJ=50.00
0007   END
```

图 3-103　程序点被删除

提示：

在上述的操作中按【回车】键时，有时出现“错误 2070：请将机器人移到示教位置”的错误信息，无法删除，这是因为机器人位置未与正确的程序点位置重合。用以下两种方法的任一种都可消除错误：

1）先按【清除】键解除错误，再按【前进】键，使机器人移到程序点位置。

2）按【修改】键，再按【回车】键，修改程序点位置之后，再按【删除】键，按【回车】键，即可删除（画面中的光标闪烁，表示机器人不在示教位置）。

（10）修改程序点之间的速度　试着修改机器人的移动速度。从程序点 3 到程序点 4 的速度放慢。

1）把光标移到程序点 4 处，如图 3-104 所示。

```
0000   NOP
0001   MOVJ VJ=50.00
0002   MOVJ VJ=50.00
0003   MOVJ VJ=12.50
0004   MOVL V=138
0005   MOVJ VJ=50.00
0006   MOVJ VJ=50.00
0007   END
```

图 3-104　光标移到程序点 4 处

2）把光标移动到命令区，按【选择】键，如图 3-105 所示。

```
0000  NOP
0001  MOVJ VJ=50.00
0002  MOVJ VJ=50.00
0003  MOVJ VJ=12.50
0004  MOVL V=138
0005  MOVJ VJ=50.00
0006  MOVJ VJ=50.00
0007  END
```

图 3-105　把光标移动到命令区

3）把光标移到右边的速度“V = 138”上，按【转换】键的同时按光标键上下，直到出现希望的速度。把再现速度设定为 66cm/min，如图 3-106 所示。

```
0000  NOP
0001  MOVJ VJ=50.00
0002  MOVJ VJ=50.00
0003  MOVJ VJ=12.50
0004  MOVL V=66
0005  MOVJ VJ=50.00
0006  MOVJ VJ=50.00
0007  END
```

图 3-106　设定再现速度

4）按【回车】键，速度修改完成，如图 3-107 所示。

```
0000  NOP
0001  MOVJ VJ=50.00
0002  MOVJ VJ=50.00
0003  MOVJ VJ=12.50
0004  MOVL V=66
0005  MOVJ VJ=50.00
0006  MOVJ VJ=50.00
0007  END
```

图 3-107　速度修改完成

3.6.4　再现

1. 再现前的准备

为了从程序头开始运行，务必先进行以下操作。

1）把光标移到程序开头。

2）用轴操作键把机器人移到程序点 1。再现时，机器人从程序点 1 开始移动。

2. 再现步骤

试着进行一次再现步骤的操作。注意：须先确认机器人附近没人再开始操作。

1）把示教编程器上的模式旋钮设定在“PLAY”上，成为再现模式。

2）按【伺服准备】键[伺服准备]，接通伺服电源。

3）按【启动】键 START，机器人把示教过的程序运行一个循环后停止。

3.7 焊接示教编程

3.7.1 程序举例

以图 3-65 所示焊接工件为例，说明编写程序的步骤。

A→B 为焊接段，当再现程序内容时，机器人按照程序点 1 的移动命令中输入的插补方式和再现速度移动到程序点 1 的位置。然后，在程序点 1 和 2 之间，按照程序点 2 的移动命令中输入的插补方式和再现速度移动。同样，在程序点 2 和 3 之间，按照程序点 3 的移动命令中输入的插补方式和再现速度移动。当机器人到达程序点 3 的位置后，依次执行 TIMER 命令和 DOUT 命令，然后移向程序点 4 的位置。焊接指令及程序说明见表 3-47。

表 3-47　焊接指令及程序说明

行	指令	内容说明
0000	NOP	
0001	MOVJ VJ = 25.00	移到待机位置（程序点 1）
0002	MOVJ VJ = 25.00	移到焊接开始位置附近（程序点 2）
0003	MOVJ VJ = 12.50	移到焊接开始位置（程序点 3）
0004	ARCON	焊接开始（起弧）
0005	MOVL V = 50	移到焊接结束位置（程序点 4）
0006	ARCOF	焊接结束（收弧）
0007	MOVJ VJ = 25.00	移到不碰触工件和夹具的位置。（程序点 5）
0008	MOVJ VJ = 25.00	移到待机位置（程序点 6）
0009	END	

决定焊接姿态的程序点 2、焊接开始的程序点 3、焊接结束的程序点 4 的示教方法及焊枪姿态说明如下：

1）处于待机位置的程序点 1 和 6 通常为同一点。另外，程序点 2 为过渡点，它在向程序点 3 移动时，要处于与工件、夹具不干涉的位置，沿工具方向进枪。同理，程序点 5 也是过渡点，由程序点 4 退枪至程序点 5。

2）再现时焊丝伸出长度要和示教时伸出长度相同。用点动送出焊丝，剪取适当长度的焊丝。

3）在示教中，焊丝因和工件接触发生弯曲时，把焊丝送出 50 ~ 100mm，剪取适当的长度，继续示教。

4）示教结束后，用【前进】【后退】键确认轨迹。

3.7.2 示教

以下对决定焊接姿态的程序点 2、焊接开始的程序点 3、焊接结束的程序点 4 的示教方法进行说明。

1）处于待机位置的程序点 1、6，要处于与工件、夹具不干涉的位置。另外，程序点 5 在向程序点 6 移动时，也要处于与工件、夹具不干涉的位置。

2）再现时焊丝伸出的长度要和示教时伸出的长度相同。用点动送出焊丝，请剪取适当长度的焊丝。

3）在示教中，焊丝因和工件接触发生弯曲时，把焊丝送出 50 ~100mm，剪取适当的长度，继续示教。

4）示教结束后，请用【前进】、【后退】键确认轨迹。

（1）程序点 2　焊接开始位置附近决定焊枪姿态。

1）用轴操作键移动机器人。

2）按【回车】键，输入程序点 2，如图 3-108 所示。

```
0000    NOP
0001    MOVJ VJ=25.00
0002    MOVJ VJ=25.00
0003    END
```

图 3-108　输入程序点 2

（2）程序点 3　焊接开始位置。保持程序点 2 的姿态，把焊枪移动到焊接开始位置，输入引弧命令 ARCON。

1）按手动速度【高】或【低】键，使状态显示区中显示中速，如图 3-109 所示。

图 3-109　手动速度为中速

2）按轴操作键，让机器人移到焊接开始位置，这时要保持程序点 2 的姿态不变。

3）光标处于行号处时，按【选择】键，如图 3-110 所示。

图 3-110　光标移至行号处

4）把光标移到右边的速度“VJ = ＊. ＊”上，按【转换】键的同时按光标键上下，把再现速度设定为 12. 50%，如图 3-111 所示。

```
⇒ MOVJ VJ= 12.50
```

图 3-111　设定再现速度

5）按【回车】键，输入程序点 3，如图 3-112 所示。

```
0000    NOP
0001    MOVJ VJ=25.00
0002    MOVJ VJ=25.00
0003    MOVJ VJ=12.50
0004    END
```

图 3-112　输入程序点 3

6）按【引弧】键，输入缓冲行显示 ARCON，如图 3-113 所示。

```
⇒ ARCON
```

图 3-113　输入【引弧】指令

7）按【回车】键，输入 ARCON 命令。

（3）程序点 4　焊接结束位置。

1）用轴操作键把机器人移到焊接结束位置。从焊接开始位置到结束位置，不必精确沿焊缝移动，为了不碰触工件，移动轨迹可远离工件。

2）按【插补方式】键，把插补方式设定为直线插补（MOVL），如图 3-114 所示。

```
⇒ MOVL V=66
```

图 3-114　插补方式设定为直线插补

3）光标在行号处时，按【选择】键，如图 3-115 所示。

```
⇒ MOVL V=66
```

图 3-115　光标移至行号处

4）把光标向右移动到速度 V = 66 上，按【选择】键，成为数值输入状态。用【数值】键输入速度 50cm/min，再按【回车】键。

5）按【回车】键，输入程序点 4，如图 3-116 所示。

```
0000    NOP
0001    MOVJ VJ=25.00
0002    MOVJ VJ=25.00
0003    MOVJ VJ=12.50
0004    ARCON ASF#(1)
0005    MOVL V=50
0006    END
```

图 3-116　输入程序点 4

6）按【熄弧】键，输入缓冲行显示 ARCOF，如图 3-117 所示。

⇒ ARCOF

图3-117 输入【熄弧】指令

7）按【回车】键，输入ARCOF命令。

3.7.3 设定焊接条件

焊接条件的登录方法，有设定焊接开始条件文件的方法和在ARCON命令的附加项中直接设定焊接条件的方法。

以下，对ARCON命令的附加项中直接设定焊接条件的方法进行说明。

1）把光标移到ARCON命令上，按【选择】键，进入行编辑状态，再次按【选择】键，显示详细编辑界面，如图3-118所示。

⇒ ARCON

图3-118 进入行编辑状态

2）在详细编辑界面中，焊接电流设定为“未使用”或“ASF#（）”时，按【选择】键，从选择对话框中选择“AC =”。

3）要改变电流值“AC =”和电压值“AVP =”或“AV =”，先把光标移到电流值或电压值上，按【选择】键，成为数值输入状态，用数值键输入电流值、电压值后，按【回车】键。在输入缓冲行中，设定的焊接条件以ARCON命令的附加项被显示。再次按【回车】键，设定的条件输入到程序中。

提示：

焊接电源设定为“一元化”时，电压值的输入单位为“%”，焊接电源设定为“个别式”时，电压值的输入单位为“V”。在焊机特性文件中需要设定焊接电源。

4）焊丝伸出长度及保护气体流量。保护气体流量需要依据喷嘴形状、焊缝搭接形状、焊丝伸出长度、焊接速度等进行调整。使用口径为20mm的喷嘴时，焊丝伸出长度及保护气体流量设置见表3-48。

表3-48 焊丝伸出长度及保护气体流量设置

焊丝伸出长度/mm	CO_2气体流量/(L/min)	MAG气体流量/(L/min)
8～15	10～20	15～25
12～20	15～25	20～30
15～25	20～30	25～30

注：上表是喷嘴口为20mm时的情况，当喷嘴口径变小时，气体流量也需降低。

3.7.4 轨迹和焊接的确认

（1）检查运行　检查运行是为了确认示教的轨迹。检查运行时，因为不执行ARCON命令等作业输出命令，所以可以进行空运行。

（2）焊接　轨迹确认结束，就可以进行焊接了。如果关闭检查运行，ARCON、ARCOF作业命令也将被执行。

1）把示教编程器上的模式旋钮对准“PLAY”（REMOTE PLAY TEACH），设定为再现模式。

2）把光标移到菜单区，选择“实用工具”，再选择“设定特殊运行”，显示特殊运行界面，如图3-119所示。

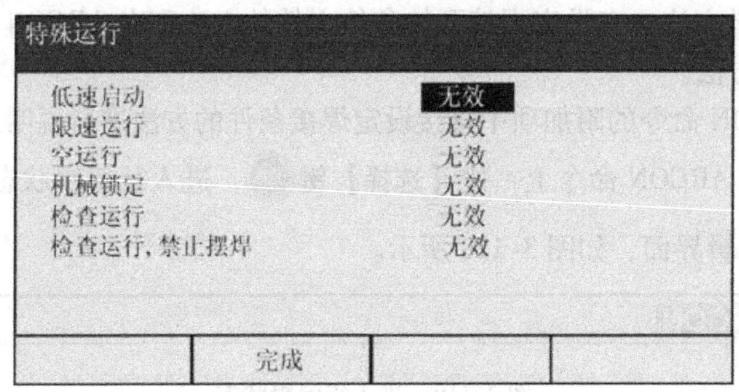

图3-119　设定特殊运行

3）把光标移到“检查运行”的设定值上，按【选择】键（选择），状态从“无效”转变为“有效”，检查运行的设定就成为有效设定了，如图3-120所示。

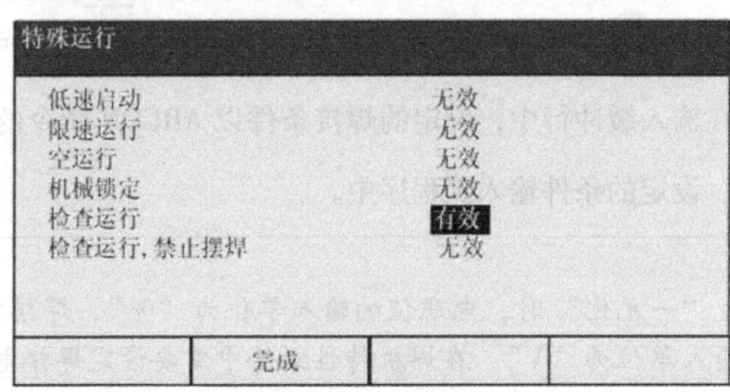

图3-120　检查运行设定为有效

4）在确认机器人附近没有人的情况下，按【启动】按钮，并确认机器人的动作是否正确，如图3-121所示。

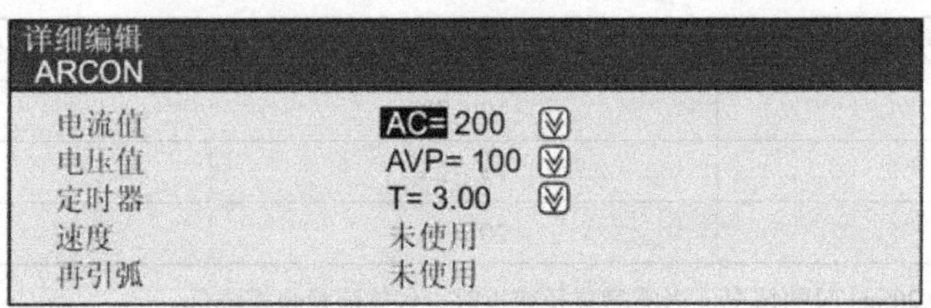

图3-121　确认机器人的动作是否正确

安川焊接机器人的应用可参见视频2-1、视频2-4、视频2-6和视频2-7。

第 4 章　FANUC 机器人

4.1　FANUC 机器人概述

4.1.1　FANUC 机器人简介

1. FANUC 机器人本体及轴的命名

各环节每一个结合处是一个关节点或坐标系，FANUC 机器人手臂的基本结构如图 4-1 所示。

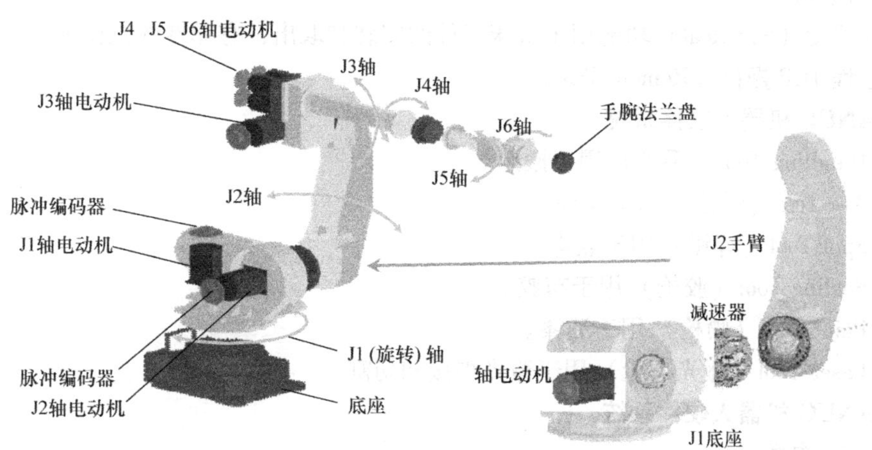

图 4-1　FANUC 机器人手臂的基本结构

2. FANUC 机器人的型号

FANUC 主要型号见表 4-1。

表 4-1　FANUC 弧焊机器人部分型号

型号	轴数	手部负重/kg
R—0iB	6	3
ARC Mate 100iB/M—6iB	6	6
ARC Mate 100iC/6L	6	16

下面以 R－0iB 机器人为例，其手臂的主要参数如下：

（1）手部负重　3kg。

（2）运动轴数　6。

（3）运动范围　1437mm。

（4）安装方式　地面/墙壁/天花板。

（5）重复定位精度　±0.08。

（6）最大运动速度　150m/min。

3. FANUC 机器人的安装环境

（1）环境温度　0～45℃。

（2）环境湿度　普通：75%RH，短时间：85%（一个月之内）。

（3）振动　振动＝0.5g（4.9m/s^2）

4. FANUC 机器人的编程方式

1）在线编程。

2）离线编程。

5. FANUC 机器人的特色功能

1）高灵敏度碰撞检测（High sensitive collision detector）机能，机器人无须外加传感器，各种场合均适用。

2）软浮动（Soft float）功能用于机床工件的安装和取出，有弹性的机械手。

3）远程 TCP 操控（Remote TCP）。

6. FANUC 机器人软件系统

（1）Handling Tool（手爪）用于搬运。

（2）Arc Tool（焊枪）用于弧焊。

（3）Spot Tool（焊钳）用于点焊。

（4）Sealing Tool（胶枪）用于布胶。

（5）Paint Tool（喷枪）用于油漆。

（6）Laser Tool（激光焊枪）用于激光焊接和切割。

7. FANUC 机器人硬件系统

（1）基本参数

1）关节（轴）：交流伺服电动机。

2）CPU：32 位高速。

3）输入电源：R—J3IB 为 380V/3 相，R—J3IB Mate 为 200V/3 相。

4）I/O 设备 Process I/O，Module A、B 等。

（2）单机形式　一体化（标准）、分离型（天吊，壁挂等情况）、分离型 B 尺寸（大型）（3 轴以上的附加轴控制，PLC 内藏等情况）。

（3）机器人设备基本构成　机器人设备基本构成如图 4-2 所示。

（4）机器人控制器　机器人控制器构成框图如图 4-3 所示。

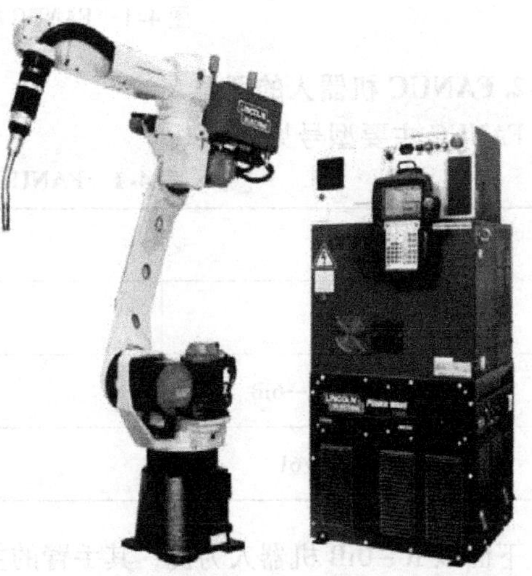

图 4-2　机器人设备基本构成

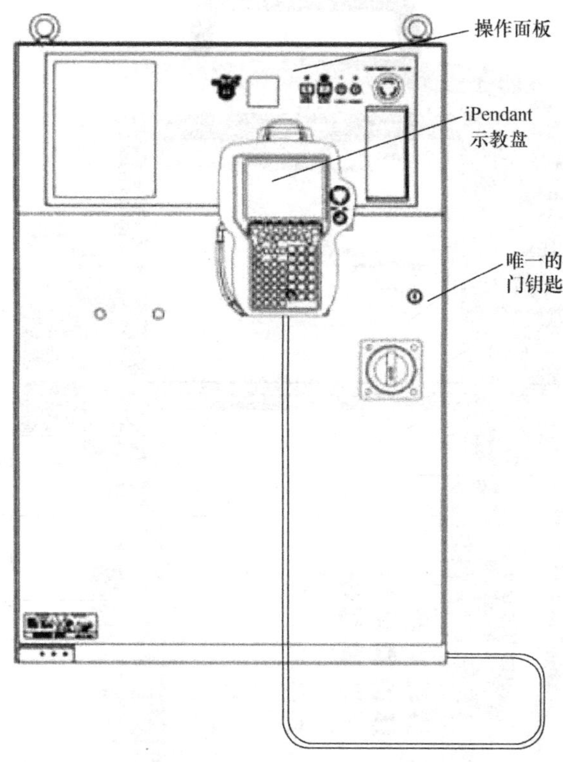

图 4-3　机器人控制器构成框图

4.1.2　控制器

1. 认识 TP

TP（Teach Pendant）称作示教盒，是人机对话的主要装置。

（1）TP 的作用

1）移动机器人。

2）编写机器人程序。

3）试运行程序。

4）生产运行。

5）查阅机器人的状态（I/O 设置、位置、焊接电流）。

（2）TP 上的键

TP 上的键如图 4-4 所示。

（3）TP 上的开关　TP 上的开关如图 4-5 所示。

1）TP 开关：此开关控制 TP 有效/无效，当 TP 无效时，示教、编程、手动运行不能被使用。

2）DEAD MAN 开关：当 TP 有效时，只有 DEAD MAN 开关被按下，机器人才能运动，一旦松开，机器人立即停止运动。

3）紧急停止按钮：此按钮被按下，机器人立即停止运动。

（4）TP 上的指示灯及功能　见表 4-2。

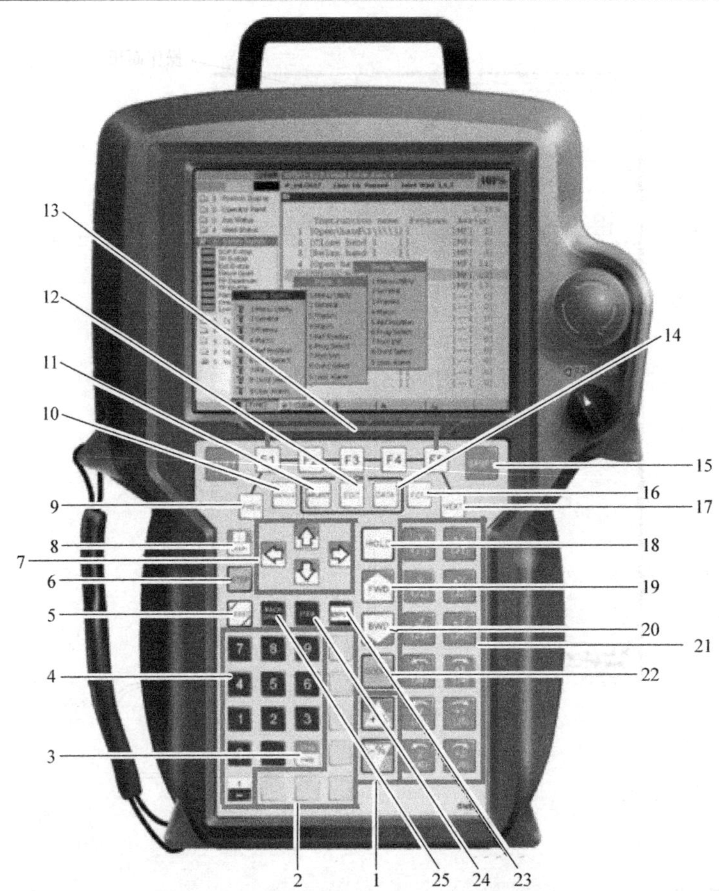

图 4-4　机器人示教器各键的名称及功能

1—SPEED：速度加减键　2—用户键　3—DIAG/HELP：只存在于 iPendant，显示帮助和诊断　4—数字符号键　5—RESET：清除告警　6—STEP：在单步执行和循环执行之间切换　7—Cursor 光标键：移动光标　8—Disp：分屏显示　9—Prev：显示上一屏幕　10—MEUN：显示屏幕菜单　11—SELECT：列出和创建程序　12—Edit：编辑和执行程序　13—F1 ~ F5：功能键　14—Data：显示各寄存器内容　15—SHIFT：与其他键一其执行特定功能　16—FCTN：显示附加菜单　17—NEXT：功能键切换　18—HOLD：暂停机器人运动　19—FWD：从前至后地运行程序　20—BWD：从后向前地运行程序　21—运动键　22—COORD：选择手动操作坐标系　23—ENTER：输入数值或从菜单选择某个项　24—ITEM key：选择它所代表的项　25—BACK SPACE：清除光标之前的字符或者数字

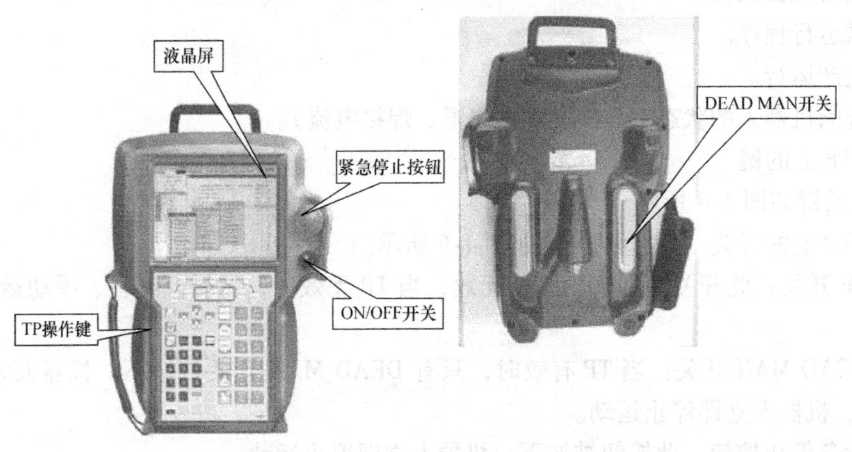

图 4-5　TP 上的开关

表 4-2　TP 上的指示灯及功能

LED 指示灯	功　能
FAULT	显示一个报警出现
HOLD	显示暂停键被按下
STEP	显示机器人在单步操作模式
BUSY	显示机器人正在工作，或者程序被执行，或者打印机和软盘驱动器正在被操作
RUNNING	显示程序正在被执行
WELD ENBL	显示弧焊被允许
ARC ESTAB	显示弧焊正在进行中
DRY RUN	显示在测试操作模式下，使用干运行
JOINT	显示示教坐标系是关节坐标系
XYZ	显示示教坐标系是通用坐标系或用户坐标系
TOOL	显示示教坐标系是工具坐标系

（5）示教器显示屏

示教器显示屏包含以下几个内容：

1）彩色触屏。

2）显示各种 TOOL 的菜单（有所不同）。

3）Quick/Full 菜单（通过【FCTN】键选择），如图 4-6 所示。

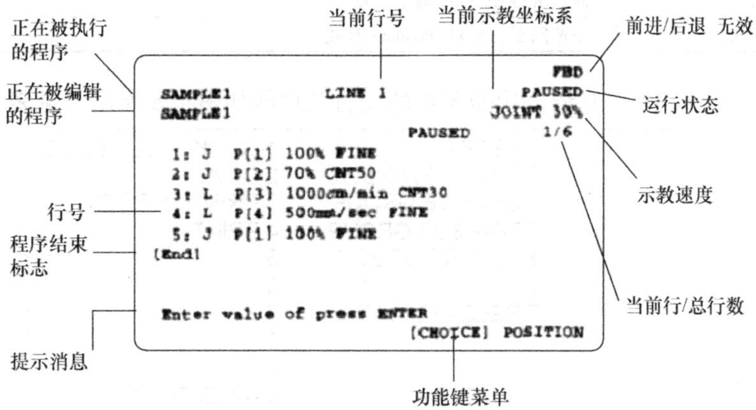

图 4-6　示教器显示屏位置标识

4）屏幕菜单和功能菜单。

① 屏幕菜单。屏幕菜单如图 4-7 所示。

Page 1	Page 2
1 UTILITIES	1 SELECT
2 TEST CYCLE	2 EDIT
3 MANUL FCTNS	3 DATA
4 ALARM	4 STATUS
5 I/O	5 POSITION
6 SETUP	6 SYSTEM
7 FILE	7
8	8
9 USER	9
0 ---NEXT---	0 ---NEXT---

MENUS

图 4-7　屏幕菜单

屏幕菜单（MENU）项目及功能见表4-3。

表4-3　屏幕菜单（MENU）项目及功能

项目	功　能
UTILITIES	显示提示
TEST CYCLE	为测试操作制定数据
MANUAL FCTNS	执行宏指令
ALARM	显示报警历史和详细信息
I/O	显示和手动设置输出、仿真输入/输出，分配信号
SETUP	设置系统
FILE	读取或存储文件
SOFT PANEL	执行经常使用的功能
USER	显示用户信息
SELECT	列出和创建程序
EDIT	编辑和执行程序
DATA	显示寄存器、位置寄存器和堆码寄存器的值
STATUS	显示系统和弧焊状态
POSITION	显示机器人当前的位置
SYSTEM	设置系统变量，Mastering
USER2	显示 KAREL 程序输出信息
BROWSER	浏览网页，只对 iPendant 有效

② 功能菜单（FCTN）介绍。功能菜单的项目及功能如图4-8所示，见表4-4。

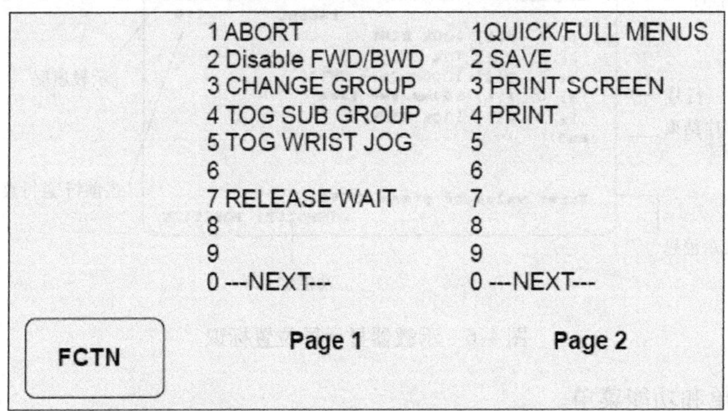

图4-8　功能菜单的项目及功能

表4-4　功能菜单的项目及功能

项目	功　能
ABORT	强制中断正在执行或暂停的程序
Disable FWD/BWD	使用TP执行程序时，选择FWD/BWD是否有效
CHANGE GROUP	改变组（只有多组被设置时才会显示）
TOG SUB GROUP	在机器人标准轴和附加轴之间选择示教对象
TOG WRIST JOG	
RELLEASE WAIT	跳过正在执行的等待语句，当等待语句被释放，执行中的程序立即被暂停在下一个语句处等待
QUICK/FULL MENUS	在快速菜单和完整菜单之间选择

（续）

项目	功　能
SAVE	保存当前屏幕中相关的数据库到软盘中
PRINT SCREEN	打印当前屏幕的数据
PRINT	打印当前屏幕的数据
UNSIM ALL I/O	取消所有I/O信号的仿真设置
CYCLE POWER	重新启动（POWER ON/OFF）
ENABLE HMI MENUS	用来选择当按住MENUS键时，是否需要显示菜单

③ 快速菜单。快速菜单如图4-9所示。

> **注意：**
>
> 1）使用选择键可以显示选择程序的画面，但除了可以选择程序以外，其他功能都不能被使用。
>
> 2）使用编辑键可以显示编辑程序的画面，但除了改变点的位置和速度值，其他功能都不能使用。

1　ALARM
2　UTILITIES
3　TEST CYCLE
4　DATA
5　MANAL FCTNS
6　I/O
7　STATUS
8　POSITION
9
0

图4-9　快速菜单

2. 操作面板

操作面板如图4-10所示。

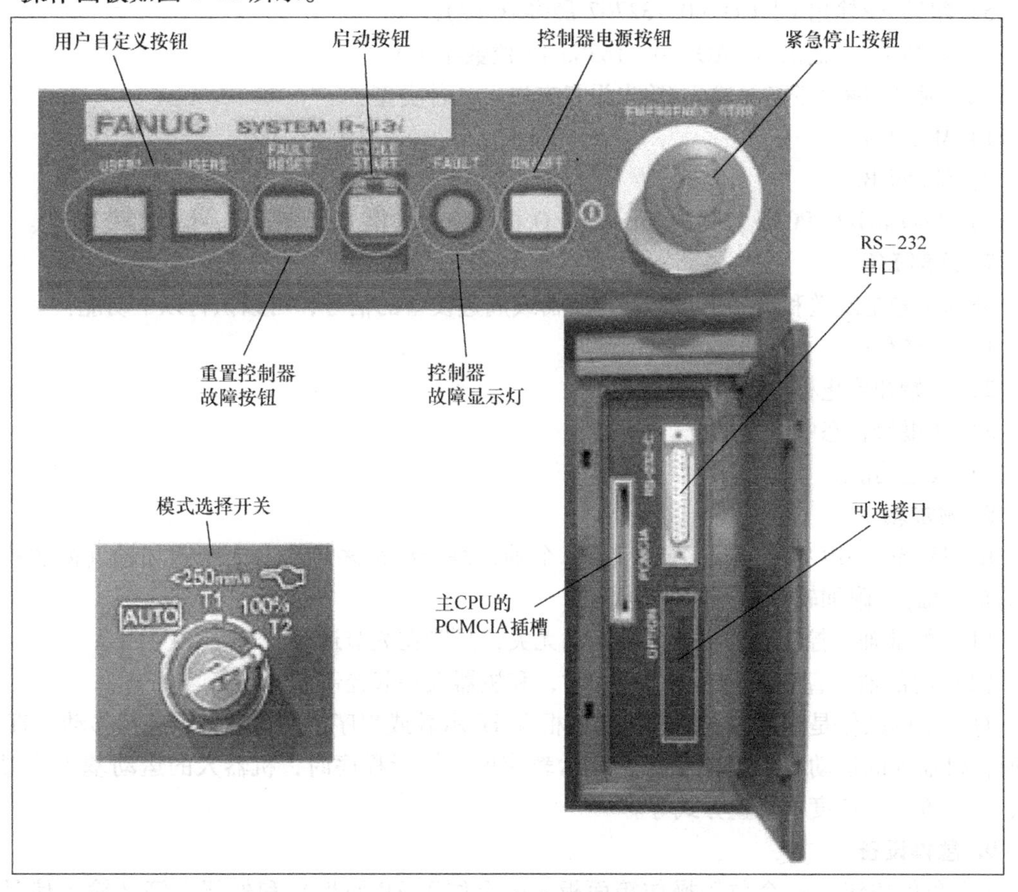

图4-10　操作面板

3. 远端控制器

远端控制器是和机器人控制器相连的外围设备，用来设置系统，包括以下 3 种形式：

1）用户控制面板。

2）可编程控制器（PLC）。

3）主控计算机（Host Computer）。

4. 显示器和键盘

外接的显示器和键盘通过 RS—232C 与控制器相连，可以执行几乎所有的 TP 功能。和机器人操作相关的功能只能通过 TP 实现。

5. 通信

1）一个标准的 RS—232C 接口（外部），两个可选的 RS—232C 接口（内部）。

2）一个标准的 RJ45 网络接口。

6. 输入/输出 I/O

（1）输入/输出信号　输入/输出信号包括以下 6 种：

1）外部输入/输出 UI/UO。

2）操作者面板输入/输出 SI/SO。

3）机器人输入/输出 RI/RO。

4）数字输入/输出 DI/DO（512/512）。

5）组输入/输出 GI/GO（0 ~ 32767 最多 16 位）。

6）模拟输入/输出 AI/AO（0 ~ 16383 15 位数字植）。

（2）输入/输出设备　输入/输出设备有以下 3 种类型：

1）Model A。

2）Model B。

3）Process I/O PC 板，其中 Process I/O 板可使用的信号线数最多，最多是 512 个。

7. 外部 I/O

外部信号是发送和接受来自远端控制器或周边设备的信号，可以执行以下功能：

1）选择程序。

2）开始和停止程序。

3）从报警状态中恢复系统。

4）其他功能。

8. 附加轴

R—J3/R—J3iB 控制器最多能控制 16 个轴，每个组最多可以有 3 个附加轴（除去机器人的 6 个轴）。附加轴有以下两种类型：

（1）外部轴　控制时与机器人的运动无关，只能在关节运动。

（2）内部轴　直线运动或圆弧运动时，和机器人一起控制。

每个组的操作是相互独立的。机器人根据 TP 示教或程序中的运动指令进行移动。TP 示教时，机器人的运动基于当前坐标系和示教速度。执行程序时，机器人的运动基于位置信息、运动方式、速度、终止方式等。

9. 急停设备

2 个急停按钮（一个位于操作箱面板，一个位于 TP 面板）和外部急停（输入信号），外部急停的输入端子位于控制器或操作箱内。

4.1.3 操作安全

1. 注意事项

1）FANUC机器人操作者必须对自己的安全负责。使用FANUC机器人时必须使用安全设备，必须遵守安全条款。

2）机器人操作者必须熟悉FANUC机器人的编程方式和系统应用及安装。

3）FANUC机器人和其他设备有很大的不同，一方面机器人可以以很高的速度移动，另一方面其动作范围大，工作中要注意安全。

2. 禁止使用机器人的场合

1）燃烧的环境。

2）有爆炸可能的环境。

3）无线电干扰的环境。

4）水中或其他液体中。

5）运送人或动物。

6）不可攀附。

3. 安全操作规程

（1）示教和手动机器人

1）不要带手套操作示教盒和操作盘。

2）在点动操作机器人时要采用较低的倍率速度以增加对机器人的控制机会。

3）在按下示教盒上的点动键之前要考虑到机器人的运动趋势。

4）要预先考虑好避让机器人的运动轨迹，并确认该线路不受干涉。

5）机器人周围区域必须清洁、无油，水及杂质等。

（2）生产运行

1）在开机运行前，须知道机器人根据所编程序将要执行的全部任务。

2）须知道所有会左右机器人移动的开关、传感器和控制信号的位置和状态。

3）必须知道机器人控制器和外围控制设备上的紧急停止按钮的位置，准备在紧急情况下按这些按钮。

4）永远不要认为机器人没有移动其程序就已经完成。因为这时机器人很有可能是在等待让它继续移动的输入信号。

（3）通电和关电

1）通电

① 将操作者面板上的断路器置于ON。

② 接通电源前，检查工作区域包括机器人、控制器等，检查所有的安全设备是否正常。

③ 将操作者面板上的电源开关置于ON。

④ 上电开机和操作机器人。

a）先将焊接电源打开。

b）打开机器人控制柜的断路开关，按住“ON”按钮几秒钟，示教盒显示开机界面。

c）手持示教盒，按下并且始终握住安全开关（Dead man switch），将示教盒上的开关达到“ON”的位置，在示教盒键盘上找到“STEP”状态指示灯且指示灯亮（如果是新版本的示教盒，将在屏幕顶端的状态显示行显示“TP off in T1/T2，door open”）。按【Reset】键消除报警信息。注意：此时屏幕顶端右面的蓝色状态行应该为 Joint 10%。

Mode Select Switch（模式选择开关）示意如图 4-11 所示。

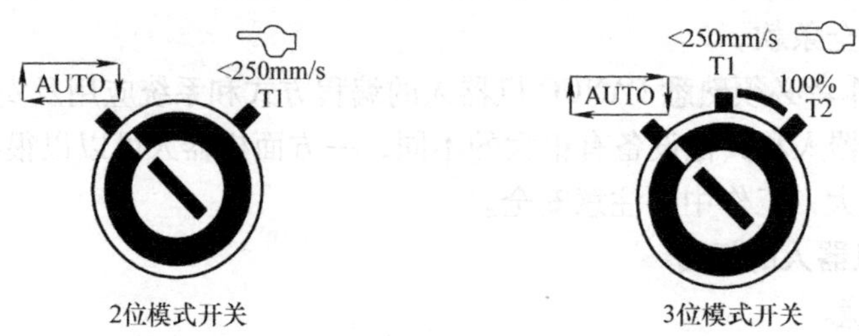

图 4-11　模式选择开关

模式开关所对应的机器人运动方式见表 4-5。

表 4-5　模式开关所对应的机器人运动方式

模式	机器人运动
自动（AUTO）	自动生产操作模式：当 EAS 信号（安全门信号）断开以后，机器人就停止；当 TP 为 ON 的时候，机器人就报警
T1 模式	机器人示教模式：机器人腕关节和 TCP 的速度被限制为小于或等于安全速度（250mm/s）TP 的 DEADMAN 有效，但假如松开或者握得太紧，机器人就会停止。EAS 信号（安全门信号）变为无效，操作者只能通过 TP 来操作机器人
T2 模式	用于确认机器人用高于安全速度（250mm/s）运动的模式：在这种情况下，机器人能够用高于安全速度运行，所以操作者必须小心操作和尽可能减少需要确认的机器人运动。TP 的 DEADMAN 开关有效，但假如松开或者握的太紧，机器人将会停止。EAS 信号（安全门信号）变为无效，操作者只能通过 TP 来操作机器人

注意：

在 AUTO 和 T1 模式的时候钥匙能够拔出来，在 T2 模式的时候，钥匙拔不出来，预防操作者把操作模式定在 T2 模式。

2）关电

① 通过操作者面板上的暂停按钮停止机器人。

② 将操作者面板上的电源开关置于 OFF。

③ 操作者面板上的断路器置于 OFF。

注意：

如果有外部设备（如打印机、软盘驱动器、视觉系统等）和机器人相连，在关电前，首先要将这些外部设备关掉，以免损坏。

（4）选择程序

1）按【SELECT】键显示程序目录画面，如图 4-12 所示。

2）移动光标选中需要的程序。

3）按【ENTER】键进入编辑界面如图 4-13 所示。

需要选择程序如图4-12所示。

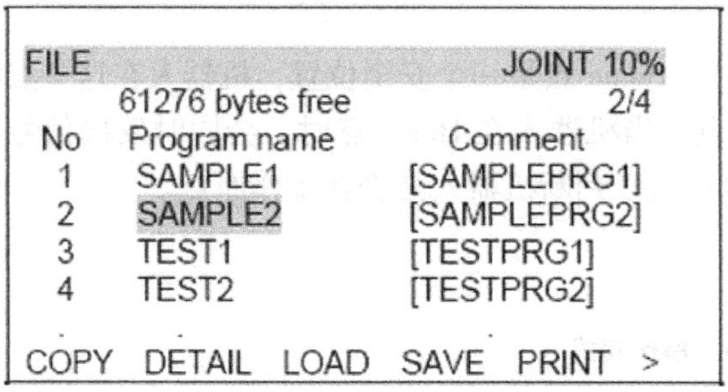

```
FILE                              JOINT 10%
     61276 bytes free                  2/4
No   Program name        Comment
 1    SAMPLE1           [SAMPLEPRG1]
 2    SAMPLE2           [SAMPLEPRG2]
 3    TEST1             [TESTPRG1]
 4    TEST2             [TESTPRG2]

COPY  DETAIL  LOAD  SAVE  PRINT  >
```

图4-12　程序目录画面

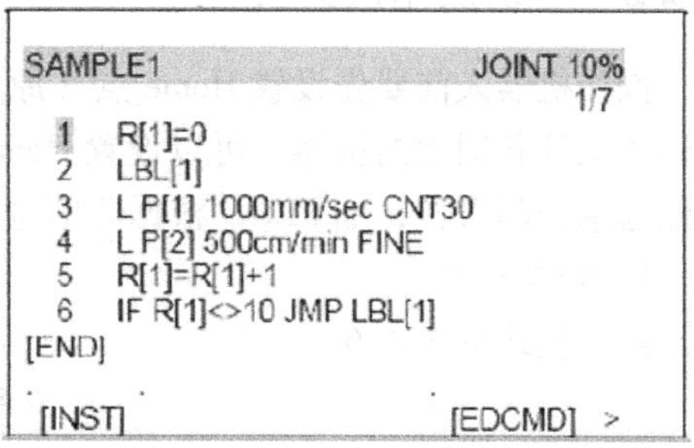

```
SAMPLE1                          JOINT 10%
                                       1/7
  1  R[1]=0
  2  LBL[1]
  3  L P[1] 1000mm/sec CNT30
  4  L P[2] 500cm/min FINE
  5  R[1]=R[1]+1
  6  IF R[1]<>10 JMP LBL[1]
[END]

[INST]                          [EDCMD]  >
```

图4-13　编辑界面

4.2　示教编程

4.2.1　运动类型和指令

学习机器人编程方法之前，首先要了解机器人的运动类型和指令。

1. 运动类型

（1）Joint关节运动（指令）　工具在两个指定的点之间任意运动。

（2）Linear直线运动（指令）　工具在两个指定的点之间沿直线运动。

（3）Circular圆弧运动（指令）　工具在三个指定的点之间沿圆弧运动。

2. 指令的灵活应用

（1）Fastest Motion（非焊接移动）=JOINT motion关节运动指令使用关节运动能减少运行时间，直线运动的速度要稍低于关节运动。

（2）Arc start/end（起弧/收弧）=FINE position起弧开始和起弧结束指令在起弧开始和起弧结束的地方用FINE作为运动终止类型，这样做可以使机器人精确运动到起弧开始和起弧结束的点处。

（3）Moving around workpieces（绕过工件）=CNT position运动终止指令绕过工件的运动使用CNT作为运动终止类型，可以使机器人的运动看上去更连贯。当机器人焊枪的姿态突变时，会浪费一些运行时间，当机器人焊枪的姿态逐渐变化时，机器人可以运动的更快。通常有如下一些方法：

1）用一个合适的姿态示教开始点。

2）用一个和示教开始点差不多的姿态示教最后一点。

3）在开始点和最后一点之间示教机器人，观察焊枪的姿态是否逐渐变化。

4）不断调整，尽可能使机器人的姿态不要突变。

注意：

当运行程序机器人走直线时，有可能会经过奇异点（机器人出现特异姿态），这时有必要使用附加运动指令或将直线运动方式改为关节运动方式（仅限于针对该品牌机器人操作方法）。

4.2.2 手动操作机器人

操作机器人前要先设置 Home 点（原点）。Home 点是一个安全位置，机器人在这一点时会远离工件和周边的机器，可以设置 Home 点，当机器人在 Home 点时，会同时发出信号给其他远端控制设备，如 PLC，根据此信号 PLC 可以判断机器人是否在工作原点。

1. 操作模式

操作模式见表 4-6。

表 4-6 操作模式

关节坐标操作（Joint）	通过 TP 上相应的键转动机器人的各个轴示教
直角坐标操作（XYZ）	沿着笛卡尔坐标系（直角坐标系和斜角坐标系的统称）的轴直线移动机器人，分两种坐标系： 1）通用坐标系（World）：机器人直角坐标系 2）用户坐标系（User）：用户自定义的坐标系
工具坐标操作（Tool）	沿着当前工具坐标系直线移动机器人。工具坐标系是匹配在工具方向上的笛卡尔坐标系

机器人坐标系如图 4-14 所示。

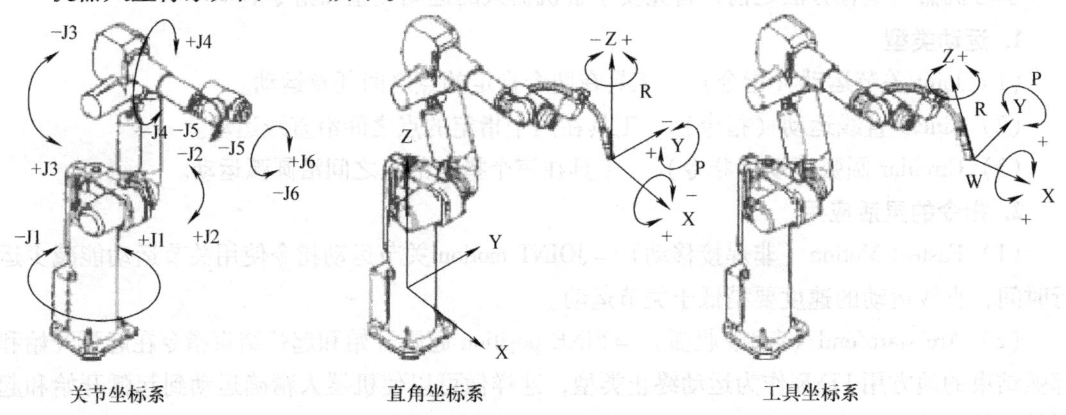

图 4-14 机器人坐标系

示教模式可按 TP 上的【COORD】键进行选择：屏幕显示为 JOINT（关节坐标系）、JOG（角度）、TOOL（工具坐标系）、USER（用户坐标系）、JOINT（关节坐标系）循环切换显示；状态指示灯为 JOINT（关节坐标系）、XYZ（直角坐标系）、TOOL（工具坐标系）、XYZ（直角坐标系）、JOINT（关节坐标系）循环切换显示，屏幕显示和状态指示灯相互对应。

2. 示教速度

示教速度可按 TP 上的示教速度键进行设置，见表 4-7。

表 4-7 设置示教速度

示教速度键	VFINE、FINE：1% ~5%/50% ~100% VFINE 在 1% 到 5% 之间时，每按一下，改变 1%；5% 到 100% 之间时，每按一下，改变 5%
SHIFT 键 + 示教速度键	VFINE、FINE、1%/5%/ 50%/100%

> **注意：**
> 开始的时候，示教速度尽可能低一些，高速度示教，有可能带来危险。

3. 示教准备

1）按下 Deadman 开关，将 TP 开关置于 ON。

2）按下【SHIFT】键的同时，按【示教】键开始机器人示教。【SHIFT】键和【示教】键的任何一个松开，机器人就会停止运动。

> **注意：**
> 示教机器人前，请确认工作区域内没有人。

4.2.3 编程

1. 创建程序

（1）选择程序

1）通过程序目录界面创建程序，按【SELECT】键显示程序目录界面。如图 4-15 所示。

```
FILE                                   JOINT 10%
      61276 bytes free                       2/4
 No   Program name           Comment
  1    SAMPLE1             [SAMPLEPRG1]
  2    SAMPLE2             [SAMPLEPRG2]
  3    TEST1               [TESTPRG1]
  4    TEST2               [TESTPRG2]

COPY   DETAIL   LOAD   SAVE   PRINT   >
```

图 4-15 程序目录画面

2）选中目标程序后，按【ENTER】键确认，显示程序界面，如图 4-16 所示。

```
SAMPLE1                                JOINT 10%
                                             1/7
  1    R[1]=0
  2    LBL[1]
  3   L P[1] 1000mm/sec CNT30
  4   L P[2] 500cm/min FINE
  5    R[1]=R[1]+1
  6   IF R[1]<>10 JMP LBL[1]
[END]

 [INST]                              [EDCMD]   >
```

图 4-16 程序画面

（2）选择程序编辑界面

1）在选择程序目录界面里选择编辑。

2）按【EDIT】键显示程序编辑界面，如图 4-17 所示。

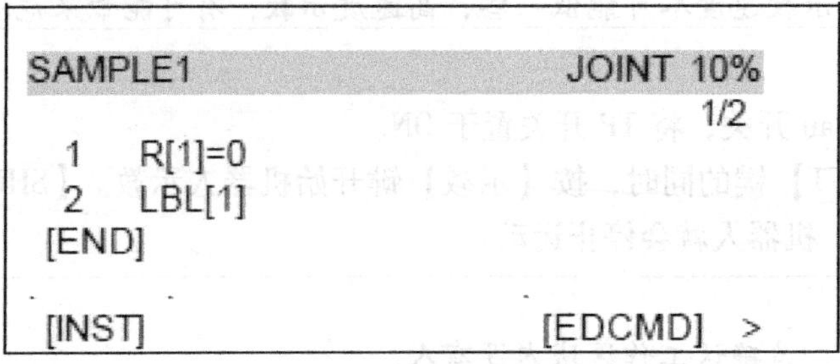

图 4-17　程序编辑界面

（3）创建一个新程序

1）按【SELECT】键显示程序目录画面。

2）选择【F2 CREATE】，如图 4-18 所示。

```
FILE                                   JOINT 10%
       61276 bytes free                      2/4
 No   Program name          Comment
  1     SAMPLE1            [SAMPLEPRG1]
  2     SAMPLE2            [SAMPLEPRG2]
[TYPE] CREATE DELETE MONITOR [ATTR] >
```

图 4-18　程序目录画面

3）移动光标到程序名，默认程序名为 Word，若重命名时可使用英文或符号组合录入，选项如下：

Upper Case 大写；

Lower Case 小写；

Options 符号。

如图 4-19 所示。

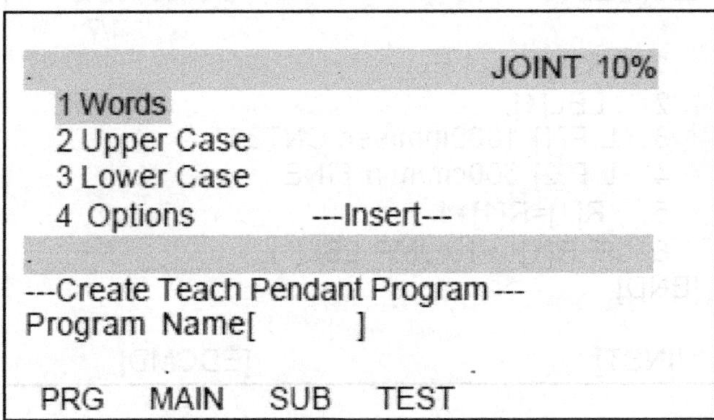

图 4-19　程序登记画面

4）确定程序名后，按【ENTER】键确认，按【F3 EDIT】结束登记。如图 4-20 所示。

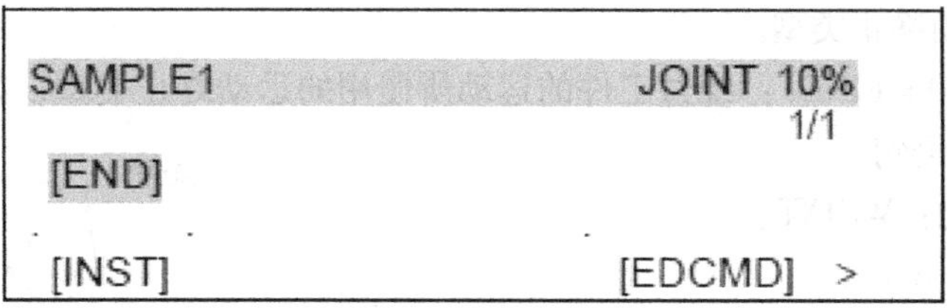

图 4-20 程序编辑画面

2. 运动指令在程序中的应用

运动指令在程序中的应用如图 4-21 所示。

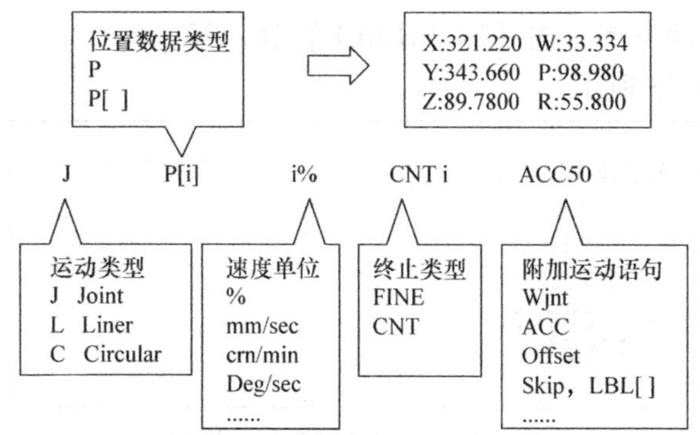

图 4-21 运动指令在程序中的应用

（1）运动类型

1）J（Joint）：关节运动。

2）L（Liner）：直线运动。

3）C（Circular）：圆弧运动。

（2）位置数据类型

1）P：一般位置。

2）P【 】：位置寄存器。

（3）速度单位 对应不同的运动类型速度的单位不同：

1）J（关节运动）：%、s、ms。

2）L（直线运动）、C（圆弧运动）：mm/s、cm/min、in/min、deg/s、s、ms。

速度单位随运动类型改变，见表 4-8。

表 4-8 速度单位随运动类型

运动类型	速度范围
关节运动 J	1 到 100%
直线运动 L、圆弧运动 C	1 到 2000mm/s
	1 到 12000cm/min
	0.1 到 4724.0inch/min
	1 到 520deg/s

(4) 终止类型　运动终止类型通常有两种：FINE 和 CNT。

1) FINE：运动终止类型。

2) CNT (CNT0 = FINE)：绕过工件的运动所使用的运动终止类型，如图 4-22 所示。

(5) 附加运动语句

1) 腕关节运动：W/JNT。

2) 加速倍率：ACC。

3) 转跳标记：SKIP，LBL【】。

4) 偏移：OFFSET。

(6) 改变运动类型和位置号

1) 改变运动类型。

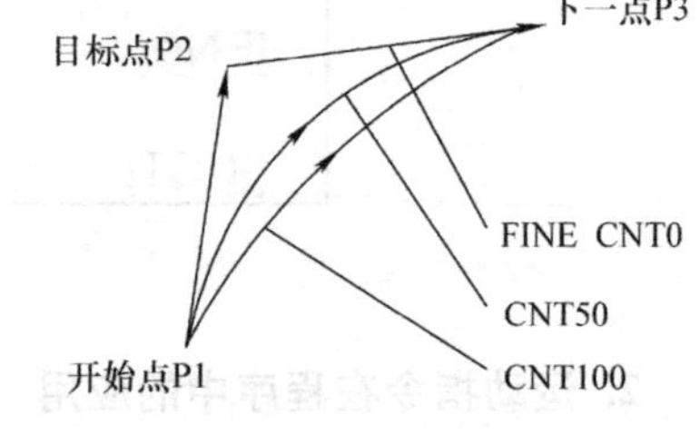

图 4-22　终止类型

① 移动光标到运动类型，按【F4 CHOICE】显示运动类型子菜单，如图 4-23 所示。

```
Motion Modify                    JOINT 10%
  1 Joint               5
  2 Linear              6
  3 Circular            7
  4 Options             8
SAMPLE1                               5/6
```

图 4-23　移动光标到运动类型

② 从子菜单中选择合适的运动类型。当运动类型改变的时候，速度单位也相应的改变。如图 4-24 所示。

```
SAMPLE1                          JOINT 10%
                                       5/5
  3   L P[1] 1000mm/sec CNT30
  4   L P[2] 500cm/min FINE
  5     J P[3] 100% CNT30
 [END]
 Enter value or press ENTER
                  CHOICE   POSITION   >
```

图 4-24　选择合适的运动类型

2) 改变位置号。

① 移动光标的位置号。

② 输入新的位置号，按【ENTER】确认，如图 4-25 所示。

```
  4   L P[2] 500cm/min FINE
  5     J P[3] 100% CNT30
 [END]
 Enter value or press ENTER
                  CHOICE   POSITION   >
```

图 4-25　改变位置号

3. 修正点

（1）示教修正点　直接写入数据修正点，如图 4-26 所示。

1）移动光标到要修正的运动指令的开始处。

2）示教机器人到需要的点处。

3）按下【SHIFT】键的同时，按【F5 TOUCHUP】记录新位置，如图 4-27 所示。

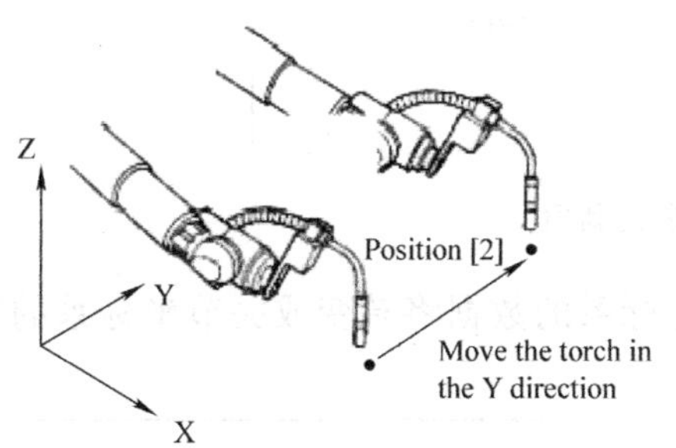

图 4-26　示教修正点

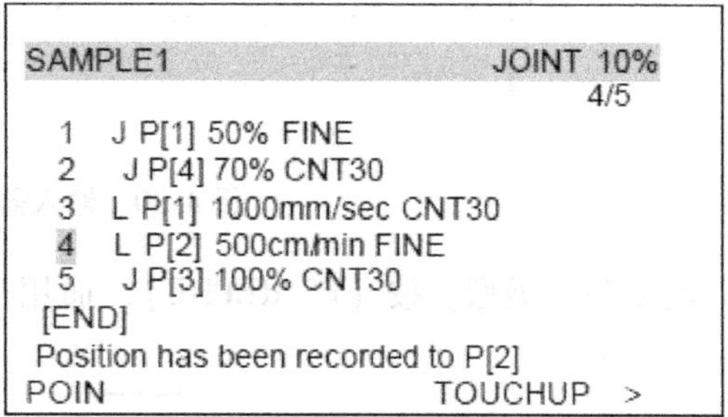

```
SAMPLE1                      JOINT 10%
                                  4/5
  1   J P[1] 50% FINE
  2    J P[4] 70% CNT30
  3   L P[1] 1000mm/sec CNT30
  4   L P[2] 500cm/min FINE
  5    J P[3] 100% CNT30
 [END]
 Position has been recorded to P[2]
POIN                     TOUCHUP  >
```

图 4-27　记录新位置

（2）直接写入数据修正点

1）移动光标到位置号，如图 4-28 所示。

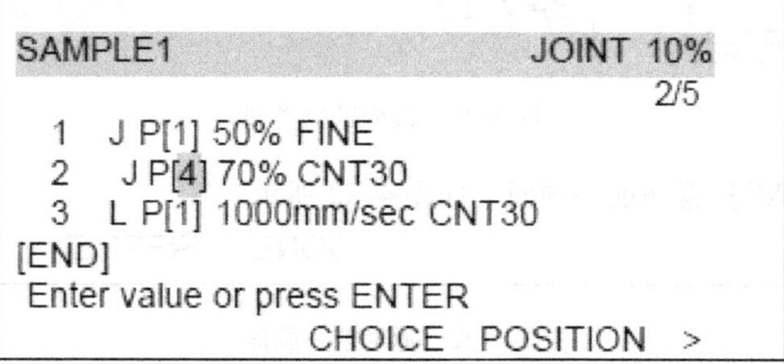

```
SAMPLE1                      JOINT 10%
                                  2/5
  1   J P[1] 50% FINE
  2    J P[4] 70% CNT30
  3   L P[1] 1000mm/sec CNT30
[END]
 Enter value or press ENTER
              CHOICE   POSITION  >
```

图 4-28　移动光标到位置号

2）按下【F5 POSITION】显示数据位置子菜单，默认显示的是通用坐标系下的数据，如图 4-29 所示。

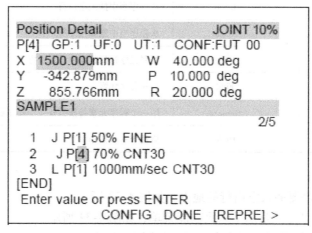

```
Position Detail                    JOINT 10%
P[4]  GP:1  UF:0  UT:1   CONF:FUT 00
X   1500.000mm       W   40.000 deg
Y    -342.879mm      P   10.000  deg
Z     855.766mm      R   20.000  deg
SAMPLE1
                                       2/5
  1   J P[1] 50% FINE
  2    J P[4] 70% CNT30
  3   L P[1] 1000mm/sec CNT30
[END]
 Enter value or press ENTER
            CONFIG   DONE   [REPRE] >
```

图 4-29　通用坐标系下的数据

3）输入需要的新值，如图 4-30 所示。

```
Position Detail                     JOINT 10%
P[2]  GP:1  UF:0  UT:1  CONF:FUT 00
X  1500.000mm     W  40.000 deg
Y  -340.879mm     P  10.000 deg
Z    855.766mm    R  20.000 deg
SAMPLE1
```

图 4-30　输入需要的新值

4）改变数据类型，按【F5 REPRE】，通用坐标系的数据将转变成关节坐标系的数据，如图 4-31 所示。

```
1 Cartesian
2 Joint
      [REPRE]
```

```
Position Detail                     JOINT 10%
P[2]  GP:1  UF:0  UT:1
J1   0.345 deg      J4  40.000 deg
J2  23.880 deg      J5  10.000 deg
J3  30.000 deg      J6  20.000 deg
SAMPLE1
```

图 4-31　改变数据类型

5）按【F4 DONE】返回前一画面，如图 4-32 所示。

```
                DONE    [REPRE]
```

图 4-32　返回前一画面

4. 编辑命令（EDCMD）

编辑命令见表 4-9。

表 4-9　编辑命令

菜单	命令	说明
1 Insert 2 Delete 3 Copy 4 Find 5 Replace 6 Renumber 7 Undo [EDCMD]	Insert	从程序当中插入空白行
	Delete	从程序当中删除程序行
	Copy	复制程序行到程序中其他地方
	Find	查找程序元素
	Replace	用一个程序元素替换另外一个程序要素
	Undo	撤销上一步操作

（1）插入空白行

1）移动光标到需要插入空白行的地方，如图 4-33 所示。

2）按下一页键“>”显示下一页功能菜单，如图 4-34 所示。

3）按【F5 EDIT】显示编辑命令选择，如图 4-35 所示。

```
SAMPLE1                              JOINT 10%
                                          3/3
  1   J P[1] 50% FINE
  2    J P[4] 70% CNT30
  3   L P[1] 1000mm/sec CNT30
[END]

POIN                              TOUCHUP  >
```

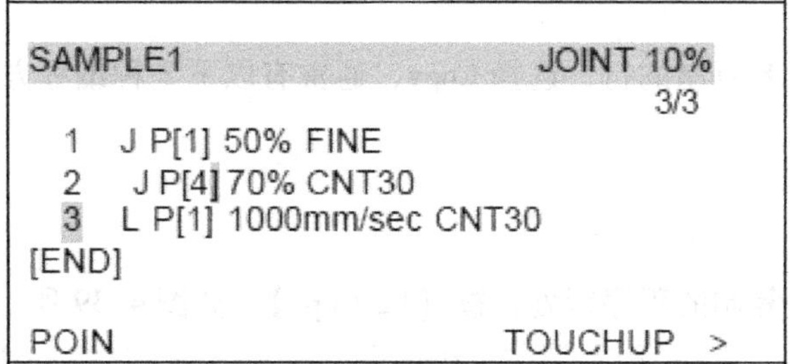

图 4-33　插入空白行

```
[INST]                              [EDCMD]  >
```

图 4-34　下一页功能菜单

```
How many line insert to?  2
[INST]                              [EDCMD]  >
```

图 4-35　显示编辑命令

4）输入需要插入的空白行数，如图 4-36 所示。

```
SAMPLE1                              JOINT 10%
                                          5/5
  1   J P[1] 50% FINE
  2    J P[4] 70% CNT30
  3
  4
  5   L P[1] 1000mm/sec CNT30
[END]
```

图 4-36　插入空白行数

（2）删除程序行

1）移动光标到要删除的程序行前。

2）按下一页键显示下一页功能菜单。

3）按 F5 EDIT 显示编辑命令，选择 Delete。如图 4-37 所示。

```
  2    J P[4] 70% CNT30
  3   L P[1] 1000mm/sec CNT30
  4   L P[2] 500cm/min FINE
  5    J P[3] 100% CNT30
[END]

[INST]                              [EDCMD]  >
```

图 4-37　删除程序行

4）选择要删除的范围，选择 YES 确认删除，如图 4-38 所示。

```
Delete line(s) ?
                         YES      NO
```

图 4-38　确认是否删除

（3）复制程序行

1）将光标移动至要复制的行，选择 Copy，通常有以下 3 种编程方式：

① Insert（插入）。

② Delete（删除）。

③ Copy（复制）。

2）移动光标到要复制的程序行处，按【F2 Copy】，如图 4-39 所示。

```
 4  L P[2] 500cm/min FINE
 5    J P[3] 100% CNT30
[END]

[INST]                         [EDCMD]  >
```

图 4-39　移动光标到要复制的程序行

3）选择复制的范围再按 F2 Copy 确认，如图 4-40 所示。

```
Move cursor to select
COPY                          PASTE
```

图 4-40　选择复制的范围

4）按【F5 Paste】粘贴被复制的程序行，如图 4-41 所示。

```
 4  L P[2] 500cm/min FINE
 5    J P[3] 100% CNT30
[END]

COPY                          PASTE
```

图 4-41　粘贴被复制的程序行

5）选择粘贴方式，如图 4-42a、b 所示。

①【F2 LOGIC】不粘贴位置信息。

②【F3 POS_ ID】粘贴位置信息和位置号。

③【F4 POSITION】粘贴位置信息，不粘贴位置号。

④【F5 CANCEL】取消。

```
Paste before this line ?
   LOGIC   POS_ID   POSITION   CANCEL
```

a)

```
 4   L P[2] 500cm/min FINE
 5   L P[2] 500cm/min FINE
 6     J P[3] 100% CNT30
[END]
```

b)

图 4-42　选择粘贴方式
a）粘贴方式　b）粘贴完成

5. 程序操作

（1）查看和修改程序信息

1）按【SELECT】键进入程序目录界面，如图 4-43 所示。

```
FILE                                   JOINT 10%
          61276 bytes free                   2/4
  No     Program name          Comment
   1      SAMPLE1             [SAMPLEPRG1]
   2      SAMPLE2             [SAMPLEPRG2]
   3      TEST1               [TESTPRG1]
   4      TEST2               [TESTPRG2]

[TYPE] CREATE DELETE MONITOR [ATR] >
COPY   DETAIL   LOAD   SAVE   PRINT   >
```

图4-43　进入程序目录界面

2）按【F2 DETAIL】显示程序信息，如图4-44所示。

```
Program Detail                         JOINT 10%
                                            5/10
Create Date:                        10-MAR-1994
Modification Date:                  10-MAR-1994
Copy source                     [**************]
Positions: FALSE      Size::          312Byte
  1 Program name:                  [ SAMPLE2 ]
  2 Sub Type:                      [ None     ]
  3 Comment:                     [*************]
    Group Mask:                    [ 1,*,*,*,* ]
  4 Write protection:                [ OFF  ]
  5 Ignore pause:                    [ OFF  ]

END    PREV    NEXT
```

图4-44　显示程序信息

3）移动光标到要修改的项目，进行具体修改。

4）按【F1 END】退出。查看和修改程序信息见表4-10。

表4-10　查看和修改程序信息

Create Date	创建日期
Modification Date	最后一次编辑的间
Copy source	拷贝来源
Positions	是否有点
Size	文件大小
Program name	程序名
Sub Type	子类型
Comment	注释
Group Mask	组掩码（定义程序中有哪几个组受控制）
Write protection	写保护
Ignore pause	是否忽略 Pause

（2）删除程序文件

1）按【SELECT】键进入程序目录界面后，移动光标选中要删除的程序，如图4-45所示。

```
FILE                               JOINT 10%
      61276 bytes free                  2/4
 No   Program name          Comment
  1    SAMPLE1             [SAMPLEPRG1]
  2    SAMPLE2             [SAMPLEPRG2]
  3    TEST1               [TESTPRG1]
  4    TEST2               [TESTPRG2]
[TYPE] CREATE DELETE MONITOR [ATR] >
```

图 4-45　选中要删除的程序

2）按【F4 YES】或【F5 NO】来确认或取消删除操作，如图 4-46 所示。

```
Delete ?
                              YES    NO
```

图 4-46　确认或取消删除操作

（3）复制程序文件

1）按【SELECT】键进入程序目录界面后，移动光标选中要复制的程序，如图 4-47 所示。

```
FILE                               JOINT 10%
      61276 bytes free                  2/4
 No   Program name          Comment
  1    SAMPLE1             [SAMPLEPRG1]
  2    SAMPLE2             [SAMPLEPRG2]
  3    TEST1               [TESTPRG1]
  4    TEST2               [TESTPRG2]
COPY  DETAIL  LOAD  SAVE  PRINT  >
```

图 4-47　选中要复制的程序

2）按【F1 COPY】显示为复制文件起程序名的画面，如图 4-48 所示。

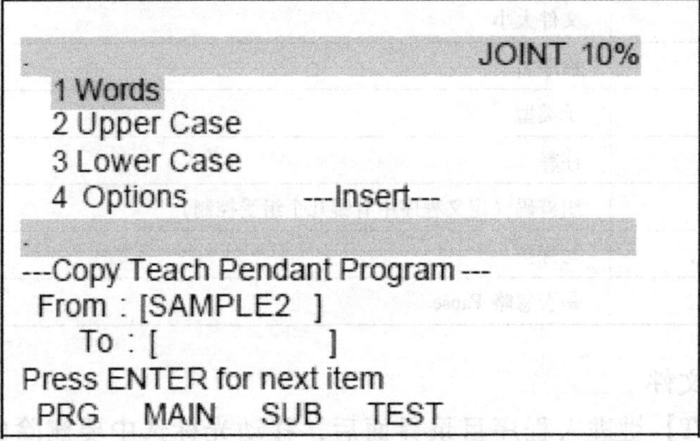

图 4-48　为复制文件起程序名

3）起好名字后，按【F4 YES】或【F5 NO】，确认或取消复制操作，如图 4-49 所示。

```
---Copy Teach Pendant Program ---
 From : [SAMPLE2    ]
    To : [ PRO1        ]

Copy OK ?
                                YES      NO
```

图 4-49　确认或取消复制操作

4.3　执行程序

4.3.1　手动 I/O 控制

在程序执行之前可以手动控制外部设备和机器人之间的 I/O。主要有两种：①强制/输出；②仿真输入/输出。

1. 强制输出

以数字输出为例，操作步骤如下：

1）按【MENU】键选择 5 I/O，显示 I/O 界面。

2）按【F1 TYPE】选择 Digital。

3）通过【F3 IN/OUT】选择输出画面，如图 4-50 所示。

```
I/O Digital Out                    JOINT 30%
     #      SIM     STATUS
  DO[1]      U       OFF      [              ]
  DO[2]      U       OFF      [              ]
  DO[3]      U       OFF      [              ]
  DO[4]      U       OFF      [              ]

 [TYPE]   CONFIG    IN/OUT    ON     OFF
```

图 4-50　强制输出界面

4）移动光标到要强制输出信号的 STATUS 处。

5）按【F4 ON】强制输出，按【F5 OFF】强制关闭，如图 4-51 所示。

```
I/O Digital Out                    JOINT 30%
     #      SIM     STATUS
  DO[1]      U       OFF      [              ]
  DO[2]      U       ON       [              ]
  DO[3]      U       OFF      [              ]
```

图 4-51　强制输出、强制关闭界面

2. 仿真输入/输出

仿真输入/输出功能可以在不和外部设备通信的情况下，内部改变信号的状态。这一功能可以在外部设备没有连接好的情况下，检测 I/O 语句。以数字输入为例：

1）按【MENU】键选择 5 I/O，显示 I/O 界面，如图 4-52 所示。

2）按【F1 TYPE】选择 Digital。

3）通过【F3 IN/OUT】选择输入画面。

```
I/O Digital In                     JOINT 30%
     #     SIM    STATUS
  DI[1]     U      OFF     [              ]
  DI[2]     U      OFF     [              ]
  DI[3]     U      OFF     [              ]
  DI[4]     U      OFF     [              ]

 [TYPE] CONFIG IN/OUT SIMMLATEUN SIM
```

图 4-52　I/O 界面

4）移动光标到要仿真输入信号的 SIM 处。

5）按【F4 SIMULATE】仿真输入，【F5 UNSIM】取消仿真输入，如图 4-53 所示。

```
I/O Digital In                     JOINT 30%
     #     SIM    STATUS
  DI[1]     U      OFF     [              ]
  DI[2]     S      OFF     [              ]
  DI[3]     U      OFF     [              ]
```

图 4-53　选择仿真输入

4.3.2　手动执行程序

手动执行程序的操作如图 4-54 所示。

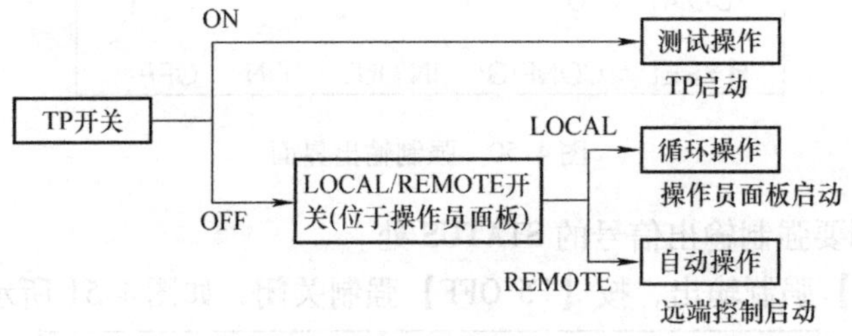

图 4-54　手动执行程序的操作

> **注意：**
>
> 在某些新型号的机器人（如 RW 100iB）上，LOCAL 和 REMOTE 的选择是通过软件设置的。

1. TP 上执行单步操作

1）将 TP 开关置于 ON，如图 4-55a 所示。

2）移动光标到要开始的程序行处，如图 4-55b 所示。

3）按【STEP】键，确认 STEP 指示灯亮，如图 4-56 所示。

4）按住【SHIFT】键的同时，按一下【FWD】键开始执行一句程序。程序开始执行后，可以松开【FWD】键。程序行运行完，机器人停止运动。

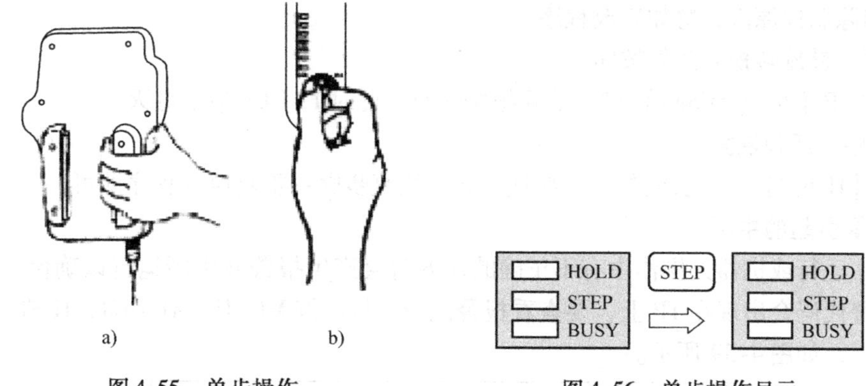

图4-55　单步操作　　　图4-56　单步操作显示

2. TP 上执行连续操作

1）按【STEP】键，确认 STEP 指示灯灭，如图 4-57 所示。

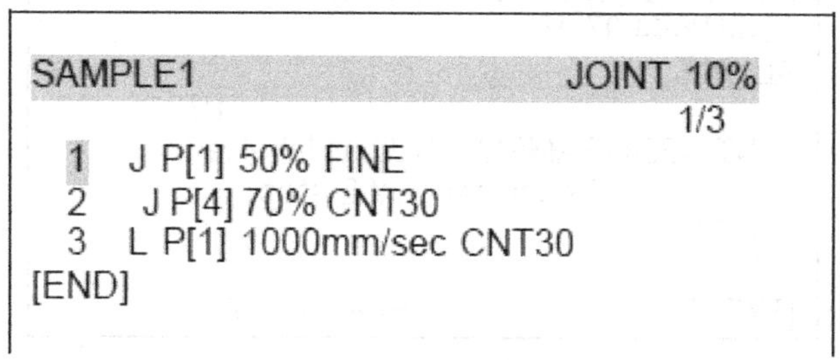

图4-57　执行连续操作

2）按住【SHIFT】键的同时，按一下【FWD】键开始执行程序。程序开始执行后，可以松开【FWD】键。程序运行完，机器人停止运动，如图4-58所示。

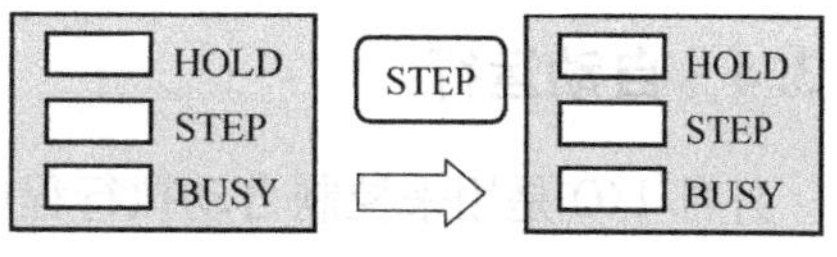

图4-58　连续操作显示

4.3.3　程序中断和恢复

程序中断由以下两种情况引起：

1）程序运行中遇到报警。

2）操作人员停止程序运行。

程序的中断有3种类型（急停、暂停和 FCTN），人为中断程序运行的方法如下：

1）按一下 TP 或操作箱上的急停按钮，还有可以输入外部 E－STOP 信号，输入 UI【1】＊IMSTP。

2）按一下 TP 上的【HOLD】（暂停）键，输入 UI【2】＊HOLD。

3）按一下 TP 上的【FCTN】键，选择 1 ABORT（ALL），输入 UI【4】＊CSTOPI。

1. 急停中断和恢复

按下急停键将会使机器人立即停止，程序运行中断，报警出现，伺服系统关闭。此时的报警代码：SRVO－001 Operator panel E－stop SRVO－002 Teach Pendant E－stop。恢复步骤如下：

1）消除急停原因，譬如修改程序。

2）顺时针旋转松开急停按钮。

3）按 TP 上的【RESET】键，消除报警代码，此时 FAULT 指示灯灭。

2. 暂停中断和恢复

按下【HOLD】键将会使机器人减速停止。恢复步骤：重新启动程序即可。

3. 报警引起的中断

当程序运行或机器人操作中有不正确的地方时会产生报警并中断运行以确保人员安全。实时的报警代码会出现在 TP 上，要查看报警记录，依次按 MENU、ALARM，HIST（F3）将会出现画面，如图 4-59 所示。

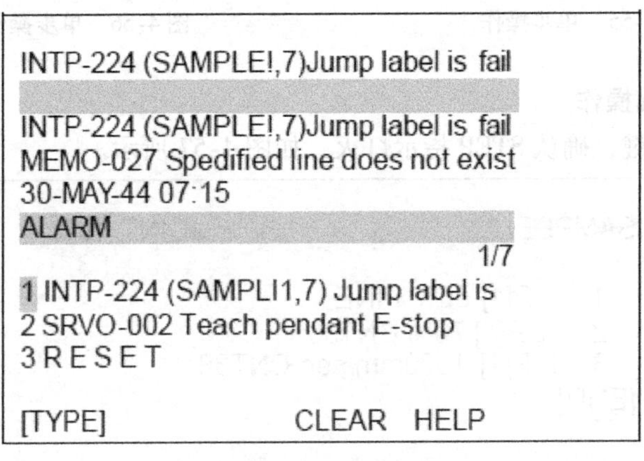

图 4-59 查看报警记录

4.3.4 自动运行

外部 I/O 是用来控制自动执行程序和生产的，通常包含以下信号：

1）机器人需求信号（RSR1－RSR4）：选择和开始程序。当一个程序正在执行或中断，被选择的程序处于等待状态，一旦原先的程序停止，就开始运行被选择的程序。

2）程序号码选择信号（PNS1－PNS8 和 PNSTROBE）：选择一个程序。当一个程序被中断或执行，这些信号被忽略。

3）自动开始操作信号（PROD_ START）：开始从第一行执行一个被选择的程序，当一个程序被中断或执行，这个信号不被接受。

4）循环停止信号（CSTOPI）：停止当前执行的程序。

5）外部开始信号（START）：重新开始当前中断的程序。

为使远端控制器能自动开始程序的运行，以下条件需要被满足：

1）TP 开关置于 OFF。

2）自动模式为 REMOTE。

3）UI【3】＊SFSPD 为 ON。

4）UI【8】＊ENBL 为 ON。

5）系统变量$RMT_ MASTER为0（默认值是0）。

> **注意：**
> 系统变量$RMT_ MASTER定义下列远端设备：
> 0—外围设备。
> 1—显示器/键盘。
> 2—主控计算机。
> 3—无外围设备。

远端控制器能自动开始程序的运行，通过外部I/O控制自动执行程序和生产。系统逻辑运算功能对PNS程序ON进行选通，自动启动相应程序，一般运用于生产线。

PNS程序名举例如图4-60所示：

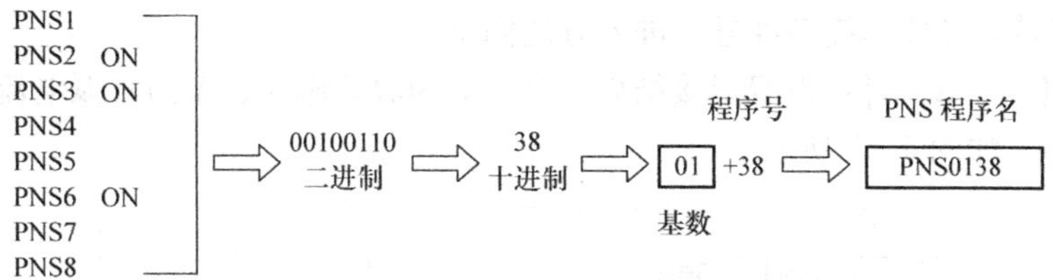

图4-60　PNS程序名举例

4.3.5 Wait语句

当程序在运行中遇到不满足条件的等待信号语句时，会一直处于等待状态，如图4-61所示。此时，若需要人工干预时，按【FCTN】键后，选择7 RELEASE WAIT跳过等待信号语句。

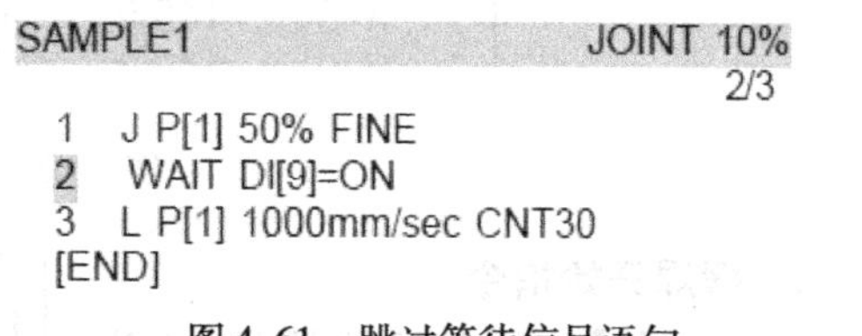

图4-61　跳过等待信号语句

4.4 程序结构

运动指令已经在前面的内容里讲过，在这里重点讨论焊接指令、寄存器指令、I/O指令、分支指令、等待指令、条件指令、程序控制指令和其他常用的指令。这些指令都是通过程序编辑界面中的【INST】进入的，如图4-62所示。

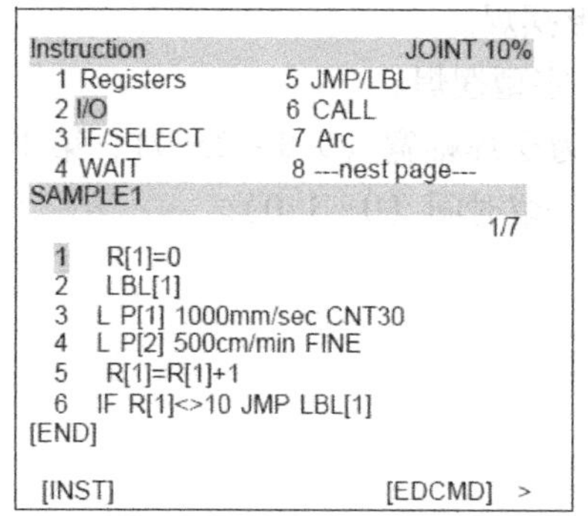

I/O指令

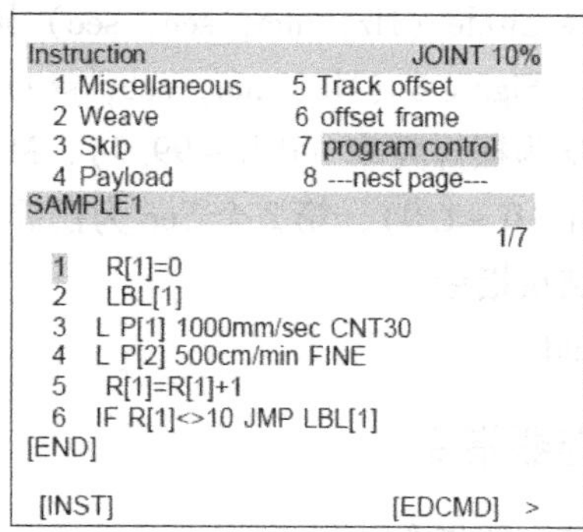

程序控制指令

图4-62　各类程序指令

> **注意:**
> 不同的软件，【INST】里的内容不尽相同，图中只是一个例子，在实际应用中要根据具体的软件选择指令，所以我们要记住表示各个功能语句单词的含义。

4.4.1　焊接指令

1. 焊接开始指令

Arc Start【i】：设置焊接条件号。i 为焊接条件号（1 到 32），依次按 MENU—next page—Data，Weld Sched 可以进入设置焊接条件界面。

Arc Start【 V，A】：设置焊接开始条件，V 为电压，A 为电流。

2. 焊接结束指令

Arc End【i】：设置焊接条件号，进入方法同上。

Arc Endt【 V，A，s】：设置焊接结束条件，V 为收弧电压，A 为收弧电流，s 为收弧时间（0 到 9.9s）。如图 4-63 所示。

DATA Weld Sched　　JOINT 30%
1/32

	(Volts)	(Amps)	(sec)	COMMMENT
1	16.0	140.0	0.00	
2	16.0	145.0	0.00	
3	15.0	140.0	0.00	

图 4-63　焊接结束指令

3. 摆焊开始指令

Weave【i】：设置焊接件号，i 为焊接条件号（1 到 16），依次按 MENU—next，page—Data，Weave Sched 可以进入设置焊接条件界面，如图 4-64 所示。

DATA Weave Sched　　JOINT 30%
1/32

	FREQ(Hz)	AMP(mm)	R_DW(sec)	L_DW(sec)
1	1.0	4.0	0.100	0.100
2	1.0	4.0	0.100	0.100
3	1.0	4.0	0.100	0.100

图 4-64　摆焊开始指令

摆焊类型如下：

1）Weave Sine（Hz，mm，sec，sec）正弦波摆焊。

2）Weave Circle（Hz，mm，sec，sec）圆形摆焊。

3）Weave Figure 8（Hz，mm，sec，sec）8 字型摆焊。

其中，Hz 为摆焊频率（0.0 ~ 99.9），Mm 为摆焊幅宽（0.0 ~ 25.0），第 1 个 Sec 为摆焊左停留时间（0 ~ 1.0），第 2 个 Sec 为摆焊右停留时间（0 ~ 1.0）。

4. 摆焊结束指令

Weave End。

4.4.2　寄存器指令

1. 常用寄存器指令

寄存器支持“+”“-”“*”“/”四则运算和多项式，例如，R【12】= R【2】* 100/R

【6】。常用指令有：R【i】（Constant 常数），R【i】（寄存器的值），RDI【i】（信号的状态），Timer【i】（程序记时器的值），+（加），-（减），*（乘），/（除），MOD（两值相除后的余数运算符），DIV 两值相除后的整数。

2. 位置寄存器指令

位置寄存器是记录有位置信息的寄存器，可以进行加减运算，用法和寄存器类似。其指令如下：

1）PR【i】。

2）PR【i，j】。

3）i：位置寄存器号。

4）j：1 = X 2 = Y 3 = Z 4 = W 5 = P 6 = R（直角坐标）；1 = J1 2 = J2 3 = J3 4 = J4 5 = J5 6 = J6（关节坐标）。

4.4.3 I/O 指令

I/O 指令用来改变信号输出和信号输入状态。数字 I/O（DI/DO）指令如下：

R【i】 = D【i】

DO【i】 = （Value）

Value = ON 发出信号

Value = OFF 关闭信号

DO【i】 = Pulse，（Width）

Width = 脉冲宽度（0.1 to 25.5s）

机器人 I/O（RI/RO）指令，模拟 I/O（AI/AO）指令，组 I/O（GI/GO）指令的用法和数字 I/O 指令类似。

4.4.4 分支指令

1. Label 指令

用来定义程序分支的标签，例如，LBL【i：Comment】，其中，i 为 1 to 32767，Comment 为注释（最多 16 个字符）。

2. 未定义条件的分支指令

（1）跳转指令 JMP【i】　JMP LBL【i】，其中 i 为 1 ~ 32767。

（2）Call 指令　Call（Program），Program 为程序名。

3. 定义条件的分支指令

（1）寄存器条件指令 IF（variable）（operator）（value）（Processing）Variable Operator Value Processing

变量运算符值行为：

R【i】 > Constant 常数 JMP LBL【i】

> = 大于等于 R【i】Call（Program）

=

< = 小于等于

<

< >不等于

(2) I/O 条件指令 IF（variable）（operator）（value）（Processing）

Variable Operator Value Processing

变量运算符值行为：

AO【i】>Constant 常数 JMP LBL【i】

AI【i】 > =大于等于 R【i】Call（Program）

GO【i】 =

GI【i】 < =小于等于

<

< >不等于

Variable Operator Value Processing

变量运算符值行为：

DO【i】 =ON JMP LBL【i】

DI【i】 < >不等于 OFF Call（Program）

UO【i】R【i】: 0 =OFF 1 =ON

UI【i】

可以通过逻辑运算符“or”和“and”将多个条件组合在一起，但是“or”和“and”不能在同一行使用。例如，IF〈条件1〉and〈条件2〉and〈条件3〉是正确的；

IF〈条件1〉and〈条件2〉or（条件3）是错误的。

4. 条件选择分支指令

SELECT R【i】 = （Value）（Pressing）

= （Value）（Pressing）

= （Value）（Pressing）

ELSE（Pressing）

4.4.5 等待指令

1. 定义时间的等待指令

WAIT（value），value =Constant（0 ~327.67s），value =R【i】

2. 条件等待指令

(1) 寄存器条件等待语句 WAIT（variable）（operator）（value）（Processing）Variable Operator Value Processing

变量运算符值行为：

R【i】 > Constant 常数若忽略则等待无限长时间

$系统变量 > = R【i】TIMEOUT LBL【i】

=

< =

<

< >

(2) I/O 条件等待语句 WAIT（variable）（operator）（value）（Processing）Variable Op-

erator Value Processing

变量运算符值行为：

AO【i】> Constant 常数若忽略则等待无限长时间

AI【i】> = R【i】TIMEOUT LBL【i】

GO【i】 =

GI【i】< =

<

< >

DO【i】 = ON 若忽略则等待无限长时间

DI【i】< > OFF TIMEOUT LBL【i】

UO【i】R【i】:0 = OFF 1 = ON

UI【i】

可以通过逻辑运算符“or”和“and”将多个条件组合在一起，但是“or”和“and”不能在同一行使用。

4.4.6　条件指令

OFFSET CONDITION PR【i】

通过此指令可以将原有的点偏置，偏置两由位置寄存器决定。偏置条件指令一直有效到程序运行结束或者下一个偏置条件指令被执行（注：偏置条件指令只对包含有附加运动）。

指令 OFFSET 的运动语句有效，例如：

1. OFFSET CONDITION PR【1】
2. J P【1】100% FINE（偏置无效）
3. L P【2】500mm/sec FINE offset（偏置有效）

4.4.7　程序控制指令

通过此指令可以暂停程序运行，帮助我们进行程序的调试工作，当需要程序循环运行时，要将此指令删除。该指令在 Program control 中，如图4-65 所示。

4.4.8　其他指令

在编程过程中，用户报警指令、时钟指令、运行速度指令、注释指令、消息指令等也经常用到。这些指令都在 Miscellaneous 中，如图4-66 所示。

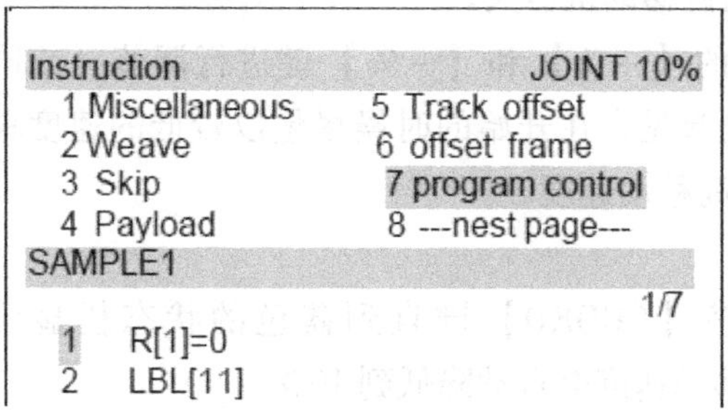

```
Instruction                  JOINT 10%
  1 Miscellaneous    5 Track offset
  2 Weave            6 offset frame
  3 Skip             7 program control
  4 Payload          8 ---nest page---
SAMPLE1
                                   1/7
  1    R[1]=0
  2    LBL[11]
```

图4-65　程序控制指令界面

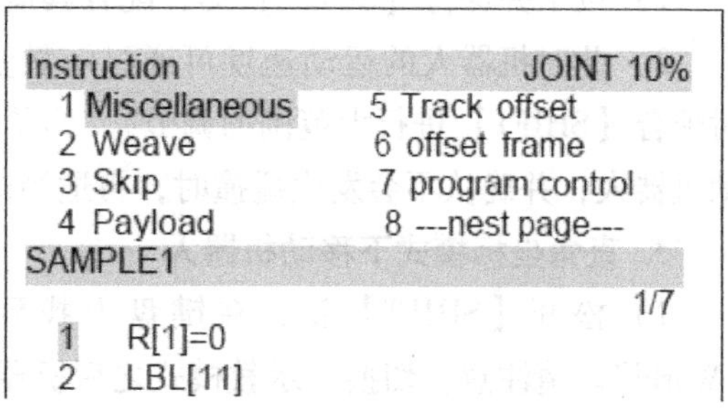

```
Instruction                  JOINT 10%
  1 Miscellaneous    5 Track offset
  2 Weave            6 offset frame
  3 Skip             7 program control
  4 Payload          8 ---nest page---
SAMPLE1
                                   1/7
  1    R[1]=0
  2    LBL[11]
```

图4-66　其他指令界面

1. 用户报警指令

UALM【i】i：用户报警号

当程序中运行该指令时，机器人会报警并显示报警消息。要使用该指令，首先设置用户报警。依次按键选择 MENU? SETUP? F1 （TYPE）? User alarm 即可进入用户报警设置界面。

2. 时钟指令

TIMER【i】(Processing)，其中 i：时钟号，依次按键选择 MENU? STATUE? F1 (TYPE)? Prg Timer 即可进入程序时钟显示画面。

3. 运行速度指令

OVERRIDE = （value)% value =1 to 100

4. 注释指令

(Remark) Remark：注释内容，最多可以有 32 字符

5. 消息指令

Message【message】：消息内容，最多可以有 24 字符。当程序中运行该指令时，屏幕中将会弹出含有 message 的画面。

4.5 编程实例

实例 1 上电开机和操作移动机器人

1. 开机

1）先将焊接电源打开。

2）打开机器人控制柜的断路开关，按住“ON”按钮几秒钟，示教盒的开机界面将会显示出来。

3）手持示教盒，按下并且始终握住“Dead man switch”，将示教盒上的开关打到“ON”的位置，在示教盒键盘上找到【STEP】键，按一下并确认左上部的“STEP”状态指示灯亮，如果是新版本的示教盒的话，在屏幕顶端的状态显示行将显示“TP off in T1/T2, door open”。按【Reset】键消除报警信息。注意：此时屏幕顶端右面的蓝色状态行应该为“Joint 10%”。

2. 关节坐标模式下移动机器人

1）按下并保持【SHIFT】键，配合其他方向键移动机器人。

2）此时机器人的运动速度可通过示教盒上的【+%】和【-%】键进行调节（或同时配合【SHIFT】进行大范围的调节），为了安全起见，在开始的时候尽量以较低的速度移动机器人，并确认不会发生碰撞时，再适当的提高移动速度。

3. 直角坐标模式下移动机器人

1）松开【SHIFT】键，在键盘上找到并按【COORD】键直到蓝色的状态栏显示“World”。请注意，切换了示教模式之后机器人移动速度会自动降低到 10%。

2）此时再移动机器人时，机器人不再单轴（单关节）转动。当按前面三组 J1、J2、J3

键时，机器人的TCP以直线运动；当按后面三组【J4】【J5】【J6】键时，机器人的TCP固定不动绕相应的直线坐标轴旋转。

4. 轴的软件限位

一直按住【J3】+【Z】键，第三轴提升到一定程度将自动停止继续往上升，此时，在屏幕顶部的信息提示栏中应该有限位或者位置不可达的报警提示，按【RESET】键消除报警，按住【J3】-【Z】键使第三轴往回运动。

5. Dead - Man/E - Stop（安全开关/紧急停止）

1）当释放“Dead - Man（安全开关）”开关，状态信息栏中就会有报警信息，要消除报警只要重新按住“Dead - Man”开关并保持住，报警信息将自动消失。新版本的机器人的“Dead - Man”开关是个3位开关，按压力太大也会导致报警。

2）紧急或特殊应用情况下，按一下示教盒右上方红色的“E - STOP”急停按钮。同样的，在屏幕的状态信息显示栏中会有急停报警。要复位该信息，只需顺时针旋转使按钮复位，再按“RESET”键复位即可。

3）请注意在进行急停或复位急停操作时，除了可以听得到第二轴和第三轴的抱闸声音，还可以听到机器人控制柜内部断路器的跳闸声音。

6. 常见的操作问题

1）当移动示教机器人时，先确认钥匙开关是不是在“ON”的位置。

2）离开或者将示教盒交给别人的时候请将钥匙开关转至“OFF”位置。

实例2 创建程序名

1）正常开机，按住“Dead - Man ”开关，钥匙开关转到“ON”的位置，开机自检启动成功后用【RESET】键复位错误或报警。

2）在屏幕下方的键盘中，找到一个带有“TEACH”字样的矩形框内的【SELECT】键，按一下，就能看到以字母先后顺序排列的所有程序的列表。

3）按【F2】键生成新程序，用光标上下选择输入方式（大写、小写），再用【F1】~【F5】键输入程序名。程序名必须以至少一个字母开头，其中可以有数字，但是不能有任何空格或标点符号在里面，程序名最长八位。

4）在输入程序名时，先在【F1】~【F5】五个键中找到包含程序名第一个字母的那个，重复按该键直到需要的字母出现在括弧中。

5）用右箭头键“▶”将光标右移一位，在【F1】~【F5】五个键中找到包含程序名第二个字母的那个。重复敲击直到需要的字母出现在程序名的第二个字母位置上。如果输入了错误的字母，将光标移至该字母的右方，按一下【BACKSPACE】键清除它，再重新输入。

6）程序名输入完成后，按一下【ENTER】键，此时光标将跳至新程序的结束行置，如果出现“Program name is null”报警提示，意思是没有输入任何内容，按【ENTER】回车键确认。如果出现“Program already exists”报警提示，意思是在机器人存储区域内已经有相同文件名的文件存在（不允许文件重名）。

如果在输入过程中有其他报警提示出现，按【PREV】键将光标调回括号中，更正错误继续输入。

7）按【F3】键编辑，空白的屏幕即将弹出。

> **注意：**
> 如果系统中有外部附加轴，就需要设置“Group Mask”，具体操作如下：
> 按“F2 DETAIL”进入设置“Group Mask”界面，移动光标到需要激活的外部轴，将“*”用“1”代替。完成之后按“F1 END”结束设置。

实例3　创建和测试程序：BEAD-ON-BOX

1. 为一个方盒子的模拟焊接示教6个点

1）上电开机，将示教盒上的钥匙开关转到“ON”，按一下【STEP】键将机器人设置为单步执行模式，通过敲击【COORD】键选择“WORLD”坐标模式，调整机器人到一个适合示教运动的速度。移动机器人到一个下面示意的前方和中间的位置。

所有训练程序的起始和结束点位置都应该是“HOME”位置。储存示教点：“SHIFT”+“F1”，被储存的点在程序中这样显示。

1: L P【1】100 IPM FINE

2）移动示教机器人到“Approach（接近点）”位置，为了改善引弧和机器人的安全，在盒子或者板子（起弧点）上方6in的位置都必须要示教一个“Approach”位置。储存已示教好的点：【SHIFT】+【F1 POINT】。

2: L P【2】100 IPM FINE

3）移动示教机器人到起弧点位置。确认焊丝端部位于箱子表面12~15mm，示教焊枪与平面呈45°，并有轻微的前向推角，储存已示教好的点：【SHIFT】+【F1 POINT】。

3: L P【3】100 IPM FINE

4）移动示教机器人到收弧位置，储存已示教好的点：【SHIFT】+【F1 POINT】。

4: L P【4】100 IPM FINE

5）移动示教机器人到“Pull-out（退避点）”位置，和“Approach”位置一样，对于所有的程序，它都是必需的。储存已示教好的点：【SHIFT】+【F1 POINT】。

5: L P【5】100 IPM FINE

6）移动示教机器人到接近“Home”的位置。储存已示教好的点：【SHIFT】+【F1 POINT】。

6: L P【6】100 IPM FINE

2. 试运行程序

为了保护机器人在运行程序中不会发生碰撞，通常在示教完成之后，必须在单步模式下以较低的速度试运行一下刚编完的程序；然后，再以较低的速度开始连续地运行一遍，在判定没有碰撞危险后逐渐地将速度增加到100%。

1）选中单步运行模式：按住【SHIFT】+【Forward】键，光标将前进到第一步。保持住【SHIFT】，释放并再次按住【Forward】，程序将运行下一步命令。执行完成之后再重复前面的操作继续往下执行程序。

2）【SHIFT】+【Forward】：机械手移动到第二个点（approach）。

3）【SHIFT】+【Forward】：机械手移动到第三个点（simulated arc - start）。

4）【SHIFT】+【Forward】：机械手移动到第四个点（simulated arc - end）。

5）【SHIFT】+【Forward】：机械手移动到第五个点（pull - out）。

6）【SHIFT】+【Forward】：机械手移动到第六个点（home）。

7）按【STEP】键关闭单步运行模式。

8）【SHIFT】+【Forward】：连续运行程序完成程序执行，示教器屏幕上显示程序如下：

```
1：LP【1】100 IPM FINE
2：LP【2】100 IPM FINE
3：LP【3】100 IPM FINE
4：LP【4】100 IPM FINE
5：LP【5】100 IPM FINE
6：LP【6】100 IPM FINE
End
```

实例4 编辑程序1

1. 概述

1）在实例过程中，显示器上可能会出现报警信息，此时按【RESET】键复位报警或解除错误信息。

2）Cursor was on a line, then it was moved to another; do you wish to continue? Yes or No - 该信息是提示信息，如果确认不会有碰撞等危险情况发生，按【ENTER】键确认。

3）从一个程序换到另外一个程序时，通常会碰到提示："Continued request failed, executing another task"，按【RESET】键，再按"FCTN"，从弹出菜单中选择1："Abort All""ENTER"。

2. 改变行走速度

1）机器人上电（如果需要），打开示教器，打开单步执行模式。

2）将程序中所有的速度都改为：2000 IPM，具体为：用方向箭头移动光标到100IPM区域，用数字键将100改为2000，回车确认。Step 4#（第四步）中的速度是焊接行走速度，保持100IPM不变。

3）将光标移动回Step 1#。

4）按【SHIFT】+【FWD】键运行程序，按一次运行一步；关掉单步运行并且以全速运行程序。

> **注意：**
>
> 将有一个信息将显示在屏幕上，你曾经移动过光标，你是否确定继续执行程序。光标将停留在Yes，当你确定下一步动作是安全的后，按【ENTER】键。

3. 对起弧点和收弧点进行微调改善

1）单步模式打开，光标指向第一步。

2）按【SHIFT】+【FWD】运行程序到起弧点。

3）将速度降到5%，往外移动示教机器人到盒子的接角处。按【SHIFT】+【F5 TOUCHUP】，此时起弧点被重新示教。按【SHIFT】+【FWD】+【BWD】运行程序来检测新的位置是否合适。

> **注意：**
> 【SHIFT】+【BWD】往回运行程序时，一次只能一步，不能连续地往回运行程序。

4）速度提高到100%，按【SHIFT】+【FWD】运行程序到收弧点。

5）速度降低到5%，示教机器人到箱子的转角处，【SHIFT】+【F5 TOUCHUP】。

6）速度提高到100%，按【SHIFT】+【FWD】以及“BWD”来检查一遍程序的运行，确认起弧点和收弧点在正确的位置。

4. 插入“POINT”

1）下面的操作中，将在起弧点和收弧点之间插入一些新的位置点。在盒子上方6mm的位置示教一条倒置的V型焊接路径。首先，插入一个空行；然后重新记录位置点。插入的新行的位置在当前光标的前面。

2）选择单步模式。

3）按【SHIFT】+【FWD】运行程序到收弧点，光标应该在程序的第4行。

4）按【NEXT】键，【F5 EDCMD】编辑。在子菜单中选择“INSERT”命令，根据提示信息输入要输入的行数，按【ENTER】键。新的空行将在程序中生成。

5）将速度设置为5%，示教机器人到需要的位置。

6）按【NEXT】键，按【SHIFT】+【F1 POINT】记录下新的位置点。

按【SHIFT】+【BWD】+【FWD】检验新的位置与前后位置的衔接，确认路径的安全之后，再将速度升高到100%，连续地运行程序。

5. 删除“POINT”

1）删除“POINT”的时候，当前光标所在位置的行号将被删除，前面新插入的点也将被删除。

2）选择单步模式 Turn【STEP】mode on.

3）按【SHIFT】+【FWD】运行程序直到机器人到达倒置V型位置点，光标此时应该在行号上。

4）按【NEXT】键、【F5 EDCMD】键，选择“Delete”，按【ENTER】键。此时应该有条提示信息问你是否真的想要删除这一行。按“F4 YES”确认，行将被删除。

5）按【SHIFT】+【FWD】+【BWD】来检验删除行后的程序，然后再完整地运行程序。

6. 使得最后一个点和第一点为同一点

1）为了程序的运行效率，程序的第一点和最后一点为同一个点也是可以的。

2）在机器人处于“home”位置时，往下移动光标到程序的最后一行，并将光标停在括号中的6上方。

6：L P【6】100 IPM FINE -

3）用小键盘输入数字1，按【ENTER】键。

4）运行程序3次，将在第二和第三次回放中看到变化。

> **注意：**
> 当编辑程序行的这一部分的时候必须要谨慎小心，因为此时是在不移动机器人的情况下重新示教位置，在该培训课程中，程序的最后一行是唯一可以改变位置信息的程序行。

7. 运行程序过程中改变回放速度

1）在连续运行模式，以全速开始运行程序。

2）在不中断程序运行的情况下要降低运动速度，按【-%】降低速度，然后按【+%】提高运动速度。

8. 程序运行过程中改变成单步模式

1）在机器人处于“home”位置时，在连续运行模式，以全速开始运行程序。

2）当机器人开始接近收弧点的时候，按【STEP】键同时保持程序运行不中断，机器人将在收弧点自动停止，此时程序是单步运行模式。

3）按【STEP】键取消单步模式，恢复运行程序。

9. “Undo”编辑命令（Arc tool 软件版本4.4或以上有效）

1）这个编辑命令在“F5—EDCMD”菜单中，它的作用是让编程人员可以取消刚刚对程序作出的修改。它仅对大部分刚刚作出的针对单行的修改有效，如果修改或变化的是运动、行走速度或终端，程序行将立即返回到改变前的状态。

> **注意：**
> 如果此时是示教一个新的位置点，或是对原来的点的修改，“UNDO”将完全删除那一行。如果是一个点被删除了，“UNDO”可以将被删除的点恢复回来。

2）光标指向第一行，将行走速度改成1000IPM，移动光标往左回到行号上。

3）按【Next】键、【F5—EDCMD】键，选择“Undo”，回车确认。此时将有一条提示信息在示教盒屏幕的底部提示是否继续该操作，按【F4】键确认，行走速度将会到2000IPM。

实例5 编辑程序2

1）按【STEP】键，选择单步模式。按【SELECT】键进入程序目录，移动光标到实例2所创建的程序，回车进入程序编辑界面。

2）在屏幕中应该出现下列程序：

```
1：LP【1】2000 IPM FINE
2：LP【2】2000 IPM FINE
3：LP【3】2000 IPM FINE
4：LP【4】100 IPM FINE
5：LP【5】2000 IPM FINE
6：LP【1】2000 IPM FINE
End
```

3）移动光标到第一行，右移光标使光标指向 L，按【F4 CHOICE】，在弹出的子菜单中选择 JOINT，按【ENTER】回车确认。

4）移动光标到速度指示的 42% 上，用数字键输入 100，按【ENTER】回车确认。

5）移动光标到最后一列 FINE，按【F4 CHOICE】，在子菜单中选择 CNT，按【ENTER】回车确认。该程序行如下：

1：J P【1】100% CNT100

6）按【SHIFT】+【FWD】运行程序让机器人运行到上面所示的位置点，往下编辑第二行：

2：J P【2】100% CNT 100

7）按【SHIFT】+【FWD】运行程序移动机器人到模拟的起弧点，按下面的内容编辑程序：

3：J P【3】100% FINE

8）按【SHIFT】+【FWD】运行程序到收弧点，保持程序不变。

4：L P【4】100 IPM FINE

9）按【SHIFT】+【FWD】到焊枪回抽点“pull - out point”，编辑成：

5：J P【5】100% CNT 100

10）按【SHIFT】+【FWD】到最后的 Home 点，编辑成：

6：J P【1】100% CNT 100

11）在连续模式下以 50% 的速度运行这个程序，然后再以 100% 的速度运行整个程序。

END

实例 6　生成第二个程序：BEAD - AROUND - BOX

1. 要点

1）首先记录下所有的点，然后再按照需要进行编辑。

2）该程序是一个绕盒子四周的模拟的连续边缘焊缝焊接程序。焊枪与盒子边缘成 45°角，以小角度前向焊，最后一个角不必转角示教编程。

3）起弧点必须示教在最接近机器人的角。J6 应该示教成能绕着盒子往一个方向旋转释放的角度。使得当机器人到达收弧点的时候，J6 正好转到了和开始时相反的角度。

4）尽量地保持所有点的 J4 和 J5 在一个相对一致的位置，这可以通过 2 面，90°间隔地观察 J6 扭转电动机的位置来检测，尽量保持电动机竖直往上或往下。

5）如“First Stage”所示示教编程，全速连续运行整个程序；再如“Second Stage of Exercise”所示修改其中的第 5 行，7 行，9 行。（注意此时机器人转角的动作有什么改进?）

6）当示教提枪点（PULL - OUT）的时候，在记录位置之前将 J6 旋转 90°，这是为了让机器人能流畅地运行回到 Home 位置。

2. 示教程序

1）生成一个新的程序“Exercise 2”。

2）开始记录下位置点：在保存起弧点和收弧点的时候使用【F2 ARCSTART】和【F4 ARCEND】命令，而焊缝中的其他位置点用【F3 WELD POINT】。

3）示教程序指令见表4-11。

表4-11　示教程序指令

Arc MOVE POINT	ARC START POINT（起弧点）	MIDDLE-OFWELD POINT（焊接中间点）	ARC END POINT（收弧点）
J-100% CNT 100	J-100% FINE	L or C - W. T. S. CNT 100	L or C - W. T. S. FINE

4）记录保存了所有的点以后，将每一行的焊接行走速度都改成100IPM，如图4-67所示。程序如图4-68所示。

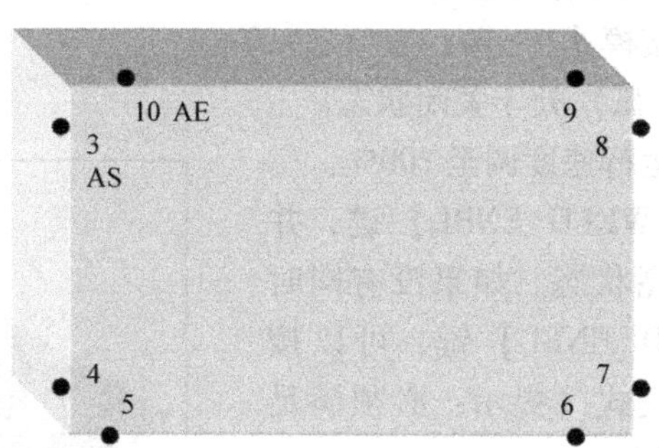

图4-67　记录保存了的点

First Stage

```
 1:   J  P[1] 100% CNT 100
 2:   J  P[2] 100% CNT 100
 3:   J  P[3] 100% FINE                    Second Stage of Exercise
      Arc Start [1]
 4:   L  P[4] 100 IPM CNT 100
 5:   L  P[5] 100 IPM CNT 100              (5: J P[5] 20% CNT 100)
 6:   L  P[6] 100 IPM CNT 100
 7:   L  P[7] 100 IPM CNT 100              (7: J P[7] 20% CNT 100)
 8:   L  P[8] 100 IPM CNT 100
 9:   L  P[9] 100 IPM CNT 100              (9: J P[9] 20% CNT 100)
10:   L  P[10] 100 IPM FINE
      Arc End [1]
11:   J  P[11] 100% CNT 100
12:   J  P[1] 100% CNT 100
End
```

图4-68　盒子四周的焊接程序

实例7A　生成第三个程序—在平板上真实焊接

1. 要点

1）本课程是在平板上焊接一条V形焊缝。

2）用直线的，先上后下的焊枪位置，小角度的前向焊。保持焊丝伸出长度（Stick out）为5/8in。

3）收弧行走速度40IPM，焊接程序（weld procedure）预设置为：25V，300IPM。

4）V形焊缝的两脚长约2in。

2. 示教程序

1）生成一个新的程序“Exercise 2”。将焊接试板用夹钳固定，示教7个点，在保存起弧点和收弧点的时候使用“F2 ARCSTART”和“F4 ARCEND”命令，而焊缝中的其他位置点用“F3 WELD POINT”命令。

2）完整地测试该程序。

3. 焊接试板

批准之后（一切正常的话），焊接试板。

（1）设置机器人为焊接模式：

1）Step off：执行（电弧）处于关闭状态。

2）Speed to 100%：运行速度调至100%。

3）按【SHIFT】+【WELD ENBL】键，并确认“weld enable”在点亮状态。如果没有同时按【SHIFT】键和【WELD ENBL】键，可以按【EDIT】键回到程序编辑模式（提示：必须满足以上3个条件程序才能运行）。

（2）将焊丝剪短到接近导电嘴，打开焊机电源。

（3）提醒其他在该区域内的人注意安全（Alert others in the area to watch their eyes）。

（4）按【SHIFT】+【FWD】运行程序，如图4-69所示。

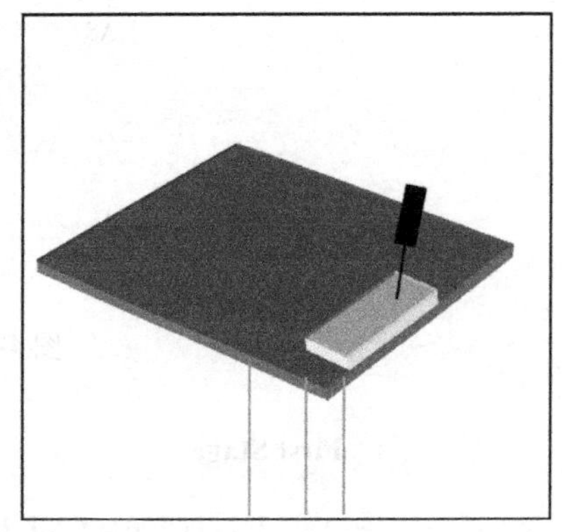

图4-69　运行程序焊接试板

焊接试板运行程序如下：

```
1. JP【1】100% CNT 100
2. JP【2】100% CNT 100
3. JP【3】100% FINE
Arc Start【1】
4. LP【4】40 IPM  CNT 100
5. LP【5】40 IPM FINE
Arc End【1】
6. JP【6】  100% CNT 100
7. JP【1】  100% CNT 100
End
```

4. 常用问题及措施

1）不起弧：检查“weld enable”键是否正常。

2）起弧不正常：松开左手大拇指以暂停程序运行，操作机器人到合适的位置，“weld enable”置于Off，“Step”置于on，复位错误，回到“HOME”位置，将焊丝剪到合适的长度，继续运行程序。如果没有改善，通知专业人员。

3）如果有任何其他异常情况发生，暂停程序。

实例 7B　输入焊接参数

1. 实例 7A 的程序中的第三行，即起弧命令（Arc Start【1】）所在行，方括号中的数字表示的是所选用的 WeldSchedule 号，有 32 个可用的 WeldSchedule 可供设置和选用。“1”是示教点的时候默认。查看 Weld Schedule 请按【Data】键，如图 4-70 所示。

2. 该界面所显示的是 32 个列表项目中的前 9 项，界面共有 4 页，如图 4-71 所示。

```
TEST1\\\\\\\\\\\\\\\\\\\\\\\JOINT\\10\%
                1/7

\\\1:J P[1] 100% CNT100
  2:J P[2] 100% CNT100
  3:J P[3] 100% FINE
   : Arc Start[1]
  4:L P[4] 20.0inch/min FINE
   : Arc End[1]
  5:J P[5] 100% CNT100
  6:J P[1] 100% CNT100
[End]

 POINT  ARCSTRT WELD_PT  ARCEND TOUCHUP>
```

图 4-70　打开程序

```
DATA\Weld\Sched\\\\\\\\\\\\\JOINT\\10\%
                1/32
  Trim   IPM   IPM   COMMENT
 1 \\90.0  300.0  35
 2  85.0  300.0  35
 3  85.0  300.0  35
 4  85.0  300.0  35
 5  85.0  300.0  35
 6  85.0  300.0  35
 7  85.0  300.0  35
 8  85.0  300.0  35
 9  85.0  300.0  35

[ TYPE ] DETAIL          HELP >
```

图 4-71　焊接参数

图 4-71 中，Trim 是用在 Powerwave 焊接送丝电压的一个术语，它的范围为 50 到 150，这列表明了不同种型号电源的送丝电机电压。第一个 IPM 列表示送丝的速度，它通常的范围在 0 ~ 1000IPM。第二个 IPM 列表示焊接时运动速度，它通常的范围在 0 ~ 100IPM。这项只有在程序中 WELD_ SPEED 与焊接点在程序中出现的时候才有效。

> **说明：**
> 这里专门留出空间作为注释用。当光标移动到这列时，按下 Enter 键，字母表将会出现分别对应 F1 ~ F5 键。

Trim 这列及第一 IPM 列将被锁定成 0 ~ 10 伏信号，这个信号会送到 Powerwave 焊接电源或是其他的焊接电源。最小值与最大值之间的范围将会标定成 0 ~ 10 伏信号。当机器人执行一个指令时，Trim 值及 WFS 的值将会被换成从 0 到 10 伏的电压。例如，假设送丝速度为 0 ~ 1000IPM。整个范围被标定到 0 ~ 10 伏信号。如果机器人执行一个起弧指令，并且在焊接表中看到送丝速度为 350IPM，它将同整个对应 0 ~ 10 伏信号的送丝速度相比较，结果是一个 3.5V 信号，因此是把该电压送到 Powerwave。The Powerwave 如果接受到一个 3.5 伏信号，它会强制送丝速度为 350IPM。

3. 在示教盒上按下“EDIT”键返回到程序界面，如图 4-72 所示。

```
TEST1\\\\\\\\\\\\\\\\\\\\\\\JOINT\\10\%
                1/7
 1:J P[1]  100% CNT100
 2:J P[2] 100% CNT100
 3:J P[3] 100% FINE
  : Arc Start[1]
 4:L P[4] 20.0inch/min FINE
  : Arc End[1]
 5:J P[5] 100% CNT100
 6:J P[1] 100% CNT100
[End]
```

图 4-72　回到程序界面

> **注意：**
>
> 按下 EDIT 键后不管你当前在任何界面都会返回到程序界面。

对一个象这样简单的焊接程序而言，可以直接示教合适的焊接程序（Trim 及 WFS 值），不用切换页面并调节数值。示教焊接数值到程序的 weld schedule 法现在就变成了直接输入法。

4. 移动光标到 Arc Start 这行，直接在中方括号内键入 1，如图 4-73 所示。

同时，【F3 Value】键将会出现，按下该键，方括号内的 1 现在会变成【0. 0Trim，0. 0 WFS】，如图 4-74 所示，移动光标到方括号内，移到 Trim 处键入 90，然后按下【ENTER】键移到 IPM 处，键入 300，然后按下【ENTER】键。

```
TEST1\\\\\\\\\\\\\\\\\\\\JOINT\\10\%
                  3/7

 1:J P[1] 100% CNT100
 2:J P[2] 100% CNT100
 3:J P[3] 100% FINE
  : Arc Start[1]
 4:L P[4] 20.0inch/min FINE
  : Arc End[1]
 5:J P[5] 100% CNT100
 6:J P[1] 100% CNT100
[End]
Enter schedule number.
REGISTER      VALUE  [CHOICE]
```

图 4-73　移动光标到 Arc Start 行

```
TEST1\\\\\\\\\\\\\\\\\\\\JOINT\\10\%
                  3/7

 1:J P[1] 100% CNT100
 2:J P[2] 100% CNT100
 3:J P[3] 100% FINE
  : Arc Start[0.0Trim,0.0IPM]
 4:L P[4] 20.0inch/min FINE
  : Arc End[1]
 5:J P[5] 100% CNT100
 6:J P[1] 100% CNT100
[End]
Enter Trim
REGISTER SCHED         [CHOICE]
```

图 4-74　移动光标到中括号内键入参数

5. 焊接程序现在直接在程序中示教了，如图 4-75 所示，对于一个简短的程序来说，这也许是更简单及更可取的方法。然而一个程序中有许多焊接处，这也表示用该方法来示教焊接值会有更多的工作做。用 weldschedule 方法可以使程序中更少地键入数字。

6. 通过移动光标到方括号内，返回到 Arc Start 这行并进入 weld schedule 法，移到 Trim 或 IPM 部分，按下 F2 – Sched 键。屏幕底部将会出现一个提示问你是否要一个参数号；键入 1（Weld Schedule 1），然后按下 ENTER，如图 4-76 所示。

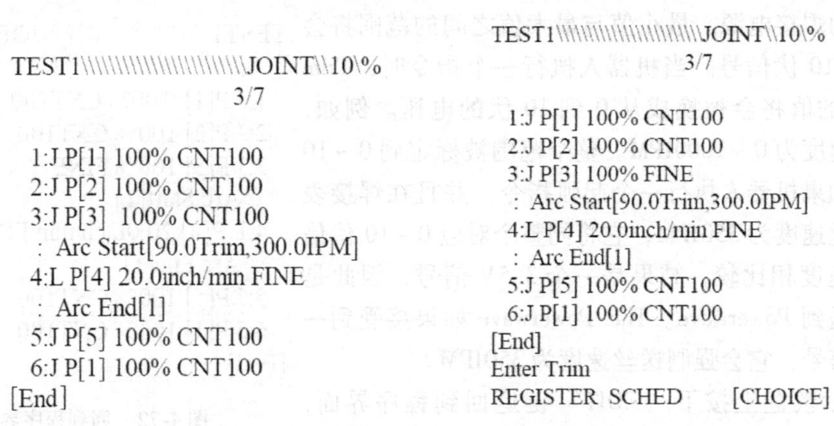

```
TEST1\\\\\\\\\\\\\\\\\\\\JOINT\\10\%
                  3/7
 1:J P[1] 100% CNT100
 2:J P[2] 100% CNT100
 3:J P[3]  100% CNT100
  : Arc Start[90.0Trim,300.0IPM]
 4:L P[4] 20.0inch/min FINE
  : Arc End[1]
 5:J P[5] 100% CNT100
 6:J P[1] 100% CNT100
[End]
```

图 4-75　用 weldschedule 方法键入数字

```
TEST1\\\\\\\\\\\\\\\\\\\\JOINT\\10\%
                  3/7
 1:J P[1] 100% CNT100
 2:J P[2] 100% CNT100
 3:J P[3] 100% FINE
  : Arc Start[90.0Trim,300.0IPM]
 4:L P[4] 20.0inch/min FINE
  : Arc End[1]
 5:J P[5] 100% CNT100
 6:J P[1] 100% CNT100
[End]
Enter Trim
REGISTER SCHED         [CHOICE]
```

图 4-76　起弧参数位置

7. Arc Start 这行现在就返回到最初的 weld schedule 法，即 Arc Start【1】，如图 4-77 所示。

8. 注意 Arc End 这行也可调用 weld schedule。在许多焊接的应用中，Arc End 参数号与 Arc Start 的参数是一样的。Arc End 指令最初是做一个延时把一个弧坑填满。如果延时设定好后，在到达被示教的 Arc End 点后焊接将会维持一段特定的时间，然后焊接结束。如图 4-78 所示。

```
TEST1\\\\\\\\\\\\\\\\\\\\\\JOINT\\10\%
                    3/7

  1:J P[1] 100% CNT100
  2:J P[2] 100% CNT100
  3:J P[3] 100% FINE
   : Arc Start[1]
  4:L P[4] 20.0inch/min FINE
   : Arc End[1]
  5:J P[5] 100% CNT100
  6:J P[1] 100% CNT100
[End]
Enter schedule number.
REGISTER        VALUE  [CHOICE]
```

图 4-77　起弧参数设置

```
  1:J P[1] 100% CNT100
  2:J P[2] 100% CNT100
  3:J P[3]  100% CNT100
   : Arc Start[1]
  4:L P[4] 20.0inch/min FINE
   : Arc End[1]
  5:J P[5] 100% CNT100
  6:J P[1] 100% CNT100
[End]
POINT  ARCSTRT WELD_PT  ARCEND TOUCHUP>
```

图 4-78　收弧参数位置

9. 在 weld schedule 处设定延时，按下 DATA 键并且移动光标到想要的参数号上，按下【F2 Detail】键。移动光标到 6 行 Delay Time 并且键入想要的值。如果没有延时的话，机器人到达示教的 Arc End 点后，弧光将会立即熄灭。如图 4-79所示。

```
DATA\Weld\Sched\\\\\\\\\\\\\\JOINT\\10\%
                    1/6

 1 Weld Schedule: 1  [****************]
 2 Program select: 1 [Program 1      ]
 3 Command Trim           90.0 Trim
 4 Command Wire feed      300.0 IPM
 5 Travel speed           35 IPM
 6 Delay Time             0.00 sec
   Feedback Voltage       25.4 Volts
   Feedback Current       263.1 Amps
[ TYPE ]SCHEDULE                 HELP >
```

图 4-79　收弧时间设置

10. 不同的 weld schedule 可以为填满弧坑而被调用。也许 Arc Start 使用 schedule【1】，但为了填满弧坑，有着不同 WFS 的 weld schedule【5】及一个短暂延时被要求使用。一旦机器人到了 Arc End 点，程序会立即跳到 weld schedule【5】，维持该弧一段特定的时间，然后断弧。

11. 如果需要的话，可以在焊接过程中换成另外的 weld schedule，这要简单地记录下焊接程序必须在什么位置去换，接着使用从不同 weld schedule 中调来的 Arc Start 指令，从理论上讲，在一个单一的焊接中使用全部的 32 个参数也是可能的。

实例 8　在盒子上示教圆形路径

1. 概述

（1）这个程序是圆周运动并结合了直线运动来示教一个盒子。

（2）一个直上直下的焊枪轨迹点会被用在除了 home 点外的各点。

（3）设定点动坐标系。需要注意的是 J6 轴将会抑制那些会发生异常状况的位置。

（4）使用 Arc mate 100iB 名牌在机械臂一侧作为参考。如果可以颠倒的话，说明 J4 轴软件极限现在可能会有问题。停下来分析，如果必要的话重新示教几个点。

（5）工作台上的位置盒，应在一个不易被碰到的地方。否则一个重现的报警将会发生，可能画出不完整的圆弧。

（6）操作步骤：

1）点动机器人到你所示教的圆弧的中点时，按下【F1 Point】键，而不要按 Shift 键，移动光标到 C－模式（示教圆弧点模式）那行并按下 Enter。记录下这点后点动机器人到你所示教的圆弧的结束点，并记录下 Touchup 点，通过按下【Shift】与【F3 Touchup】键。

2）记录完 Touchup 点后，必须把光标移到 End。

3）在纪录要离去的点之前，复位【F1 Point】默认行到 J－运动。

（7）用【F2 ARCSTART】键及【F4 ARCEND】键设定他们各自的点。

（8）程序执行完后，老师检查。

2. 示教程序

（1）给机器人上电，打开死位开关、示教盒开关及步进状态，创建一个新程序名。记录数据点，进行编辑并试验其功能。

（2）如果有问题出现在重放中，例如，焊丝端部在圆弧点上以直线方式运动或是重现的示教警报，变到步进状态，重新示教圆弧点，用手动点动机器人到 C－point（确认光标在正确的行）重新示教。按下【SHIFT】+【F5 TOUCHUP】，然后把光标移动到 touchup point 这行，手动点动机器人到 touchup 点，重新示教，按下【SHIFT】+【F3 TOUCHUP】复位，如图 4-80 所示。

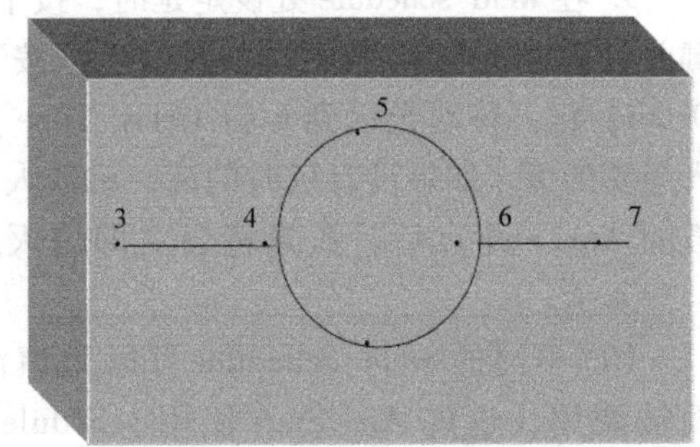

图 4-80　盒子上的示教点及轨迹

盒子上的示教点及轨迹程序如下：

```
1：JP [1] 100% CNT 100
2：JP [2] 100% CNT 100
3：JP [3] 100% FINE
Arc Start [1]
4：LP [4] 100 IPM CNT 100
5：CP [5]
   P [6] 100 IPM CNT 100
6：LP [7] 100 IPM FINE
Arc End [1]
7：JP [8] 100% CNT 100
8：JP [1] 100% CNT 100
End
```

实例9 焊接圆形焊缝

1. 概述

（1）这个程序将要在一个板上焊一个圆。操作步骤如下：

1）记录一个 C point 时，要切换【F1 point】默认行到 C－模式（示教圆弧点模式）。C－point 示教好后，点动机器人到下一个位置并记录 Touch 点用【SHIFT】＋【F3 Touch-up】。

2）记录完一个 touchup 点后，把光标移到 End 那里。

3）在记录要离去的点之前，复位 F1－Point 默认行到 J－运动。

4）在记录好最后的 touchup 点后，示教一个 Arc End【1】指令。

依次按下【NEXT】键、F1【INST】、键【Arc】、键【Enter】、键【ArcEnd】、键【Enter】、键【Keypad 1】、键【Enter】。键在该练习中不要按【F4 Arc End】键。

（2）用记号笔在板上画一个圆，标定4个点，相隔90°。

（3）继续使用一个直上直下的焊枪，焊丝大约伸出12～15mm。

（4）避免出现异常及任何轴超出极限。

2. 示教程序

1）给机器人上电，打开刹车开关及示教盒开关、步进开关、复位报警。创建一个新程序名，然后进行示教点和指令编辑。

2）编辑测试完成后，它应该呈现出的轨迹如图4-81所示。

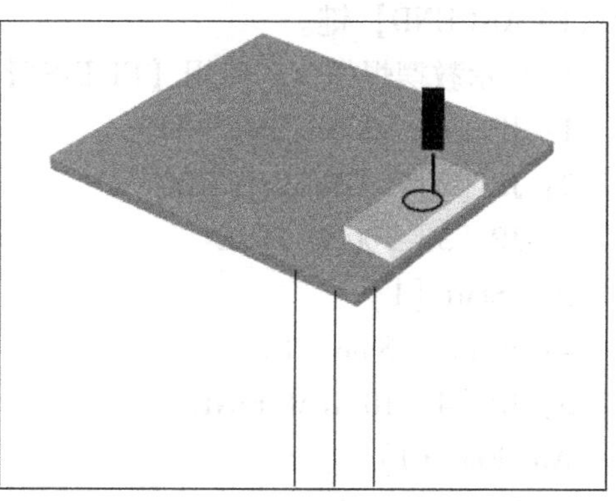

图4-81 圆的轨迹图

圆的程序如下：

```
1: JP [1] 100% CNT 100
2: JP [2] 100% CNT 100
3: JP [3] 100% FINE
      Arc Start [1]
4: CP [4]
   P [5] 40 IPM FINE
5: CP [6]
   P [7] 40 IPM FINE
Arc End [1]
6: JP [8] 100% CNT 100
7: JP [1] 100% CNT 100
End
```

实例10　摆动（WEAVING）

1. 概述

（1）该程序将要焊接一个板与圆管水平位角焊缝，使用默认的摆焊参数。

（2）摆焊参数表　摆焊参数表可以在按下【DATA】键，【F1 TYPE】键之后找到，光标移到 Weave schedule 这行，按下 Enter 键，参数如下：

	Freq. AMP	L – Dwell	R – Dwell
1:	**1**	**4**	**.1 sec**	**.1 sec**

（3）放置焊枪，略带一点推角度的斜上斜下，焊枪在板与圆管之间的工作角大约为45°。

2. 示教程序

（1）记录这些点，然后返回，并编辑速度及功效。程序将会出现用【F2 ARCSTART】及【F4 ARCEND】键。

（2）示教摆焊指令，使用【F1 INST】键，会有摆焊选项。程序例如下：

```
1: JP [1] 100% CNT 100
2: JP [2] 100% CNT 100
3: JP [3] 100% FINE
Arc Start [1]
4: Weave  Sine [1]
5: JP [4] 10 IPM FINE
Arc End [1]
6: Weave  End
7: JP [5]   100% CNT 100
8: LP [8]   100% CNT 100
End
```

（3）如果时间允许的话，改变摆焊正弦指令成一个8字形或一个圆形的波在 dry – run 模式下重现一次：光标移到4，然后右移光标到 Weave Sine，然后按下 F4-CHOICE，从子菜单中选择新的波形图案，然后按【Enter】键，键入1，然后再按【Enter】键结束。

FANUC 焊接机器人的应用可参见视频3-1、视频3-2、视频3-3和视频3-4。

第 5 章　KUKA 机器人

5.1　KUKA 机器人概述

5.1.1　库卡机器人应用简介

库卡机器人广泛应用在仪器仪表、汽车、航天、消费产品、物流、食品、制药、医学、铸造、塑料等工业。主要应用于材料处理、机床装料、装配、包装、堆垛、焊接、表面修整等领域（参见“4-3 机器人组 - 焊缝跟踪”视频）。

5.1.2　KUKA 机器人设备构成及功能

库卡机器人的基本构成如图 5-1 所示。

图 5-1　库卡机器人构成

1—控制柜（V）KR C4　2—机械手（机器人本体）　3—手持操作和编程器（库卡 SmartPad）

1. 控制柜（V）KR C4 功能与特点

（1）功能　用于控制机器人的运动，（V）KR C4 控制系统的功能如下：

1）机器人控制（轨迹规划）：控制 6 个机器人轴以及最多两个附加的外部轴。

2）流程控制：符合 IEC61131 标准的集成式 Soft PLC。

3）安全控制。

4）运动控制。

5）通过总线（例如，ProfiNet、以太网 IP、Interbus）的通信。

6）可编程控制（PLC）。

7）其他控制。

8）传感和执行。

（2）特点

1）基于计算机的控制技术。

2）适合未来发展、无占用硬件的技术平台。

3）安全控制、机器人控制、逻辑控制、运动控制和工艺流程控制集成于一套控制系统中。

4）无缝集成，针对全新应用领域的安全技术。

5）创新的网络防火墙，网络更安全。

6）在最小的空间内实现最优的性能。

7）最大化的可能性。

2. 机械手（机器人本体）

由于机器人模仿人的手臂动作，有些场合又称其为机械手。它是机器人机械系统的主体，是由众多活动的、相互连接在一起的关节（轴）组成，也称之为运动链，如图 5-2 所示。

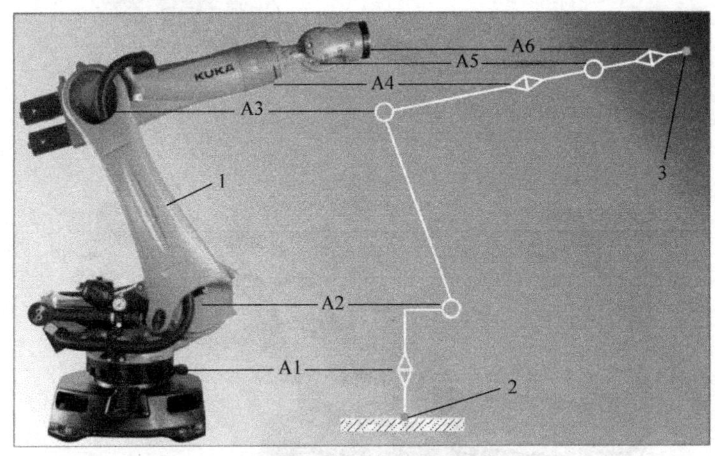

图 5-2　机器人机械系统

1—机械手：机器人机械系统　2—运动链的起点：机器人足部（ROBROOT）

3—运动链的开放端：法兰（FLANGE）　A1 ~ A6—机器人关节轴 1 至 6

各轴的运动通过伺服电动机有针对性的调控而实现。这些伺服电动机通过减速器与机械手的各部件相连。机器人的主要机械零部件如图 5-3 所示。

机器人手臂机械部件主要由铸铝和铸钢制成。在个别情况下也使用碳纤维部件。各根轴从下（机器人的足部）到上（机器人法兰）编号为 A1 ~ A6，如图 5-4 所示。

3. 手持操作和编程器（SmartPad）

（1）SmartPad 各部位的名称及功能　KUKA 机器人手持编程器（SmartPad）具有工业机

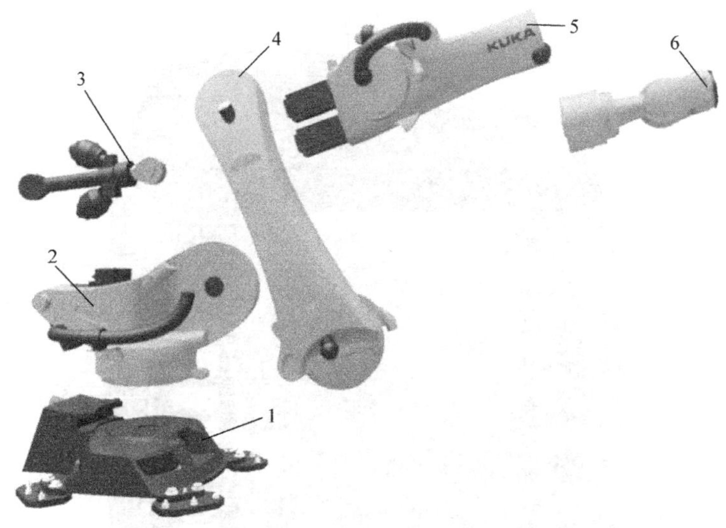

图 5-3　机器人的主要机械零部件

1—底座　2—转盘　3—平衡配重　4—连杆臂　5—手臂　6—手

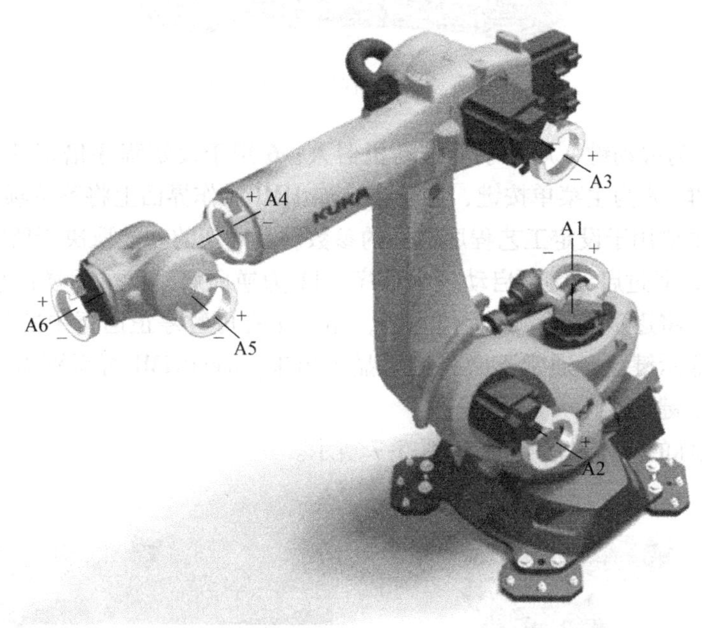

图 5-4　库卡机器人自由度

器人操作和编程所需的各种操作和显示功能，它配备一个触摸屏，可用手指或指示笔进行操作。手持编程器各部位标识如图 5-5 所示。

图 5-5 中，1 主要用于拔下 SmartPad 的按钮；2 主要用于调出连接管理器的钥匙开关，只有当钥匙插入时，方可转动开关，可以通过连接管理器切换运行模式；3 为紧急停止键，用于在危险情况下关停机器人，紧急停止键在被按下时将自行闭锁；4 为 3D 鼠标，用于手

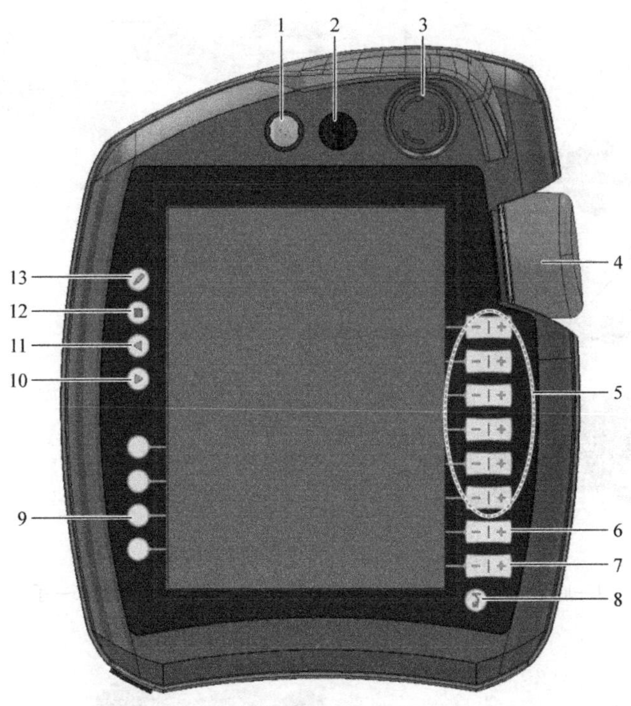

图 5-5　手持编程器各部位标识

动移动机器人；5 为移动键，用于手动移动机器人；6 用于设定程序倍率的按键；7 用于设定手动倍率的按键；8 为主菜单按键，用于在 smartHMI 操作界面上将菜单项显示出来；9 为工艺键，工艺键主要用于设定工艺程序包中的参数。其确切的功能取决于所安装的工艺程序包；10 为启动键，通过启动键可启动一个程序；11 为逆向启动键，用逆向启动键可逆向启动一个程序。程序将逐步运行；12 为停止键，用停止键可暂停正运行中的程序；13 为键盘按键，主要用于显示键盘，通常不必将键盘显示出来，smartHMI 可识别需要通过键盘输入的情况并自动显示键盘。

其中，3D 鼠标的操作方法如图 5-6、5-7 所示。

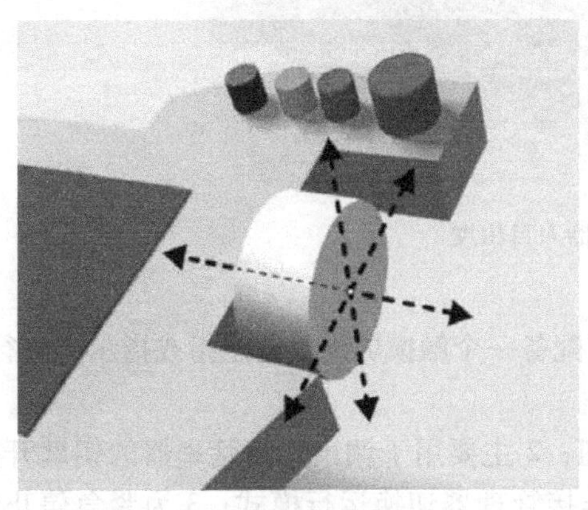

图 5-6　拉动和按压鼠标

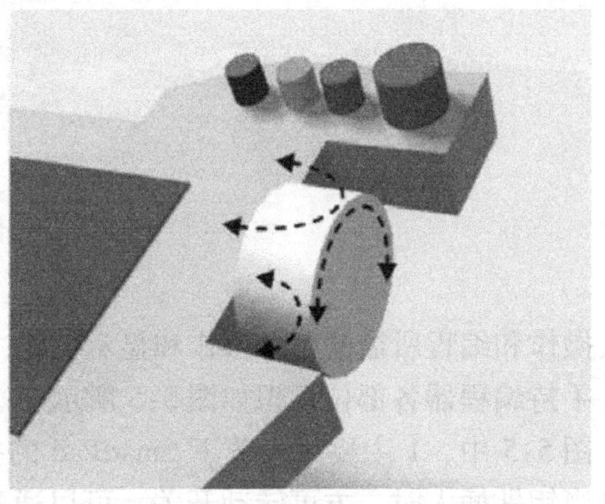

图 5-7　转动或倾斜空间鼠标

库卡编程器背面位置标识和左手抓握方法如图 5-8、图 5-9 所示。

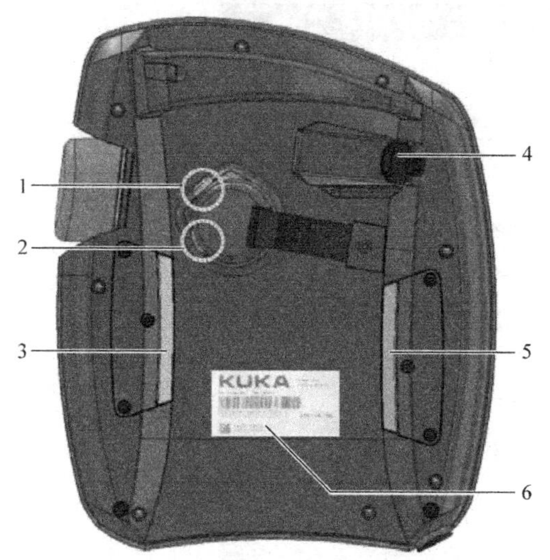

图 5-8 编程器背面位置标识

1、3、5—确认开关 2—启动键（绿色）

4—USB 接口 6—型号铭牌

图 5-9 编程器背面左手抓握方法

一些按钮的使用说明如下：

1）通过启动键，可启动一个程序。

2）“确认开关”有 3 个位置：按下、中间位置、完全按下。在运行方式 T1 或 T2 中，确认开关必须保持在中间位置，方可开动机器人。在采用自动运行模式和外部自动运行模式时，确认开关不起作用。

3）USB 接口被用于存档/还原等方面。仅适于 FAT32 格式的 USB 接口。

（2）smartHMI 操作界面（见图 5-10） 图 5-10 中，1 为状态栏；2 为信息提示计数器，显示每种信息类型各有多少信息提示等待处理。触摸信息提示计数器可放大显示；3 为信息窗口，根据默认设置将只显示最后一个信息提示，触摸信息窗口可放大该窗口并显示所有待处理的信息。可以被确认的信息可用 OK 键确认。所有可以被确认的信息可用全部 OK 键一次性全部确认；4 为状态显示，该显示会显示用空间鼠标手动运行的当前坐标系。触摸该显示就可以显示所有坐标系并选择另一个坐标系；5 为空间鼠标定位显示，触摸该显示会打开一个显示空间鼠标当前定位的窗口，在窗口中可以修改定位；6 为运行键状态显示，该显示可显示用运行键手动运行的当前坐标系。触摸该显示就可以显示所有坐标系并选择另一个坐标系；7 为运行键标记。如果选择了与轴相关的运行，这里将显示轴号（A1、A2 等）。如果选择了笛卡尔式运行，这里将显示坐标系的方向（X、Y、Z、A、B、C）。触摸标记会显示选择了哪种运动系统组；8 为程序倍率；9 为手动倍率；10 为按键栏。按键栏将动态进行变化，并总是对 smartHMI 上当前激活的窗口。最右侧是按键编辑。用这个按键可以调用导航器的多个指令；11 为时钟时钟可显示系统时间。触摸时钟就会以数码形式显示系统时间以及当前日期；12 为 WorkVisual（KUKA 仿真软件，它可将一个项目的所有步骤融合到同源的离线开发、在线诊断和维护环境中）图标，如果无法打开任何项目，则位于右下方的图标上会显示一个红色的小 X。这种情况会发生在例如项目所属文件丢失时。在此情况下系统只有部分功能可用，无法打开安全配置。

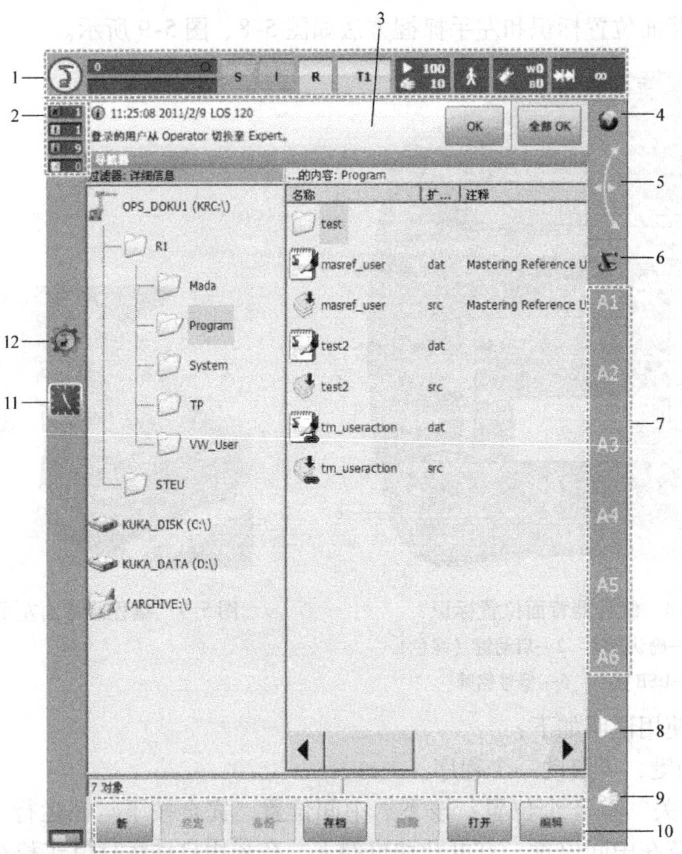

图 5-10　smartHMI 操作界面

示教器显示屏各项目栏的名称如图 5-11 所示。

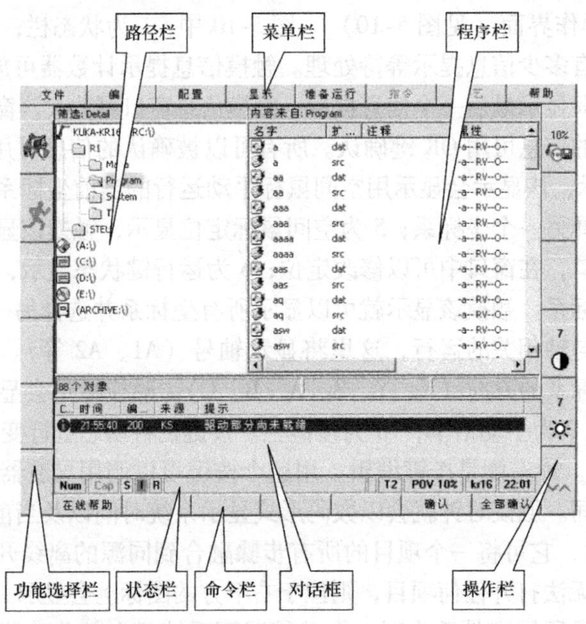

图 5-11　编程器各项目栏的名称

5.1.3 KUKA机器人编程类型

1. 运动数据

通过机器人编程可保证运动过程和流程将自动完成并始终可反复。为此，控制器需要大量的信息，包括：

1）机器人位置—工具的空间位置。

2）动作类型。

3）速度/加速。

4）等候条件、分支、相关性等信号信息。

2. 控制器使用的编程语言

编程语言是KRL-KUKA Robot Language（库卡机器人编程语言）。

3. KUKA机器人编程方法

KUKA机器人可用以下不同的编程方法编程：

1）以示教（Teach-in）法在线编程，如图5-12所示。

2）离线编程图形辅助的互动编程，模拟机器人过程，如图5-13所示。

图5-12 利用SmartPad进行在线示教

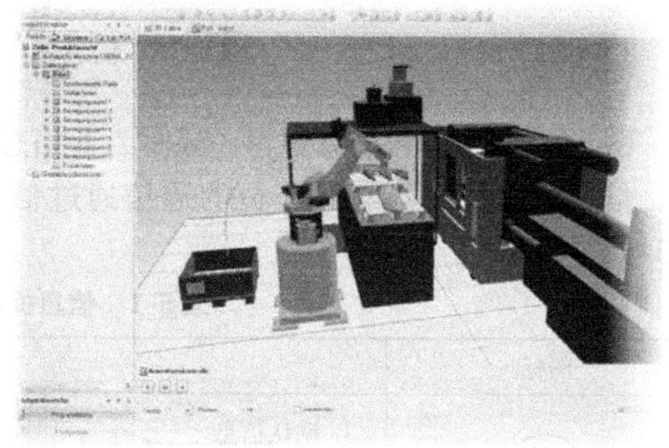

图5-13 用KUKA WorkVisual模拟

3）文字编程。借助于SmartPad在上级操作设备的界面上显示编程（也适用于诊断、在线适配调整已运行的程序），如图5-14所示。

图5-14 用KUKA OfficeLite在计算机上进行编程

5.2　机器人运动

5.2.1　机器人控制系统的信息提示

1. 信息提示

信息提示概览如图 5-15 所示。

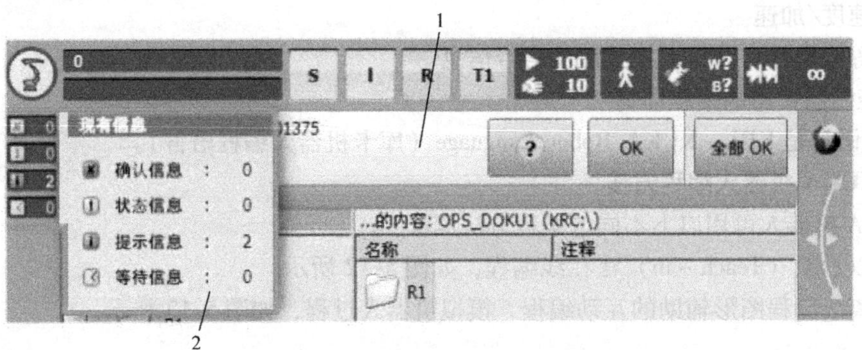

图 5-15　信息窗口和信息提示计数器

图 5-15 中，1 为信息窗口：显示当前信息提示；2 为信息提示计数器：提示每种信息类型，信息提示计数器与操作员的通信通过信息窗口实现。其中有 5 种信息提示类型，见表5-1。

表 5-1　信息提示类型提示图标

图标	类型
⊗	1. 确认信息 （1）用于显示需操作员确认才能继续处理机器人程序的状态（例如“确认紧急停止”） （2）确认信息始终引发机器人停止或抑制其起动
⚠	2. 状态信息 状态信息报告控制器的当前状态（例如“紧急停止”） 只要这种状态存在，状态信息便无法被确认
ⓘ	3. 提示信息 提示信息提供有关正确操作机器人的信息（例如“需要启动键”） 提示信息可被确认。只要它们不使控制器停止，则无需确认
🕓	4. 等待信息 等待信息说明控制器在等待哪一事件（状态、信号或时间） 等待信息可通过按“模拟”键手动取消
?	5. 对话信息 对话信息用于与操作员的直接通信/问询 将出现一个含各种按键的信息窗口，用这些按键可给出各种不同的回答

> **提示：**
> 用“OK”对可确认的信息提示加以确认。用“全部 OK”可一次性全部确认所有可以被确认的老的信息。较新的信息可能是老信息产生的后果。对于启动后信息提示，切勿轻率地按下“All OK”。

2. 信息的影响

信息会影响机器人的功能。确认信息会使机器人停止或抑制其起动。为了使机器人运动，首先必须对信息予以确认。指令“OK”（确认）表示请求操作人员有意识地对信息进行分析。

> **提示：**
> 对信息处理的建议：有意识地阅读。首先阅读较仔细查看信息，在此过程中让所有信息都显示出来（按下信息窗口即扩展信息列表）。

处理信息提示中始终包括日期和时间，以便为研究相关事件提供准确的时间，如图5-16所示。

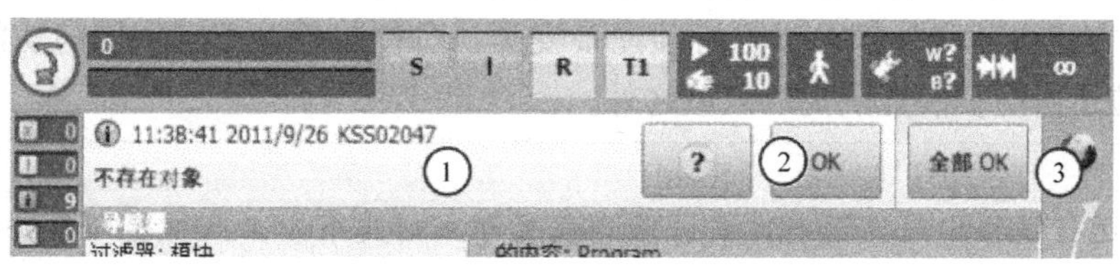

图5-16 确认信息

3. 观察和确认信息提示

1）①触摸信息窗口以展开信息提示列表。

2）确认。用②“OK”来对各条信息提示逐条进行确认，或者用③“全部 OK”来对所有信息提示进行确认。

3）再触摸一下最上边的一条信息提示或按屏幕左侧边缘上的“X”将重新关闭信息提示列表。

5.2.2 选择并设置运行方式

1. KUKA 机器人的运行方式

（1）T1（手动慢速运行） 用于测试运行、编程和示教，程序执行时的最大速度为250mm/s。

（2）T2（手动快速运行） 用于测试运行，程序执行时的速度等于编程设定的速度。手动运行时的最大速度为250mm/s。

（3）AUT（自动运行） 用于不带上级控制系统的工业机器人，程序执行时的速度等于编程设定的速度。

（4）AUT EXT（外部自动运行） 用于带上级控制系统（PLC）工业机器人，程序执行时的速度等于编程设定的速度，手动无法运行。

2. 运行方式的安全提示

手动运行用于调试工作。调试工作是指所有为使机器人系统上可进入自动运行模式而必须在其上所执行的工作，其中包括：

1）示教/编程。

2）在点动运行模式下执行程序（测试/检验）。

3. 程序测试

对新的或者经过更改的程序必须始终先在手动慢速运行方式（T1）下进行测试。

1）在手动慢速运行方式（T1）下。操作人员防护装置（防护门）未激活，在不必要的情况下，不允许其他人员在防护装置隔离的区域内停留。

2）如果需要有多个工作人员在防护装置隔离的区域内停留，则必须注意以下事项：

所有人员必须能够不受防碍地看到机器人系统。必须保证所有人员之间都可以直接看到对方。操作人员必须选定一个合适的操作位置，使其可以看到危险区域并避开危险。

3）在手动快速运行方式下（T2）。操作人员防护装置（防护门）未激活，只有在必须以大于手动慢速运行的速度进行测试时，才允许使用此运行方式。在这种运行模式下不得进行示教。在测试前，操作人员必须确保确认装置的功能完好。操作人员的操作位置必须处于危险区域之外。不允许其他人员在防护装置隔离的区域内停留。

4）运行方式自动和外部自动。必须配备安全、防护装置，而且它们的功能必须正常。所有人员应位于由防护装置隔离的区域之外。

提示：

如果在运行过程中改变运行方式，驱动装置即立刻关断。工业机器人以安全停止 2 停机。

4. 操作步骤

1）在 KCP 上转动用于连接管理器的开关，连接管理器随即显示，如图 5-17 所示。

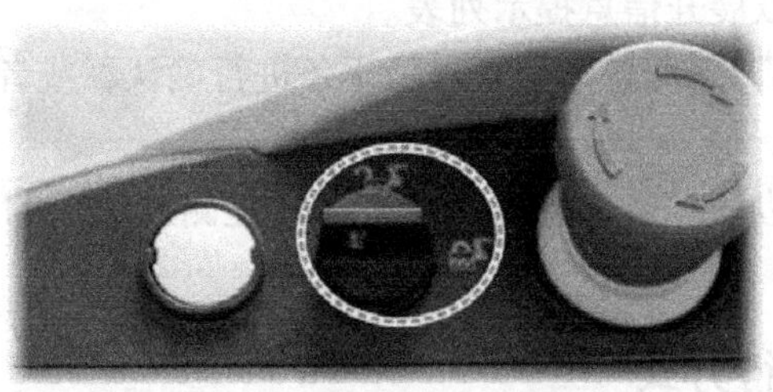

图 5-17　连接管理器的开关

2）选择运行方式，如图 5-18 所示。

图 5-18　选择运行方式

3）将用于连接管理器的开关再次转回初始位置。所选的运行方式会显示在 SmartPad 的状态栏中。如图 5-19 所示。

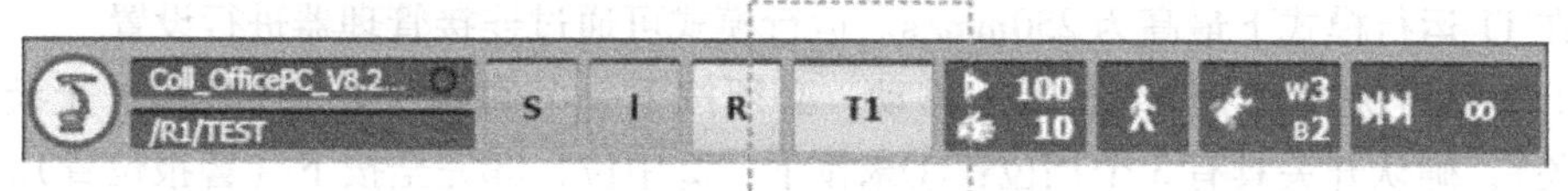

图 5-19　再次转回初始位置

5.2.3　单独运动机器人的各轴

按轴坐标的运动如图 5-20 所示。

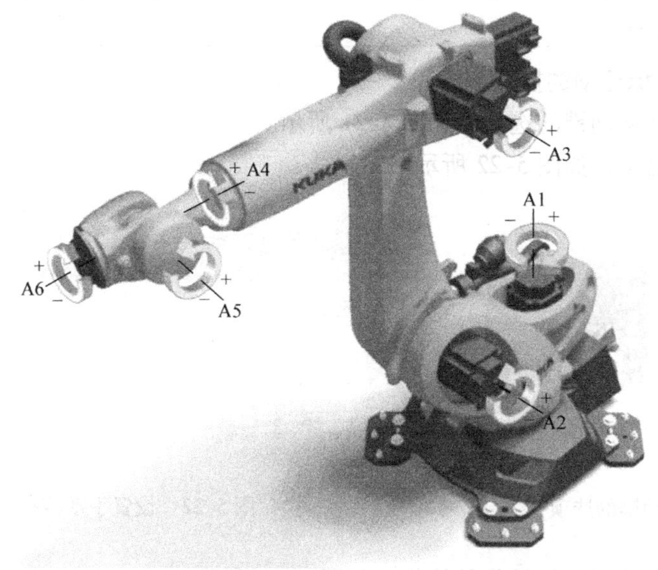

图 5-20　库卡机器人自由度

1. 机器人轴的运动

每根轴若逐个沿正向和负向移动，需要使用移动键或者 KUKA SmartPad 的 3D 鼠标，速度可以更改（手动倍率：HOV），但仅在 T1 运行模式下才能手动移动（确认键必须已经按下）。

只要一按移动键或 3D 鼠标，机器人轴的调节装置便启动，机器人执行所需的运动。运动可以是连续的，也可是增量式的。为此，要在状态栏中选择增量值。手动移动机器人各轴时，如果操作不当，可能会出现系统信息提示。表 5-2 是系统信息提示对手动运行的影响。

表 5-2　系统信息提示对手动运行的影响

信息提示	原因	补救措施
“激活的指令被禁”	出现停机（STOP）讯息或引起激活的指令被禁的状态。（例如：按下了紧急停止按钮或驱动装置尚未就绪）	解锁紧急停止按钮并且/或者在信息窗口中确认信息提示。按了确认键后可立即使用驱动装置
“软件限位开关 - A5”	以给定的方向（+或-）移到所显示轴（例如 A5）的软件限位开关	将显示的轴朝相反方向移动

2. 按轴坐标手动移动的提示

（1）运行方式　机器人只允许在 T1 运行模式（手动降低的速度）下手动运行。手动移动速度在 T1 运行模式下最高为 250mm/s。运行模式可通过连接管理器进行设置。

（2）确认开关　为了能绕机器人移动，必须按下一个确认开关（SmartPad 上装有三个确认开关），确认开关具有 3 个挡位：①未按下；②中位；③完全按下（警报位置）。

（3）软件限位开关　即使采用与轴相关的手动移动，机器人的移动也受到软件限位开关的最大正、负值的限制。

> **注意：**
>
> 如果在信息窗口中出现信息“执行零点标定”，则也可超过两个极限值移动，但这可能会损坏机器人系统。

3. 执行按轴坐标运动的操作步骤

1）选择轴作为移动键的选项，如图 5-21 所示。

2）设置手动倍率，如图 5-22 所示。

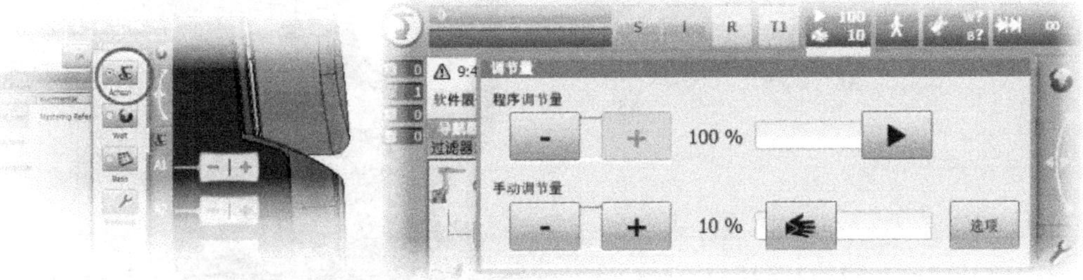

图 5-21　移动键的选项　　　　图 5-22　设置手动倍率

3）将确认开关按至中间挡位并按住，如图 5-23 所示。

执行以上操作后，在移动键旁边即显示轴 A1 至 A6。

4）按下正移动键或负移动键，以使轴朝正方向或反方向运动，如图 5-24 所示。

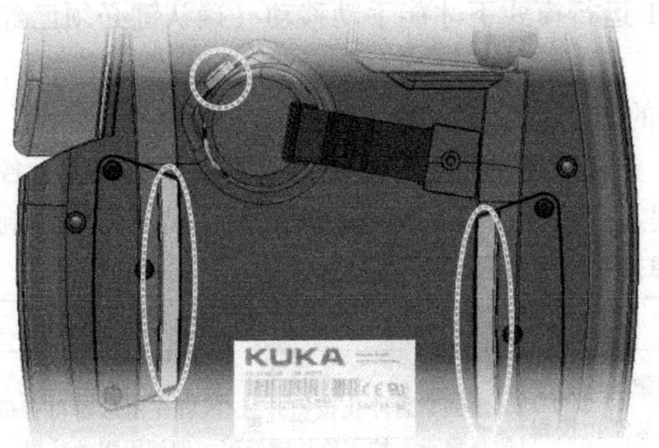

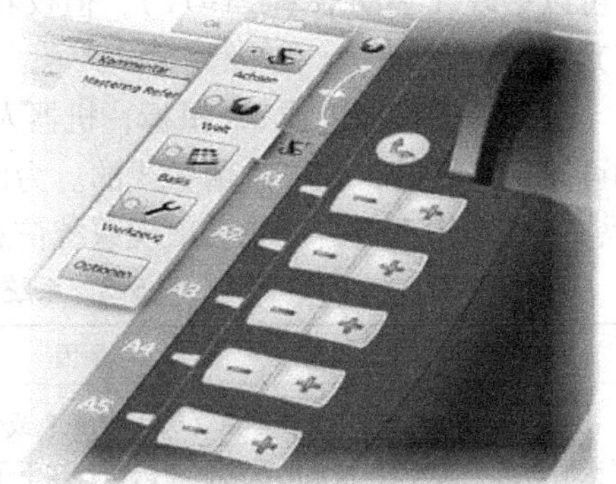

图 5-23　确认开关按至中间挡位并按住　　　　图 5-24　按下移动键使轴运动

4. 紧急情况下移动机器人

在紧急情况下脱离控制系统移动机器人要使用自由旋转装置（见图 5-25）。

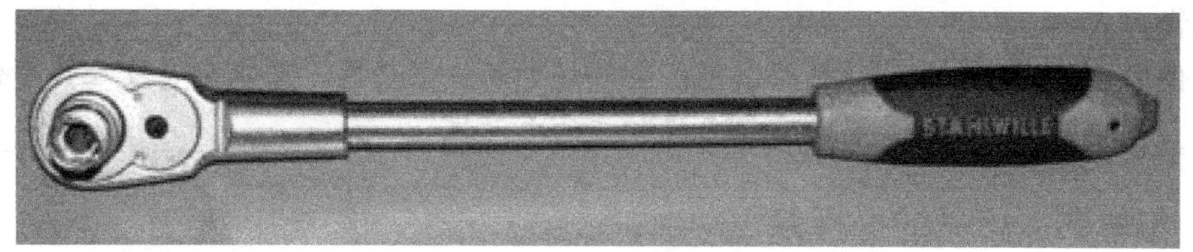

图 5-25　自由旋转装置

说明：

发生事故或故障后，可借助自由旋转装置移动机器人。自由旋转装置可用于基轴驱动电动机，视机器人类型而定也可用于手动轴驱动电动机。该装置只允许用于特殊情况或紧急情况。例如，用于解救人员。若使用了自由旋转装置，则必须在使用后更换相关的电动机。

警告：

运行期间，电动机达到的温度可能导致皮肤烫伤，应避免与其接触，务必采取适宜的安全防护措施，如佩戴防护手套。

操作步骤如下：

1）关断机器人控制系统，并做好保护（如用挂锁锁住），防止未经许可的意外重启。

2）拆下电动机上的防护盖。

3）将自由旋转装置置于相应的电动机上，并将轴朝所希望的方向运动。

须克服电动机机械制动器的阻力，且必要时还须克服额外的轴负载，如图 5-26 所示。

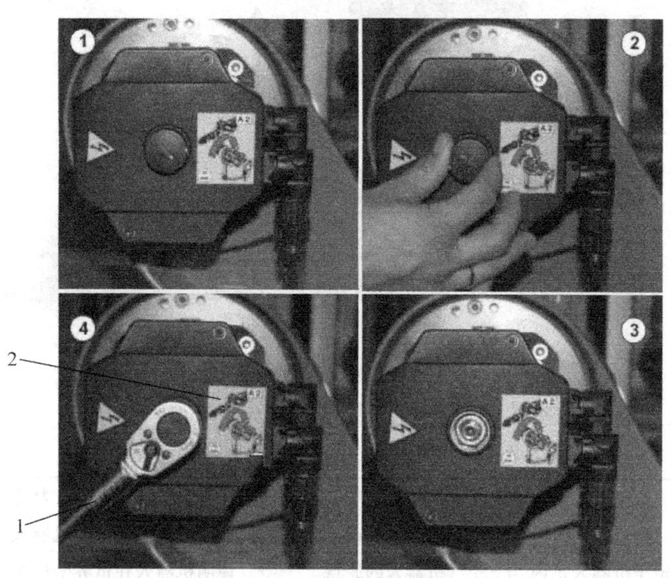

图 5-26　使用自由旋转装置图示

1—自由旋转装置　2—有转向说明的标签

图 5-26 中，①图为防护盖盖上的电动机 A2，②图为打开电动机 A2 的防护盖，③图为防护盖已拆下的电动机 A2，④图为将自由旋转装置装到电动机 A2 上。

> **警告：**
> 在使用自由旋转装置移动轴时，可能会损坏电动机制动器。可能会导致人员受伤及设备损坏。在使用自由旋转装置后必须更换相应的电动机。

5.2.4　与机器人相关的坐标系

在机器人的操作、编程和投入运行时坐标系具有重要的意义。在机器人控制系统中定义了下列坐标系（见图5-27）：

1）世界坐标系（WORLD）。
2）机器人足部坐标系（ROBROOT）。
3）基坐标系（BASE）。
4）法兰坐标系（FLANGE）。
5）工具坐标系（TOOL）。

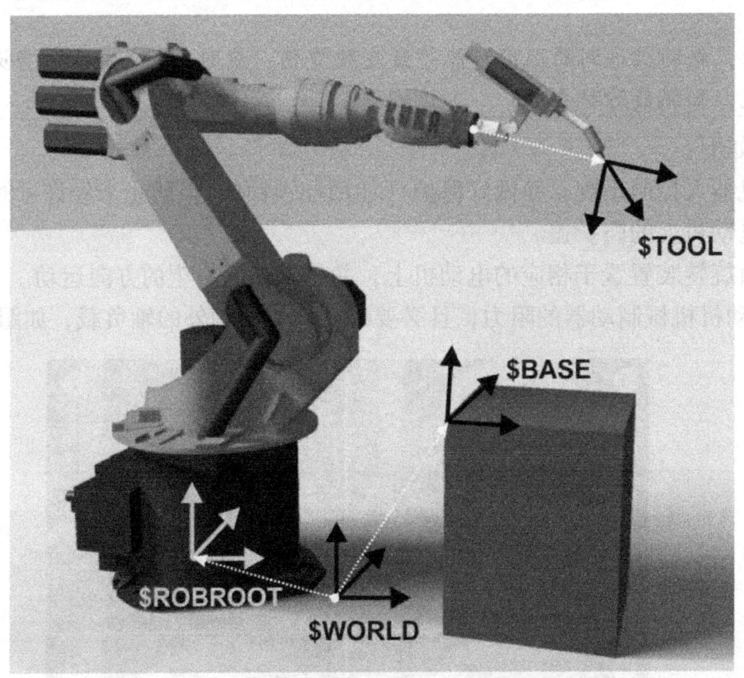

图5-27　KUKA机器人上的坐标系

KUKA机器人上的坐标系的应用与特点见表5-3。

表5-3　KUKA机器人上的坐标系应用与特点

名称	位置	应用	特点
WORLD	可自由定义	ROBROOT和BASE的原点	大多数情况下位于机器人足部
ROBROOT	固定于机器人足内	机器人的原点	说明机器人在世界坐标系中的位置
BASE	可自由定义	工件、工装	说明基坐标在世界坐标系中的位置
FLANGE	固定于机器人法兰上	TOOL的原点	原点为机器人法兰中心
TOOL	可自由定义	工具	TOOL坐标系的原点被称为“TCP” （TCP = Tool Center Point，即工具中心点）

5.2.5　机器人在世界坐标系中运动

1. 世界坐标系中的运动

机器人工具可以根据世界坐标系的坐标方向运动。在此过程中，所有的机器人轴也会移动。为此需要使用移动键或者 KUKA SmartPad 的 3D 鼠标。在标准设置下，世界坐标系位于机器人底座（Robroot）中，有以下特点：

1）速度可以更改（手动倍率：HOV）。

2）仅在 T1 运行模式下才能手动移动。

3）确认键必须已经按下。

4）通过 3D 鼠标可以使机器人的运动变得直观明了，因此是在世界坐标系中进行手动移动时的必选，鼠标位置和自由度两者均可更改。

2. 在世界坐标系中手动移动

在坐标系中可以两种不同的方式移动机器人：

1）沿坐标系的坐标轴方向平移（直线）：X、Y、Z。

2）环绕着坐标系的坐标轴方向旋转（旋转/回转）：角度 A、B 和 C，如图 5-28 所示。

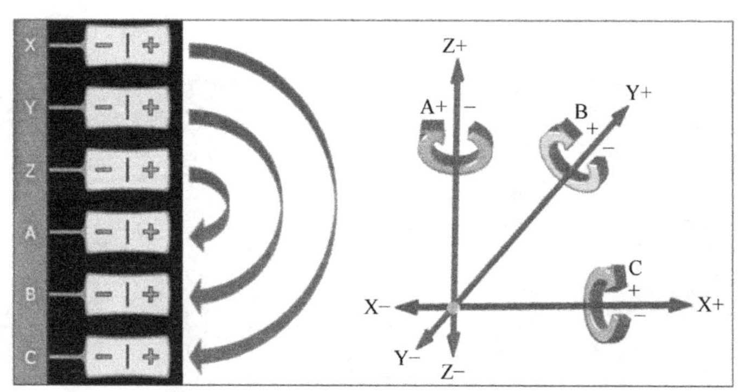

图 5-28　笛卡尔坐标系

收到一个运行指令时（如按移动键后）控制器先计算一行程段，该行程段的起点是工具参照点（TCP），行程段的方向由世界坐标系给定。控制器控制所有轴的相应的运动，使工具沿该行程段运动（平动）或绕其旋转（转动）。

3. 使用世界坐标系的优点

机器人的动作始终可预测，动作始终是唯一的。因为原点和坐标方向始终是已知的，对于经过零点标定的机器人始终可用世界坐标系移动，可用 3D 鼠标直观操作。

4. 3D 鼠标的使用

3D 鼠标可用于所有运动方式：

1）平移：按住并拖动 3D 鼠标。

2）转动：转动并摆动 3D 鼠标。

3D 鼠标的位置可根据人和机器人的位置进行相应调整，如图 5-29 所示。

使用 3D 鼠标进行平移（世界坐标系）的操作如下：

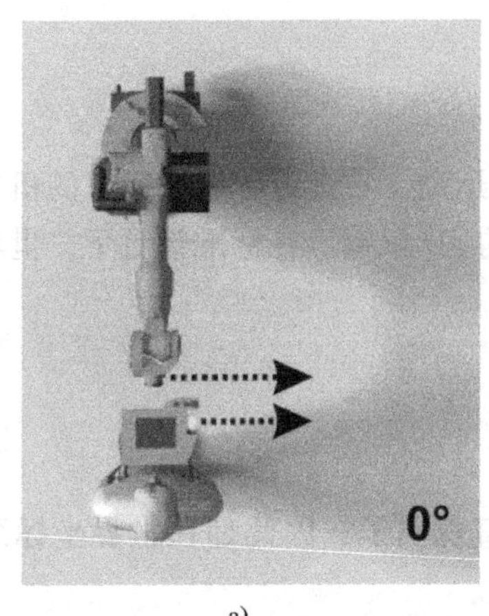

a)

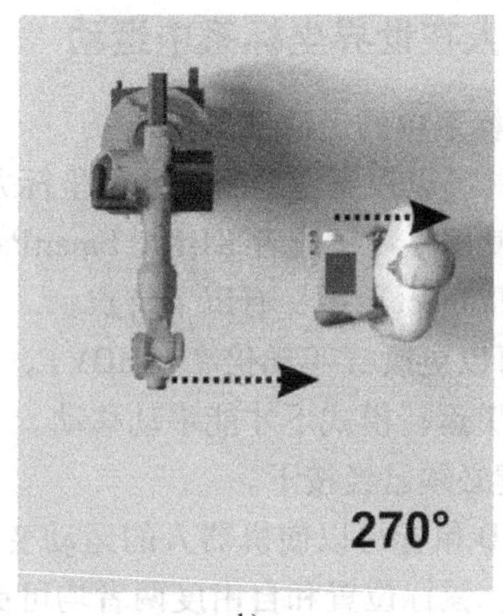

b)

图 5-29　3D 鼠标的进行位置调整示意

a）3D 鼠标 0°　b）3D 鼠标 270°

1）通过移动滑动调节器来调节 KCP（示教盒）的位置，如图 5-30 所示。

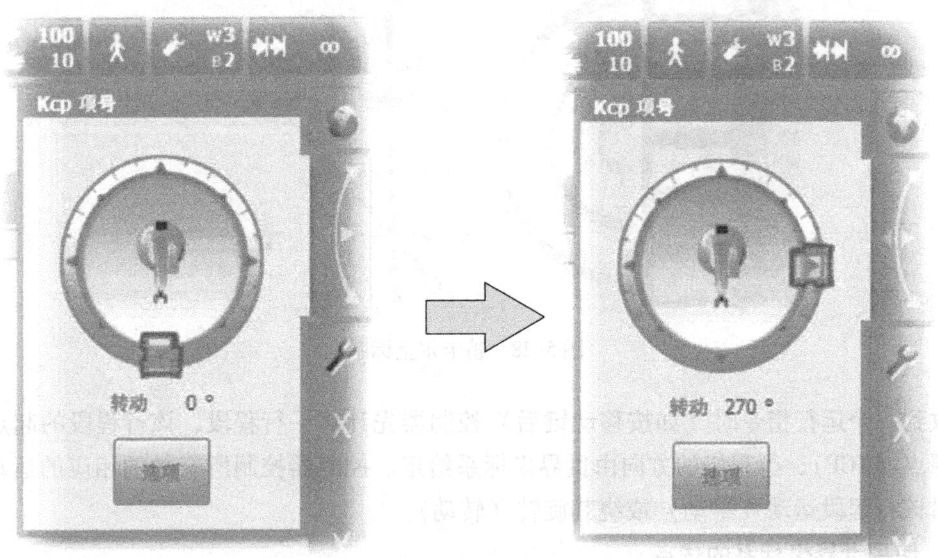

图 5-30　通过移动滑动调节器调节 KCP 的位置

2）选择世界坐标系作为 3D 鼠标的选项，如图 5-31 所示。

3）设置手动倍率，如图 5-32 所示。

4）将确认开关按至中间挡位并按住，如图 5-33 所示。

5）用 3D 鼠标将机器人朝所需方向移动，如图 5-34 所示。

此外，也可使用移动键操作机器人，如图 5-35 所示。

图 5-31　世界坐标系作为 3D 鼠标的选项

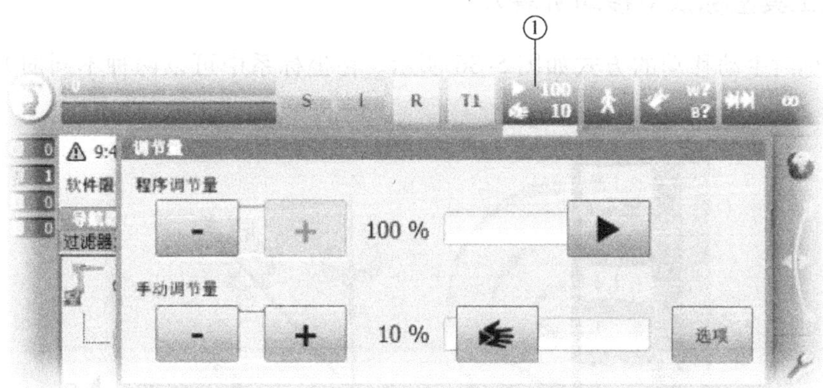

图 5-32　设置手动倍率

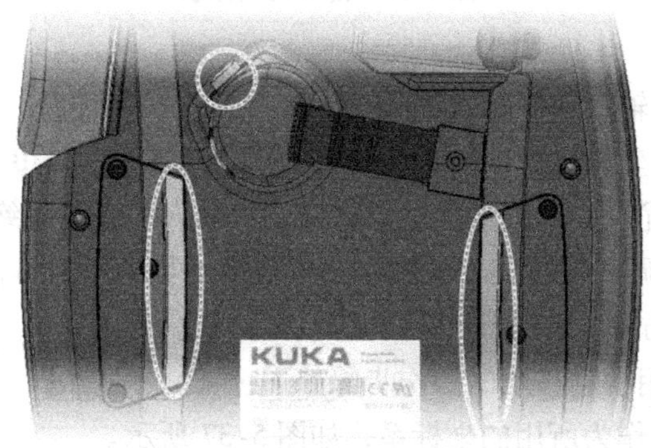

图 5-33　确认开关按至中间挡位并按住

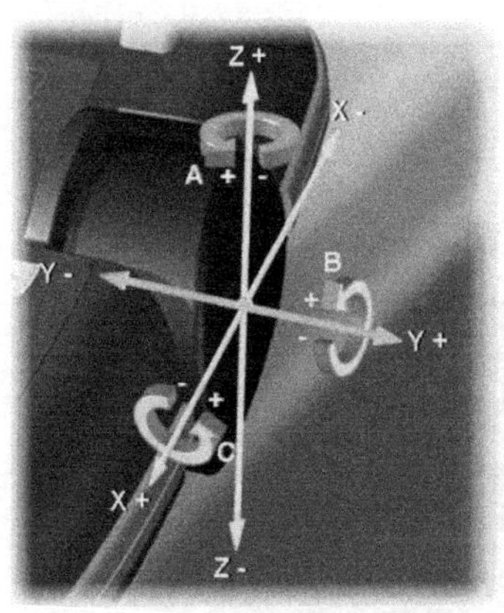

图 5-34　使用 3D 鼠标移动示意

图 5-35　使用移动键操作机器人

5.2.6　在工具坐标系中移动机器人

工具坐标时手动移动的方式如图 5-36 所示。在坐标系中可以两种不同的方式移动机器人：

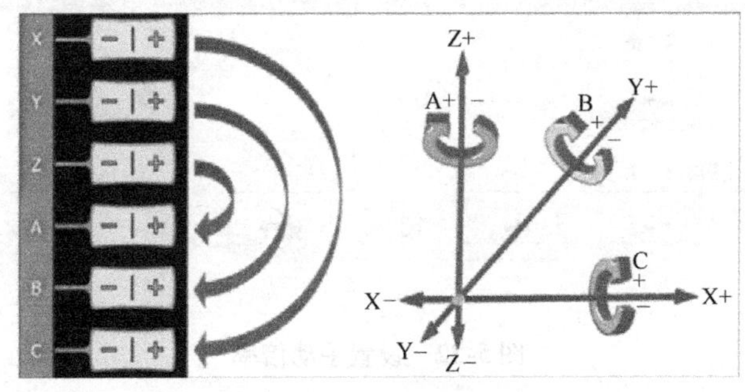

图 5-36　笛卡儿坐标系

1）沿坐标系的坐标轴方向平移（直线）：X、Y、Z。

2）环绕着坐标系的坐标轴方向转动（旋转/回转）：角度 A、B 和 C。

使用工具坐标系的优点：若工具坐标系已知，机器人的运动始终可预测，可以沿工具作业方向移动或者绕 TCP 调整姿态。工具作业方向是指工具的工作方向或者工序方向，例如，粘胶喷嘴的粘结剂喷出方向，抓取部件时的抓取方向等。

在工具坐标系中使用手动移动的操作步骤如下：

1）选择工具坐标系作为所用的坐标系，如图 5-37 所示。

2）选择工具编号，如图 5-38 所示。

3）设定手动倍率，如图 5-39 所示。

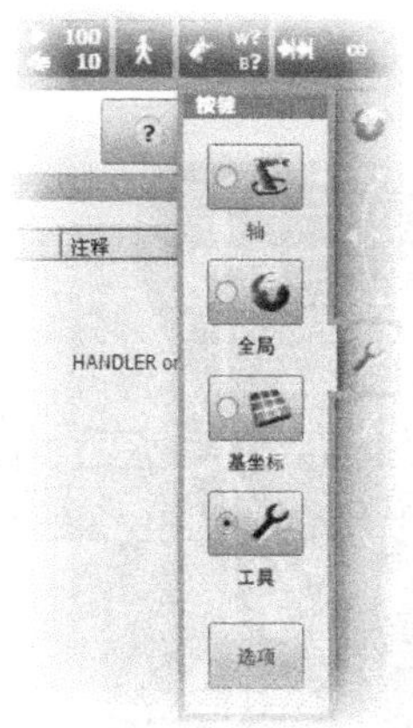

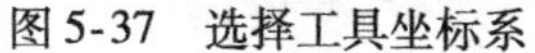

图 5-37　选择工具坐标系

图 5-38　选择工具编号

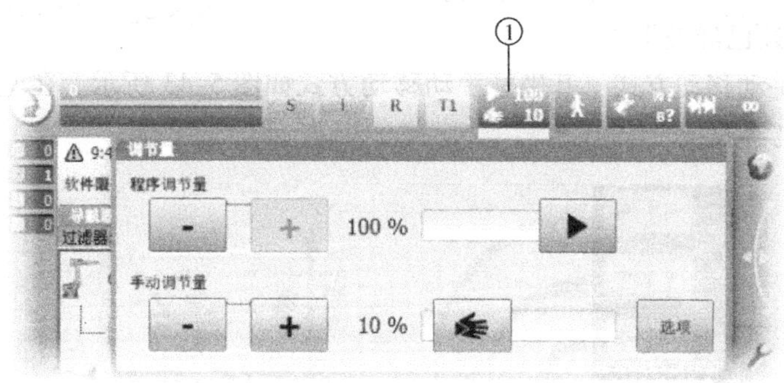

图 5-39　设定手动倍率

4）按下确认开关至中间位置并保持按住，如图 5-40 所示。

5）用移动键移动机器人，如图 5-41 所示。此外，也可以用 3D 鼠标将机器人朝所需方向移动，如图 5-42 所示。

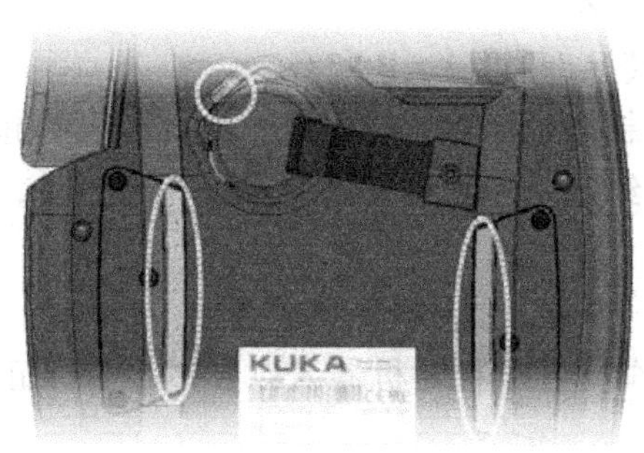

图 5-40　确认开关至中间位置并保持按住

图 5-41　用移动键移动机器人

5.2.7　在基坐标系中移动机器人

1. 在基坐标系中运动

(1) 基坐标系说明　机器人的工具可以根据基坐标系的坐标方向运动。基坐标系可以被单个测量，并可以经常沿工件边缘、工件支座或者货盘调整姿态，由此可以进行方便的手动移动。在此过程中，所有需要的机器人轴也会自行移动。哪些轴会自行移动由系统决定，并因运动情况不同而异。为此需要使用移动键或者 KUKA SmartPad 的 3D 鼠标。说明如下：

1) 可供选择的基坐标系有 32 个。

2) 速度可以更改（手动倍率：HOV）。

3) 仅在 T1 运行模式下才能手动移动。

4) 确认键必须已经按下。

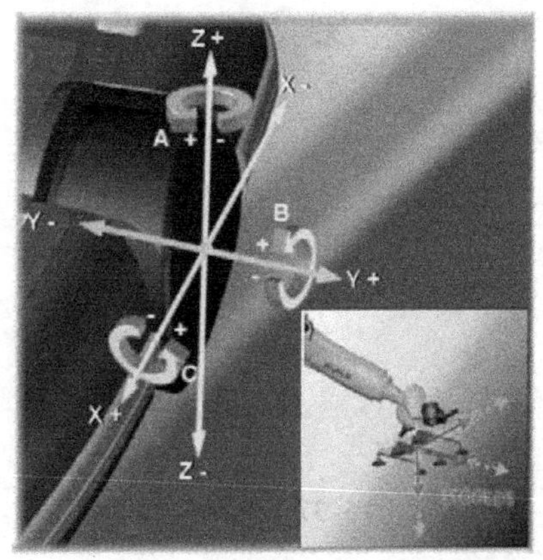

图 5-42　用 3D 鼠标移动机器人

(2) 基坐标手动移动方式　基坐标手动移动方式如图 5-43 所示。在坐标系中可以两种不同的方式移动机器人：

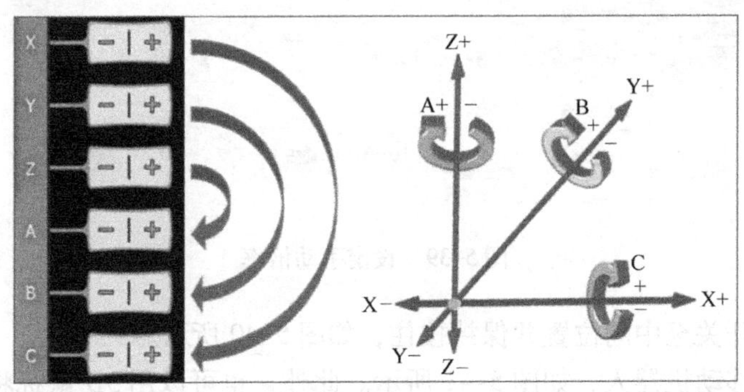

图 5-43　笛卡尔坐标系

1) 沿坐标系的坐标轴方向平移（直线）：X、Y、Z。

2) 环绕着坐标系的坐标轴方向转动（旋转/回转）：角度 A、B 和 C。

收到一个运行指令时（例如按了移动键后）控制器先计算一行程段。该行程段的起点是工具参照点（TCP）。行程段的方向由世界坐标系给定。控制器控制所有轴相应运动，使工具沿该行程段运动（平动）或绕其旋转（转动）。

(3) 使用基坐标系的优点　只要基坐标系已知，机器人的动作始终可预测。

这里也可用 3D 鼠标直观操作。前提条件是操作员必须相对机器人以及基坐标系正确站立。

> **注意：**
> 如果还另外设定了工具坐标系，则可在基坐标系中绕 TCP 改变姿态。

(4) 操作步骤

1) 选择基坐标作为移动键的选项，如图 5-44 所示。

2）选择工具坐标和基坐标，如图 5-45 所示。

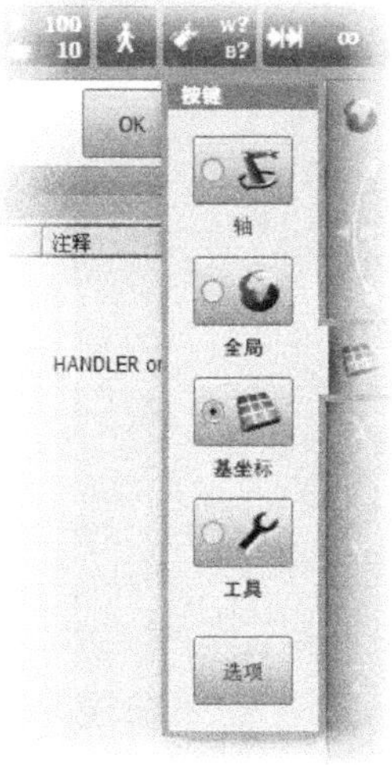

图 5-44　基坐标移动键选项

图 5-45　选择工具坐标和基坐标

3）设置手动倍率，如图 5-46 所示。

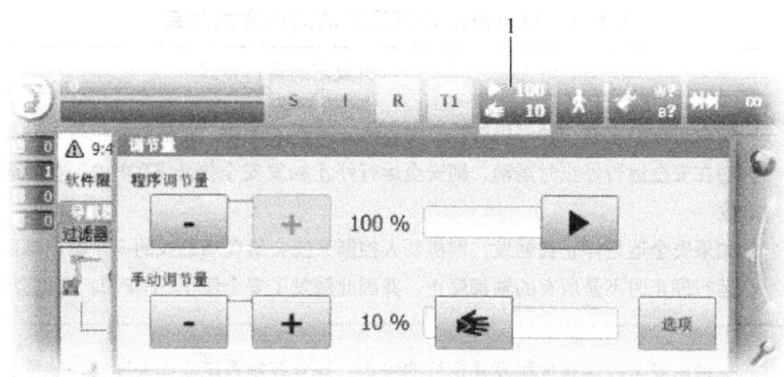

图 5-46　设置手动倍率

4）将确认开关按至中间挡位并按住，如图 5-47 所示。

5）用移动键沿所需的方向移动，如图 5-48 所示。

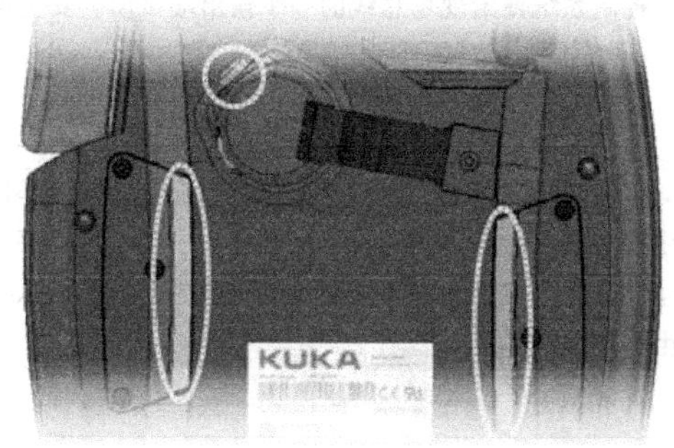

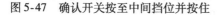

图 5-47　确认开关按至中间挡位并按住

图 5-48　用移动键沿所需的方向移动

6）作为选项，也可用3D鼠标来移动，如图5-49所示。

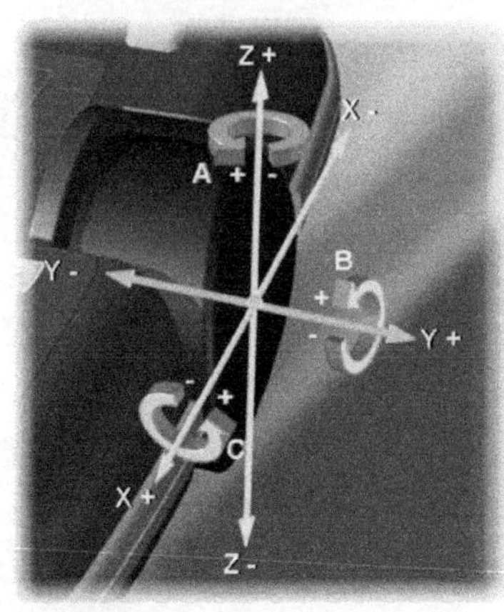

图5-49　用3D鼠标来移动

2. 停机反应

如果机器人操作不当，会出现停机反应。工业机器人会在操作或在监控和出现故障信息时做出停机反应。停机反应与所设定的运行方式关系见表5-4。

表5-4　停机反应与所设定的运行方式关系

停机反应	所设定的运行方式
安全运行停止	安全运行停止是一种停机监控。它不停止机器人运动，而是监控机器人轴是否静止。如果机器人轴在安全运行停止时运动，则安全运行停止触发安全停止 STOP 0，安全运行停止也可由外部触发 如果安全运行停止被触发，则机器人控制系统会给现场总线的一个输出端赋值。如果在触发安全运行停止时不是所有的轴都停止，并因此触发了安全停止 STOP 0，则也会给该输出端赋值
安全停止 STOP 0	一种由安全控制系统触发并执行的停止。安全控制系统立即关断驱动装置和制动器的供电电源 提示：该停止在文件中称作安全停止0
安全停止 STOP 1	一种由安全控制系统触发并监控的停止。该制动过程由机器人控制系统中与安全无关的部件执行并由安全控制系统监控。一旦机械手静止下来，安全控制系统就关断驱动装置和制动器的供电电源 如果安全停止 STOP 1 被触发，则机器人控制系统便给现场总线的一个输出端赋值。安全停止 STOP 1 也可由外部触发 提示：该停止在文件中称作安全停止1
安全停止 STOP 2	一种由安全控制系统触发并监控的停止。该制动过程由机器人控制系统中与安全无关的部件执行并由安全控制系统监控。驱动装置保持接通状态，制动器则保持松开状态。一旦机械手停止下来，安全运行停止即被触发。如果安全停止 STOP 2 被触发，则机器人控制系统便给现场总线的一个输出端赋值。安全停止 STOP 2 也可由外部触发 提示：该停止在文件中称作安全停止2
停机类别0	驱动装置立即关断，制动器制动。机械手和附加轴（选项）在额定位置附近制动 提示：此停机类别在文件中被称为 STOP 0

（续）

停机反应	所设定的运行方式
停机类别1	机械手和附加轴（选项）在额定位置上制动。1s后驱动装置关断，制动器制动 提示：此停机类别在文件中被称为STOP 1
停机类别2	驱动装置不被关断，制动器不制动。机械手及附加轴（选项）通过一个不偏离额定位置的制动斜坡进行制动 提示：此停机类别在文件中被称为STOP 2

停机原因及相关操作按钮见表5-5。

表5-5　停机原因及相关操作按钮

<table>
<tr><th>原因</th><th>T1、T2</th><th>AUT、AUT EXT</th></tr>
<tr><td>启动键被松开</td><td>STOP2</td><td>——</td></tr>
<tr><td>按下停机</td><td colspan="2">STOP2</td></tr>
<tr><td>驱动装置关机</td><td colspan="2">STOP1</td></tr>
<tr><td>输入端无“运动许可”</td><td colspan="2">STOP2</td></tr>
<tr><td>关闭机人控制系统（断电）</td><td colspan="2">STOP0</td></tr>
<tr><td>机器人控制系统内与安全无关的部件出现内部故障</td><td colspan="2">STOP0或STOP1
（取决于故障原因）</td></tr>
<tr><td>运行期间工作模式被切换</td><td colspan="2">安全停止2</td></tr>
<tr><td>打开防护门（操作人员防护装置）</td><td></td><td>安全停止1</td></tr>
<tr><td>松开确认键</td><td>安全停止2</td><td></td></tr>
<tr><td>持续按住确认键或出现故障</td><td>安全停止1</td><td></td></tr>
<tr><td>按下急停按钮</td><td colspan="2">安全停止1</td></tr>
<tr><td>安全控制系统或安全控制系统外围设备中的故障</td><td colspan="2">安全停止0</td></tr>
</table>

5.3　机器人的零点标定

1. 标定零点的原因

仅在工业机器人正确标定零点时，其使用效果才会最好。因为只有这样机器人才能达到它最高的点精度和轨迹精度或者完全能够以编程设定的动作运动。

> **提示：**
> 零点标定时，会给每个机器人轴分派一个基准值。

完整的零点标定过程包括为每一个轴标定零点。通过技术辅助工具（EMD = Electronic Mastering Device电子控制仪）可为任何一个在机械零点位置的轴指定一个基准值（如0°）。因为这样就可以使轴的机械位置和电气位置保持一致，所以每一个轴都有一个唯一的角度值。所有机器人的零点标定位置校准都不完全相同，精确位置在同一机器人型号的不同机器人之间也会有所不同，如图5-50所示。

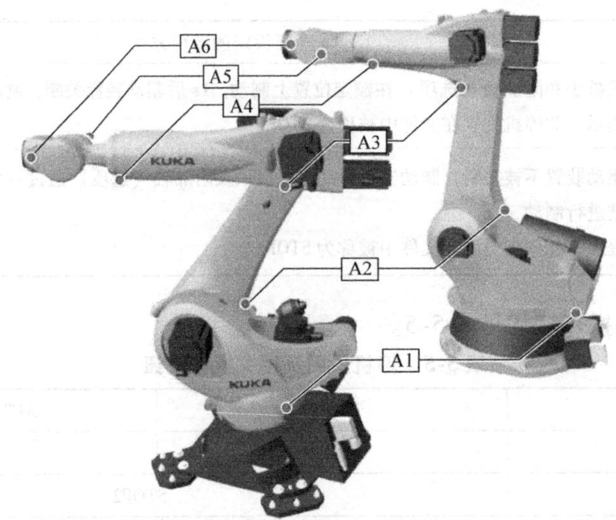

图 5-50　零点标定套筒的位置

机械零点位置的角度值（=基准值）见表 5-6。

表 5-6　机械零点位置的角度值

轴	"Quantec"代机器人	其他机器人型号（例如，2000、KR 16 系列等）
A1	-20°	0°
A2	-120°	-90°
A3	+120°	+90°
A4	0°	0°
A5	0°	0°
A6	0°	0°

2. 标定零点的条件

原则上，机器人必须时刻处于已标定零点的状态。在以下情况下必须进行标定零点：

1）投入运行时。

2）对参与定位值感测的部件【如带分解器或传感器（RDC）的电动机】采取了维护措施之后。

3）当未用控制器移动了机器人轴（例如，借助于自由旋转装置）时。

4）进行了机械修理后或解决了问题时，必须先删除机器人的零点，然后才可标定零点。

5）更换齿轮箱后。

6）以高于 250mm/s 的速度上行移至一个终端止挡之后。

7）在碰撞后。

注意：

在进行维护前一般应检查当前的零点。

3. 标定零点的安全提示

如果机器人轴未经标定零点，则会严重限制机器人的功能：

1）无法编程运行：不能沿编程设定的点运行。

2）无法在手动运行模式下手动平移：不能在坐标系中移动。

3）软件限位开关关闭。

> **警告：**
>
> 对于删除零点的机器人，软件限位开关是关闭的。机器人可能会驶向终端止挡上的缓冲器，由此可能使缓冲器受损，以至必须更换。尽可能不运行删除零点的机器人，或尽量减小手动倍率。

执行零点标定，如图 5-51 所示。

图 5-51 使用 EMD 执行零点标定

零点标定可通过确定轴的机械零点的方式进行。在此过程中轴将一直运动，直至达到机械零点为止。这种情况出现在探针到达测量槽最深点时。因此，每根轴都配有一个零点标定套筒和一个零点标定标记。如图 5-52 所示。

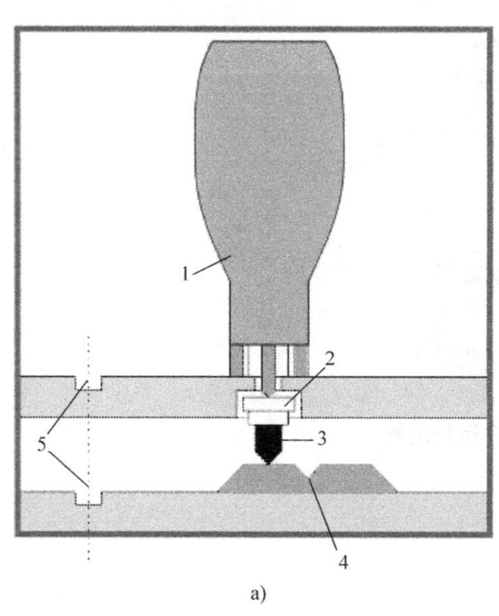

a)

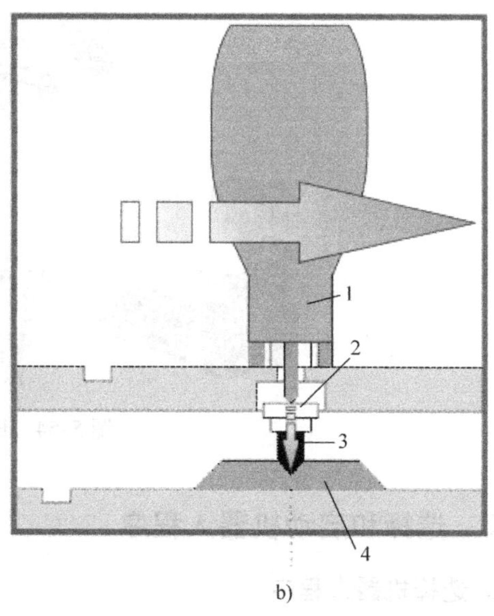

b)

图 5-52 EMD 校准流程图示

1—EMD（电子控制仪） 2—测量套筒 3—探针 4—测量槽 5—预零点标定标记

5.4　执行机器人程序

5.4.1　执行初始化运行

KUKA 机器人的初始化运行称为 BCO 运行。BCO 是 Blockcoincidence（即程序段重合）的缩写。意为“一致”及“时间/空间事件的会合”。

1. BCO 运行的条件（见图 5-53）

1）选择程序时（①位）。

2）复位程序时（①位）。

3）程序执行时手动移动（①位）。

4）更改程序时（②位）。

5）语句行选择时（③位）。

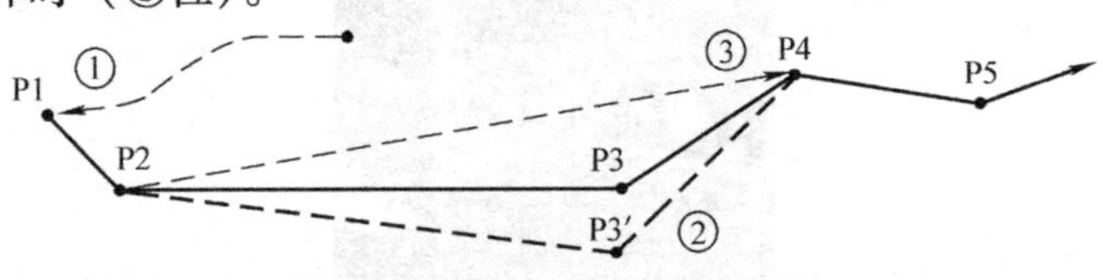

图 5-53　BCO 运行的原因举例

2. BCO 运行举例

BCO 运行的原因为了使当前的机器人位置与机器人程序中的当前点位置保持一致。当前的机器人位置与编程设定的位置相同时才可进行轨迹规划。因此，首先必须将 TCP 置于轨迹上。如图 5-54 所示。在选择或者复位程序后 BCO 运行至 Home 位置。

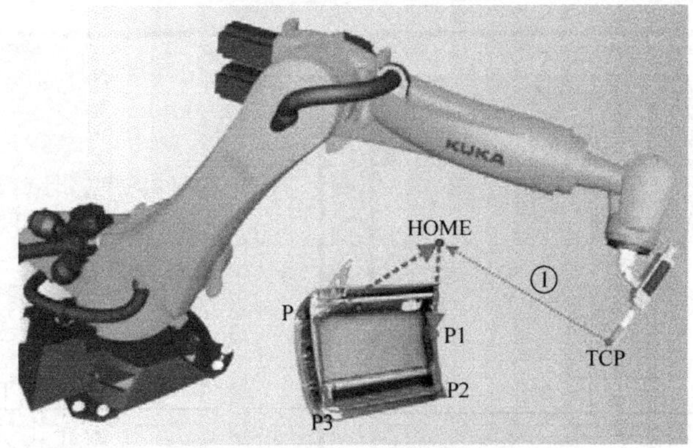

图 5-54　BCO 运行范例

5.4.2　选择和启动机器人程序

1. 选择机器人程序

如果要执行一个机器人程序，则必须事先将其选中，机器人程序在导航器中的用户界面上选择。通常，在文件夹中创建移动程序。Cell 程序（由 PLC 控制机器人的管理程序）始终在文件夹“R1”中。如图 5-55 所示。

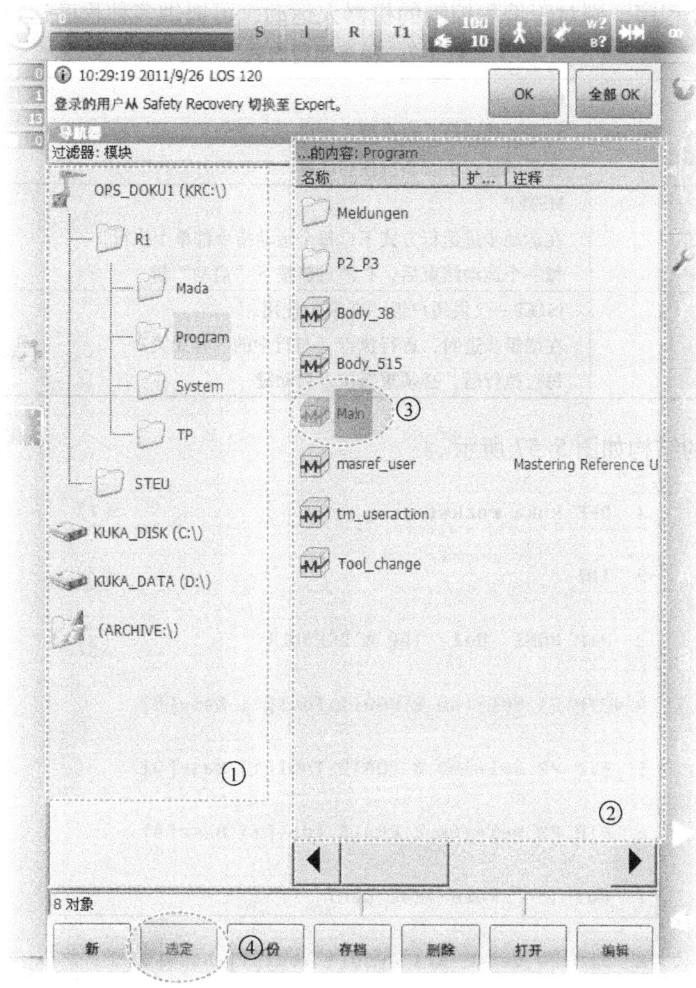

图 5-55　导航器

①导航器：文件夹储存列表　②导航器：文件夹/数据列表　③选中的程序　④用于选择程序的按键

启动程序时，有启动正向运行程序按键和启动反向运行程序按键可选，如图 5-56 所示。

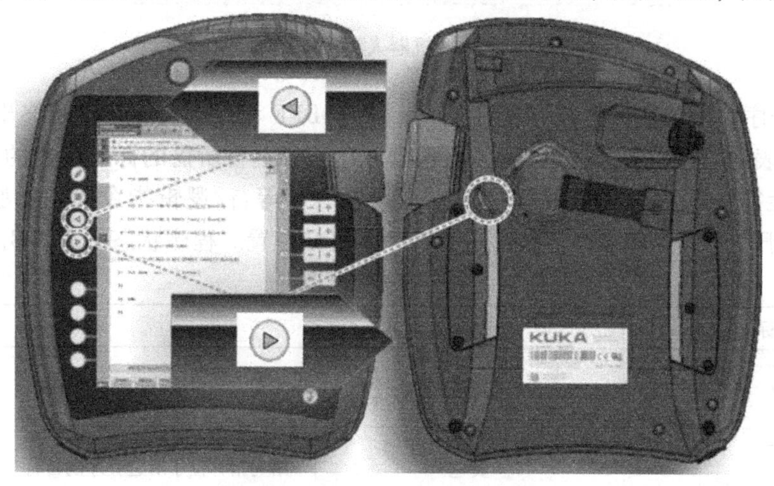

图 5-56　正向/反向运行程序按键

如果运行某个程序，则对于编程控制的机器人运动，可提供多种程序运行方式，见表5-7。

表 5-7　程序运行方式

	GO 程序连续运行，直至程序结尾 在测试运行中必须按住启动键
	MSTEP 在运动步进运行方式下，每个运动指令都单个执行 每一个运动结束后，必须重新按下“启动”键
	ISTEP—仅供用户组“专家”使用。 在增量步进时，逐行执行（与行中的内容无关） 每行执行后，必须重新按下启动键

机器人程序的结构如图 5-57 所示。

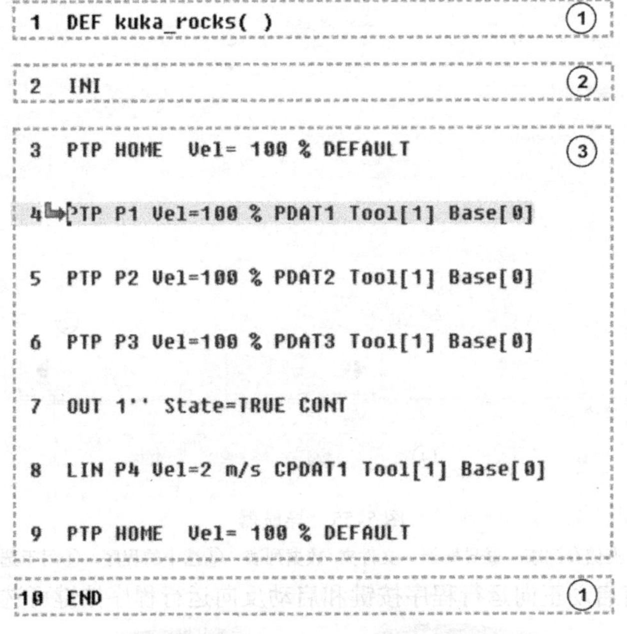
DEF kuka_rocks( )
①
INI
②
PTP HOME Vel= 100 % DEFAULT
③
PTP P1 Vel=100 % PDAT1 Tool[1] Base[0]
PTP P2 Vel=100 % PDAT2 Tool[1] Base[0]
PTP P3 Vel=100 % PDAT3 Tool[1] Base[0]
OUT 1'' State=TRUE CONT
LIN P4 Vel=2 m/s CPDAT1 Tool[1] Base[0]
PTP HOME Vel= 100 % DEFAULT
END
①

图 5-57　机器人程序的结构

机器人程序仅限于在专家用户组中可见，①“DEF 程序名（ ）”，始终出现在程序开头，“END”表示程序结束。②“INI”行包含程序正确运行所需的标准参数的调用。“INI”行必须最先运行。③为示教点程序，包括运动指令、等待/逻辑指令等。行驶指令“PTP Home”常用于程序开头和末尾，因为这是唯一的已知位置。程序状态见表 5-8。

表 5-8　程序状态

图标	颜色	说明
R	灰色	未选定
R	黄色	语句指针位于所选程序的首行

（续）

图标	颜色	说明
R	绿色	已经选择程序，而且程序正在运行
R	红色	选定并启动的程序被暂停
R	黑色	语句指针位于所选程序的末端

2. 启动程序

启动机器人程序的操作步骤如下：

1）选择程序，如图 5-58 所示。

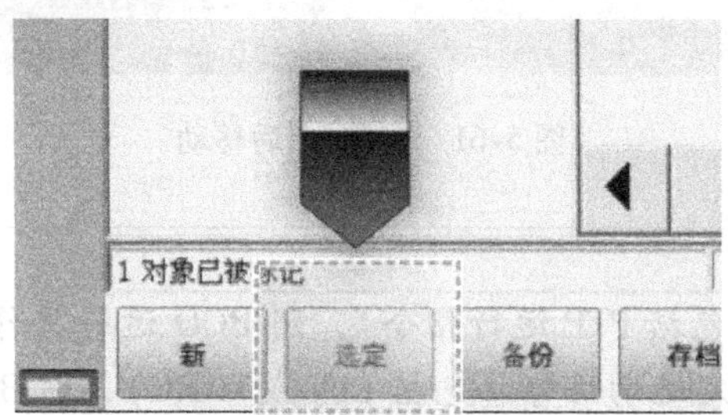

图 5-58　选择程序

2）设定程序速度（程序倍率，POV），如图 5-59 所示。

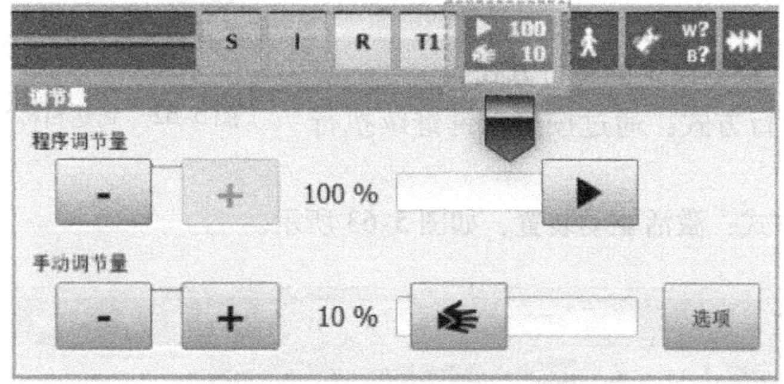

图 5-59　POV 设置

3）按下确认键，如图 5-60 所示。

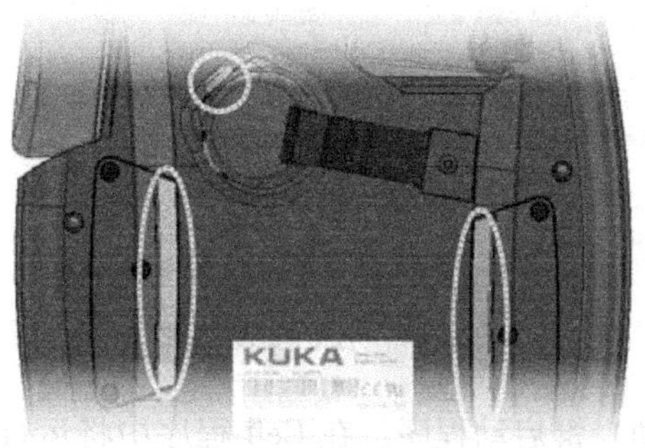

图 5-60　按下确认键

4）按下启动键（+）并按住，如图 5-61 所示，“INI”行得到处理。机器人执行 BCO 运行。

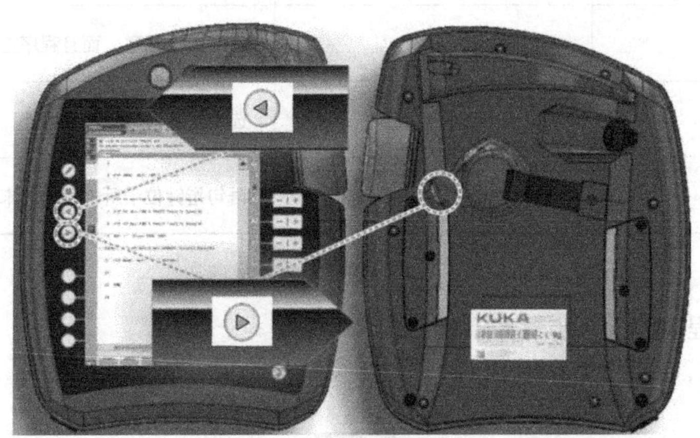

图 5-61　向前/向后移动

> **警告：**
>
> 如果选定运动语句（包括 PTP 运行指令），则 BCO 运行将作为 PTP 运动从实际位置移动到目标位置。如果选定运动语句（包括 LIN 或 CIRC），则 BCO 运行将作为 LIN 运动被执行。观察此运动，防止碰撞。在 BCO 运行中速度自动降低。

5）到达目标位置后运动停止，如图 5-62 所示。提示信息将显示“已达 BCO”。

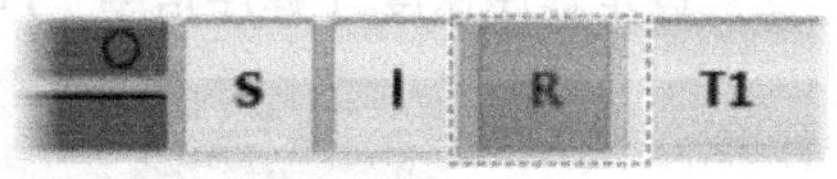

图 5-62　到达目标位置后运动停止

6）其他流程（根据设定的运行方式）：

① T1 和 T2 运行方式：通过按启动键继续执行程序。

② AUT 运行方式：激活驱动装置，如图 5-63 所示。

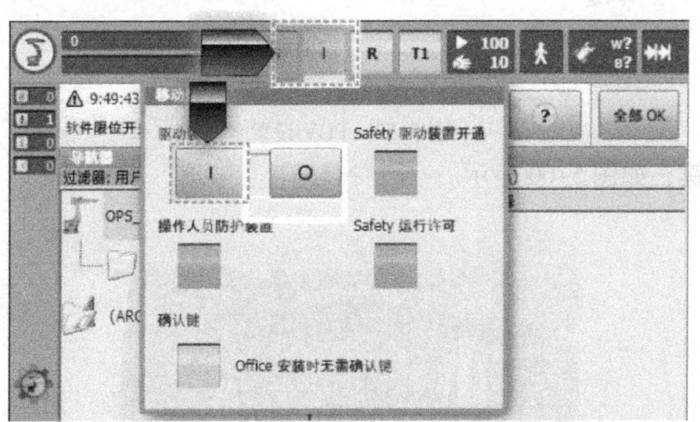

图 5-63　激活驱动装置

接着，按动 Start（启动）键启动程序。在 Cell 程序中将运行方式转调为 EXT（外部自动运行）并由 PLC 传送运行指令。

5.5 程序文件的使用

5.5.1 创建程序模块

1. 导航器中的程序模块

程序模块一般保存在文件夹“Program”（程序）中，也可建立新的文件夹并将程序模块存放在那里。模块用字母“M”标示，一个模块中可以加入注释。此类注释中可含有程序的简短功能说明，如图5-64所示。

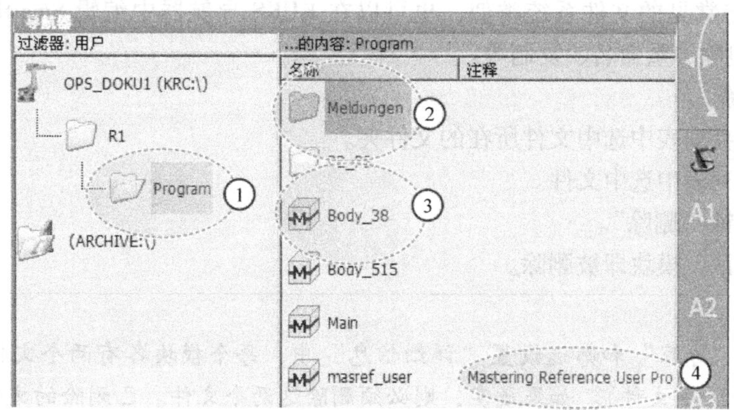

图5-64 导航器中的模块

①程序的主文件夹：“程序” ②其他程序的子文件夹 ③程序模块/模块 ④程序模块的注释

程序模块中存放有程序源代码和数据列表，程序模块的属性模块如图5-65所示。

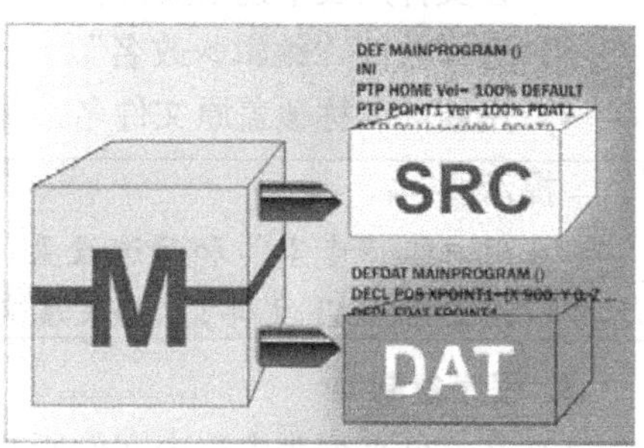

图5-65 程序模块的属性模块组成

（1）程序源代码 SRC文件中含有程序源代码。

```
DEF MAINPROGRAM ( )
INI
PTP HOME Vel = 100% DEFAULT
PTP POINT1 Vel = 100% PDAT1 TOOL [1] BASE [2]
PTP P2 Vel = 100% PDAT2 TOOL [1] BASE [2]
…
END
```

（2）数据列表 DAT文件中含有固定数据和点坐标。

```
DEFDAT MAINPROGRAM ( )
DECL E6POS XPOINT1 = {X 900, Y 0, Z 800, A 0, B 0, C 0, S 6, T 27, E1 0, E2 0, E3 0, E4 0, E5 0, E6 0}
DECL FDAT FPOINT1 …
```

…

ENDDAT

2. 创建编程模块的操作步骤

1）在目录结构中选定要在其中建立程序的文件夹，例如文件夹程序，然后切换到文件列表。

2）按下软键“新建”。

3）输入程序名称，需要时再输入注释，然后按 OK 键确认。

5.5.2 编辑程序模块

编辑方式与常见的文件系统类似，也可以在 KUKS 导航器中编辑 SmartPad 程序模块。编辑方式包括删除、重命名、复制等。

1. 程序删除

1）在文件夹列表中选中文件所在的文件夹。

2）在文件列表中选中文件。

3）选择软键“删除”。

4）点击确认，模块即被删除。

> **提示：**
> 在用户组“专家”和筛选设置“详细信息”中，每个模块各有两个文件映射在导航器中（SRC 和 DAT 文件）。如果属实，则必须删除这两个文件。已删除的文件无法恢复。

2. 程序重命名

1）在文件夹列表中选中文件所在的文件夹。

2）在文件列表中选中文件。

3）选择软键“编辑 > 改名”。

4）用新的名称覆盖原文件名，并按 OK 键确认。

> **提示：**
> 在用户组“专家”和筛选设置“详细信息”中，每个模块各有两个文件映射在导航器中（SRC 和 DAT 文件）。如果属实，则必须给这两个文件改名。

3. 程序复制

1）在文件夹列表中选中文件所在的文件夹。

2）在文件列表中选中文件。

3）选择“复制键”。

4）给新程序输入一个新文件名，然后按 OK 键确认。

> **提示：**
> 在用户组“专家”和筛选设置“详细信息”中，每个模块各有两个文件映射在导航器中（SRC 和 DAT 文件）。如果属实，则必须复制这两个文件。

5.5.3 存档和还原机器人程序

1. 存档程序

在每个存档过程中均会在相应的目标媒质上生成一个 ZIP 文件，该文件与机器人同名。在机器人数据下可个别改变文件名。

存档程序时，有三个不同的存储位置可供选择：

1）USB（KCP）：KCP（smardPAD）上的 U 盘。

2）USB（控制柜）：机器人控制柜上的 U 盘。

3）网络：在一个网络路径上存档，网络路径必须在机器人数据下配置。

> **提示：**
>
> 在每个存档过程中，除了将生成的 ZIP 文件保存在所选的存储媒质上之外，同时还在驱动器 D:\ 上储存一个存档文件（INTERN. ZIP）。

存档程序时，可选择以下数据存档：

1）全部：将还原当前系统所需的数据存档。

2）应用：所有用户自定义的 KRL 模块（程序）和相应的系统文件均被存档。

3）机器参数：将机器参数存档。

4）Log 数据（运行日志）：将 Log 文件存档。

5）KrcDiag：将数据存档，以便将其提供给库卡机器人有限公司进行故障分析。在此将生成一个文件夹（名为 KRCDiag），其中可写入十个 ZIP 文件。除此之外，在控制器中将存档文件还可存放在 C:\ KUKA \ KRCDiag 目录下。

存档程序的操作步骤如下：

> **注意：**
>
> 仅允许使用 KUKA. USBData U 盘。如果使用其他 U 盘，则可能造成数据丢失或数据被更改。

1）选择菜单序列：文件—存档—USB（KCP）或者 USB（控制柜）以及所需的选项。

2）点击“是”，以确认安全询问。当存档过程结束时，将在信息窗口中显示出来。

3）当 U 盘上的 LED 指示灯熄灭之后，可将其取下。

2. 还原程序

> **警告：**
>
> 通常情况下，只允许载入具有相应软件版本的文档。如果载入其他文档，则可能出现如：故障信息、机器人控制器无法运行、人员受伤以及财产损失等后果。

（1）还原程序时可选择以下菜单项：

1）全部。

2）应用程序。

3）配置。

> **提示：**
>
> 系统会在以下情况时出现故障信息：已存档文件版本与系统中的文件版本不同时、工艺程序包的版本与已安装的版本不一致时。

（2）还原程序的操作步骤

1）打开菜单序列：“文件 > 还原”，然后选择所需的子项。

2）点击“是”，确认安全询问。已存档的文件在机器人控制系统里重新恢复。当恢复过程结束时，屏幕出现相关的消息。

3）如果已从 U 盘完成还原，拔出 U 盘。

> **注意：**
> 只有当 U 盘上的 LED 熄灭之后方可拔出 U 盘。否则会导致 U 盘受损。

4）重新启动机器人控制系统。

5.5.4　通过运行日志了解程序和状态变更

用户在 SmartPad 上的操作过程会被自动记录下来，指令运行日志用于显示记录。如图 5-66 所示。

图 5-66　运行日志，选项卡 Log

图中各项标识及说明见表 5-9。

表5-9　图中各项标识及说明

标识号	说　明
①	日志事件的类型。各个筛选类型和筛选等级均列在选项卡筛选器中
②	日志事件的编号
③	日志事件的日期和时间
④	日志事件的简要说明
⑤	所选日志事件的详细说明
⑥	显示有效的筛选器

运行日志、选项卡筛选器界面如图5-67所示。使用运行日志功能在每个用户组中都可以查看和配置。可在主菜单中选择“诊断 > 运行日志 > 显示”来查看运行日志。

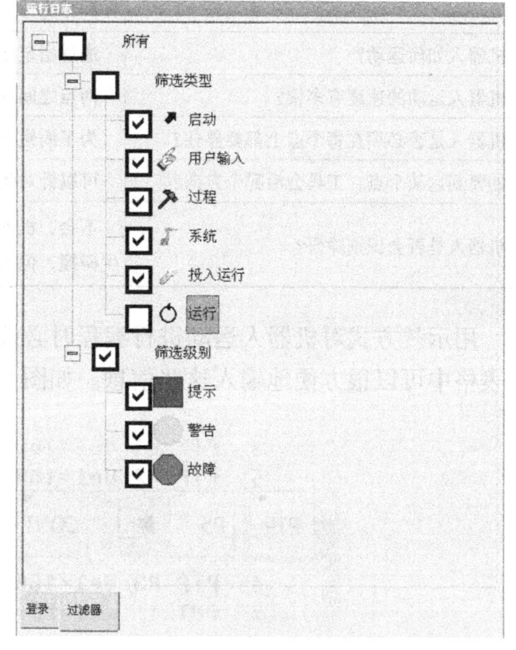

图5-67　运行日志，选项卡筛选器

1. 配置运行日志

（1）配置路径　在主菜单中依次选择“诊断 > 运行日志 > 配置”。

（2）设置

1）添加/删除筛选类型。

2）添加/删除筛选级别。

2. 保存配置

按下OK键以保存配置，然后关闭该窗口，如图5-68所示。图中各序号表示含义如下：

① 将筛选设置应用到输出端。如果不勾选，则在输出时不会进行筛选。

② 文本文件路径。

③ 因缓冲溢出而删除的日志数据会以灰色阴影格式显示在文本文件中。

图5-68　窗口配置运行日志

5.6　创建及更改编程的运动

5.6.1　创建新的运动指令

对机器人运动进行编程，需要解决的问题见表 5-10。

表 5-10　机器人编程需要解决的问题

问题	方案
机器人如何记住其位置?	工具在空间中的相应位置会被保存（机器人位置对应于所设定的工具坐标和基坐标）
机器人如何运动?	通过指定运动方式：点到点，直线或者圆形
机器人运动的速度有多快?	两点之间的速度和加速度可通过编程设定
机器人是否必须在每个点上都要停住?	为了缩短节拍时间，点也可以轨迹逼近，但这样就不会精确暂停
如要到达某个点，工具会沿哪个方向?	可以针对每个运动对姿态引导进行单独设置
机器人是否会识别障碍?	不会，机器人只会沿编程设定的轨迹运动。程序员要保证移动时不会发生碰撞，但也有用于保护机器的“碰撞监控”方式

用示教方式对机器人运动进行编程时必须传输上述这些信息。为此应使用联机表格，在该表格中可以很方便地输入这些信息。如图 5-69 所示。

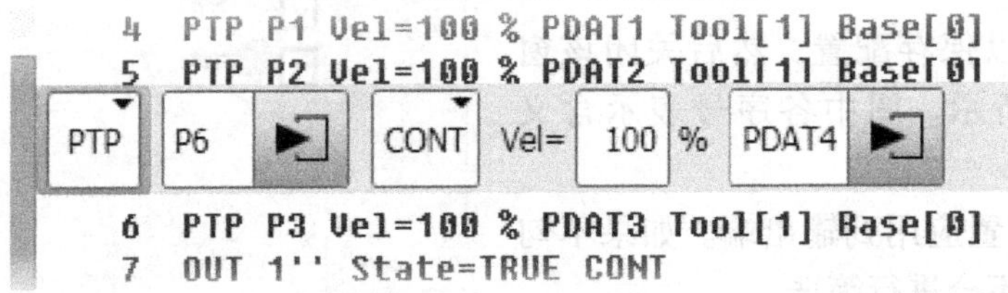
4 PTP P1 Vel=100 % PDAT1 Tool[1] Base[0]
5 PTP P2 Vel=100 % PDAT2 Tool[1] Base[0]
PTP
P6
CONT
Vel=
100
%
PDAT4
6 PTP P3 Vel=100 % PDAT3 Tool[1] Base[0]
7 OUT 1'' State=TRUE CONT

图 5-69　运动编程的联机表格

创建运动时有不同的运动方式供运动指令的编程使用，可根据对机器人工作流程的要求来进行运动编程。

1. 轨迹逼近的 PTP 移动（Cont）

在逼近过程中，控制部分将监视所谓的目标点周围的逼近区域。下例中的点 P2 便是这样的一个点，如果工具参照点进入这个范围，机器人移动将过渡到下一条移动指令的目标点。如图 5-70 所示。

2. 点到点移动（PTP）

机器人系统的定位将在两点之间以最短的路程进行，因为所有轴的移动同时开始和结束，所有这些轴必须同步。因此，无法精确地预计机器人的轨迹。如图 5-71 所示（参见“4-1 双机器人 + 回转变位”视频）。

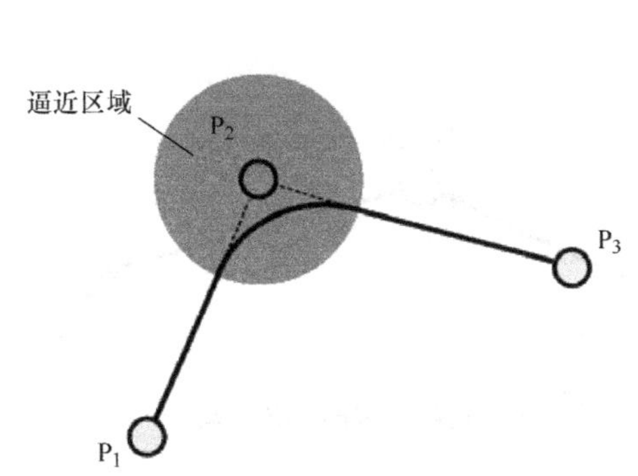

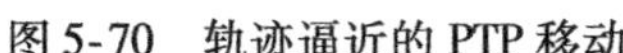
图 5-70　轨迹逼近的 PTP 移动

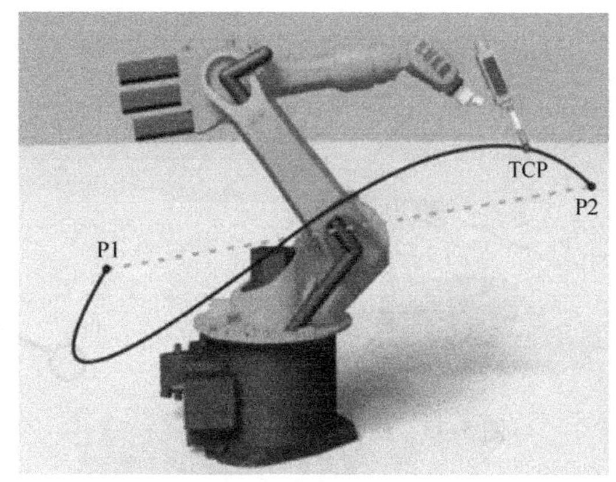

图 5-71　点到点移动

注意：

在点到点移动时，无法精确地预计机器人的轨迹，因此，在障碍物附近有对撞的危险，必须在障碍物附近以降低速度测试机器人的移动特性。点到点的轨迹走向也同移动速度相关。在精确定位的点到点移动时，将精确地抵达每个目标点，如图 5-72 所示。

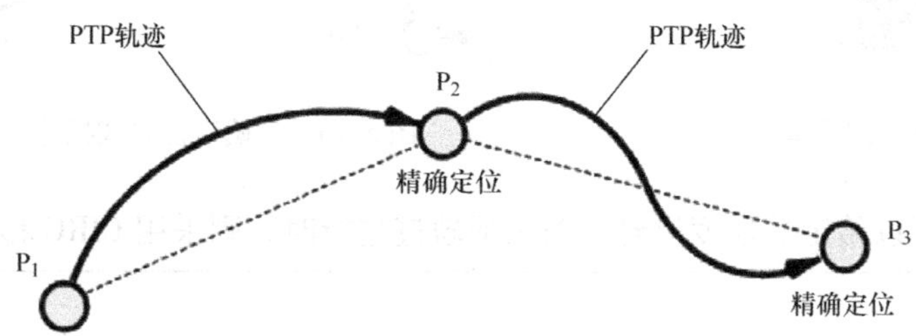

图 5-72　精确定位的 PTP 移动

3. 线性移动（LIN）

在线性移动过程中，机器人转轴之间将进行配合，使得工具及工件参照点沿着一条通往目标点的直线移动，如图 5-73 所示。

如果必须按给定的速度沿着某条精确的轨迹抵达一个点，或者如果因为存在对撞的危险而不能以 PTP 移动方式抵达某些点的时候，将采用线性移动。

注意：

仅参照点遵照编程设定的轨迹，工具以及工件本身可能会在移动过程中改变其取向。采用精确定位的 LIN 移动将精确地抵达每个目标点，如图 5-74 所示。

4. 圆周运动

圆周运动是指工具及工件的参照点沿着一条圆弧移动至目标点，如图 5-75 所示。这条轨迹将通过起始点、辅助点和终点来描述。上一条移动指令，以精确定位方式抵达的目标点可以作为起始点，其取向将同时在整个路径上发生改变，如图 5-76 所示。

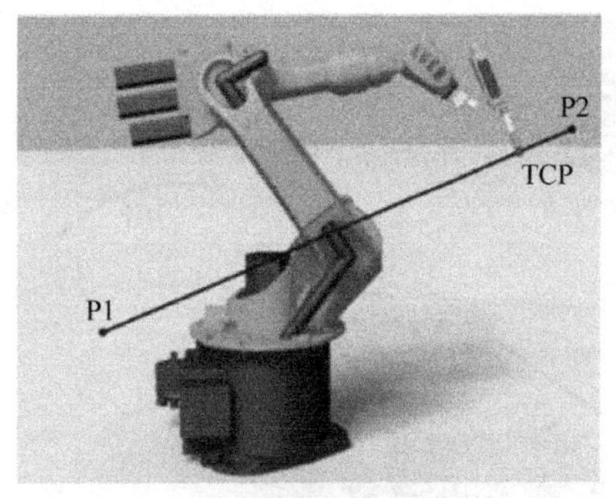

图 5-73　线性移动

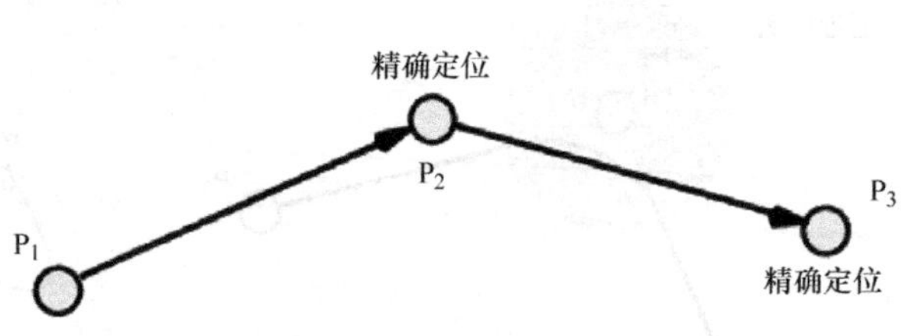

图 5-74　精确定位的 LIN 移动

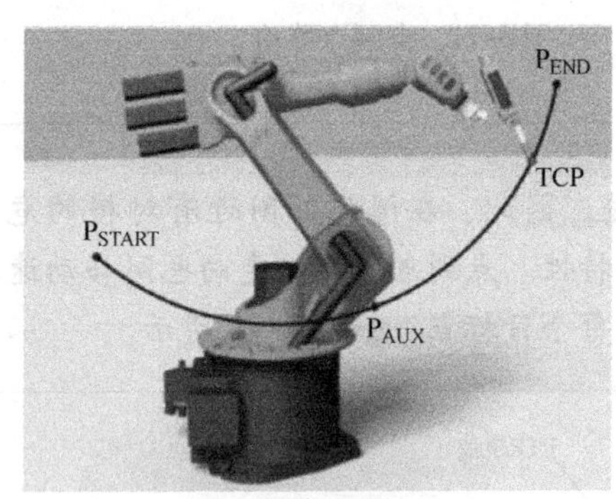

图 5-75　圆周运动

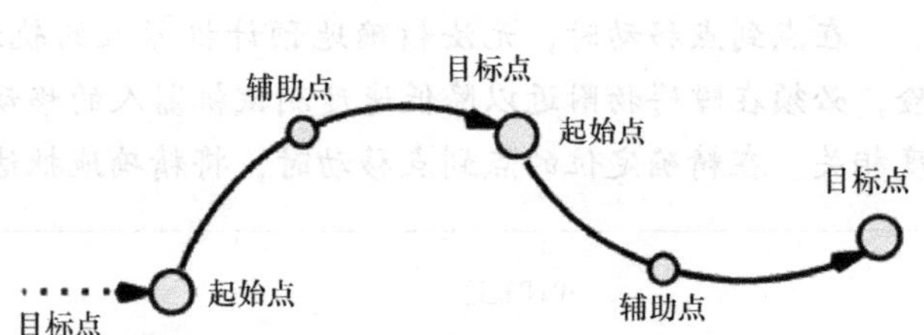

图 5-76　精确定位方式抵达的目标点

如果加工过程以给定的速度沿着一条圆形轨迹进行时，则采用 CIRC 移动。

> **注意：**
> 起始点、辅助点和终点在空间的一个平面上，为了使控制部分能够尽可能准确地确定这个平面，上述三点相互之间离的越远越好。仅参照点遵照编程设定的轨迹，工具本身可能会在移动中改变其取向，如图 5-77 所示。

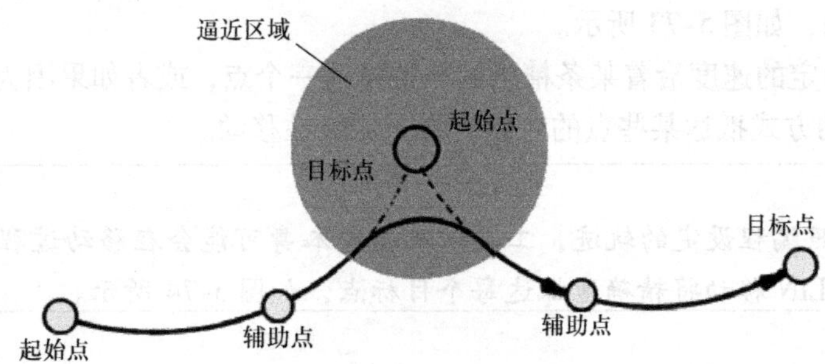

图 5-77　CIRC 移动

在进行编程时，有下列移动方式可供选择，见表 5-11 ~ 表 5-13。

表5-11　移动方式

移动方式	说　明
标准移动	
PTP（点到点）	工具沿着最快的轨迹运行至目标点
LIN（线性）	工具以设定的速度沿一条直线移动
CIRC（圆周）	工具以设定的速度沿圆周轨迹移动
工艺移动	
KLIN（线性）	用于焊接场合，但是沿直线轨迹运行
KCIRC（圆周）	同样用于焊接场合，但是沿圆周轨迹运行
查找运行	传感器监视下的线性移动

如果有多个彼此相接的移动指令，那么就存在两种方式来完成两个点之间的移动，见表5-12。

表5-12　彼此相接的移动指令

移动方式	说　明
各点之间的移动	
精确定位	准确抵达编程设定的点
轨迹逼近（Cont）	一个移动动作可以平滑地过渡到另一个，而不是准确抵达目的点

区域描述、功能及数值范围见表5-13。

表5-13　区域描述、功能及数值范围

区域描述	功能	数值范围
PTP	移动方式	PTP、LIN、CIRC、KLIN、KCIRC
VB	移动速度	最大值的1%至100%（预设值为100%）
VE	逼近区域	指令长度一半的0%至100%（预设值为0% = 无轨迹逼近）
ACC	加速度	最大值的1%至100%（预设值为100%）
Wzg	所使用的工具号码	1至16（预设号码为1）
SPSTrig	SPS触发的时间点	0至100　1/100s（预设为0）

综上所述，KUKA 机器人运动指令在焊接中的有效应用如下：

1）按轴坐标的运动（PTP：Point－To－Point，即点到点）。

2）沿轨迹的运动：LIN（线性）和 CIRC（圆周形）。

3）SPLINE：样条是一种尤其适用于复杂曲线轨迹的运动方式。这种轨迹原则上也可以通过 LIN 运动和 CIRC 运动生成，但是样条更有优势。

5.6.2　创建优化节拍的运动（轴运动）

1. PTP 轴优化运动

轴运动优化节拍的运动方式、说明及应用见表5-14。

表 5-14　PTP 轴运动优化节拍的运动方式、说明及应用

运动方式	说明	应用
P1 PTP P2	Point－To－Point：点到点 1）机器人将 TCP 沿最快速轨迹送到目标点。最快速的轨迹通常并不是最短的轨迹，因而不是直线。由于机器人轴的旋转运动，因此弧形轨迹会比直线轨迹更快 2）运动的具体过程不可预见 3）导向轴是达到目标点所需时间最长的轴 4）SYNCHRO PTP：所有轴同时启动并且也同步停下 5）程序中的第一个运动必须为 PTP 运动，因为只有在此运动中才评估状态和转向	点到点运动的应用：点焊、运输、测量、检验辅助位置。 位于中间的点、空间中的自由点

（1）轨迹逼近　轴运动优化节拍主要是轨迹逼近，如图 5-78 所示。

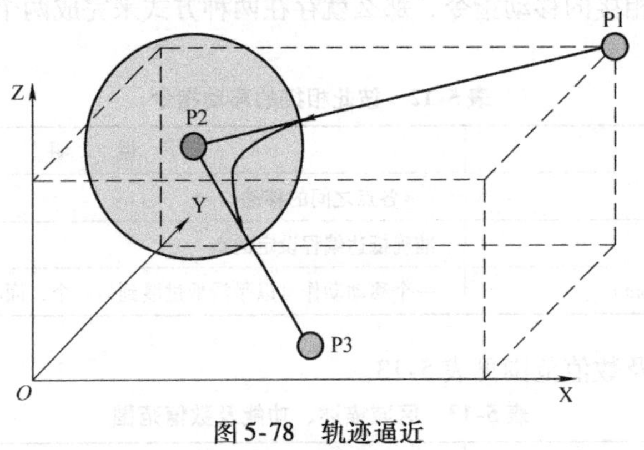

图 5-78　轨迹逼近

为了加速运动过程，控制器以 CONT 标示的运动指令进行轨迹逼近。轨迹逼近意味着事先便离开精确保持轮廓的轨迹，将会不精确地移动到点坐标。TCP 被导引沿着轨迹逼近轮廓运行，该轮廓止于下一个精确保持轮廓的运动指令。

（2）轨迹逼近的优点

1）减少磨损。

2）降低节拍时间。

如图 5-79 所示，图①和图②是实际应用中精确暂停和轨迹逼近对比图。图中纵坐标是移动速度，横坐标是移动时间，图①中的机器人移动轨迹从 P1→P2→P3→P4 移动中采用精确保持轮廓的轨迹，致使点与点之间的移动速度不断加速和减速变化，增加了机器人轴部的磨损和运行时间，图②通过轨迹逼近，使得 P1→P2→P3→P4 之间的移动速度变化平滑，所用时间节拍也缩短。

为了能够执行轨迹逼近运动，控制器必须能够读入以下运动语句。通过计算机预进读入。在 PTP 的运动方式中的轨迹逼近见表 5-15。

2. 创建 PTP 运动的操作步骤

在创建优化节拍的 PTP 运动之前，要设置运行方式为 T1，且机器人程序已选定，具体操作步骤如下：

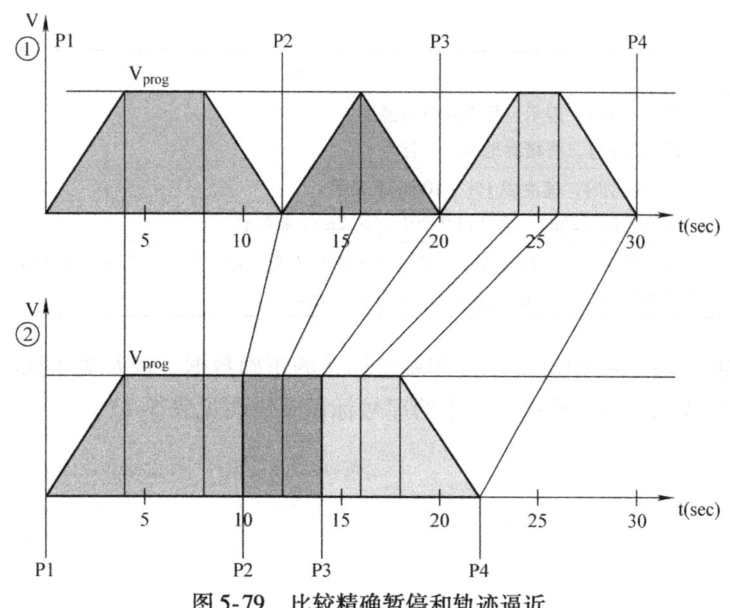

图 5-79　比较精确暂停和轨迹逼近

表 5-15　PTP 运动方式中的轨迹逼近

运动方式	特点	轨迹逼近距离
P1 PTP P3 P2 CONT	轨迹逼近不可预见	以% 表示

1）将 TCP 移向被示教为目标点的位置。

2）将光标置于其后应添加运动指令的那一行中。

3）依次选择：菜单序列指令 > 运动 > PTP，也可在相应行中按下软键运动。

4）出现 PTP 联机表格并输入参数，如图 5-80 所示，见表 5-16。

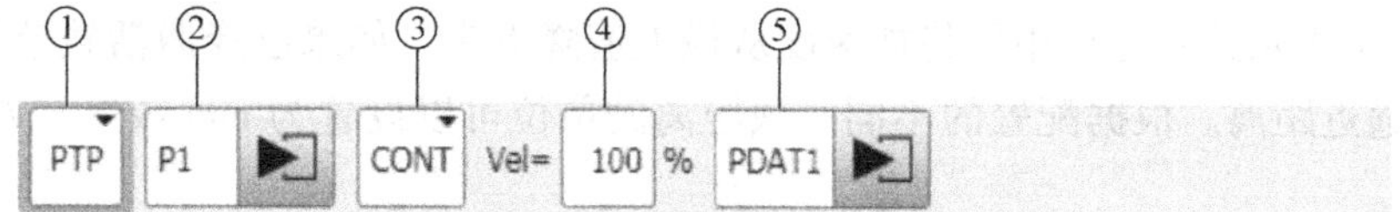

图 5-80　PTP 运动的联机表格

表 5-16　在联机表格中输入参数

序号	说　　明
①	此处为运动方式的选择：PTP、LIN 或者 CIRC
②	1）目标点的名称自动分配，但可予以单独覆盖 2）触摸箭头来编辑点数据，然后帧（Frames）选项窗口自动打开 3）对于 CIRC，必须为目标点额外示教一个辅助点。移向辅助点位置，然后按下 Touchup HP（手动修改）

（续）

序号	说　明
③	若选 CONT，表示目标点被轨迹逼近 若【空白】，将精确地移至目标点
④	PTP 运动时，速度以 1%…100% 来表示 沿轨迹的运动时，速度以 0.001m/s…2m/s 来表示
⑤	运动数据组包含加速度、轨迹逼近距离和姿态引导。其中，如果在③中输入了 CONT，则选择轨迹逼近距离，而姿态引导仅限于沿轨迹的运动

5）在选项窗口 Frames 中输入工具和基坐标系的正确数据，以及关于插补模式的数据和碰撞监控的数据，如图 5-81 所示，图中的序号标识及说明见表 5-17。

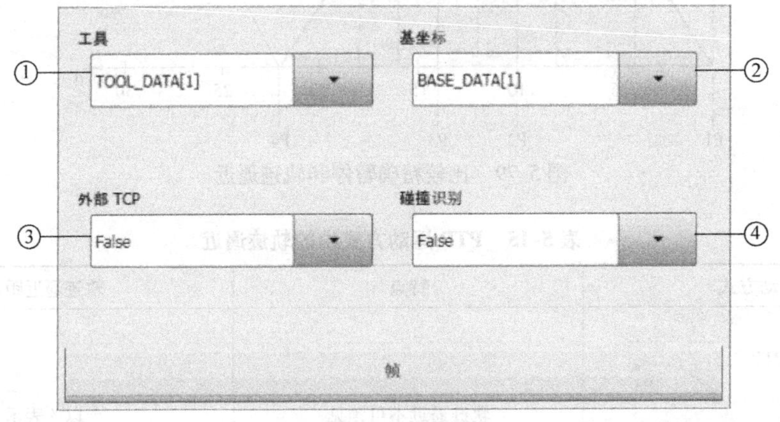

图 5-81　帧选项窗口

表 5-17　序号标识及说明

序号	说明
①	选择工具。如果外部 TCP 栏中显示 True：则选择工具。值域：【1】…【16】
②	选择基坐标。如果外部 TCP 栏中显示 True：选择固定工具。值域：【1】…【32】
③	插补模式。False 表示该工具已安装在连接法兰上。True 表示该工具为固定工具
④	True 表示机器人控制系统为此运动计算轴的扭矩，此值用于碰撞识别 False 表示机器人控制系统为此运动不计算轴的扭矩，因此对此运动无法进行碰撞识别

6）在运动参数选项窗口中可将加速度从最大值降下来。如果已经激活轨迹逼近，则也可更改轨迹逼近距离。根据配置的不同，该距离的单位可以设置为 mm 或%。如图 5-82 所

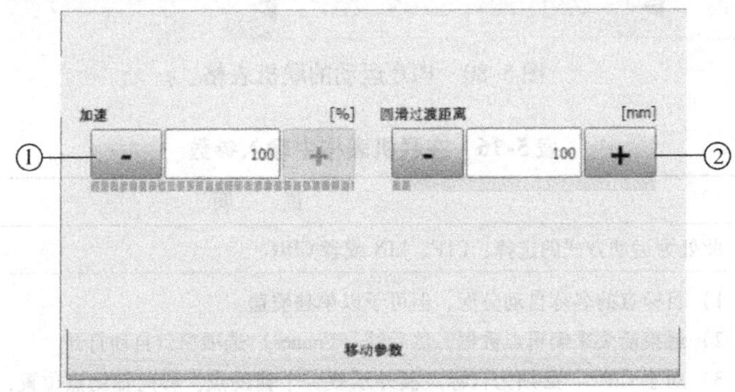

图 5-82　运行参数选项窗口（PTP）

示。图中的序号标识及说明见表 5-18。

表 5-18　序号标识及说明

序号	说　　明
①	加速度： 以机器数据中给出的最大值为基准。此最大值与机器人类型和所设定的运行方式有关。该加速度适用于该运动语句的主要轴。范围为 1%…100%
②	只有在联机表格中选择了 CONT 之后，此栏才显示，表示离目标点的距离，即最早开始轨迹逼近的距离 最大距离：从起点到目标点之间的一半距离，以无轨迹逼近 PTP 运动的运动轨迹为基准。范围为 1%…100% 或 1mm…1000mm

7）按下 OK 键存储指令。TCP 的当前位置被作为目标示教。

5.6.3　创建沿轨迹的运动

LIN（直线）和 CIRC（圆形）运动指令的含义及应用见表 5-19 应用示例参见“4-5 外部轴协调焊接”视频。

表 5-19　LIN 和 CIRC 运动方式及含义

运动方式	含义	应用
P1 LIN P2	这是直线型轨迹运动，工具的 TCP 按设定的姿态从起点匀速移动到目标点，速度和姿态均以 TCP 为参照点	轨迹焊接，贴装，激光焊接、切割
P1 CIRC P3 P2	这是圆形轨迹运动，是通过起始点、辅助点和目标点来定义的，工具的 TCP 按设定的姿态从起始点经辅助点匀速移动到目标点。速度和姿态均以 TCP 为参照点	轨迹应用与 LIN 相同：圆周、半径、圆形

1. 关于轨迹运动的奇点位置

（1）奇点位置　有着 6 个自由度的 KUKA 机器人具有 3 个不同的奇点位置。在给定状态和步骤顺序的情况下，也无法通过逆向运算（将笛卡尔坐标转换成轴坐标值）得出唯一数值，便可认为是一个奇点位置。或者当最小的笛卡尔变化也能导致非常大的轴角度变化时，也为奇点位置。奇点不是机械特性，而是数学特性，出于此原因，奇点只存在于轨迹运动范围内，而在轴运动时不存在。

1）顶置奇点 α1。在机器人处于顶置奇点位置时，腕点（即轴 A5 的中点）垂直于机器人的轴 A1。轴 A1 的位置不能通过逆向运算进行明确确定，且因此可以赋以任意值。如图 5-83所示。

2）延展位置奇点 α2。对于延伸位置奇点来说，腕点（即轴 A5 的中点）位于机器人轴

A2 和 A3 的延长线上。机器人处于其工作范围的边缘。通过逆向运算将得出唯一的轴角度，但较小的笛卡尔速度变化将导致轴 A2 和 A3 较大轴速变化。如图 5-84 所示。

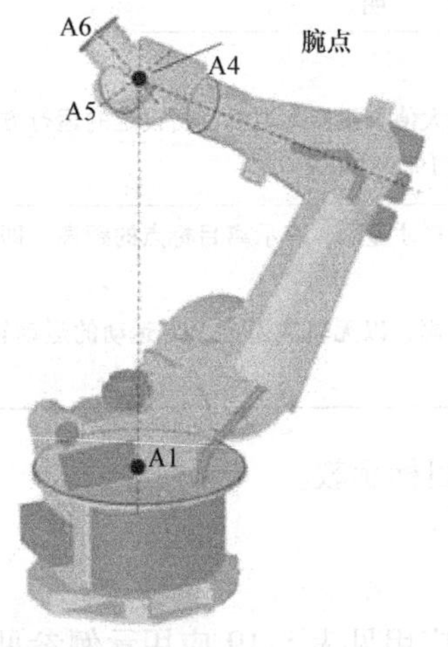

图 5-83　顶置奇点（α1 位置）

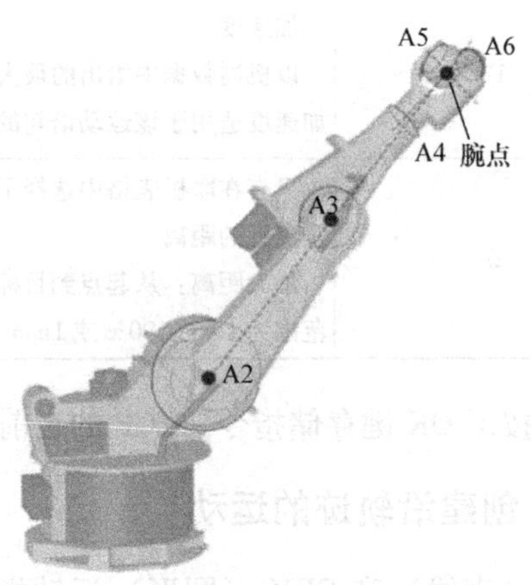

图 5-84　延展位置奇点（α2 位置）

3）手轴奇点 α5。对于手轴奇点来说，轴 A4 和 A6 彼此平行，并且轴 A5 处于 ±0.01812°的范围内。

通过逆向运算无法明确确定两轴的位置。轴 A4 和 A6 的位置可以有任意多的可能性，但其轴角度总和均相同。如图 5-85 所示。

（2）沿轨迹的运动时的姿态引导　沿轨迹的运动时可以准确定义姿态引导。工具在运动的起点和目标点处的姿态可能不同。在运动方式 LIN 下的姿态引导，标准或手动 PTP。工具的姿态在运动过程中不断变化。在机器人以标准方式到达手轴奇点时就可以使用手动 PTP，因为是通过手轴角度的线性轨迹逼近（按轴坐标的移动）进行姿态变化。如图 5-86 所示。

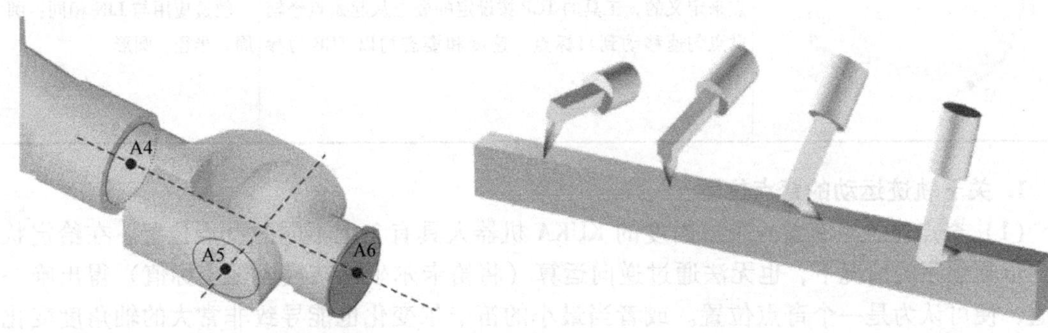

图 5-85　手轴奇点（α5 位置）　　图 5-86　以标准方式到达手轴奇点

（3）固定不变　工具的姿态在运动期间保持不变，与在起点所示教的一样，在终点示教的姿态被忽略，如图 5-87 所示。

（4）在运动方式 CIRC 下的姿态引导

1）标准或手动 PTP 使工具的姿态在运动过程中不断变化。在机器人以标准方式到达手

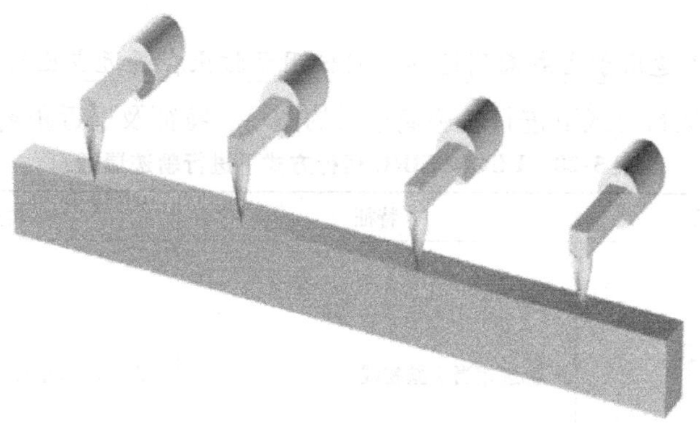

图 5-87　稳定的方向导引

轴奇点位置时就可以使用手动 PTP，因为是通过手轴角度的线性轨迹逼近（按轴坐标的移动）进行姿态变化，如图 5-88 所示。

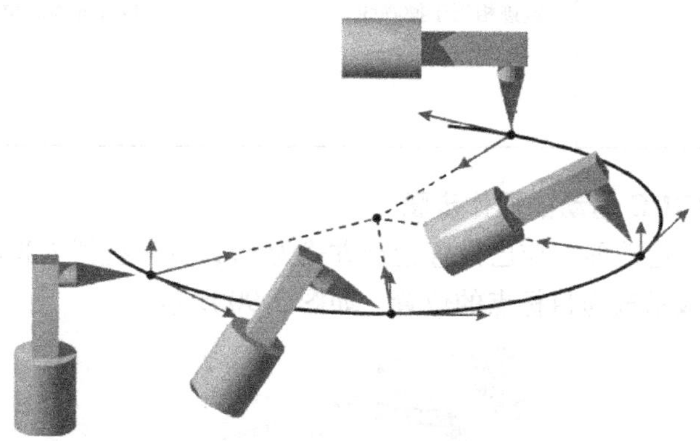

图 5-88　标准 + 以基准为参照图示

2）固定不变。工具的姿态在运动期间保持不变，与在起点所示教的一样。在终点示教的姿态被忽略，如图 5-89 所示。

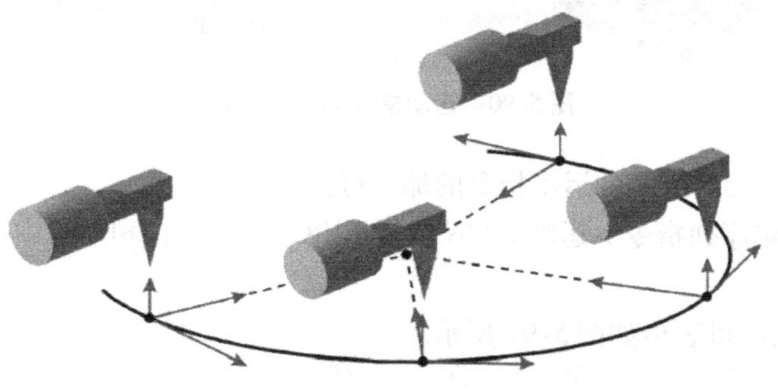

图 5-89　恒定的方向导引 + 以基准为参照图示

轨迹运动的轨迹逼近

> **提示：**
> 轨迹逼近功能不适用于生成圆周运动，它仅用于防止在逼近点出现暂停。

在 LIN 和 CIRC 运行方式下进行轨迹逼近时的图示、特征及逼近距离单位见表 5-20。

表 5-20　LIN 和 CIRC 运行方式下进行轨迹逼近

运行方式及图示	特征	轨迹逼近距离
P1 LIN P3 P2 CONT	轨迹相当于抛物线	以 mm 为单位
P1 CIRC P3 CONT P2	轨迹相当于抛物线	以 mm 为单位

2. 创建 LIN 和 CIRC 运动的操作步骤

创建 LIN 和 CIRC 运动前，应已设置运行方式为 T1，并且机器人程序已选定。

1）将 TCP 移向被示教为目标点的位置，如图 5-90 所示。

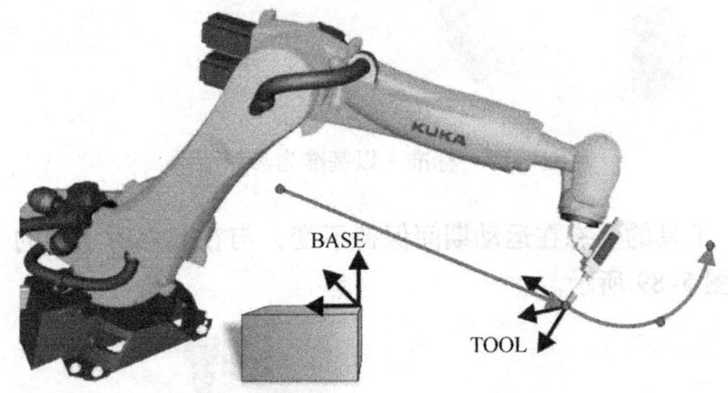

图 5-90　运动指令 LIN 和 CIRC

2）将光标置于其后应添加运动指令的那一行。

3）选择“菜单序列指令 > 运动 > LIN 或者 CIRC”，也可在相应行中按下软键“运动”。联机表格出现：

① LIN 运动的联机表格如图 5-91 所示。

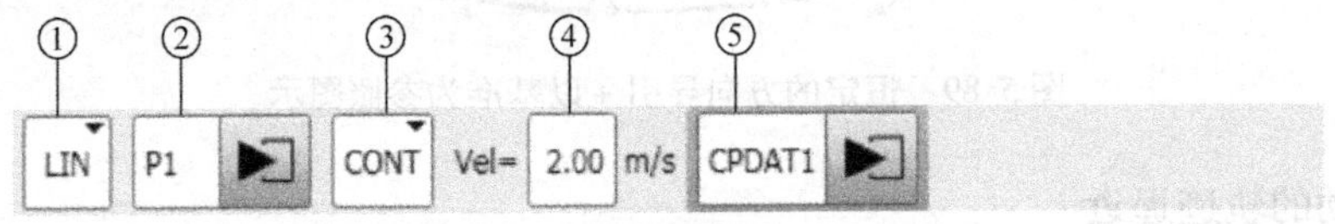

图 5-91　LIN 运动的联机表格

② CIRC 运动的联机表格如图 5-92 所示。

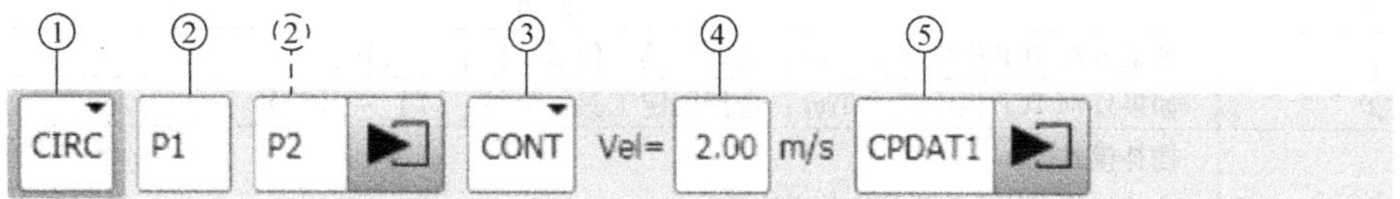

图 5-92　CIRC 运动的联机表格

③ 在联机表格中输入参数，见表 5-21。

表 5-21　联机表格中输入的参数

序号	说　明
①	运动方式为：PTP、LIN 或者 CIRC
②	目标点的名称自动分配，但可予以单独覆盖 触摸箭头以编辑点数据，然后帧（Frames）选项窗口自动打开 对于 CIRC 运动方式，必须为目标点额外示教一个辅助点。移向辅助点位置，然后按下 Touchup HP。辅助点中的工具姿态无关紧要
③	CONT：目标点被轨迹逼近 【空白】：将精确地移至目标点
④	速度 PTP 运动时：1% ~100% 沿轨迹的运动时：0.001 ~2m/s
⑤	运动数据组： 加速度 如果在栏③中输入了 CONT，会出现轨迹逼近距离 姿态引导（仅限于沿轨迹的运动）

④ 在帧（Frames）选项窗口中输入工具和基坐标系的正确数据，以及关于插补模式的数据（外部 TCP：开/关）和碰撞监控的数据，如图 5-93 所示和见表 5-22。

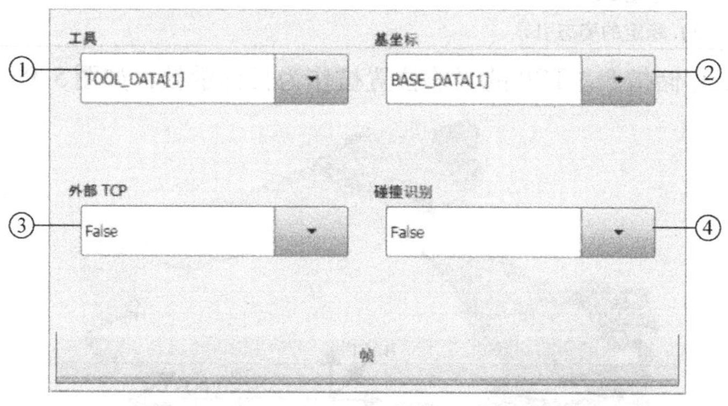

图 5-93　帧（Frames）选项窗口

⑤ 在运动参数选项窗口中可将加速度从最大值降下来。如果轨迹逼近已激活，则可更改轨迹逼近距离。此外也可修改姿态引导，如图 5-94 所示。

表 5-22 输入工具和基坐标系的数据

序号	说明
①	如果外部 TCP 栏中显示 True：选择工具。值域：【1】～【16】
②	如果外部 TCP 栏中显示 True：选择固定工具。值域：【1】～【32】
③	插补模式： 1）False：该工具已安装在连接法兰上 2）True：该工具为固定工具
④	True：机器人控制系统为此运动计算轴的扭矩。此值用于碰撞识别 False：机器人控制系统为此运动不计算轴的扭矩。因此对此运动无法进行碰撞识别

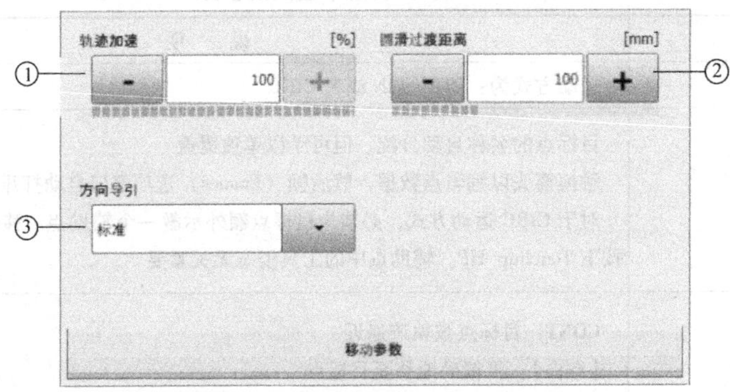

图 5-94 运动参数（LIN，CIRC）选项窗口

运动参数选项窗口说明见表 5-23。

表 5-23 运动参数选项窗口说明

序号	说明
①	加速度：以机器数据中给出的最大值为基准。此最大值与机器人类型和所设定的运行方式有关
②	圆滑过渡距离：最早在此处开始轨迹逼近此距离最大可为起始点至目标点距离的一半。如果在此处输入了一个更大数值，则此值将被忽略而采用最大值。只有在联机表格中选择了 CONT 之后，此栏才显示
③	选择姿态引导： 1）标准 2）手动 PTP 3）稳定的姿态引导

⑥ 按下 OK 键存储指令。TCP 的当前位置被作为目标示教，如图 5-95 所示。

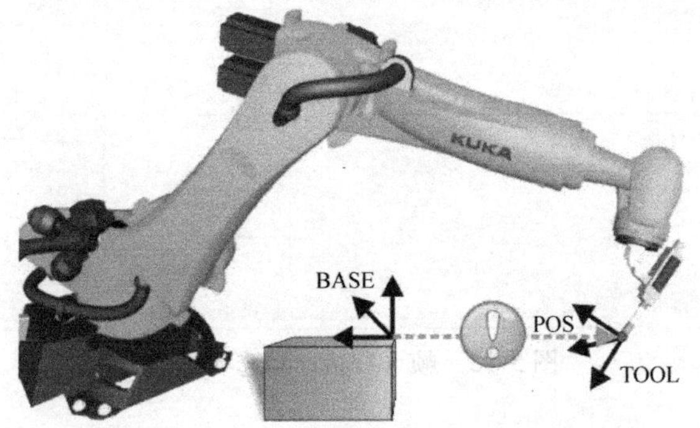

图 5-95 在“指令 OK”和“Touchup”时保存点坐标

5.6.4 更改运动指令

1. 更改运动指令的原因

更改现有运动指令的原因有多种，见表5-24。

表5-24 更改运动指令更改现有运动指令

典型原因	待执行的更改
待抓取工件的位置发生变化	位置数据的更改
货盘位置发生变化	更改帧数据：基坐标系和（或）工具坐标系
意外使用了错误基坐标系对某个位置进行了示教	更改帧数据：带位置更新的基坐标系和（或）工具坐标系
加工速度太慢：节拍时间必须改善	更改运动数据：速度、加速度更改运动方式

2. 更改运动指令的内容

（1）更改位置数据　只更改点的数据组，点获得新的坐标，因为已用“Touchup”更新了数值，旧的点坐标被覆盖。

（2）更改帧数据　更改帧数据（例如工具、基坐标）时，会导致位置发生位移（例如“矢量位移”）机器人位置会发生变化。旧的点坐标依然会被保存并有效。发生变化的仅是参照系（例如基坐标），可能会出现超出工作区的情况。因此，不能到达某些机器人位置。如果机器人位置保持不变，但帧参数改变，则必须在更改参数（例如基坐标）后在所要求的位置上用“Touchup”更新坐标。

> **警告：**
> 此外，用户对话框会发出警告：“注意：更改以点为参照的帧参数时会有碰撞危险！”

（3）更改运动数据　更改速度或者加速度时会改变移动属性，这可能会影响加工工艺，特别是使用轨迹应用程序时。

（4）更改运动方式　更改运动方式时总是会导致更改轨迹规划，这在不利情况下可能会导致发生碰撞，因为轨迹可能会发生意外变化。

3. 更改运动指令的安全提示

每次更改完运动指令后都必须在低速（运行方式T1）下测试机器人程序。

若以高速启动机器人程序可能会导致机器人系统和整套设备损坏，因为可能会出现不可预料的运动。如果有人位于危险区域，则可能会造成重伤。

4. 更改运动指令的操作步骤

（1）更改运动参数－帧时的操作步骤

1）将光标放在须改变的指令行里。

2）点击更改。指令相关的联机表格自动打开。

3）打开选项窗口“帧”。

4）设置新工具坐标系或者基坐标系或者外部TCP。

5）用OK确认用户对话框

> **注意：**
> “改变以点为基准的帧参数时会有碰撞危险！”

6）如要保留当前的机器人位置及更改的工具坐标系和/或基坐标系设置，则必须按下Touch Up键，以便重新计算和保存当前位置。

7）用软键指令OK存储变更。

更改运动参数这种方法可用于以下更改：运动方式；速度；加速度；轨迹逼近；轨迹逼近距离。

> **警告：**
>
> 更改运动参数后必须重新检查程序是否不会引发碰撞并且过程可靠。

> **警告：**
>
> 如果帧参数发生变化，则必须重新测试程序是否会发生碰撞。

（2）更改机器人位置时的操作步骤

1）设置运行方式T1，将光标放在要改变的指令行里。

2）将机器人移到所要的位置。

3）点击更改。指令相关的联机表格自动打开。

4）对于PTP和LIN运动：

按下Touchup（修整），以便确认TCP的当前位置为新的目标点。对于CIRC运动：

按Touchup HP（修整辅助点），以便确认TCP的当前位置为新的辅助点。或者按Touchup ZP（修整目标点），以便确认TCP的当前位置为新的目标点。

5）单击"是"确认安全询问。

6）用指令OK存储变更。

5.6.5　具有外部TCP的运动编程

用固定工具进行运动编程时，运动过程与标准运动相比会产生以下区别：

联机表格中的标识：在帧（Frames）选项窗口中，外部TCP项的值必须为"TRUE"，如图5-96所示。

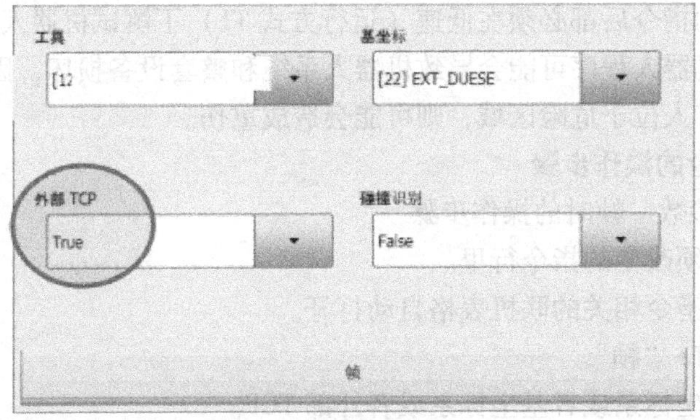

图5-96　帧选项窗口

运动速度以外部TCP为基准。沿轨迹的姿态同样以外部TCP为基准。不仅要指定合适的基坐标系（固定工具/外部TCP），还要指定合适的工具坐标系（运动的工件）。

5.7　故障编号信息

故障信息编号、说明及产生原因见表 5-25。

表 5-25　故障信息编号、说明及产生原因

编号	说明	产生原因
P00：1	PGNO _ TYPE 的值错误允许值（1，2，3）	为程序号规定了错误的数据类型
P00：2	PGNO _ LENGTH 的值错误值域≤1 PGNO _ LENGTH≤16	为程序号设计的位宽错误
P00：3	PGNO _ LENGTH 的值错误允许值（4，8，12，16）	如果选择了 BCD 格式来读取程序号，则必须设定一个相应的位宽
P00：4	PGNO _ FBIT 的值错误超出$IN 范围	程序号的第一位被指定为“0”或者一个不存在的输入端
P00：7	PGNO _ REQ 的值错误超出$OUT 范围	要求程序号的输出端被指定为“0”或者一个不存在的输出端
P00：10	传输错误奇偶校验错误	检查奇偶校验时发现不一致，肯定出现了传输错误
P00：11	传输错误程序号错误	上一级的控制系统发出了一个程序号，在文件 CELL. SRC 中不存在用于此程序号的 CASE 分支程序
P00：12	传输错误 BCD 编码错误	以 BCD 格式读取程序号时导致读取结果无效
P00：13	运行方式错误	输入/输出接口尚未激活，即系统变量$I _ O _ ACTCONF 的当前值为 FALSE。可能原因如下： 运行方式选择开关未处于“外部自动运行”位置 信号$I _ O _ ACT 的当前值为 FALSE
P00：14	以运行方式 T1 移至起始位置	机器人没有到达起始位置
P00：15	程序号出现错误	在“n 选 1”中设定的输入端多于 1

KUKA 焊接机器人的应用可参见视频 4-2、视频 4-4、视频 4-6 和视频 4-7。

第6章　OTC机器人

6.1　OTC机器人概述

6.1.1　OTC机器人常用术语

OTC机器人的常用术语见表6-1。

表6-1　OTC机器人的常用术语

术语	说　明
示教器	用于手动操作机器人或进行示教作业等
动作可开关	避免因误操作等而使机器人意外动作的安全装置。动作可开关装设在示教器的背面。只有在按住动作可开关的状态，才允许进行机器人的手动操作、检查前进/后退
示教模式	主要用于编写作业程序的模式
再生模式	自动执行编写的作业程序的模式
运转准备	向机器人供电的状态，运转准备ON时供电，运转准备OFF时紧急停止
示教	指对机器人教其学习动作或焊接作业。所教的内容记录在作业程序内
作业程序	记录机器人的动作或焊接作业等的执行顺序的文件
移动命令	使机器人移动的命令
应用命令	焊接、作业程序的分支、外部I/O控制等，使机器人在动作途中进行各种辅助作业的命令
步骤	示教移动命令或应用命令，即在程序内写入连续号码。此类号码即称为步骤
精确度	机器人会正确重现所示教的位置，但有时不是正确位置也没关系。指定动作应该精确到什么程度的功能就称为精确度
坐标	机器人备有坐标，通常称为机器人坐标，以机器人的正面为基准，前后为X坐标，左右为Y坐标，上下为Z坐标，以此构成正交坐标。此坐标即是计算手动动作或位移动作等的基准。另外，还备有工具坐标，是以工具的安装面（凸缘面）为基准
轴	机器人是以复数马达控制的，各个电动机所控制部分称为轴，用6个电动机所控制的机器人称为6轴机器人
辅助轴（外部轴）	将机器人以外的轴（定位器或滑动器等）统称为辅助轴，有时也称作外部轴
检查前进/检查后退	使编写的作业程序以低速一步一步地动作，确认示教位置的功能。有前进检查（go）/后退检查（back）两种
启动	将再生编写的作业程序称为启动
自动操作/回放	“自动操作”和“回放”都是指程序在回放模式中的回放
停止	使处于启动状态（再生）的机器人停下来称为停止
紧急停止	使机器人（或系统）紧急停下来，称为紧急停止。一般供紧急停止的按钮在系统内备有多个，只要按下任何一个，系统即当场紧急停止

（续）

<table>
<tr><th>术语</th><th colspan="2">说　　明</th></tr>
<tr><td>错误</td><td rowspan="3">示教作业或再生动作中，当检测到操作错误、示教错误或机器人本身的异常时，将该异常通知作业者</td><td>再生动作中若发生错误，机器人进入停止状态，当场切断伺服电源（运转准备）</td></tr>
<tr><td>报警</td><td>报警若发生在再生动作中的话，使机器人成为停止状态伺服电源（运转准备）被切断。为此错误轻微的异常</td></tr>
<tr><td>信息</td><td>信息即使在再生动作中，机器人依然处于起动状态。其中也包含将来极有可能发展成报警或错误的信息</td></tr>
<tr><td>机构</td><td colspan="2">作为控制组无法再行分解的单位，如“操纵器”“变位机”“伺服焊枪”“伺服走行”。在操纵器上附加伺服焊枪的结构称为“多重机构”。对于多重机构，需要选择手动操作对象的机构</td></tr>
<tr><td>系统</td><td colspan="2">编制作业程序的单位。构成单元的机构有时只有一个，有时有多个（多重机构）。如果设定了“多重单元”选项，可同时运行多个单元。除此之外，通常整体仅使用一个单元，因此不必在意</td></tr>
</table>

6.1.2　机器人系统构成及功能

机器人系统主要由机器人本体、控制装置、示教器等构成。

1. OTC 机器人本体

主要用于弧焊用途的 FD—V6 机器人本体如图 6-1 所示。

图 6-1　FD—V6 机器人本体

FD—V6 机器人技术参数见表 6-2。

表 6-2　FD—V6 机器人技术参数

型号	FD—V6
构造	垂直多关节
轴数	6 轴
最大可载能力	6kg
位置重复精度	±0.08mm

（续）

型号			FD—V6
驱动系统			AC 伺服马达
驱动容量			26000W
位置数据反馈			绝对值编码器
动作范围		1 轴	±170°/±50°
		2 轴	−155°/+90°
		3 轴	−170°/+190°
		4 轴	±180°
		5 轴	−50°/+230°
		6 轴	±360°
最大速度		1 轴	3.32rad/s（190°/s）
		2 轴	3.66rad/s（210°/s）
		3 轴	3.66rad/s（210°/s）
		4 轴	7.33rad/s（420°/s）
		5 轴	7.33rad/s（420°/s）
		6 轴	10.82rad/s（620°/s）
载荷能力	允许扭矩	回转	11.8N · m
		弯曲	9.8N · m
		扭转	5.9N · m
	允许惯性矩	回转	0.30kg · m^2
		弯曲	0.25kg · m^2
		扭转	0.06kg · m^2
机器人动作范围截面面积			3.14m^2 ×340°
周围温度			0～45℃
周围湿度			20%～80% RH（无冷凝）

这种机器人本体的结构特点在于：同轴电缆内藏可防止电缆弯曲，提高工作质量（动作半径 1.4m）、机器的保养更加简便、上手臂独立支撑结构，可单侧拆卸，同轴电缆的更换更快更简便、减少了手臂与工装夹具之间的相互干扰、最大程度地减少电缆和夹具之间互相干扰，使手臂的活动范围更大。

2. FD11 控制装置

1）当控制装置连接操作盒时，在 FD11 控制装置的前面配备电源开关，连接示教器与操作盒。如图 6-2 所示。

图 6-2 中，断路器使控制装置的电源置于 ON/OFF，示教器上装有按键和按钮，以便执行示教、文件操作、各种条件设定等。操作盒上装有执行最低限度的操作所需的按钮，以便执行运转准备投入、自动运行的启动和停止、紧急停止、示教/再生模式的切换。

使用操作盒上装有的机器人控制按钮，可执行运转准备投入、自动运行的启动和停止、紧急停止等，如图 6-3 所示。

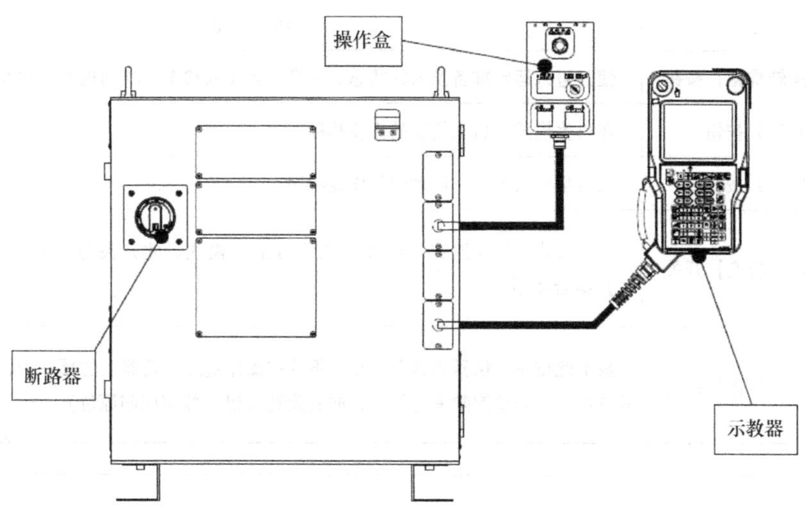

图6-2 FD11控制装置与操作盒连接

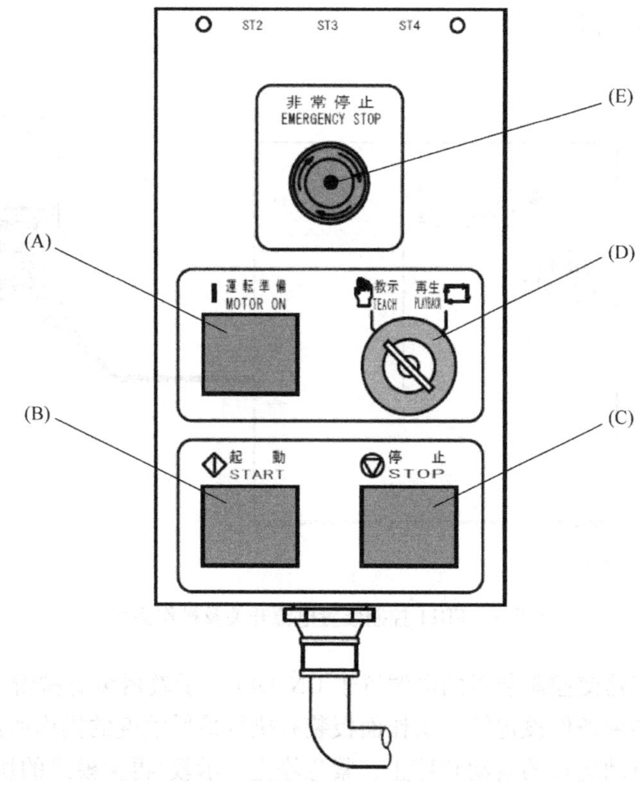

图6-3 操作盒

操作盒的各按钮及开关的功能见表6-3。

表 6-3　操作盒的各按钮及开关的功能

标　记		功　能
(A)	【运转准备】按钮	使其进入运转准备投入的状态。一旦进入投入状态，移动机器人的准备就完成了
(B)	【起动】按钮	在再生模式下启动指定的作业程序
(C)	【停止】按钮	在再生模式下停止启动中的作业程序
(D)	【模式转换】开关	切换模式。可切换到“示教”或“再生”模式。此开关与示教器的【TP 选择开关】组合使用
(E)	【非常停止】按钮	按下此按钮，机器人紧急停止。不论按操作盒或示教器上的哪一个，都能使机器人紧急停止。若要解除紧急停止，向右旋转按钮（按钮回归原位）

提示：

选择连接操作盒时，不能安装操作面板。

2）当控制装置装有操作面板时，在 FD11 控制装置前面装有电源开关及操作面板，并连接示教器，如图 6-4 所示。

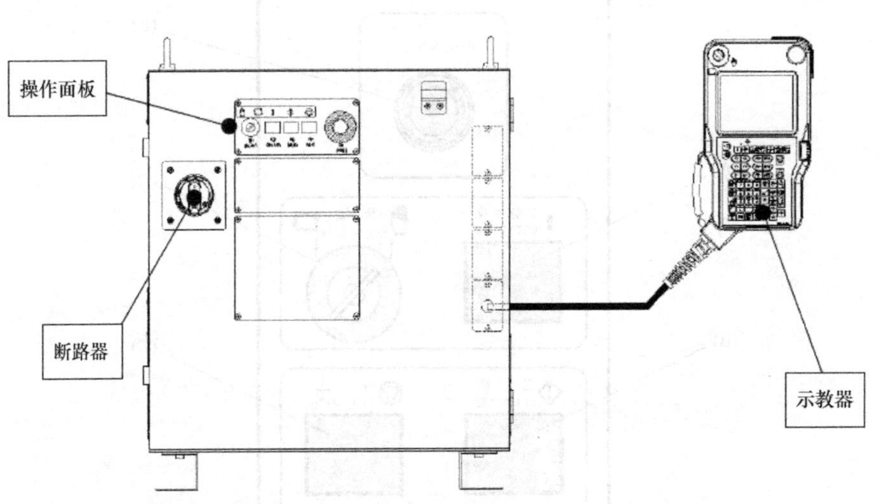

图 6-4　FD11 控制装置电源开关及操作面板

图 6-4 中，断路器使控制装置的电源置于 ON/OFF。示教器装有按键和按钮，以便执行示教、文件操作、各种条件设定等。操作面板装有执行最低限度的操作所需的按钮，以便执行运转准备投入、自动运行的启动和停止、紧急停止、示教/再生模式的切换。

使用在控制箱上装有操作面板的机器人控制按钮，可执行运转准备投入、自动运行的启动和停止、紧急停止等，如图 6-5a、b 所示。

操作面板的各按钮及开关的功能见表 6-4。

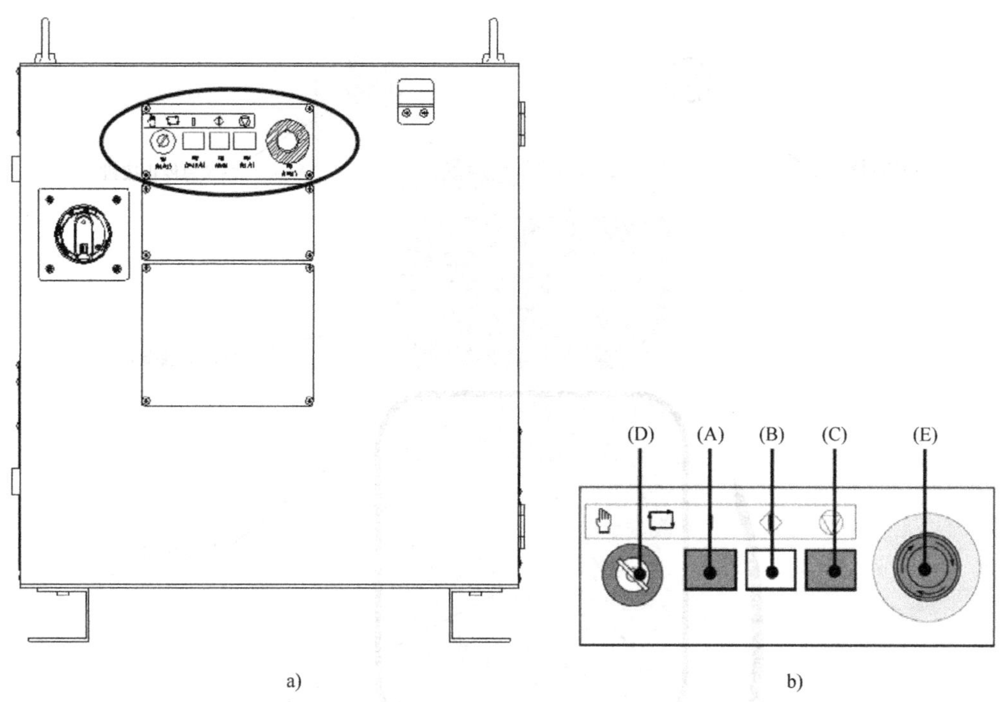

图6-5 控制箱操作面板

a）控制箱 b）操作面板

表6-4 操作面板的各按钮及开关的功能

标记		功能
(A)	【运转准备投入】按钮	使其进入运转准备投入的状态。一旦进入投入状态，移动机器人的准备就完成了
(B)	【起动】按钮	在再生模式下启动指定的作业程序
(C)	【停止】按钮	在再生模式下停止启动中的作业程序
(D)	【模式转换】开关	切换模式。可切换到示教/再生模式，此开关与示教器的【TP选择开关】组合使用
(E)	【紧急停止】按钮	按下此按钮，机器人紧急停止。不论按操作盒或示教器上的哪一个，都使机器人紧急停止 若要解除紧急停止，向右旋转按钮（按钮回归原位）

3. 示教器

（1）示教器的外观 示教器上有操作键、按钮、开关、缓动旋钮等，可执行程序编写或各种设定。可为同时按住【动作可】开关时使用的数字键【7】~【9】分配移动命令，为“4~6”分配常用命令（功能组）。此外，也可为缓动旋钮分配功能使用，如图6-6所示。

图6-6所示的操作键外观可能与实际示教器有细微差别，但相关意义一样。示教器背面如图6-7所示。

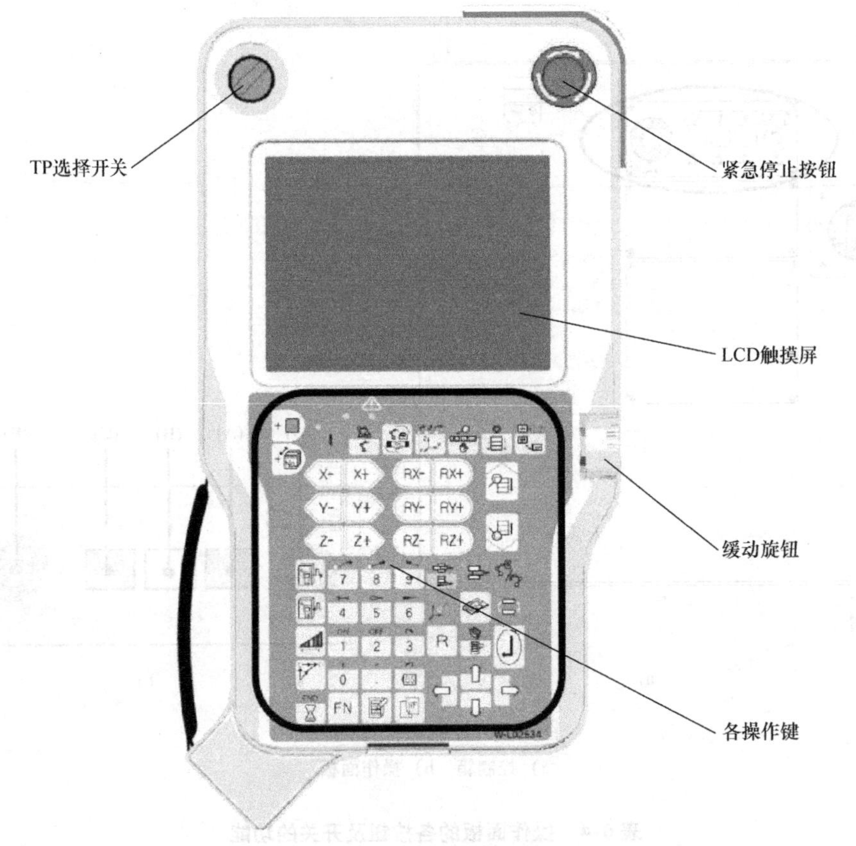

图 6-6　示教器正面

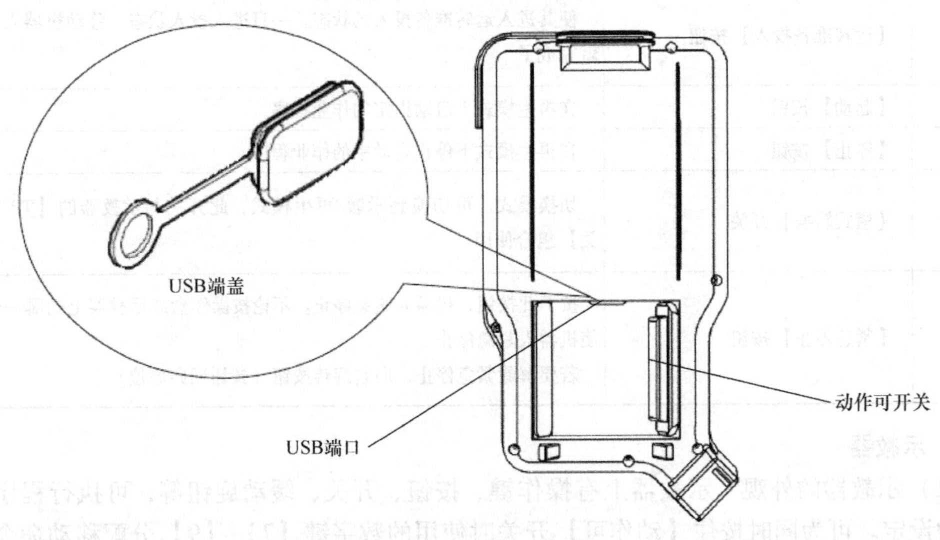

图 6-7　示教器背面

（2）LED 显示含义功能　示教器上的各操作键上部有 LED，如图 6-8 所示。图 6-8 中，各操作键上部 LED 显示的意义见表 6-5。

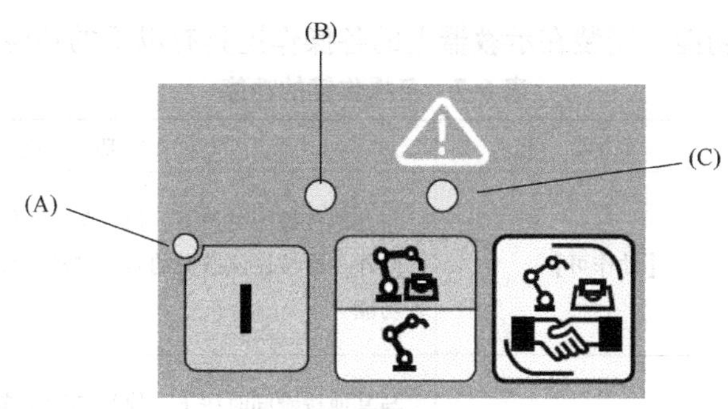

图6-8　示教器的LED

表6-5　各操作键上部LED功能

	LED颜色	功　能
(A)	绿	在运转准备ON的准备状态闪灭，在运转准备ON（伺服ON）时点灯。与操作面板或操作盒上的【运转准备投入按钮】的绿色指示灯相同
(B)	橙	在控制装置的电源投入后闪灭，示教器的系统启动后进入点灯状态。之后处于正常点灯状态
(C)	红	当示教器的硬件有异常时，点灯。通常处于熄灯状态

提示：

在刚刚投入控制装置的电源后，为确认动作全部LED都会点灯约0.5s，然后熄灯。

（3）按钮、开关的功能　安装在示教器上的按钮、开关类具有以下功能，见表6-6。

表6-6　按钮、开关的功能

外观	标记	功　能
	【TP选择】开关	与操作面板或操作盒上的【模式转换开关】组合，切换示教模式与再生模式。详细情况请参阅“第3章3.2选择模式”
	【紧急停止】按钮	按下此按钮，机器人紧急停止。若要解除紧急停止，按箭头方向旋转按钮（按钮回归原位）
	【动作可】开关	示教模式中手动操作机器人时使用。通常仅装在左手侧，作为选购件，也有左右均装的规格 握住【动作可】开关，向机器人供电（进入运转准备ON（伺服ON）状态）。只在握住该开关期间可手动操作机器人 在危险临近时，请松开【动作可】开关，或者紧紧握住直到发出“喀嚓”声为止，机器人紧急停止
	【缓动】旋钮	【缓动】旋钮有纵向转动旋钮的操作和横向按动按钮的操作 旋钮转动操作可移动光标，滚动画面；按钮按动操作可选择项目，确定输入 此外，可为旋钮转动操作、按按钮操作分配以使用频次高的按键操作为代表的各种操作

（4）各操作键的功能　安装在示教器上的各操作键具有以下的功能，见表6-7。

表6-7　各操作键的功能

外观	标　记	功　能
	【动作可】	与其他按键同时按下，执行各种功能 此外，在按住该按键的同时推动或转动缓动旋钮，也可执行各种功能
	【上档键】	与其他按键同时按下，执行各种功能 此外，在按住该按键的同时推动或转动缓动旋钮，也可执行各种功能
	【运转准备 ON】	与【动作可】键同时按下，使运转准备进入 ON 状态
	【单元/机构】	1）单独按时，可切换机构。在系统内连接有多个机构的情况下，切换要手动操作的机构 2）与【动作可】键同时按时，可切换单元。在系统内定义有多个单元的情况下，切换成为操作对象的单元
	【协调】	在连接多个机构的系统中，所使用的按键具有以下功能： 1）单独按时，协调手动操作的选择/解除。用于选择/解除协调手动操作 2）与【动作可】同时按时，协调操作的选择/解除。在示教时，选择/解除协调动作。针对移动命令指定协调动作，在步号之前会显示“H”
	【插补/坐标】	1）单独按时，可切换坐标。在手动操作时，切换成以动作基准的座标系。每按一次，即在各轴单独、正交座标（或用户座标）、工具座标之间切换，并在液晶画面上显示 2）与【动作可】同时按时，切换插补种类。切换记录状态的插补种类（关节插补/直线插补/圆弧插补）
	【检查速度/手动速度】	1）手动速度的变更。切换手动操作时机器人的动作速度。每按一次，可在1～5 范围内切换动作速度（数字越大，速度越快） 除此之外，还兼有以下的功能： ＜操作模式 S＞：此按键所选择的手动速度也决定了记录到步的再生速度 **提示：** 此功能在＜常数设定＞－【5 操作和示教条件】－【4 记录速度】－【记录速度值－决定方法】中设定。 2）【检查速度/手动速度】。检查速度的变更，切换检查前进/检查后退动作时的速度，每按一次，可在 1～5 范围内切换动作速度（数字越大，速度越快）

（续）

外观	标　记	功　能
	【停止/连续】	连续、非连续的切换切换检查前进/检查后退动作时的连续、非连续。选择连续动作，机器人的动作不会在各步停止。 再生停止、停止再生中的作业程序具有与【停止按钮】相同的功能
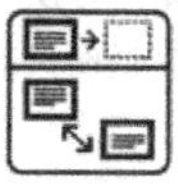	【关闭/画面移动】	1）单独按时，用于画面的切换、移动。在显示多个监控画面的情况下，切换成为操作对象的画面 2）与【动作可】同时按时，用于关闭画面。关闭选择的监控画面
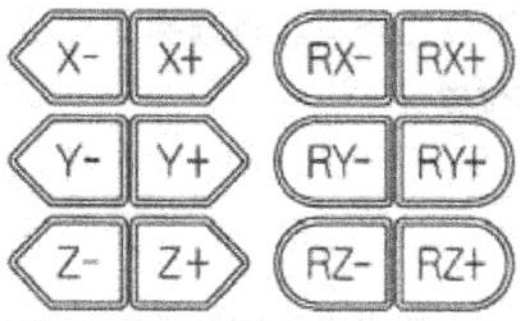 X- X+ RX- RX+ Y- Y+ RY- RY+ Z- Z+ RZ- RZ+	【轴操作键】	1）单独按时，不起作用 2）与【动作可】同时按时，轴操作以手动方式移动机器人。要移动追加轴时，预先在【单元/机构】中切换操作的对象
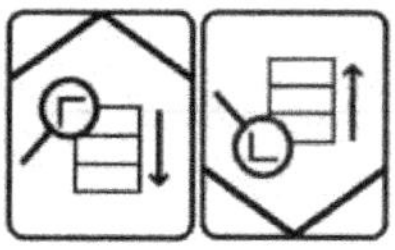	【检查前进】 【检查后退】	1）单独按时，不起作用。 2）与【动作可】同时按时，检查前进/检查后退执行检查前进/检查后退动作。通常在每个记录位置（步）使机器人停下来。也可使机器人连续动作。要切换步/连续，使用【停止/连续】
	【覆盖/记录】	1）单独按时，用于移动命令的记录。在示教时，记录移动命令。仅可在作业程序的最后步被选择时使用 2）与【动作可】同时按时，用于移动命令的覆盖。将已记录的移动命令覆盖到当前的记录状态（位置、速度、插补种类、精度）。但是，只有在变更移动命令的记录内容时才可覆盖。不可在应用命令上覆盖移动命令，或在别的应用命令上覆盖应用命令 <操作模式 A>：可使用【位置修正】，修正已记录的移动命令的记录位置 <操作模式 S>：可分别使用【位置修正】、【速度】、【精度】，单独修正已记录的移动命令的记录位置、速度、精度 **提示：** 【速度】、【精度】键的功能在<常数设定>−【5 操作和示教条件】−【1 操作条件】−【5 速度键的使用方法】/【6 精度键的使用方法】中设定。
	【插入】	1）单独按时，不起作用 2）与【动作可】同时按时，用于移动命令的插入。 《操作模式 A》：将移动命令插入到当前步之“后” 《操作模式 S》：将移动命令插入到当前步之“前” **提示：** 可在<常数设定>−【5 操作和示教条件】−【1 操作条件】−【7 步的中途插入位置】中变更“前”或“后”。

（续）

外观	标　记	功　能
	【夹紧/弧焊】	此按键的功能根据应用（用途）的不同而有所差异 1）在弧焊用途中，单独按时，命令的简易选择在 f 键中显示移动命令、焊接开始和结束命令、焊枪摆动命令等常用应用命令，能够输入。与【运作可】同时按时不起作用 2）在点焊用途中： 单独按时，点焊命令设定用于设定点焊命令。每按一次键，在记录状态的 ON/OFF 之间切换。与【动作可】同时按时，点焊手动加压以手动方式向点焊枪加压
	【位置修正】	1）单独按时，不起作用 2）与【动作可】同时按时，用于位置修正。将选择的移动命令所记忆的位置变为机器人的当前位置
	【帮助】	在不清楚操作或功能时，请按该键。调出内置辅导功能（帮助功能）
	【删除】	1）单独按时不起作用 2）与【动作可】同时按时，可用于步删除。删除选择的步(移动命令或应用命令)
	【复位/R】	取消输入，或将设定画面恢复原状。此外，还可输入 R 代码(快捷方式代码)。输入 R 代码后，可立即调用想使用的功能
	【程序/步】	1）单独按时，用于步指定。要调用作业程序内所指定的步时使用。 2）与【动作可】同时按时，用于作业程序的指定。调用指定的作业程序
	【Enter】	确定菜单或输入数值的内容。 **提示：** 在数值输入的确定操作中，也可通过 <常数设定> -【7T/P 键】-【7 数值输入】-【数值输入的确定方法】，用箭头键确定。
	【光标键】	1）单独按时，用于光标移动。移动光标。 2）与【动作可】同时按用于移动、变更： ① 在设定内容由多页构成的画面上，执行页面移动 ② 在作业程序编辑画面等上，可以多行为单位执行移动 ③ 在维护或常数设定画面等上，切换并排的选择项目（单选按钮） ④ 在示教/再生模式画面上，变更当前的步号

（续）

外观	标　记	功　能
	【输出】	1）单独按时，用于应用命令 SETM 的快捷方式，示教中调用输出信号命令（应用命令 SETM < FN105 >）的快捷方式 2）与【动作可】同时按用于手动信号输出。以手动方式使外部信号 ON/OFF
	【输入】	示教中调用输入信号等待【正逻辑】命令（应用命令 WAITI < FN525 >）的快捷方式
	【速度】	< 操作模式 A >：设定移动命令的速度（设定内容被反映在记录状态） < 操作模式 S >：修正已记录的移动命令的速度 **提示：** 此功能在 < 常数设定 > –【5 操作和示教条件】–【1 操作条件】–【5 速度键的使用方法】中设定。
	【精度】	< 操作模式 A >：设定将要记录的移动命令的精度（设定内容被反映在记录状态） < 操作模式 S >：修正已记录的移动命令的精度。 **提示：** 此功能在 < 常数设定 > –【5 操作和示教条件】–【1 操作条件】–【6 精度键的使用方法】中设定。
END	【END/计时器】	1）单独按时，用于应用命令 DELAY 的快捷方式，在示教中记录计时器命令（应用命令 DELAY < FN50 >）的快捷方式 2）与【动作可】同时按时，用于应用命令 END 的快捷方式，在示教中记录结束命令（应用命令 END < FN92 >）的快捷方式
7 8 9 4 5 6 ON OFF 1 2 3 + – 0 .		1）单独按时，用于数值输入（0～9、小数点）。输入数值或小数点。 2）与【动作可】同时按用于关节插补的选择（同时按下【7】）。调用关节插补（JOINT）移动命令的快捷方式 3）与【动作可】同时按时，用于直线插补的选择（同时按下【8】）。调用直线插补（LIN）移动命令的快捷方式 4）与【动作可】同时按时用于圆弧插补的选择（同时按下【9】）。调用圆弧插补（CIR）移动命令的快捷方式
		弧焊时的用法： 1）与【动作可】同时按用于应用功能 1 的选择（同时按下【4】）。在示教中把有关弧焊的命令显示在 f 键（f1～f12）上 2）与【动作可】同时按时用于应用功能 2 的选择（同时按下【5】）。在示教中把有关焊枪摆动的命令显示在 f 键（f1～f12）上 3）与【动作可】同时按时用于应用功能 3 的选择（同时按下【6】）。在示教中把有关传感器的命令显示在 f 键（f1～f12）上

（续）

外观	标　记	功　能
		在非弧焊用途中，与【动作可】同时按时用于应用功能1的选择（同时按下【4】），与【动作可】同时按时用于应用功能2的选择（同时按下【5】），与【动作可】同时按时，用于应用功能3的选择（同时按下【6】）。可为应用功能1～3分配任意功能
		1）与【动作可】同时按时用于ON的选择（同时按下【1】）。在设定画面等上，在复选框中勾选 2）与【动作可】同时按时用于OFF的选择（同时按下【2】）。在设定画面等上，取消复选框的勾选 3）与【动作可】同时按时用于重做（Redo）（同时按下【3】）。取消刚才的操作（Undo），重做恢复原状的操作。仅在新编写作业程序或编辑中有效
		动作可同时按“＋”的输入（同时按下【0】）输入“＋” 动作可同时按“－”的输入（同时按下【·】）输入“－”
	【BS】	单独按数值和字符的删除 可删除光标的前1个数值或字符。此外，也可在文件操作中解除选择 动作可同时按取消刚才的操作（Undo） 取消刚才的操作，恢复变更前的状态。仅在新编写作业程序或编辑中有效
	【FN】（功能）	用于选择应用命令时
	【编辑】	打开作业程序编辑画面 在作业程序编辑画面主要在执行应用命令的变更、追加、删除，或者变更移动命令的各参数
	【I/F】（接口）	打开接口面板窗口

6.1.3 坐标系介绍

动作坐标的描述及动作方向示意见表6-8。

表 6-8　动作坐标的描述及动作方向示意

动作坐标	动作方向示意和描述	
轴坐标系 	表示机器人的单个轴单独动作。需握住示教盒背面的【动作可】开关与示教盒正面的机器人移动键同时操作 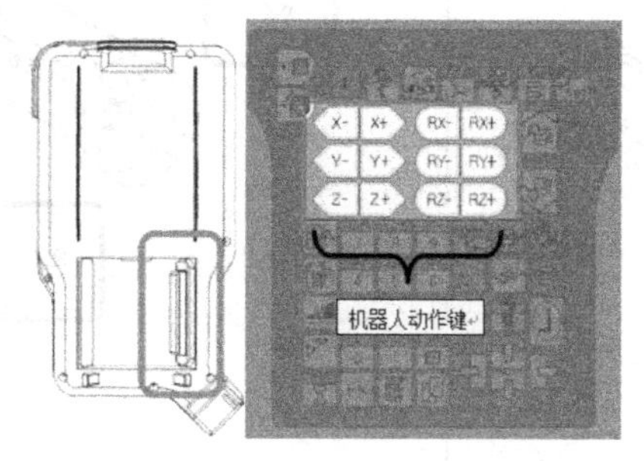	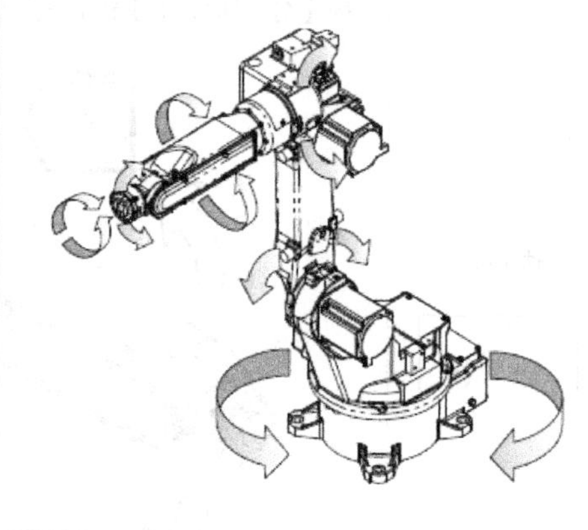
	按 X 键时，机器人整体旋转 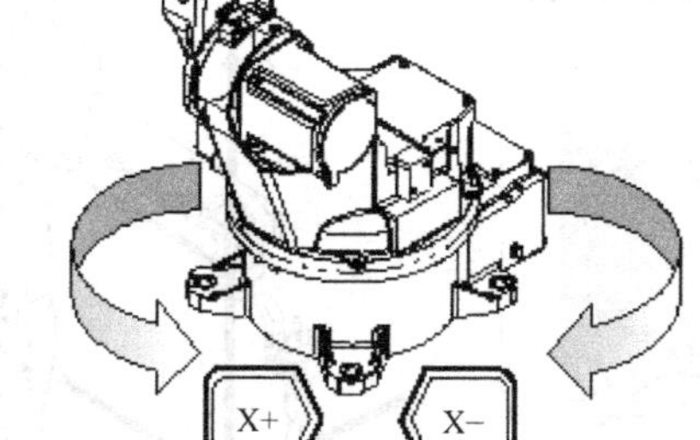	按 RX 键时，上手臂旋转 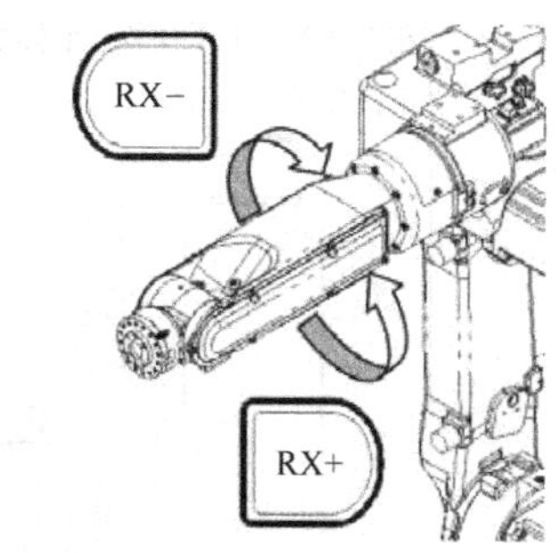
	按 Y 键时，下手臂前后方向动作 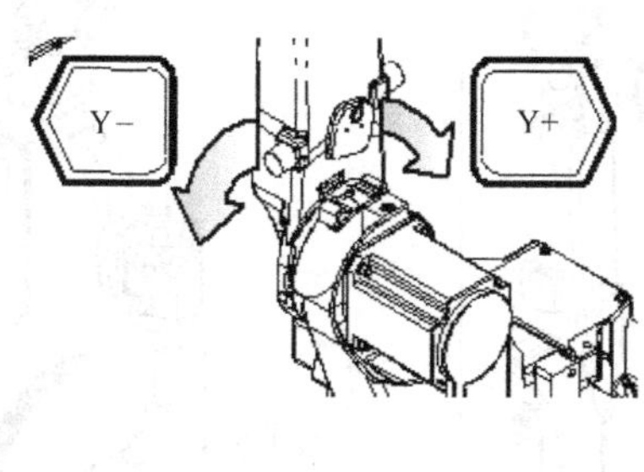	按 RY 键时，手腕部前后动作 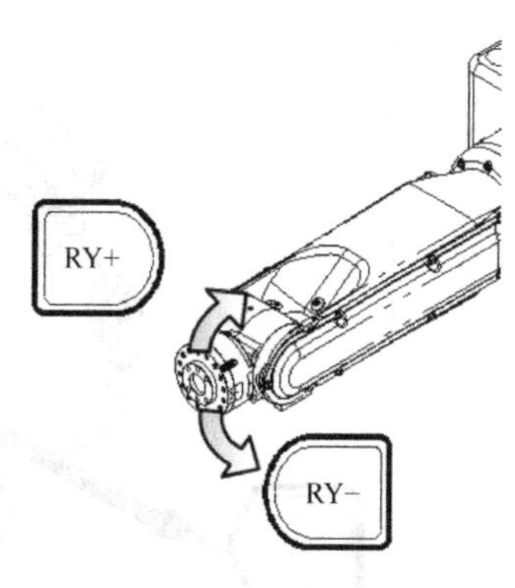

（续）

<table>
<tr><th>动作坐标</th><th colspan="2">动作方向示意和描述</th></tr>
<tr><td>轴坐标系</td><td>按【Z】键时，上手臂上下方向动作</td><td>按【RZ】键时，手腕部旋转</td></tr>
<tr><td rowspan="2">机器人坐标系

</td><td>以机器人正面为基准，机器人的全轴（一般6个轴）协同动作，动作方向固定为：前后 ± X、左右 ± Y、上下 ± Z；坐标系原点为机器人搭载的工具中心点（TCP）
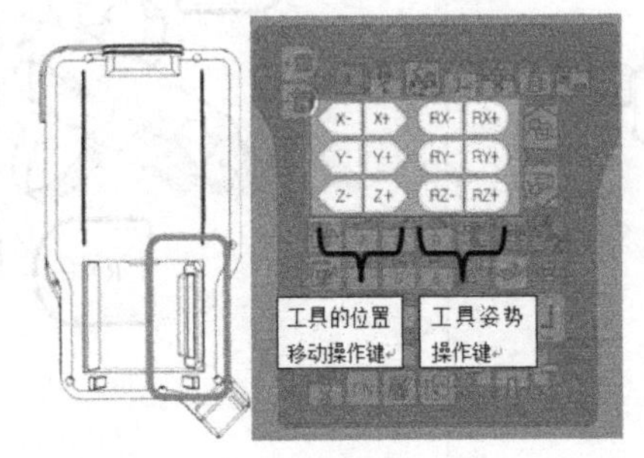
</td><td></td></tr>
<tr><td>按 X 键时，机器人全轴联动，以 TCP 为参照点前后移动，且动作方向恒定为前后方向
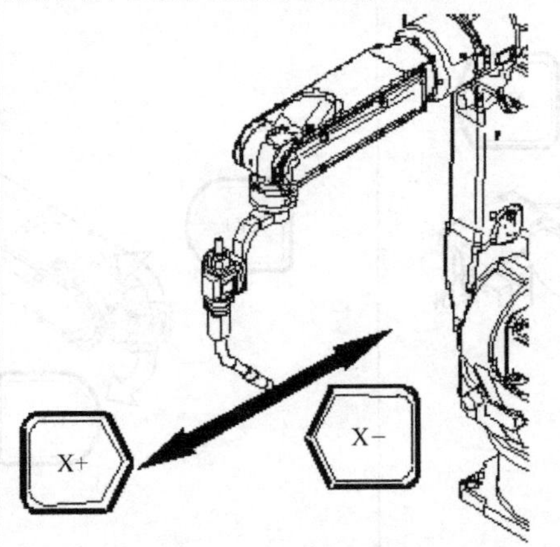
</td><td>按【RX】键时，以机器人坐标的 X 方向为轴心旋转
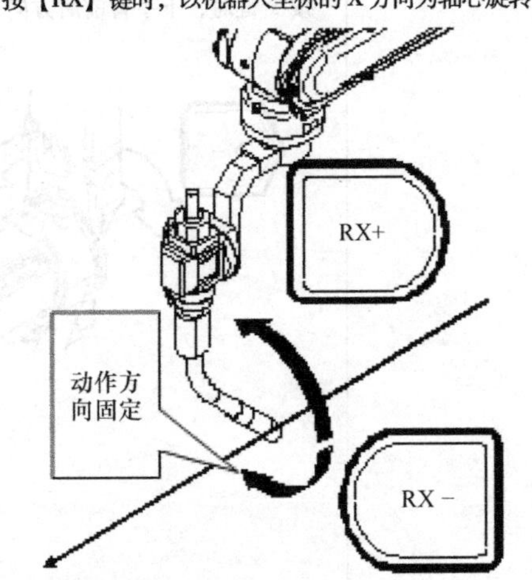
</td></tr>
</table>

（续）

<table>
<tr><th>动作坐标</th><th colspan="2">动作方向示意和描述</th></tr>
<tr><td rowspan="2">机器人坐标系
</td><td>按【Y】键时，机器人全轴联动，以TCP为参照点左右移动，且动作方向恒定为左右方向
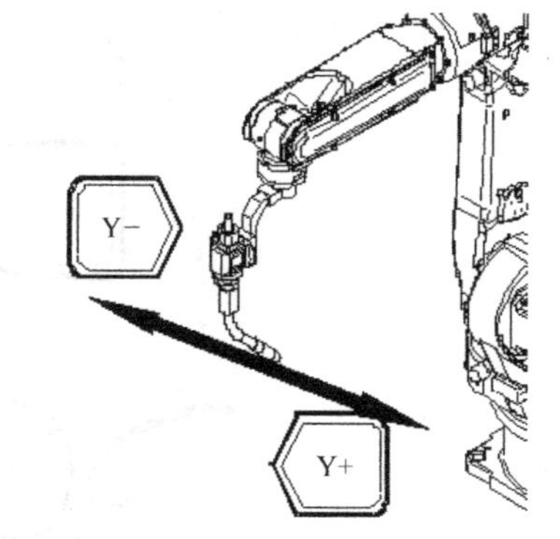</td><td>按【RY】键时，以机器人坐标的Y方向为轴心旋转
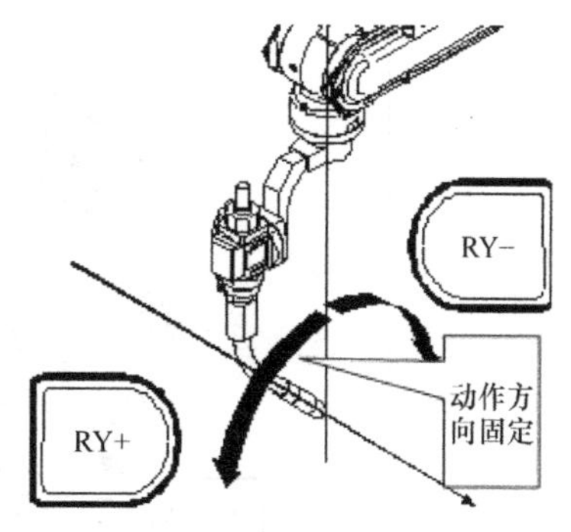</td></tr>
<tr><td>按【Z】键时，机器人全轴联动，以TCP为参照点，机器人恒定沿重力方向上下移动
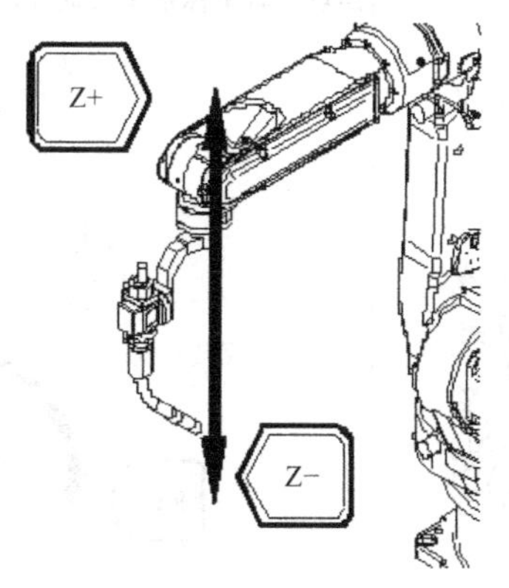</td><td>按【RZ】键时，以机器人坐标的Z轴为轴心旋转
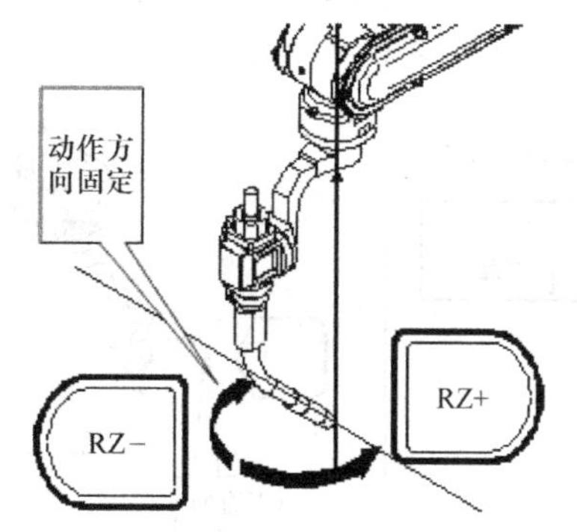</td></tr>
<tr><td>工具坐标系
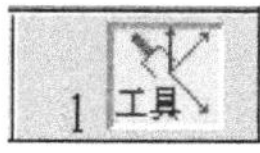</td><td>以工具为基准的坐标系，坐标系原点为机器人搭载的工具的中心点（TCP）；要实现正确动作，需事先设定相应的工具参数（长度、角度等）；机器人的全轴（一般6个轴）协同动作，动作方向如下图所示
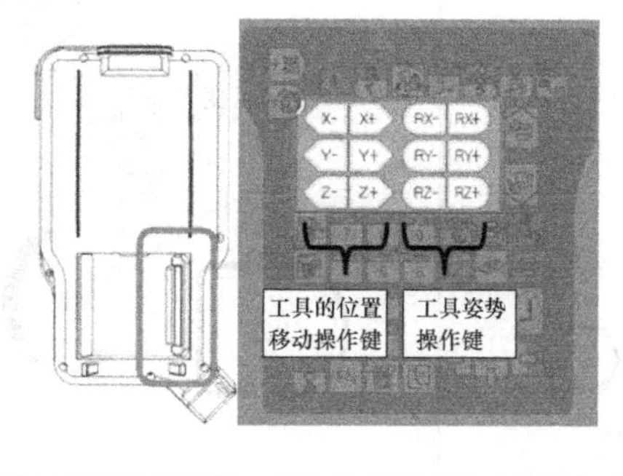</td><td>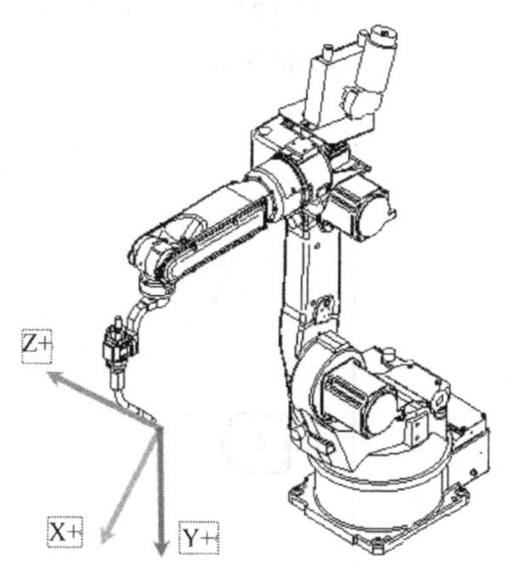</td></tr>
</table>

（续）

动作坐标	动作方向示意和描述	
工具坐标系 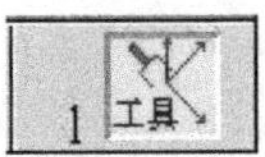 	按【X】键时，机器人全轴联动，以 TCP 为参照点，沿 L 型支架所在的面（45°焊枪所在的面）内垂直于焊丝送推丝方向移动 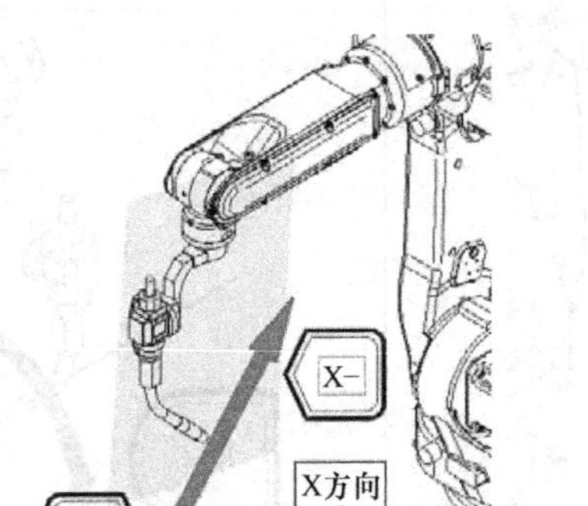 	按【RX】键时，机器人全轴联动，以 TCP 为参照点，以工具坐标系 X 方向为轴心旋转 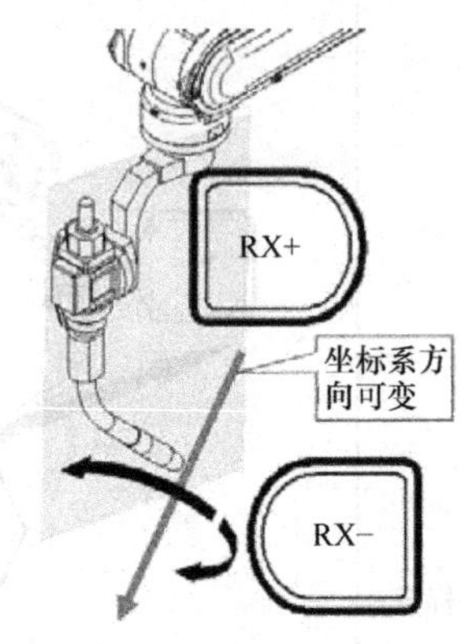
	按【Y】键时，机器人全轴联动，以 TCP 为参考点，沿垂直于 L 型支架所在的面（45°焊枪所在的面）移动 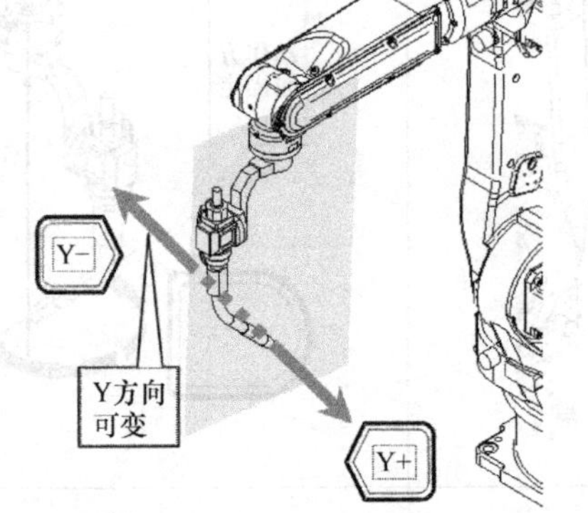 	按【RY】键时，机器人全轴联动，以 TCP 为参照点工具坐标系 Y 方向为轴心旋转 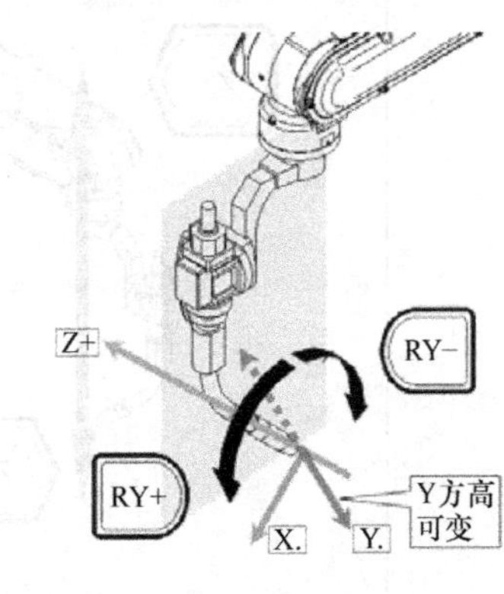
	按【Z】键时，机器人全轴联动，沿焊丝送退丝方向移动 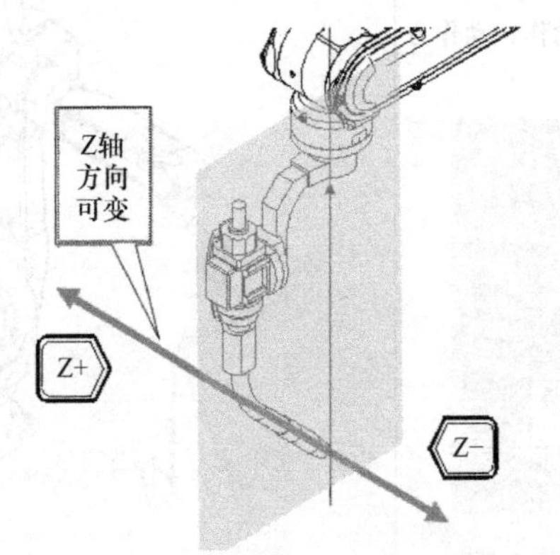 	按【RZ】键时，机器人全轴联动，以 TCP 为参照点工具坐标系 Z 方向为轴心旋转 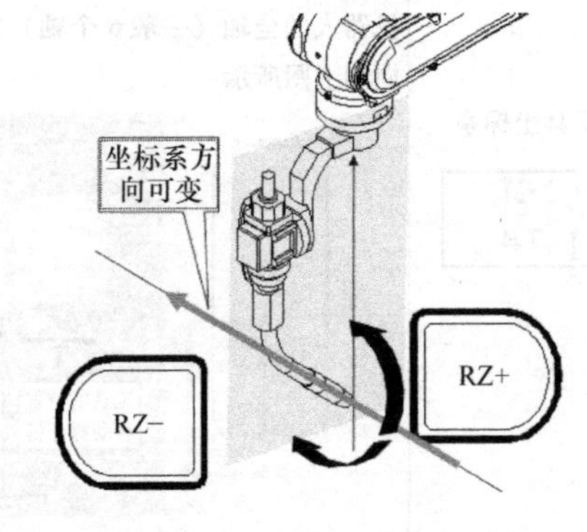

（续）

动作坐标	动作方向示意和描述	
用户坐标系	可按客户的实际想实现的动作方向（X、Y、Z 当然互相垂直）进行设定，如此当动作坐标切换为“用户坐标”时，可按照客户的实际工件形状手动移动机器人 用户坐标系最大可登记 100 个	Z　X　Y X^1或Y^1或Z^1 Y^1或X^1或Z^1 Y^2或X^2或Z^2 X^2或Y^2或Z^2
绝对坐标系	是唯一固定于大地的世界坐标系。例如，机器人倾斜安装，或控制复数机器人所涉及的“多系统控制”所需要的坐标系 （坐标原点在机器人一轴底面中心）	

6.1.4　TP 显示画面的构成

示教中的画面上显示各类信息。在示教之前，作为预备知识加以掌握，如图 6-9 所示。

图 6-9 中各类信息的序号分别代表如下：

1——模式显示区，显示选择的模式（示教/再生/高速示教）（高速示教模式为选购项）。此外，还一并显示运转准备、启动中、紧急停止中的各种状态。

模式显示见表 6-9。

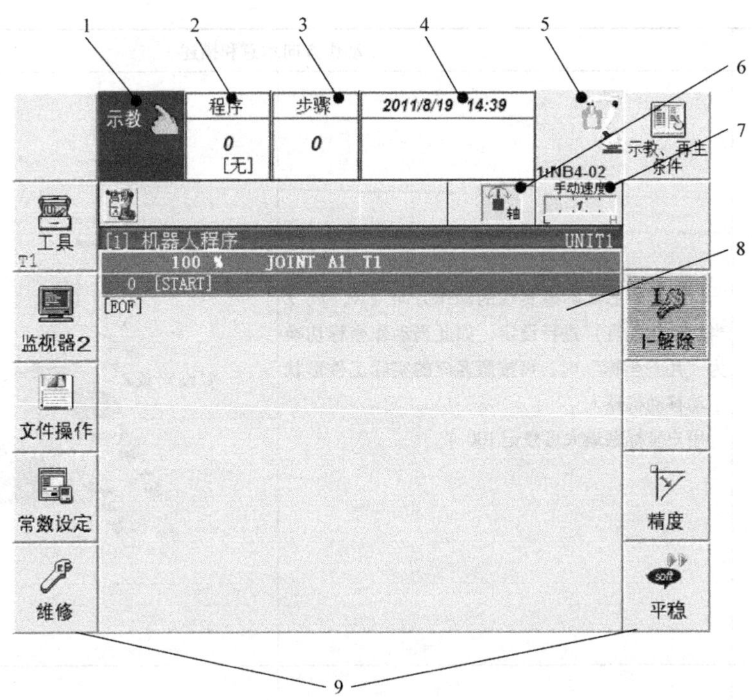

图 6-9　显示画面的构成

表 6-9　模式显示

状态	示教模式	再生模式
运转准备 OFF	示教	再生
运转准备 ON、伺服电源 OFF	示教 运转准备	再生 运转准备
运转准备 ON、伺服电源 ON	示教 运转准备	再生 运转准备
运转准备 ON、检查前进后退操作中（示教模式）、启动中（再生模式）	示教 运转准备 起动中	再生 运转准备 起动中
紧急停止中	示教 紧急停止中	再生 紧急停止中

2——作业程序编号显示区，显示选择的作业程序编号。

3——步号显示区，显示作业程序内选择的步号。

4——日时显示区，显示当前日期和时间。

5——机构显示区，显示成为手动运行对象的机构、机构编号及机构名称（型号）。若是多重单元规格的机器人，也一并显示成为示教对象的单元编号。

6——座标系显示区，显示选择的座标系。座标系的显示见表6-10。

表6-10　座标系的显示

座标系的种类	显示
轴座标系	轴
机械座标系	机器人
工具座标系（图标左边的数字为工具号码）	1 工具
工件坐标系	工件
绝对座标系（世界座标系）	直角座标
圆柱座标系	
用户座标系（图标左边的数字为座标号码）	1 用户
焊接线座标系	焊接

7——速度显示区，显示手动速度。按【动作可】可显示检查速度，见表6-11。

表6-11　速度的显示

速度	显示
手动速度	手动速度 4 L H
检查速度	检查速度 4 L H

8——监控显示区，显示作业程序的内容（初始设定时）。

9——f键显示区，触摸被称作f键的显示区，显示可选择的功能。左边六个相当于f1～f6，右边六个相当于f7～f12。

6.1.5　可记录的步数

在1个作业程序内，将可记录的步数控制在300步以内。超过300步时，要分割为多个作业程序，并通过程序调用命令（FN80）等调用从主作业程序中分割出的作业程序。预先分割可以再利用作业程序，也能够轻松地进行管理、维护。缩小步数的示教实例如图6-10所示。

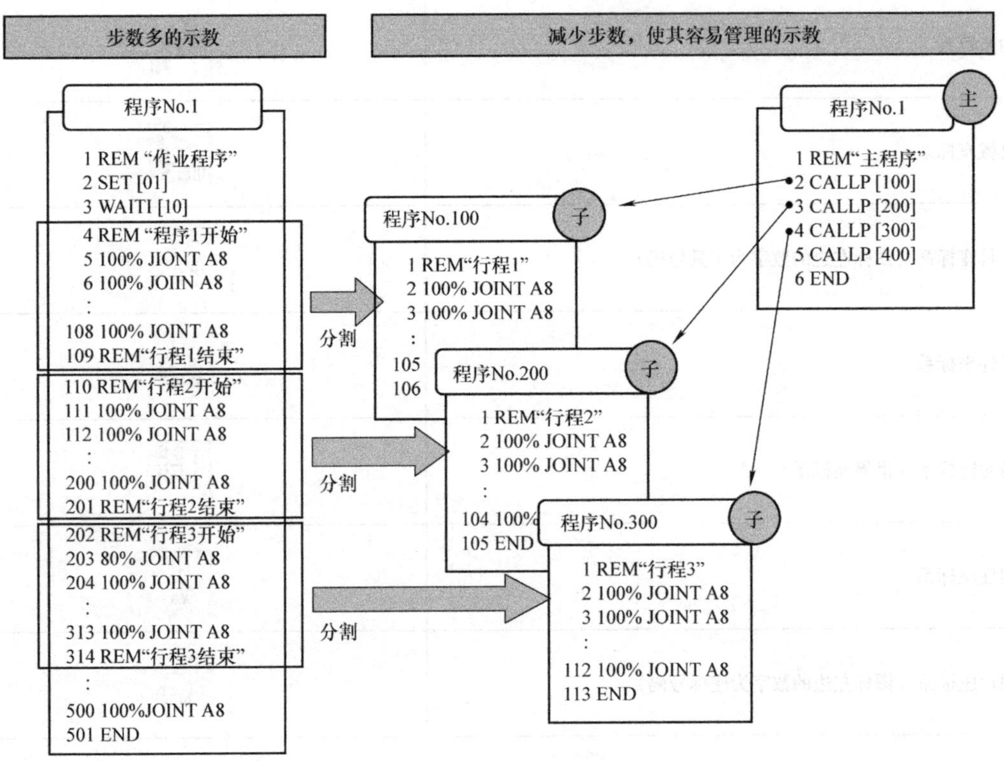

图6-10　缩小步数的示教实例

重要：

1. 在示教中、屏幕编辑中出现"A2150：程序过大"的提示时，表明1个作业程序中存储的步数过多。当文件大小超过64KB时，发生此类异常。此时，请按照上述示例分割作业程序。分割现有的作业程序时，请按【程序/步】键，并选择【步复制】，将步复制到新的作业程序中。也可以通过<维护>—【9 程序转换】—【2 步复制】选择【步复制】。

2. 在示教中、屏幕编辑中、文件编辑中或文件操作中，有时会出现"A3084：存储媒体无剩余容量"的提示，这一异常是由如下所述的存储器不足（存储区不足）引起的：

1）内部存储器中没有用于新记录的存储区，或存储区不足。

2）为编辑/操作指定的文件而应确保的内部存储器不足。

此时，通过"删除不需要的文件""将暂时不使用的文件存储到USB存储器后删除"等作业，增加内部存储器的剩余容量。

6.1.6　作业程序的构成

一般的作业程序包含两种命令，即移动命令和应用命令。移动命令是使机器人移动的命令，除移动命令外的命令都是应用命令。

1. 移动命令要素

移动命令中包含了很多要素，编程时根据需要指定相应的要素记录移动命令，下面针对其中的几个主要要素进行说明，如图 6-11 所示。

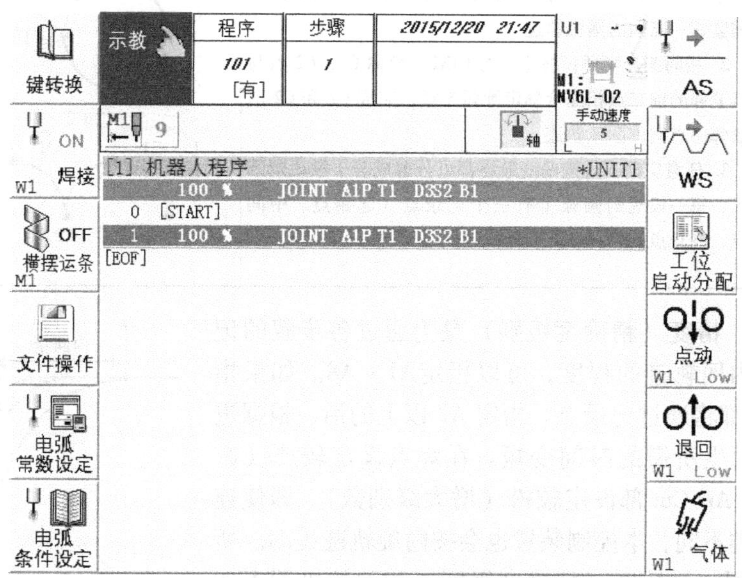

图 6-11　移动命令相关要素

(1) 插补方式　插补种类决定如何移动工具尖端。插补方式有三种：关节内插 (JOINT)、直线内插 (LIN)、圆弧内插 (CIR)。动作轨迹及描述见表 6-12。

表 6-12　插补种类

插补方式	描述	动作时的轨迹
关节内插 (JOINT)	可以形象的理解为“人的手臂关节”，以此方式移动时，机器人的 TCP（工具中心点）从当前位置往下一个记录点（即 JOINT）移动时，机器人各轴互相配合，以最快（系统自动计算）的路径移动（其移动轨迹为非可预知空间三维不规则轨迹，正因如此，在示教时要充分注意安全）	J L C JOINT
直线内插 (LIN)	若下一记录步为 LIN 时，机器人 TCP 从当前位置以直线轨迹移动	J L C LIN

（续）

插补方式	描述	动作时的轨迹
圆弧内插（CIR）	示教点往下一步移动时以圆弧方式移动。因为确定圆弧需要三点：起始点，中间点和终止点（起始点可以是任意插补方式），通常有以下几种情况（对应右侧图形）： 1. 不同圆弧半径：中间点为 CIR1，简称 C1，C1 点与其紧邻前后各一点配合确定圆弧半径，完成 C1 和 C1 之前紧邻一点间的圆弧轨迹 2. 相同圆弧半径：终止点为 CIR2，简称 C2，C2 点与其紧邻的前二点相配合确定圆弧半径，完成 C2 和 C2 前紧邻一点间的圆弧轨迹 3. 任意空间不规则曲线最终都可分解成若干段规则圆弧，每一段规则圆弧上有三个记录点（起始点、中间点、终止点）	

（2）精度　精度（精确度级别）是为通过各步骤的记录点时所取得内回轨迹的程度，可以指定A1～A8。如果指定 A1，工具头部将通过记录点。指定 A2 以上的话，根据进行内回的量，再生所需的时间变短。在焊点设定较严（减小级别数），在 Air Cut 部设定较松（增大级别数）。即使连续步的插补种类不同，本控制装置也会按内旋轨迹运动。所使用的应用不同，与精度（精确度级别）相关的机器人的动作控制也不同。精度级别如图 6-12 所示。

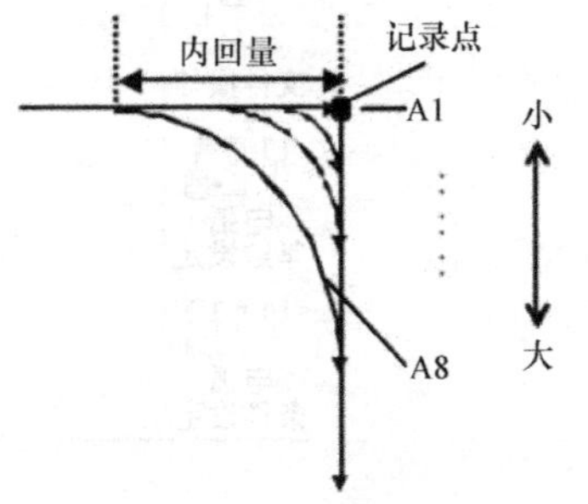

图 6-12　精度级别

在弧焊用途中指定 A1～A8 的话，在 0～100% 的范围内，速度重叠率有阶段性变化。即使为相同精确度，根据记录速度轨迹也会变化（越快内回越大）。即使变更再生速度，也会计算内旋轨迹，以免影响轨迹。然而，实际的内旋量因机械挠曲、伺服控制延迟而发生变化。再生速度变更是指使用速度 Override、低速安全速度功能时的速度变化。弧焊时的精确度级别见表 6-13。

表 6-13　弧焊时的精确度级别

级别	重叠率
A1	0
A2	5%
A3	10%
A4	15%
A5	25%
A6	50%
A7	75%
A8	100%

在点焊用途中指定 A1～A8 的话，在 0～500mm 的范围内，内回量有阶段性变化。如果精确度级别相同，即使改变记录速度也不会影响机器人的轨迹。此外，即使再生速度发生变化，也几乎不会影响到机器人的轨迹（所谓再生速度是指因速度重载而变更的速度，再生时的实际速度是低速）。点焊时的精确度级别见表 6-14。

表 6-14　点焊时的精确度级别

级别	内回量
A1	0mm
A2	5mm
A3	10mm
A4	25mm
A5	50mm
A6	100mm
A7	200mm
A8	500mm

注意：

对于主体轴为 7 轴以上的操纵器，初始设定依据为“速度重叠率”的控制，请勿变更该设定。

提示：

精度（精确度）相当于 EX—C 系列以前的 DAIHEN 机器人的“重叠”可以“有重叠”为 A8，“无重叠”为 A1 使用。

（3）通过和定位　前项说明的精度（精确度级别）可以分为“通过”和“定位”两种控制方法。“通过”是指不降低速度，平滑通过内旋轨迹的方法，精度（精确度级别）说明是否“通过”。由于“通过”在生成轨迹时内回记录点，因此在气割系统中使用。“定位”又称作强制检查，是指每当机器人内部的指令位置到达步时，等待实际的机器人到达后再朝下一步前进的方式。“定位”在点焊等定位精度要求非常严格的步中使用。

要指定通过和定位，需打开屏幕编辑画面，在如图 6-13 所示的位置设定 0 或 1 的值。如果设定 1，会在精确度级别的“A1～A8”后面显示“P”，这表示设定了定位。这里表示“通过和定位”（没有 P 的为通过、带 P 的为定位）。

表示“通过和定位”

```
4  1200 cm/m LIN    A1  T1
5   600 cm/m LIN    A1P T1
6   400 cm/m LIN    A1  T1
```

图 6-13　“通过和定位”显示实例

另外，如果使用［f］键 +“通过”/“定位” 通过定位，就可以在记录状态中设定通过和定位，见表 6-15。

表 6-15 通过/定位轨迹示意

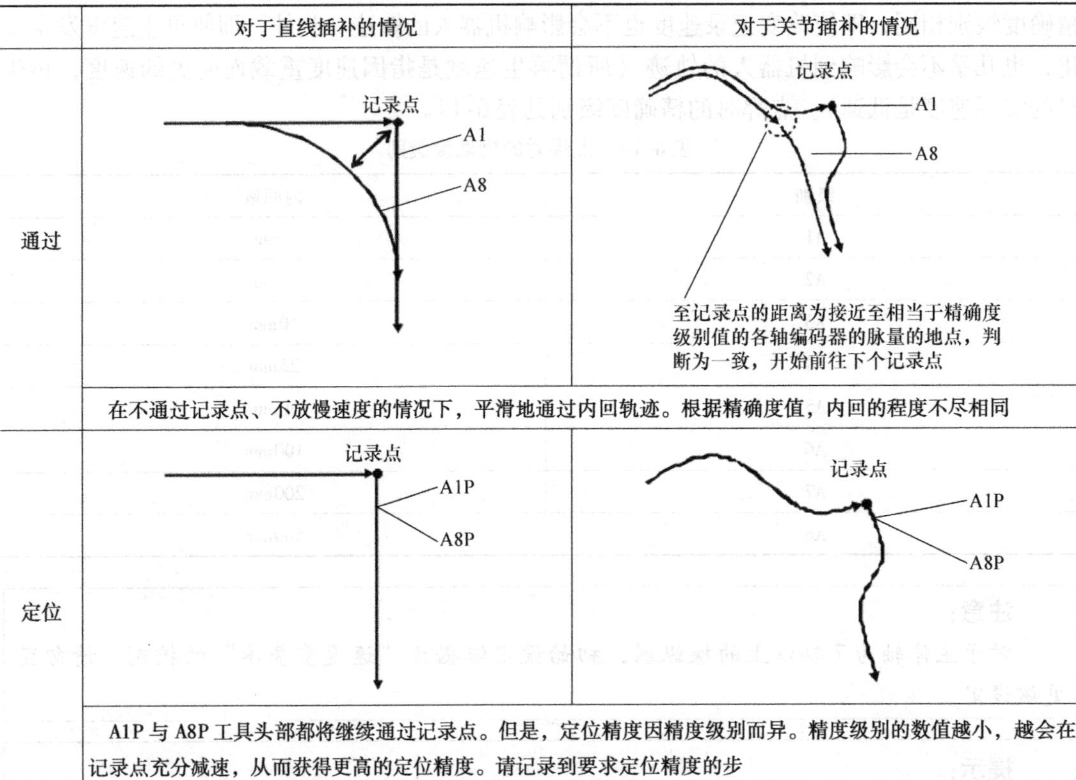

	对于直线插补的情况	对于关节插补的情况
通过		
	在不通过记录点、不放慢速度的情况下，平滑地通过内回轨迹。根据精确度值，内回的程度不尽相同	
定位		
	A1P 与 A8P 工具头部都将继续通过记录点。但是，定位精度因精度级别而异。精度级别的数值越小，越会在记录点充分减速，从而获得更高的定位精度。请记录到要求定位精度的步	

（4）加速度 “加速度”是通过调节机器人动作的加速度以调节平滑性的功能指标。因工具、工件的刚度等而发生振动时，如果在其移动命令中使用这一功能，就可以柔和地移动机器人，因此能够减少振动。与表示通过记录点时的定位精度的“精度（精确度）”不同，即使只有一个移动命令，“加速度”也发挥作用。可为每条移动命令指定“加速度”，可在 0 ~ 3 的范围设定 4 级。加速度 0（D0）以机器人的最大能力进行加减速，随着编号增大，动作变得越来越平滑（加速度小），如图 6-14 所示。

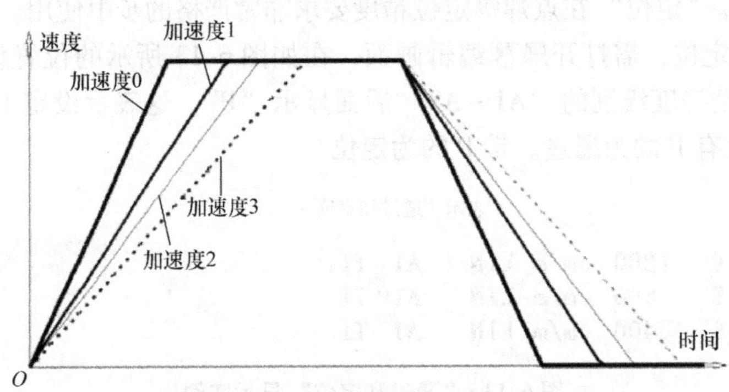

图 6-14 “加速度”设定值示意图

打开屏幕编辑画面，在如图 6-15 所示的位置中设定 0 ~ 3 的值。在“D”后面显示编号。只在设定 0 时，编号显示消失。

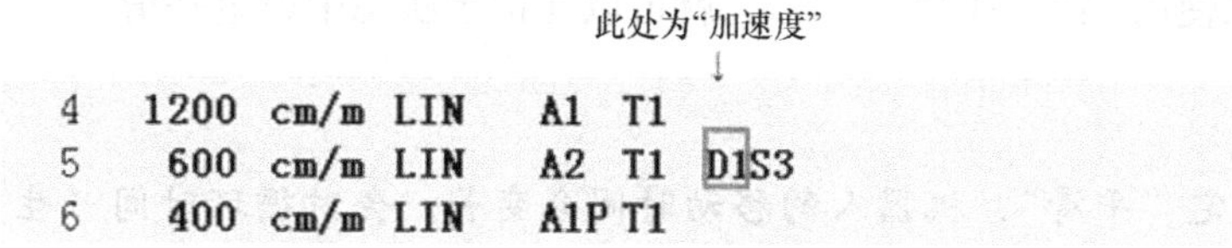

此处为“加速度”
4 1200 cm/m LIN A1 T1
5 600 cm/m LIN A2 T1 D1S3
6 400 cm/m LIN A1P T1

图6-15 “加速度”的步骤显示实例

另外，如果使用f键“加速度”
加速度
，就可以在记录状态中设定加速度。

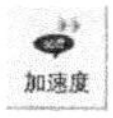

> **重要：**
> 如果设定“加速度”，机器人的移动时间会变长。会对循环时间（生产节拍）产生影响，因此请仅在需要的移动命令中进行记录。

> **重要：**
> 可以同时记录“加速度”和“平滑”。两个功能同时发挥作用。

（5）平滑 “平滑”是指通过变更机器人各轴的加速度以调整平滑性的功能。因工具、工件的刚度等而发生振动时，如果在其移动命令中使用这一功能，就可以柔和地移动机器人，因此能够减少振动。与表示通过记录点时的定位精度的“精度（精确度）”不同，即使只有一个移动命令，“平滑”也发挥作用。

可为每个移动命令指定“平滑”，能够设定0~3共4级。平滑0（S0）以机器人的最大能力进行加减速，随着编号增大，动作变得越来越平滑（慢慢速度小），如图6-16所示。

速度
平滑0
平滑1
平滑2
平滑3
O
时间

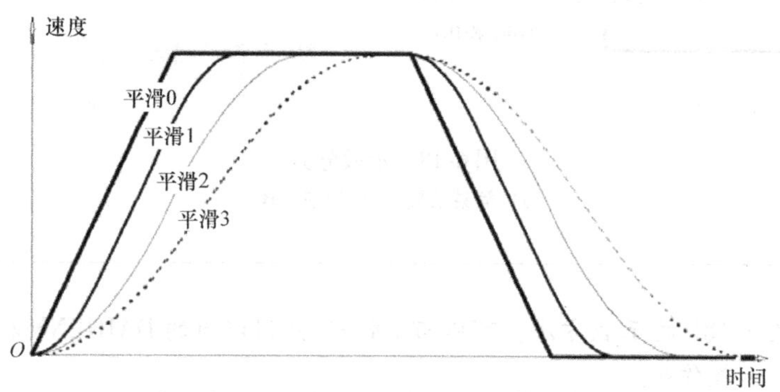

图6-16 调整平滑性

打开屏幕编辑画面，在如图6-17所示的位置中设定0~3的值。在“S”后面显示编号。只在设定0时，编号显示消失。

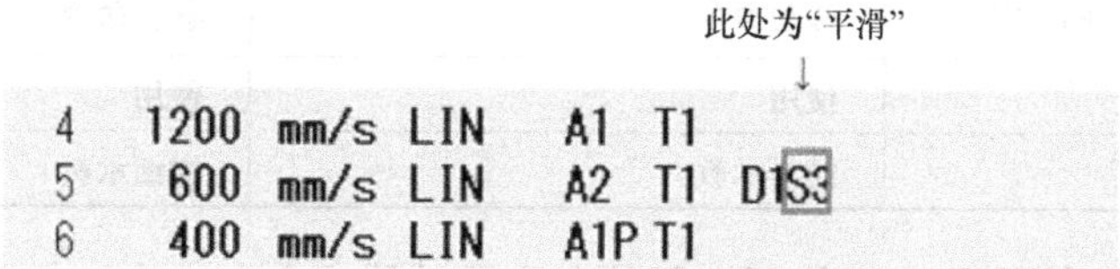

此处为“平滑”
4 1200 mm/s LIN A1 T1
5 600 mm/s LIN A2 T1 D1S3
6 400 mm/s LIN A1P T1

图6-17 “平滑”的设定显示实例

另外，如果使用 f 键“平滑” ，就可以在记录状态中设定平滑。

> **重要：**
>
> 1. 如果设定“平滑”，机器人的移动时间会变长。会对循环时间（生产节拍）产生影响，因此，仅在需要的移动命令中进行记录。
>
> 2. 可以同时记录“加速度”和“平滑”。两个功能同时发挥作用。

2. 示教方法

（1）示教方法分类　示教方法可分为两种：简易示教（使用记录状态的示教方法，如图 6-18a 所示）和详细示教（使用 TP 显示画面整体的示教方法，如图 6-18b 所示），操作者可根据自己的使用习惯进行选择。

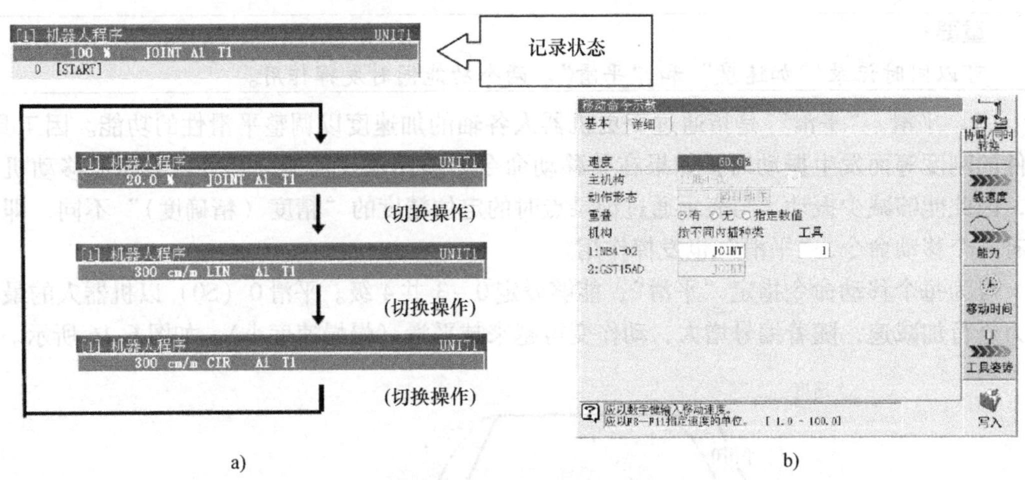

图 6-18　示教分类

a）简易示教　b）详细示教

> **提示：**
>
> 如果使用图 6-18b 的示教方法，可以与 EX—C 系列以前的 DAIHENN 机器人进行基本相同的方式进行示教作业。

图 6-18a、b 各有专用操作。除此之外，还可利用【动作可】+ 数字键（【7】~【9】）进行操作。用【动作可】+ 数字键（【7】~【9】）进行示教时，需要设定，见表 6-16。

表 6-16　<常数设定>—【7T/P 键】/【8 硬键】的设定

<常数设定> –【7T/P 键】/【8 硬键】的设定	（A）利用记录状态示教 移动命令	（B）利用 1 个画面示教 移动命令
“硬键的使用设定”	使用	使用
“移动命令的示教方法”	简易示教	详细示教

（2）简易示教　简易示教（使用记录状态来示教移动命令）方法如下：

1）使用【轴操作键】 ，使机器人移动至想要记录的位置。

2）记录状态已变成选择了移动命令的状态，如图 6-19 所示。

图 6-19　记录状态

在这一状态下设定前往示教步的移动方法、速度、精确度级别。

3）在按住【动作可】的同时，再按【插补/坐标】，来设定记录状态的插补指定。每次按下，记录状态的内插种类即依序切换：“JOINT”→“LIN”→“CIR”→“JOINT”。或者在按住【动作可】的同时，按【7】~【9】直接设定插补指定：

① 按【动作可】+【7】：插补种类切换为“JOINT”。

② 按【动作可】+【8】：插补种类切换为“LIN”。

③ 按【动作可】+【9】：插补种类切换为“CIR”。

如图 6-20 所示（参见“5-3 机器人焊接排气筒”视频）。

使用简易示教时，示教器的插补指定显示如图 6-21 所示。

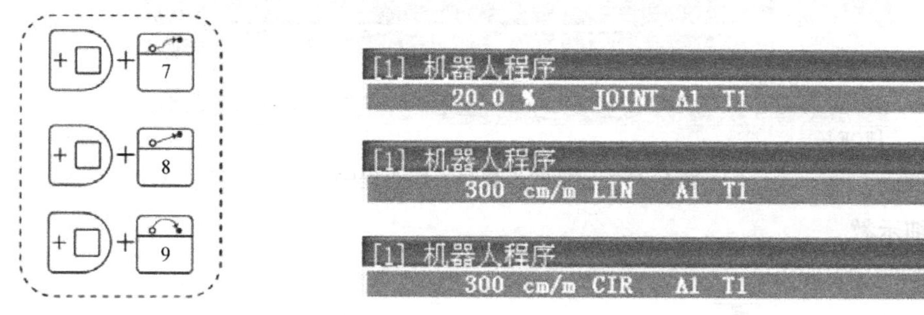

图 6-20　简易示教的插补指定　　图 6-21　示教器的插补指定显示

4）按住【速度】，会显示速度修正画面，如图 6-22 所示。

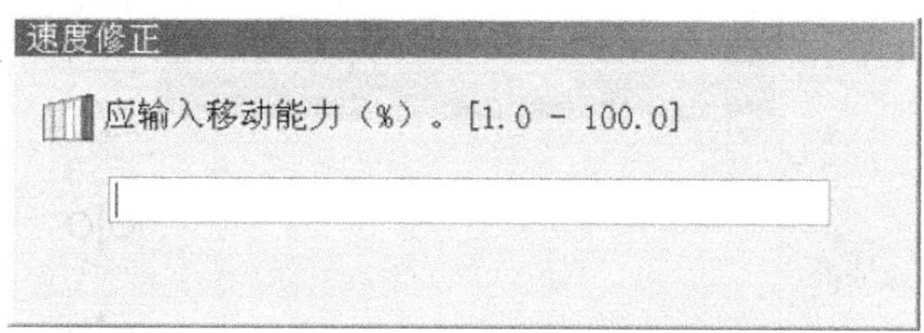

图 6-22　速度修正画面

5）输入期望的速度（例如 100），按【Enter】。记录状态显示“100%”，如图 6-23 所示：

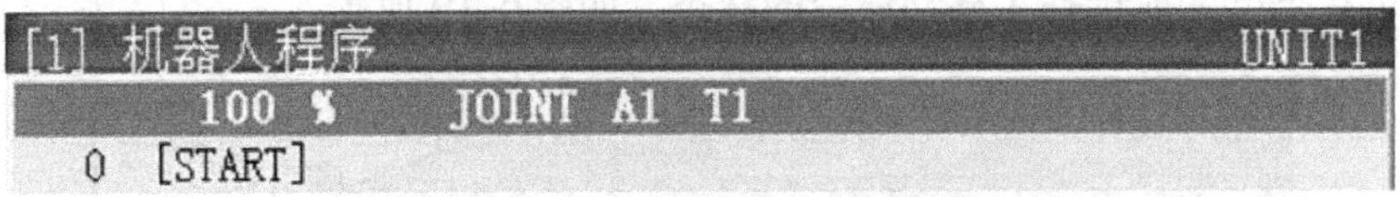

[1] 机器人程序　UNIT1
100 %　JOINT A1 T1
0 [START]

图 6-23　输入期望的速度

6）指定精确度级别时，按【精度】，每按一次，精确度级别按照 A1 ~ A8 的顺序换，如图 6-24 所示。

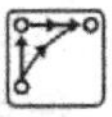

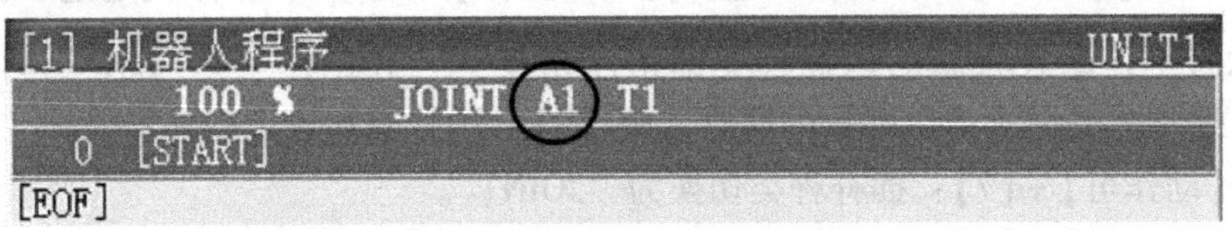

图 6-24　指定精确度级别

7）按【覆盖/记录】，步被记录，如图 6-25 所示。

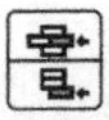

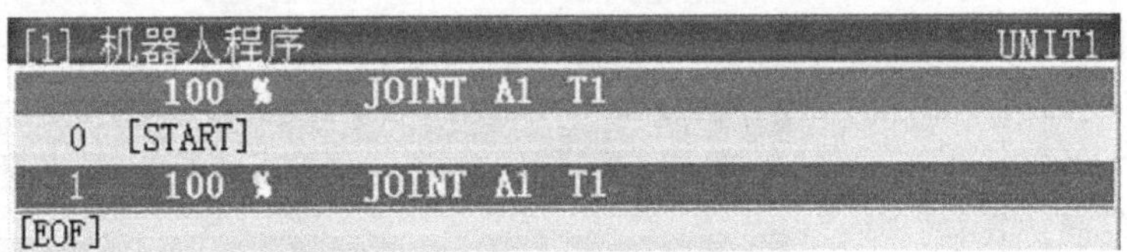

图 6-25　记录的步被写入作业程序

（3）详细示教

详细示教的方法如下：

1）按【夹紧/弧焊】，f 键显示常用命令，如图 6-26 所示。

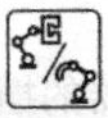

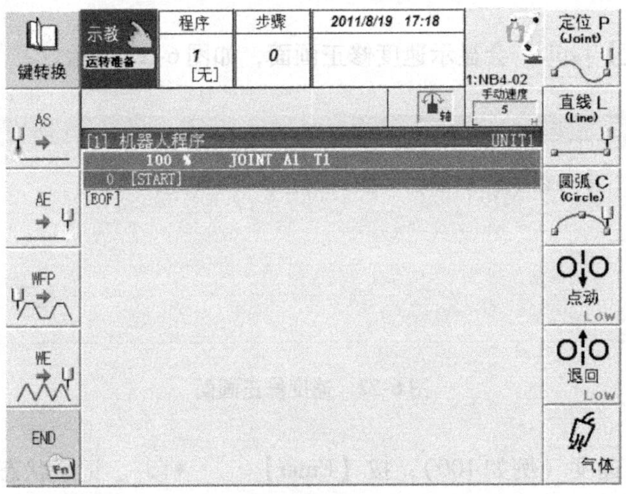

图 6-26　显示常用命令画面

重点

使用f键示教时，执行操作。在以后的说明中，使用虚线所围的键（数字键）时，不需要该操作。

提示：

如果f1 <键切换>，f键显示别的命令群。再按一次【夹紧/弧焊】，f键的显示恢复原状。

2）使用【轴操作键】，使机器人移至想要记录的位置。

3）按下想要记录的插补种类相对应的f键，或者在按住【动作可】的同时，按数字键【7】~【9】。

① f7 <定位P>或者【动作可】+【7】（+7）：关节插补（JOINT）。

② f8 <直线L>或者【动作可】+【8】（+8）：直线插补（LIN）。

③ f9 <圆弧C>或者【动作可】+【9】（+9）：圆弧插补（C1/C2）。

例：对于关节插补（JOINT）的情况如图6-27所示。

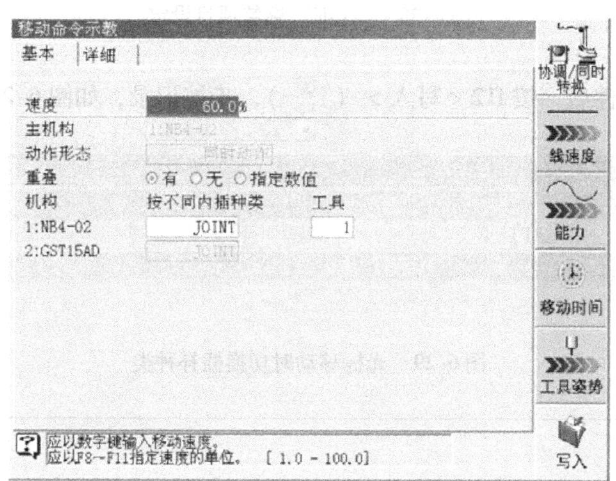

图6-27 关节插补（JOINT）时的情况

4）输入期望的速度（如100），按【Enter】（[数字键] ➧ ）。

5）使光标对准“重叠”后，在按住【动作可】的同时按【左右】（+）。选择“有/无”。仔细地设定精度时选择“数值指定”，通常仅选择“有/无”就可以了。

6）关于要设定的条件，通常4）的速度与5）的重叠“有/无”就可以了，然后移至9）的操作。要使用稍高级别的方法，可以进行7）、8）的操作。

7）用“工具”设定工具编号。通常工具（焊枪或手爪）为1个，故可直接使用“1”，无需变更。指定错误虽然不会使机器人的位置本身发生变化，但工具的控制点（TCP）不同。因此，再生时机器人的插补精度将受到影响。只在使用工具更换等切换多个工具的应用场合，才需要意识到指定工具编号。

8）可用“详细”标签详细设定精度的数值指定、加速度等。要切换标签，按【关闭/画面移动】。如图 6-28 所示。

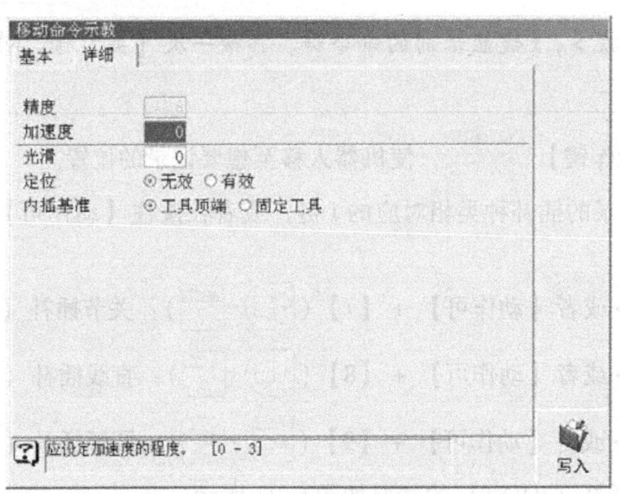

图 6-28　“详细”标签项目设定

9）设定所有条件后，按 f12 <写入>（写入），步被记录，如图 6-29 所示。

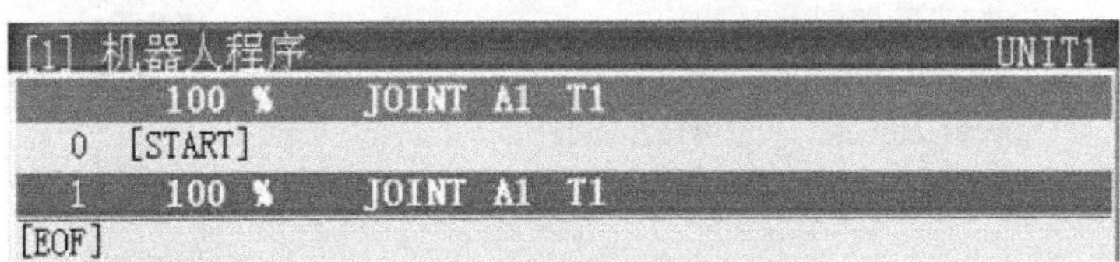

图 6-29　光标移动时切换插补种类

提示：

光标在“插补种类”时，可切换插补种类。因 f 键操作错误，选择了不想要的命令等时，使用这一操作十分方便。

3. 应用命令

（1）应用命令作用及种类　为使装在机器人前端的手柄或焊枪动作，或读入确认工件位置的信号，将应用命令（功能）记录于作业程序内的适当位置。

此外，为了进行复杂的作业，可能会调用别的作业程序，或依据外部信号的状态跳到别的作业程序。这些也作为应用命令加以记录。

应用命令默认是分组显示的，在“常数设定→5 操作和示教条件→1 操作条件→11 应用命令的选择方法”中可变更设定（点选“○直接指定⊙组指定”）。

应用命令共有以下几类：焊接应用命令、摆动命令、输入输出信号应用命令、程序/步骤调用命令、程序跳转命令、电弧传感器命令、激光传感器应用命令、结束/暂停/延时指令、寄存器指令、宏指令等。如图 6-30a ~ d 所示。

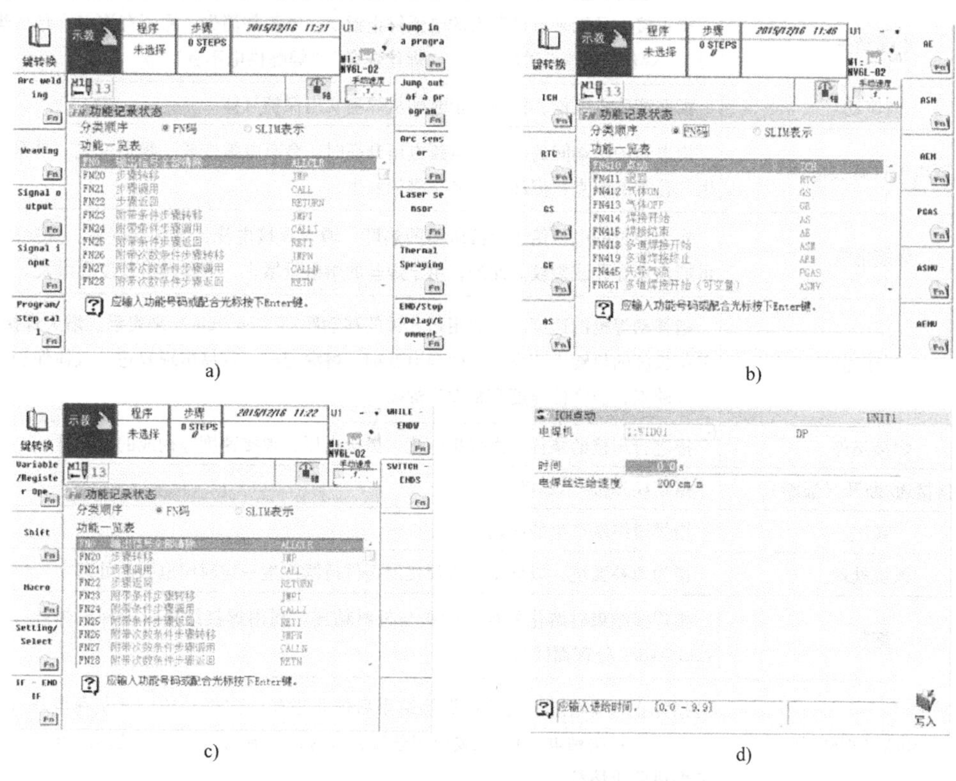

图 6-30 应用命令作用及种类

a) 电弧传感器命令等 b) 焊接应用命令 c) 输入输出信号应用命令 d) 结束/暂停/延时/指令

应用命令默认是分组显示的，在“常数设定→5 操作和示教条件→1 操作条件→11 应用命令的选择方法”中可变更设定（点选“○直接指定⊙组指定”）。

（2）弧焊常用术语 为便于初学者的理解和记忆，列出 OTC 弧焊机器人的基本术语，见表 6-17。

表 6-17 OTC 弧焊机器人基本术语

术语	说 明
弧焊电源	直接控制弧焊本身的设备，有时也单称为焊接电源或电焊机。本控制装置除可使用 DAIHEN 生产的机器人专用焊接电源或半自动焊接电源外，还可连接其他企业生产的焊接电源进行控制
机器人专用焊接电源	内置或能够内置与机器人的接口功能的焊接电源，有 WelbeeInverter 系列焊机、D 系列焊机等
焊接电源界面	要将未内置与机器人的接口功能的半自动焊接电源连接到机器人上时，需要用到此界面
电弧起始	指为开始焊接产生电弧
电弧起始不良	指在焊接开始点产生电弧失败。原因有许多，有“母材上的杂质引起通电不良”“焊丝瞄准错位”“焊丝断裂”“焊丝堵塞”“送丝不良”“焊嘴供电不良”等

（续）

术语	说 明
电弧消失	指焊接中虽无来自机器人的电弧停止指令，电弧却消失。原因有许多，有“焊丝断裂”“焊丝堵塞”“送丝不良”“焊丝烧穿”“焊嘴供电不良”等
前流动	指在产生电弧前，提前一定时间从焊嘴吹出保护气体
电弧电压（焊接电压）	指电弧的两端间的电压。电弧电压升高时，会有电弧变长、焊道变宽、易重叠、易生气孔等的缺点，但却可抑制飞溅的发生
焊接电流	指为通过的电流给予焊接所需的热度。增大焊接电流，熔深会变深。焊接薄板时，可能出现穿孔或裂纹。此外，由于焊丝的熔敷量增多，焊丝伸出长度会增大
焊接速度	指移动焊枪的速度。一般用每分钟的移动距离（cm/min）来表示。增大焊接速度，单位长度的热输入减少，因而焊道变细、熔深变浅，容易出现咬边，气体保护效果变差等缺点，但降低速度容易发生焊瘤
焊接条件	指进行焊接的条件，由焊接电流、焊接电压、焊接速度等构成的数据群
焊接接通/断开（通断）	指切换焊接/不焊接
弧坑	指焊道终端产生的凹陷
弧坑处理	指为填补弧坑，以低于正式焊接的条件持续产生一定时间电弧的处理
熔粘	指焊接结束时熔化的焊丝尖端与母材粘连。利用焊接结束时退回电焊丝，或进行Anti－stick处理而回避
Anti－stick（焊丝回烧）	指防止焊丝粘连，通常在焊接结束后停止送丝，向焊丝施加无负荷电压（Anti－stick电压：防粘电压）。只要电焊丝接触母材，电流通过，由于其热度电焊丝即烧起来而可防止熔粘
WCR	Welding Current Relay的缩写，被当作表示焊接电流的ON/OFF状态的信号名使用

（3）【f】键配置　将机器人用于弧焊用途时，液晶画面的两端显示的【f】键初始设定见表6-18。根据点焊、弧焊等的应用（用途），【f】键处于最佳配置状态。出厂时已根据机器人型号初始设定了常用用途，因此操作者通常不必为应用再配置【f】键。

表 6-18　【f】键初始设定

示教模式

■示教模式（第1页：通常按下）

键	功能	功能	键
f1	f键转换	选择焊接开始命令	f7
f2	焊接接通/断开	选择焊条摆动开始命令	f8
f3	焊条摆动接通/断开	工位起动分配	f9
f4	文件的操作	焊丝点动（低速）	f10
f5	设定电弧常数	焊丝退回（低速）	f11
f6	设定弧焊条件	气体检查	f12

↕ 键转换

■示教模式（第1页：动作可按下）

键	功能	功能	键
f1	f键转换	选择焊接结束命令	f7
f2	焊机选择	选择焊条摆动结束命令	f8
f3	切换焊条摆动接通/断开对象机器人	I强制解除（输入等待解除）	f9
f4	无功能	焊丝点动（高速）	f10
f5	设定常数	焊丝退回（高速）	f11
f6	维护菜单	无功能	f12

键转换 ↕

（续）

示教模式

■示教模式（第 2 页：通常按下）

键	功能	功能	键
f1	f 键转换	设定示教和再生条件	f7
f2	传感器接通/断开	手动速度切换（速度加快）	f8
f3	输入输出接通/断开	手动速度切换（速度减慢）	f9
f4	监视器 2 的设定	无功能	f10
f5	工具的转换	精度设定	f11
f6	切换步清除/指定回归	设定平滑	f12

➡ +□

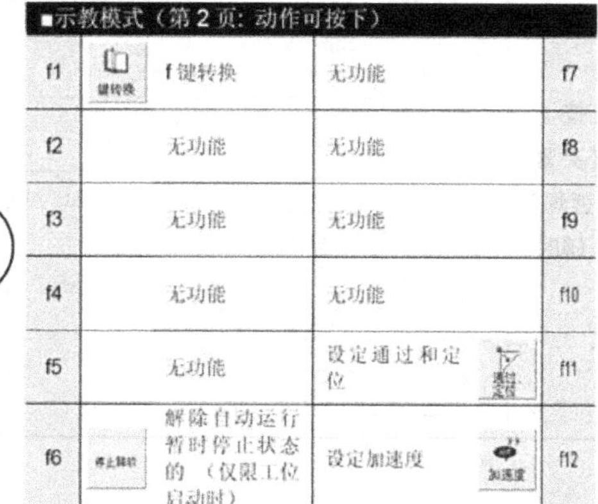

■示教模式（第 2 页：动作可按下）

键	功能	功能	键
f1	f 键转换	无功能	f7
f2	无功能	无功能	f8
f3	无功能	无功能	f9
f4	无功能	无功能	f10
f5	无功能	设定通过和定位	f11
f6	解除自动运行暂时停止状态的（仅限工位启动时）	设定加速度	f12

再生模式

■再生模式（第 1 页：通常按下）

键	功能	功能	键
f1	f 键转换	设定弧焊条件	f7
f2	焊接接通/断开	无功能	f8
f3	焊条摆动接通/断开	无功能	f9
f4	电弧监视器	焊丝点动（低速）	f10
f5	无功能	焊丝退回（低速）	f11
f6	停止	气体检查	f12

➡ +□

■再生模式（第 1 页：动作可按下）

键	功能	功能	键
f1	f 键转换	维护菜单	f7
f2	焊机选择	步进	f8
f3	切换焊条摆动接通/断开对象机器人	I 强制解除（输入等待解除）	f9
f4	步连续	无功能	f10
f5	循环/连续/步切换	速度 Override（增加 10%）	f11
f6	停止	速度 Override（减少 10%）	f12

↕ 

↕ 键转换

■再生模式（第 2 页：通常按下）

键	功能	功能	键
f1	f 键转换	设定示教和再生条件	f7
f2	传感器接通/断开	无功能	f8
f3	切换步清除/指定回归	无功能	f9
f4	切换通常起动时的停止位置回归方法	无功能	f10
f5	切换步设置后的起动方法	无功能	f11
f6	停止	无功能	f12

➡ +□

■再生模式（第 2 页：动作可按下）

键	功能	功能	键
f1	f 键转换	无功能	f7
f2	无功能	无功能	f8
f3	无功能	无功能	f9
f4	无功能	焊丝点动（高速）	f10
f5	无功能	焊丝退回（高速）	f11
f6	停止	同时切换启动选择与程序选择 或者 工位监视	f12

（续）

按下【夹紧/弧焊】键时	f1	f键转换	移动命令（JOINT）	f7	➡	f1	f键转换	启动分配	f7
	f2	焊接开始命令（AS）	移动命令（LINE）	f8		f2	步骤跳跃命令（JMP）	SET 命令	f8
	f3	焊接结束命令（AE）	移动命令（CIRCLE）	f9	键转换	f3	程序调用命令（CALLP）	RESET 命令	f9
	f4	固定方式焊条摆动开始命令（WFP）	焊丝点动（低速）	f10		f4	关节摆动开始命令（WAX）	ON 等待命令（WAITI）	f10
	f5	焊条摆动结束命令（WE）	焊丝退回（低速）	f11		f5	无功能	OFF 等待命令（WAITJ）	f11
	f6	END 命令	气体检查	f12		f6	计时命令（DELAY）	无功能	f12

6.2　示教

6.2.1　从示教到再生的步骤

从示教到再生一般需要示教作业工作程序和再生作业工作程序。

1. 示教作业工作程序

要连续运转机器人首先要编写作业程序，按照图 6-31 所示的流程编写。整个作业叫做“示教作业”或“Teaching 作业”。这是编写和修订作业程序并进行优化的作业过程。

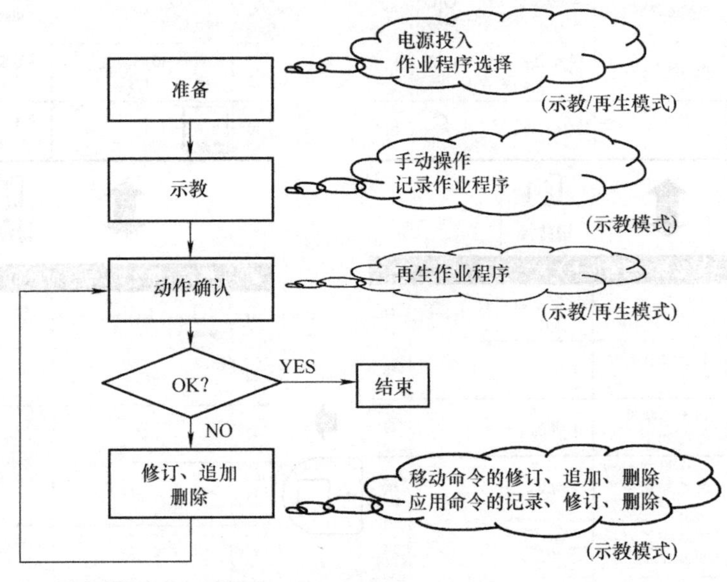

图 6-31　“示教作业”过程

2. 再生作业工作程序

作业程序完成后，执行自动运转。执行自动运转后，反复再生选择的作业程序，如图 6-32 所示。

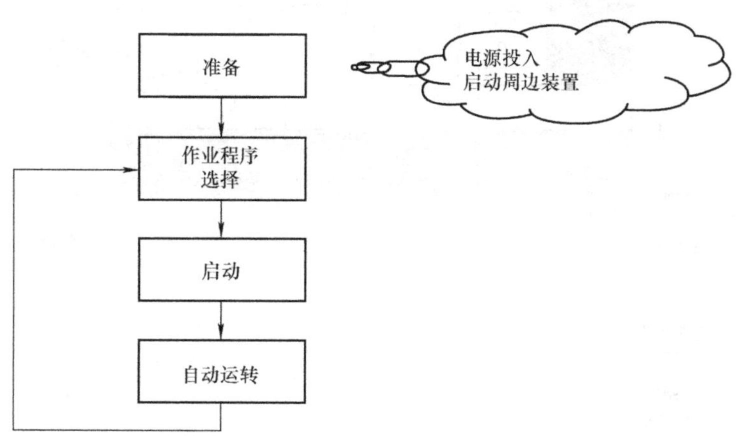

图6-32　再生选择的作业程序

6.2.2　示教前的准备

1. 机器人开机

要使用机器人时，首先将控制装置的电源（控制电源）置于ON。

> **危险提示：**
>
> 要将控制电源置于ON时，请务必关闭控制装置的门。接触电源供给部而触电时，可能导致死亡或重伤灾害！

控制电源开机（ON）的操作步骤如下：

1）首先确认断路器的位置（断路器的位置会随着系列或规格的不同而有所差异），如图6-33所示。

2）将断路器旋转到ON处，FD11系统自动启动，开始自我诊断。

3）如果自我诊断正常结束，在示教器上显示初始画面，操作机器人的准备工作（开机）就完成了，如图6-34所示。

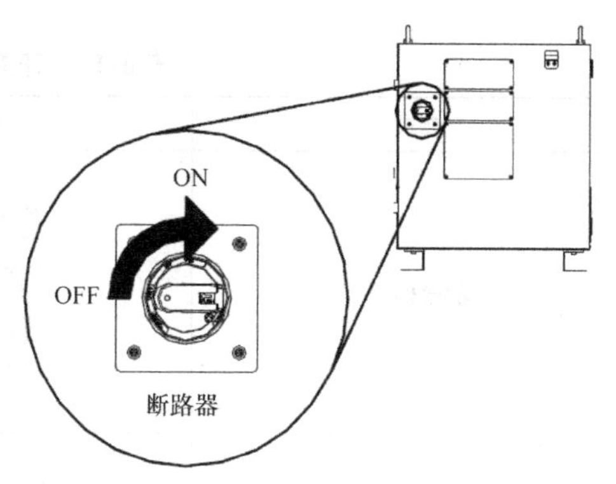

图6-33　确认断路器的位置

2. 动作模式的选择及伺服上电

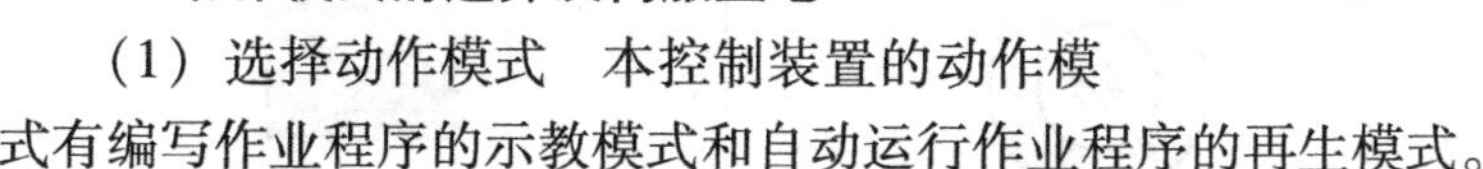

（1）选择动作模式　本控制装置的动作模式有编写作业程序的示教模式和自动运行作业程序的再生模式。

1）当连接有操作盒时，用操作盒上的【模式转换开关】来切换模式。

① 选择模式可用示教器的显示确认模式，如图6-35所示。

② 将旋转操作盒的【模式转换开关】设置为示教侧或再生侧，可随时切换到要选择的模式。开关与模式的显示关系见表6-19。

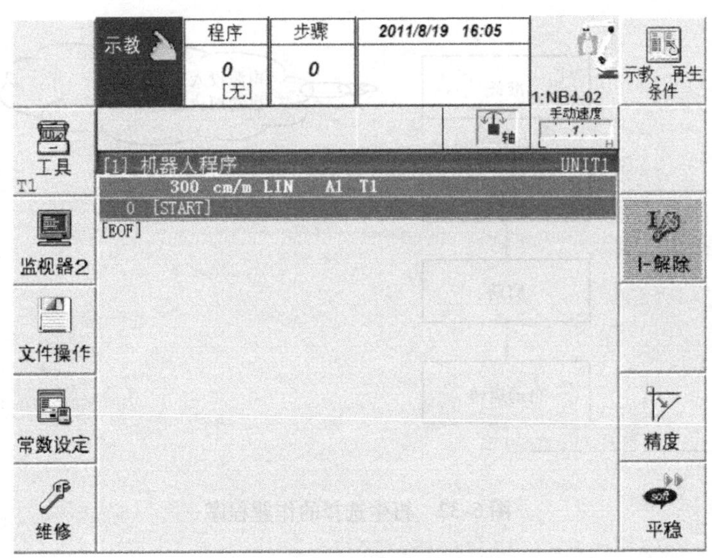

图 6-34　系统自动启动后初始画面

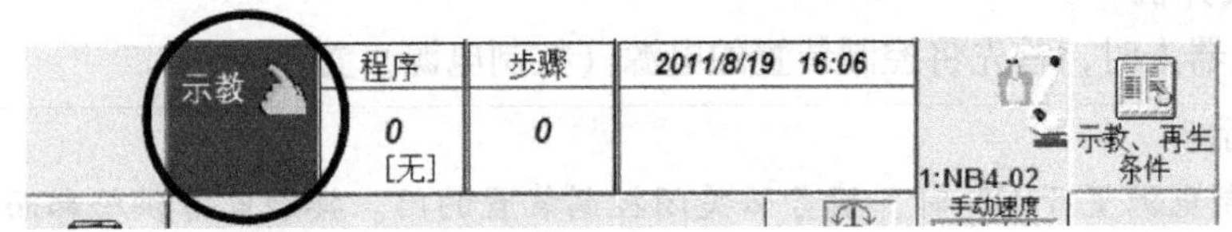

图 6-35　选择模式

表 6-19　开关与模式显示的关系

模式	开关状态	示教器显示
示教模式	TEACH PLAYBACK	示教
再生模式	TEACH PLAYBACK	再生

操作盒与示教器双方的模式不同时，不能进行机器人的手动操作或自动运行。

③ 将示教器的【TP 选择开关】旋转到示教侧或再生侧（使操作盒与示教器双方的模式相同），随后下面的组合便能够进行机器人的手动操作或自动运行，见表 6-20。

表 6-20　机器人的手动操作或自动运行模式

模式	开关状态	TP 选择开关	示教器显示
示教模式	教示 TEACH 再生 PLACLACK		示教
再生模式	教示 TEACH 再生 PLACLACK		再生

提示：

当操作盒与 TP 选择开关不一致时，显示以下信息之一：

1）“E0967 示教器的选择开关处于手动状态”。

2）“A2006 示教器的选择开关处于自动状态”。

④ 手动操作或示教时，应预先置于可进行手动操作的状态。

2）当连接的是操作面板时，用控制装置前面配备的操作面板的【模式转换开关】来切换模式。

① 选择模式可用示教器的显示确认模式，见表 6-36。

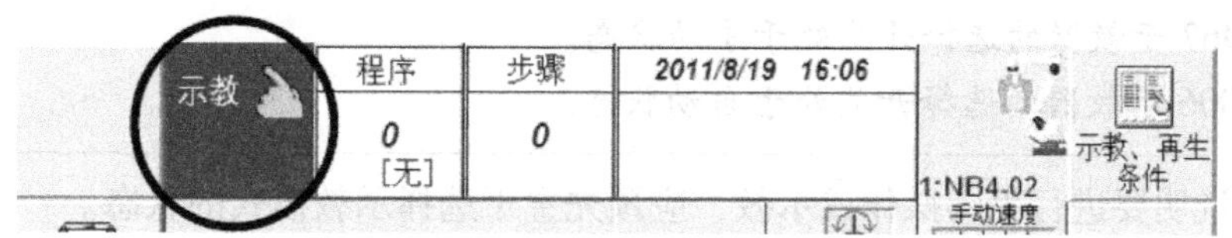

图 6-36　示教器的显示确认模式

② 切换模式时，使用操作面板的【模式转换开关】（ ），开关与模式显示的关系见表 6-21。

表 6-21　开关与模式的关系

模式	开关状态	示教器显示
示教模式		示教
再生模式		再生

在操作盒与示教器双方模式不同时，不能进行机器人的手动操作或自动运行。因此，继续进行以下的操作。

③ 将示教器的【TP 选择开关】旋转到示教侧或再生侧（使操作面板与示教器双方的模式相同），然后下面组合便能够进行机器人的手动操作或自动运行，见表 6-22。

表 6-22　机器人的手动操作或自动运行组合

模式	操作面板	TP 选择开关	示教器显示
示教模式			示教
再生模式			再生

> **提示：**
> 当操作盒与 TP 选择开关不一致时，会显示以下信息之一：
> 1）E0967 示教器的选择开关处于手动状态。
> 2）A2006 示教器的选择开关处于自动状态。

④ 以下说明要进行手动操作或示教，应预先置于选择示教模式的状态。

（2）使运转准备 ON　要使机器人动作时，先将运转准备置于 ON。不使机器人动作时，则不须将其置于 ON。

> **危险：**
> 使运转准备置于 ON 时，请务必确认机器人周边没有人。被机器人的意外动作碰撞或夹住时，可能导致死亡或重伤灾害。

1）运转准备 ON（示教模式时）。以示教模式使运转准备置于 ON 的操作步骤如下：

① 确认已选择示教模式，如图 6-37 所示。

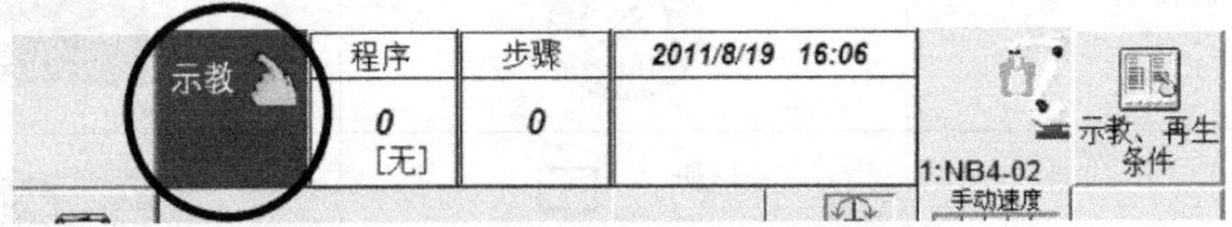

图 6-37　运转准备 ON（示教模式时）

如果不是示教模式，旋动【模式转换开关】，切换到示教模式。

② 按【运转准备投入按钮】，或者在按住【动作可】键的同时按【运转准备 ON】键

(【运转准备投入按钮】配置在操作盒或操作面板上,【动作可】、【运转准备 ON】键配置在示教器上)。【运转准备投入按钮】的绿色灯呈闪灭状态。在这一状态下,还没有向电动机供电,不能操作机器人。在示教器的模式显示区,有指示灯显示,表示已进入运转准备 ON (伺服 OFF) 状态。如图 6-38 所示。

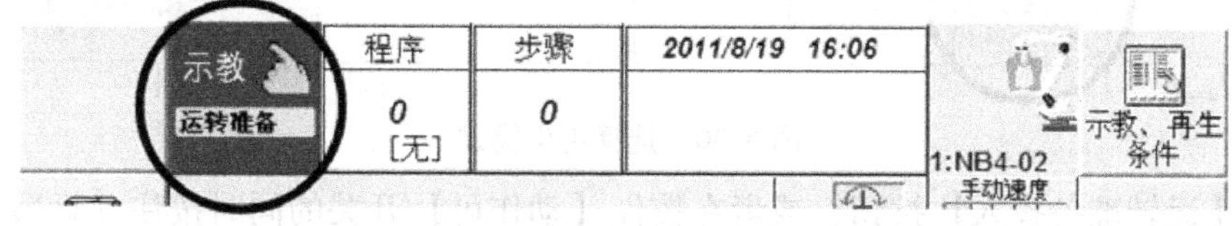

图 6-38 进入运转准备 ON (伺服 OFF) 状态

③ 按住【动作可】开关。【运转准备投入按钮】的绿色灯呈点灯状态。在示教器的模式显示区,有指示灯显示,表示已进入运转准备 ON (伺服 ON) 状态。在握住【动作可】开关的期间,向电动机供电,按轴操作键可移动机器人,如图 6-39 所示。

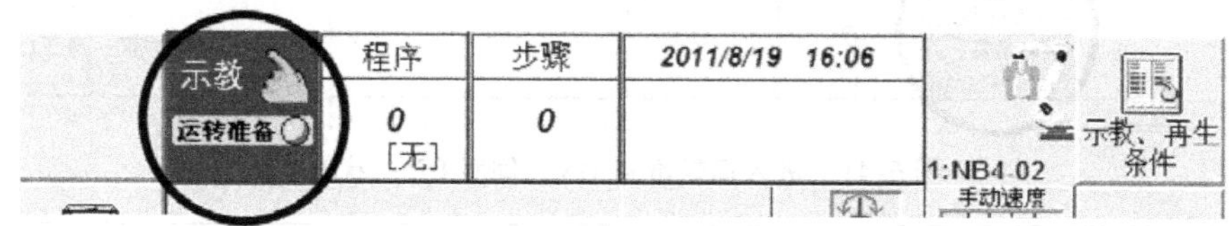

图 6-39 进入运转准备 ON (伺服 ON) 状态

重点:

关于动作可开关的操作有以下几个重点:

1. 以示教模式使机器人动作时,务必在按住【动作可】开关的同时操作 (再生模式时不使用【动作可】开关)。

2. 放开【动作可】开关后,伺服进入 OFF 状态,机器人立即停止。再次按住【动作可】开关,伺服再次进入 ON 状态。

3. 用力按住【动作可】开关,发出"卡喳"声时,伺服也会进入 OFF 状态,机器人立即停止。

4. 作为选购规格,也有在示教器的背面装 2 个【动作可】开关的产品。在这种情形下,同时按住两个开关,伺服也会进入 OFF 状态。

5. 操作中如果按下紧急停止按钮,或者从外部输入紧急停止,无法通过操作【动作可】开关操作伺服的 ON/OFF。此时,请进行上述 2~3 的操作。

提示:

无法操作时,按以下指示进行:

1. 是否按下示教器的紧急停止按钮?若是,请向右旋转紧急停止按钮予以解除。

2. 是否从外部输入紧急停止命令?若是,外围 (系统侧) 未准备好的话请先做好系统侧的准备,然后解除紧急停止命令。

3. 示教器的【TP 选择开关】与操作面板 (操作盒) 的【模式转换开关】双方都处于"示教侧"吗?若不是请使双方都处在"示教侧"。

2）运转准备 ON（再生模式时）。使运转准备 ON 时的操作步骤如下：

① 确认已选择再生模式，如图 6-40 所示。

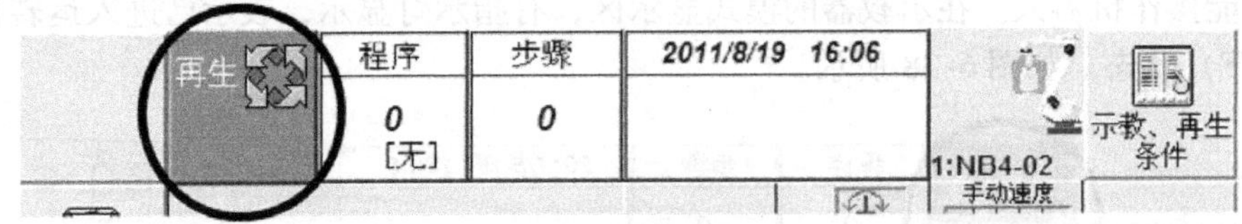

图 6-40 选择再生模式

② 按【运转准备投入】按钮，或者在按住【动作可】开关的同时按住【运转准备 ON】键。进入运转准备 ON 状态，可随时再生指定的作业程序。

在示教器的模式显示区，有指示灯显示，表示已进入运转准备 ON（伺服 ON）状态，如图 6-41 所示：

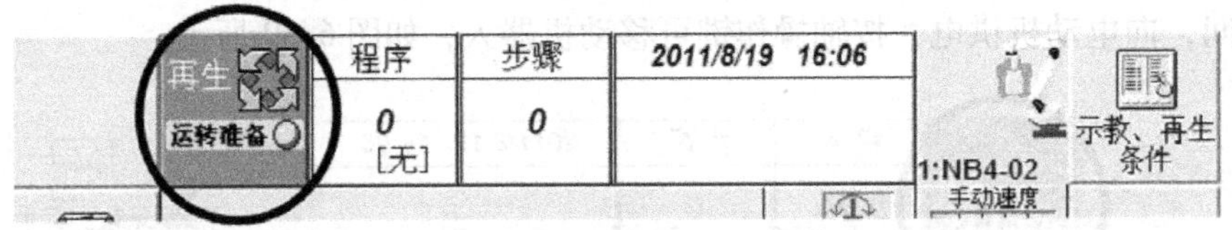

图 6-41 进入运转准备 ON（伺服 ON）状态

> **重点：**
> 在再生模式，按【运转准备投入按钮】，进入运转准备 ON（伺服 ON）状态。不使用【动作可】开关。

6.2.3 实际示教

1. 示教的步骤

示教步骤见表 6-23。

表 6-23 示教步骤

1. 示教前的准备	1）选择示教模式：以示教模式进行示教
	2）输入作业程序号码：输入要编制的作业程序的号码，编号的输入范围为 0 ~ 9999
2. 示教	3）记录移动命令（动作位置与姿势）：以手动操作将机器人移至记录位置，并调整姿势。按【覆盖/记录】，记录步（移动命令）。重复这一过程，依次记录步（移动命令）
	4）根据需要记录应用命令：将应用命令记录到适当的步。预先记录应用命令，可将信号输出到外部，或者使机器人待机
	5）记录表示作业程序结束的结束命令（应用命令 END <FN92>）：在动作的最后步，记录结束命令（应用命令 END <FN92>），作为最后步
3. 内容确认	6）确认示教内容：依序移动到已记录的步，确认记录位置、姿势
4. 修正	7）修正示教内容：变更记录点，追加和删除步

2. 输入作业程序编号

开始新的示教时，对将要编写的作业程序编号。编号的输入范围为 0 ~ 9999。输入作业程序编号步骤如下：

（1）选择示教模式。

（2）在按住【动作可】的同时，再按住【程序/步】+□+ ，【程序选择】画面打开，如图 6-42 所示。

（3）在“调用程序”栏输入作业程序的编号。例如，指定“1”作为作业程序编号时，按下数值输入键【1】，然后按【Enter】 ，如图 6-43 所示。

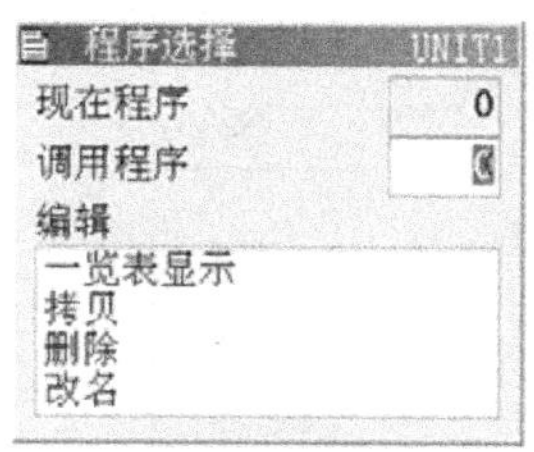

图 6-42　【程序选择】画面

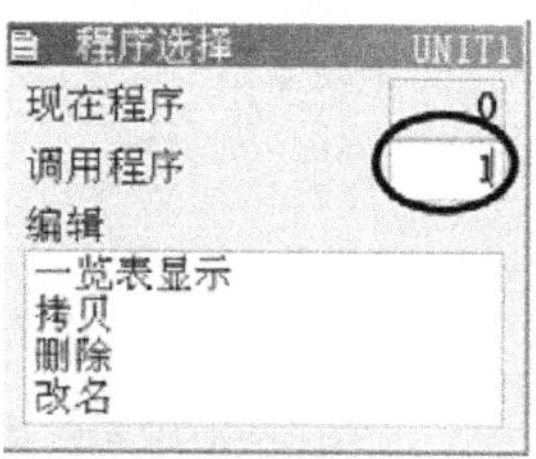

图 6-43　输入作业程序的编号“1”

（4）按【Enter】（ ）。新作业程序“1”打开，即可开始示教。如图 6-44 所示。

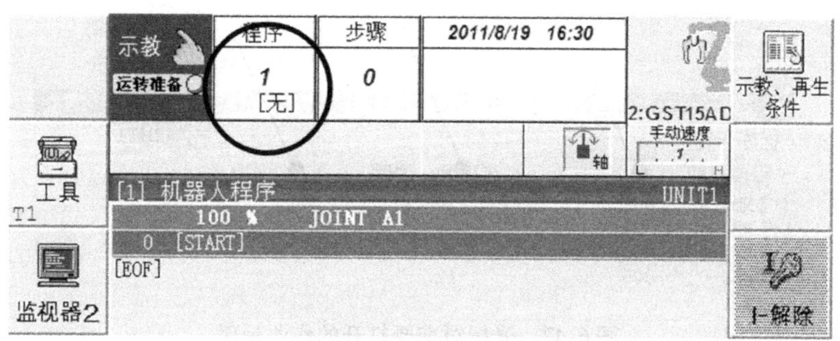

图 6-44　新作业程序“1”打开

> **提示：**
> 若不知道空的编号时，显示已编写的作业程序一览，进行确认。

（5）打开作业程序操作步骤

1）选择示教模式。

2）在按住【动作可】的同时，再按住【程序/步】（+□+ ），【程序选择】画面打开，如图 6-45 所示。

3）使光标对准“程序一览显示”，按【Enter】（ ）。显示已编写的作业程序一览，如图 6-46 所示。

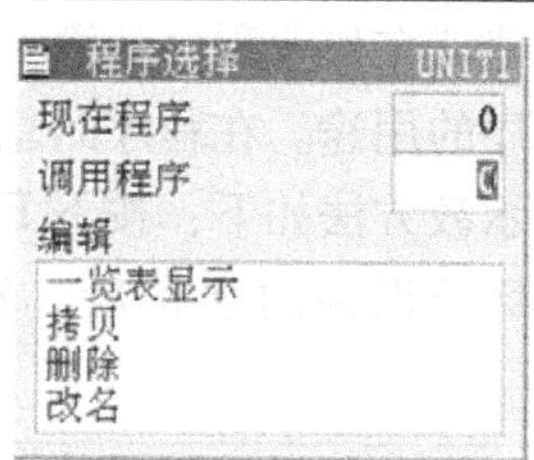

图 6-45　【程序选择】画面

4）使光标对准要打开的作业程序，按【Enter】（ ），选择的作业程序打开，如图 6-47 所示。

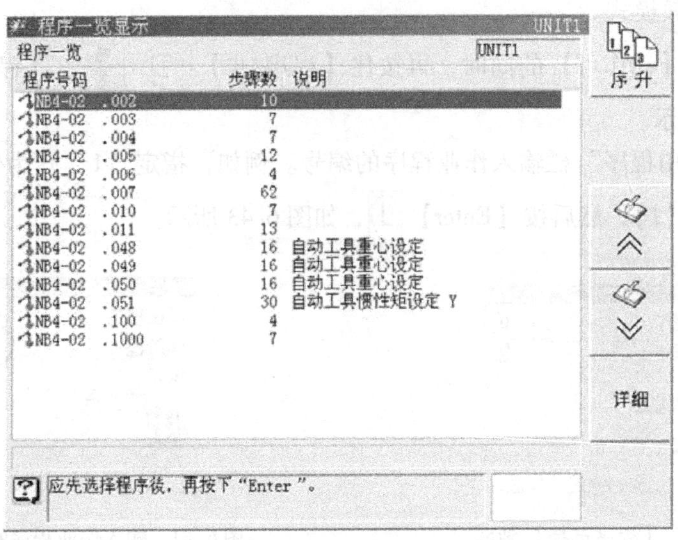

图 6-46　编写的作业程序一览

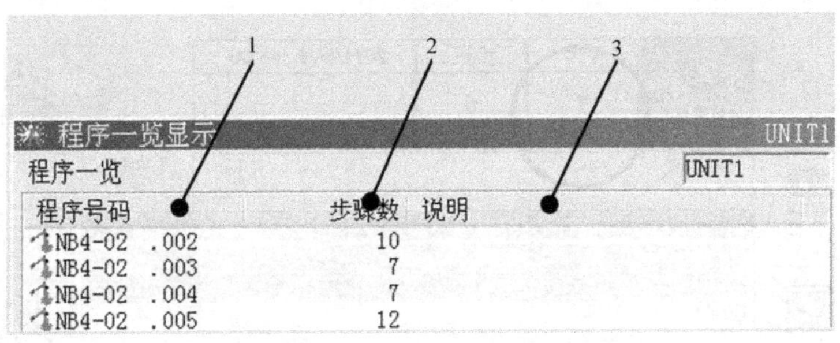

图 6-47　光标对准要打开的作业程序

图 6-47 中，1 表示作业程序文件的名称，以“机器人名 . xxx”的形式来表示。“xxx”表示作业程序编号；2 表示显示存储的步数；3 表示若登录有注释显示注释。

3. 示教注释命令

建议在作业程序的第一步示教注释命令（FN99），这样，在程序一览显示中可显示该作业程序的用途。在程序的总图也可示教注释命令，以便于识别作业程序中的作业部位。

示教方法如下：按下 FN 键，在弹出的弹窗中输入数字 99 后回车，在弹窗中继续输入用于区分识别的字符后，然后按（f12）写入。示教注释命令的操作界面如图 6-48a、b 所示。

> **注意：**
> 目前，注释命令只支持英文和日文，不支持中文汉字的输入。

4. 示教编写作业程序

准备完成后，进行实际示教编写作业程序。如图 6-49 所示，使机器人从第 1 步移至第 5 步，记录位置。为让第 6 步与第 1 步位置相同，进行记录位置的重叠。这是为通过从第 5 步直接移至第 1 步，再生时机器人的动作不至于中断。

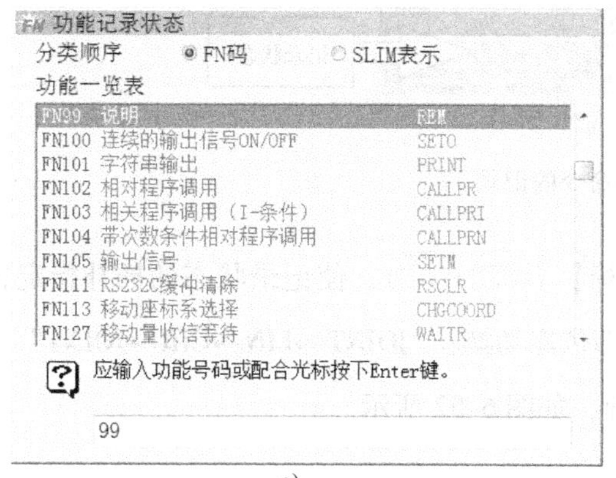

a)

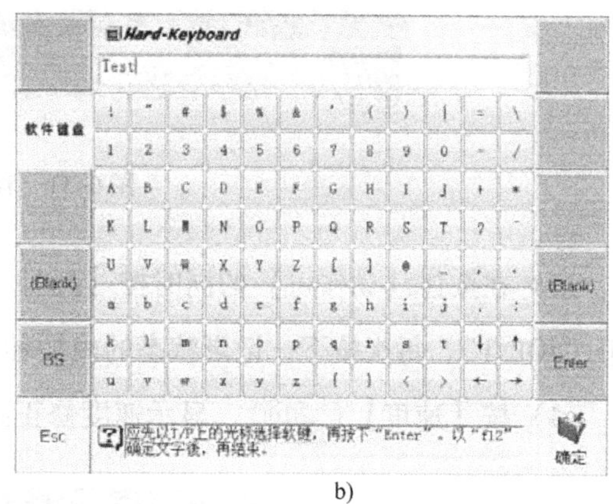

b)

图 6-48　示教注释命令

a）程序一览显示　b）输入数字和字母

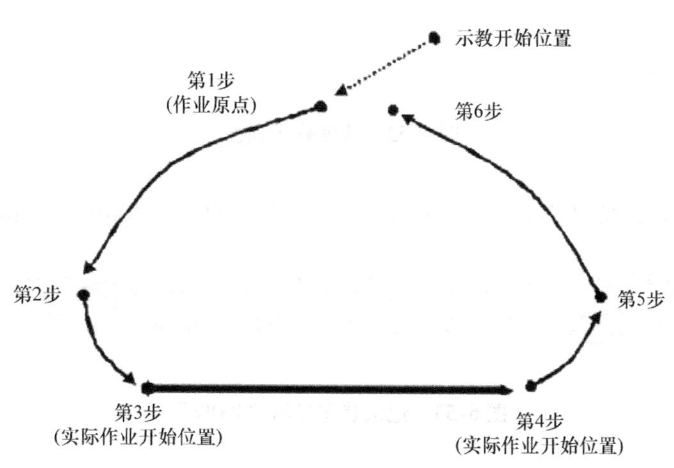

图 6-49　示教位置（步）示意

（1）记录第 1 步（作业原点）　记录第 1 步作为作业原点，如图 6-50 所示。

使用记录状态示教第 1 步的方法及步骤如下：

1）使用【轴操作键】（　）使机器人移至第 1 步。让第 1 步成为想要作为作业原点的位置。

2）记录状态已变成选择了移动命令的状态，如图 6-51 所示。

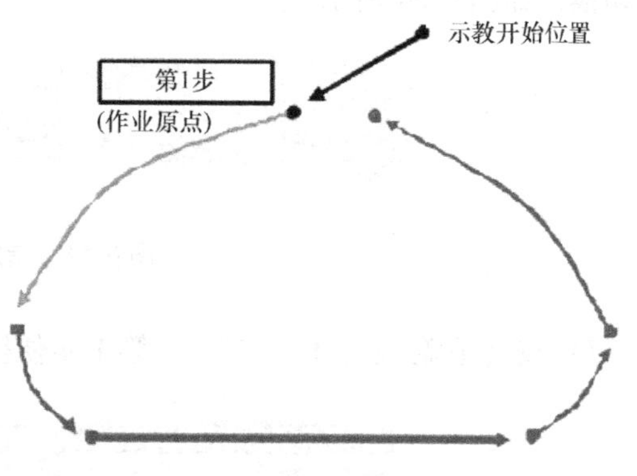

图 6-50　记录第 1 步（作业原点）

设定从此状态移至第 1 步的方法、速度、精确度级别。在第 1 步，尝试设定移动方法为“关节插补”，速度为“100%”，精确度级别为“1”。

图 6-51　移动命令的记录

3）在按住【动作可】的同时按【插补/坐标】（ + ），使记录状态的插补指定置于“JOINT”。每次按下，记录状态的内插种类即依序切换：“JOINT→LIN→CIR→JOINT”。

4）按【速度】（ ），显示速度修正画面，如图 6-52 所示。

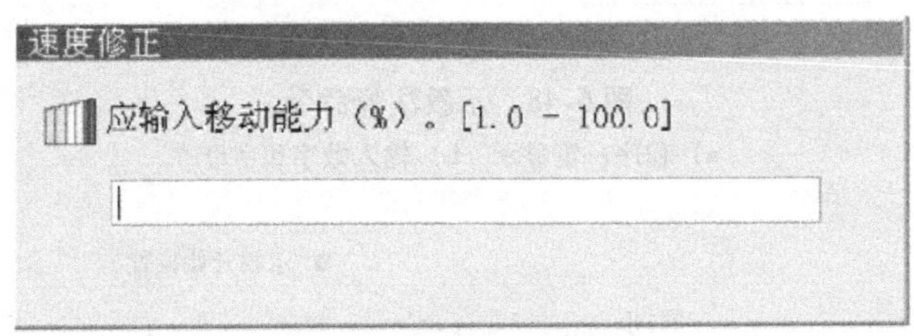

图 6-52　速度修正画面

5）输入“100”，按【Enter】（100 ）。记录状态显示“100%”，如图 6-53 所示。

图 6-53　记录状态显示“100%”

6）指定精确度级别时，按【精度】（ ）。每按一次，精确度级别按照 A1 ~ A8 的顺序切换，如图 6-54 所示。

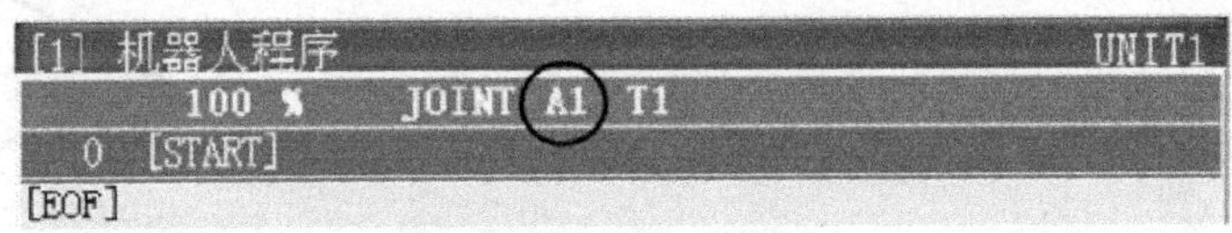

图 6-54　指定精确度级别

7）按【覆盖/记录】（ ）。第 1 步便被记录，如图 6-55 所示。

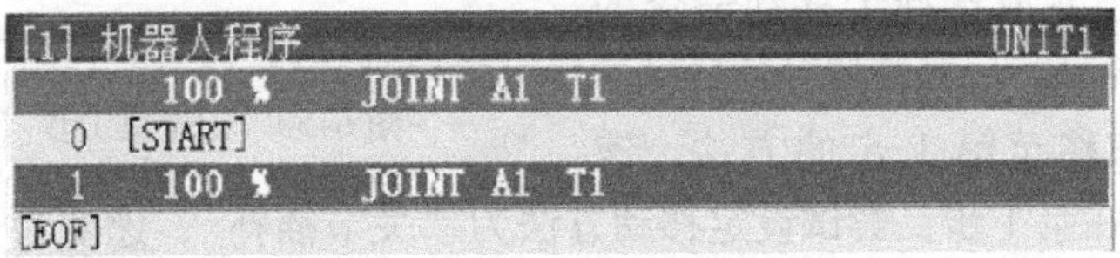

图 6-55　记录第 1 步

（2）记录第 2 步（实际作业开始位置的前方）　在实际作业开始位置的附近记录第 2 步。实际作业开始位置是指实际进行焊接等的位置，如图 6-56 所示。

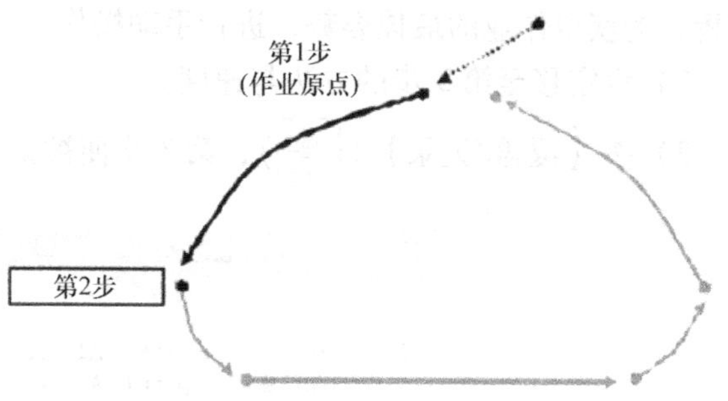

图 6-56　实际作业开始位置（第 2 步）

使用记录状态示教第 2 步的方法及步骤如下：

1）使用【轴操作键】（ ），使机器人移至第 2 步。第 2 步设置于作业开始位置的稍前方。此外，使机器人保持接近第 3 步进行实际作业的姿势。

2）设定移至第 2 步的方法与速度。与第 1 步一样，设定移动方法为“关节插补”，速度为“100%”。若要沿用上次的条件，记录状态保留有刚才所存储的移动命令。不变更其值而按下【覆盖/记录】（ ）。第 2 步便被记录，如图 6-57 所示。

[1] 机器人程序					UNIT1
	100	%	JOINT	A1	T1
0	[START]				
1	100	%	JOINT	A1	T1
2	100	%	JOINT	A1	T1
[EOF]					

图 6-57　记录第 2 步

（3）记录第 3 步（实际作业开始位置）　记录焊接等的实际作业开始的位置，作为第 3 步。如图 6-58 所示。

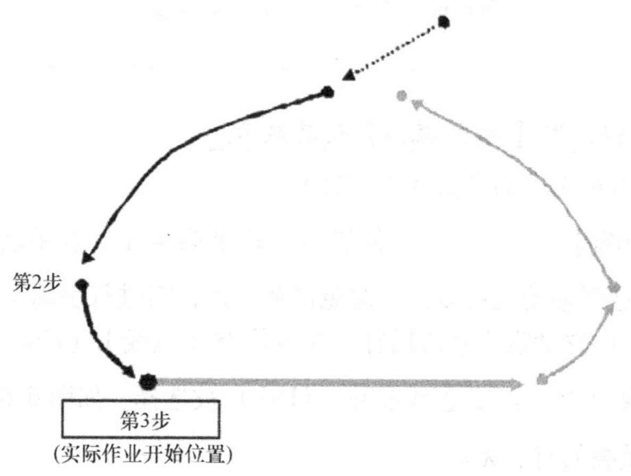

图 6-58　焊接开始位置（第 3 步）

使用记录状态示教第 3 步的方法及步骤如下：

1）使用【轴操作键】（ ），使机器人移至第 3 步。第 3 步为开始焊接作业等的位置，为获得作业的最佳姿势，进行手动操作。

2）设定移至第 3 步的方法与速度。

3）按【覆盖/记录】（ ），第 3 步便被记录，如图 6-59 所示。

[1] 机器人程序			UNIT1
	100 %	JOINT A1 T1	
0	[START]		
1	100 %	JOINT A1 T1	
2	100 %	JOINT A1 T1	
3	100 %	JOINT A1 T1	
[EOF]			

图 6-59　记录第 3 步

（4）记录第 4 步（实际作业结束位置）　记录焊接等的实际作业结束的位置作为第 4 步。尝试使用整个画面的示教方法记录该步和下一步，如图 6-60 所示。

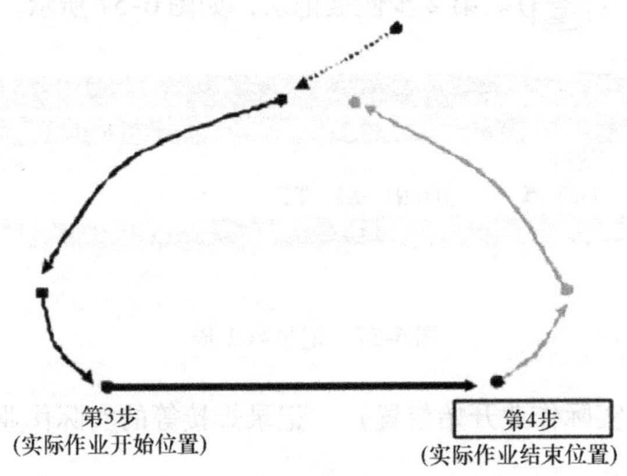

图 6-60　焊接结束位置（第 4 步）

> **重点：**
> 如果没有显示 f 键，用【夹紧/弧焊】使其显示。

使用记录状态示教第 4 步的方法及步骤如下：

1）使用【轴操作键】（ ），使机器人移至第 4 步。以手动操作移至第 4 步时，并不一定要走直线，迂回移动也可以，为避免接触工件，需进行手动操作。

2）将前往第 4 步的移动设为直线插补。在按住 f8 <直线 L（Line）>或【动作可】的同时，按【8】 直线 L (Line) 或 + + 8，直线插补（LINE）被选择，如图 6-61 所示。

3）设定速度或重叠的有、无。

4）设定所有条件后，按 f12 <写入> 写入。第 4 步便被记录，如图 6-62 所示。

（5）记录第 5 步（离开工件的位置）　记录离开工件的位置，作为第 5 步，如图 6-63 所示。

使用记录状态示教第 5 步的方法及步骤如下：

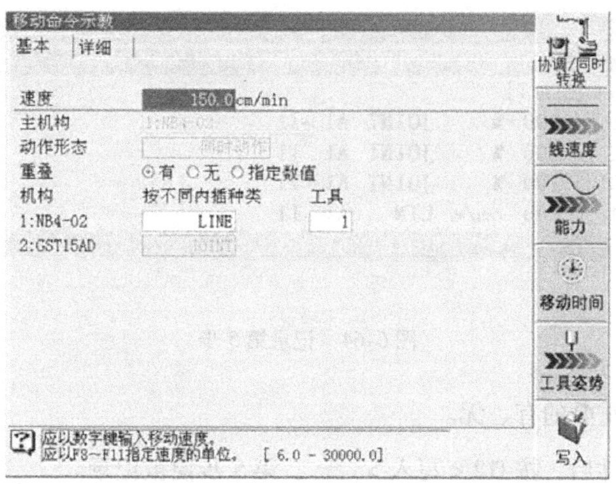

图 6-61　设第 4 步为直线插补（LINE）

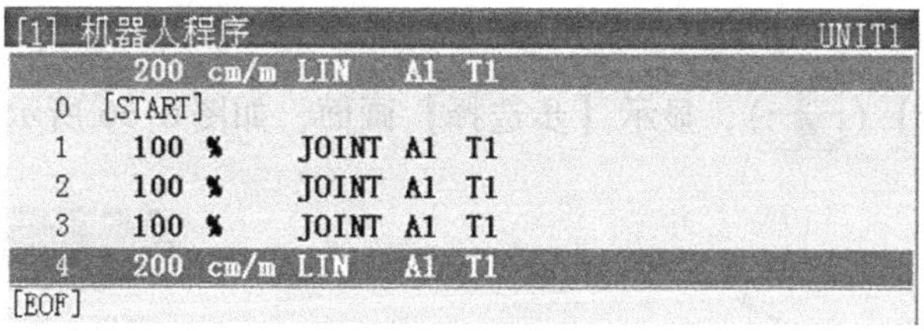

```
[1] 机器人程序                                UNIT1
      200  cm/m  LIN    A1  T1
  0  [START]
  1    100  %     JOINT  A1  T1
  2    100  %     JOINT  A1  T1
  3    100  %     JOINT  A1  T1
  4    200  cm/m  LIN    A1  T1
[EOF]
```

图 6-62　记录第 4 步

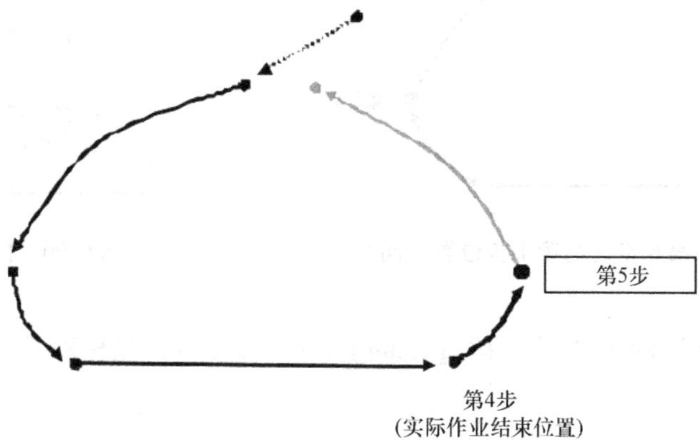

图 6-63　第 5 步的工件位置示意

1）使用【轴操作键】（ ）使机器人移至第 5 步，第 5 步设于离开工件的适当地方。

2）设定前往第 5 步的移动为“关节插补”，按 f7 <定位 P（Joint）> 。关节插补（JOINT）被选择，如图 6-64 所示。

```
[1] 机器人程序                                  UNIT1
        100 %      JOINT  A1  T1
  0  [START]
  1     100 %      JOINT  A1  T1
  2     100 %      JOINT  A1  T1
  3     100 %      JOINT  A1  T1
  4     200  cm/m  LIN    A1  T1
  5     100 %      JOINT  A1  T1
[EOF]
```

图 6-64　记录第 5 步

3）设定速度或重叠的有、无。

4）设定所有条件后，按 f12 <写入> 写入，第 5 步便被记录。

（6）记录第 6 步（与第 1 步相同的位置）　记录与第 1 步相同的位置作为第 6 步，如图 6-65 所示。

使用记录状态示教第 6 步的方法及步骤如下：

1）按【程序/步】（ ），显示【步选择】画面，如图 6-66 所示。

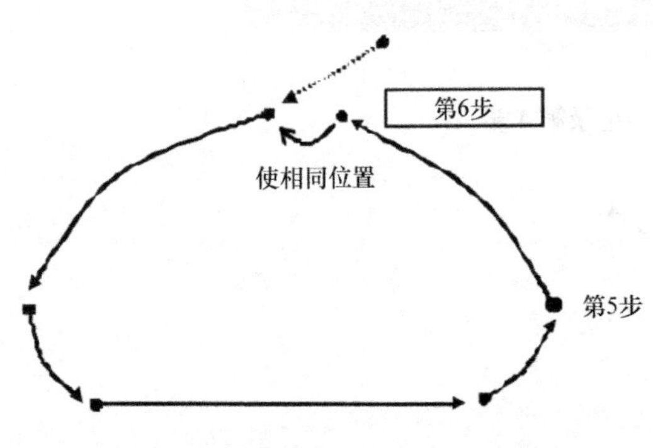

图 6-65　记录第 6 步（与第 1 步位置相同）

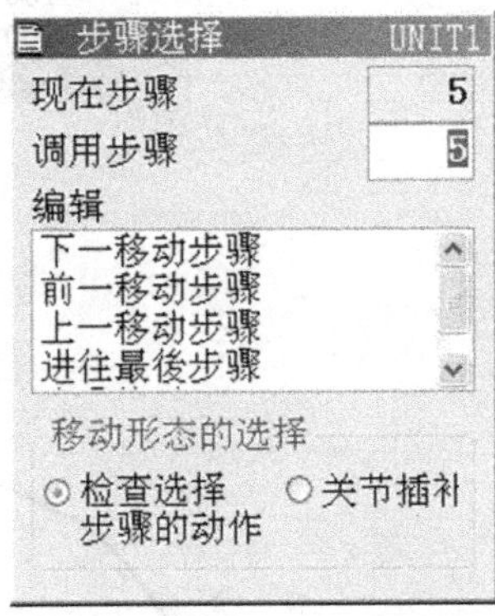

图 6-66　【步选择】画面

2）为“调用步”输入“1”，按【Enter】（ON 1 → ↵），光标移至第 1 步，如图 6-67 所示。

```
[1] 机器人程序                                  UNIT1
        100 %      JOINT  A1  T1
  0  [START]
  1     100 %      JOINT  A1  T1
  2     100 %      JOINT  A1  T1
  3     100 %      JOINT  A1  T1
  4     200  cm/m  LIN    A1  T1
  5     100 %      JOINT  A1  T1
[EOF]
```

图 6-67　设定第 5 步的移动为“关节插补”

3）在握住【动作可】开关的同时，按【检查前进】（ ）（一直按到机器人停止为止）。机器人移至第1步的记录位置。

4）为将机器人停止的位置（第1步的位置）作为第6步记录，调用第5步。

按【程序/步】（ ），显示【步选择】画面，如图6-68所示。

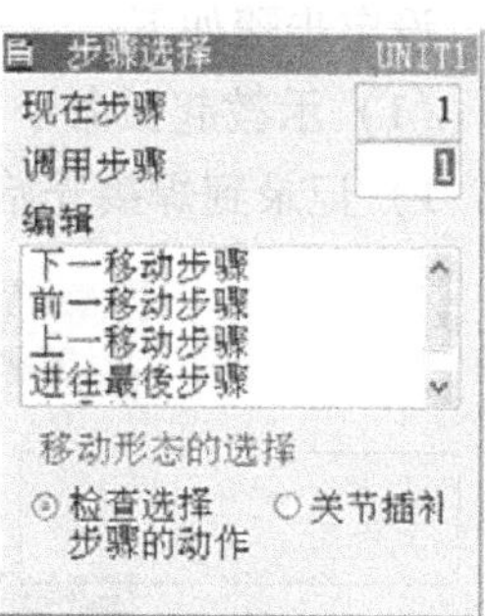

图6-68 【步选择】画面

5）选择“前往后步”，按【Enter】（ ）。光标移至后一步骤（第5步骤）。至此，即进入可记录第6步的状态。

6）由于沿用第5步的条件，因此按【覆盖/记录】（ ），第6步便被记录。

（7）记录结束命令（应用命令END） 由于所有步的记录都已结束，在作业程序的最后记录结束命令（务必记录结束命令）。

按f6 <END>。或者在按住【动作可】的同时，按【END/计时器】（ 或 + + ）。END命令被记录，如图6-69所示。

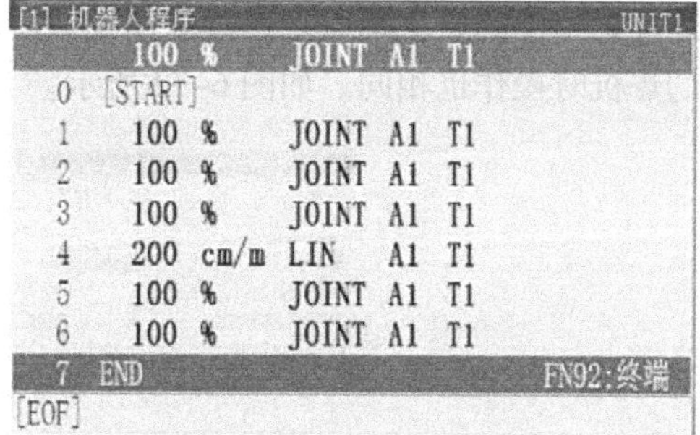

图6-69 记录END命令

至此，作业程序的编写就结束了，接着确认机器人的动作、姿势等。

5. 示教弧焊命令

实际焊接的示教只需在开始焊接的位置记录“AS”，在结束焊接的位置记录“AE”。

在此，以作业程序为例，示教焊接程序步骤。这里不讲述移动命令的记录等有关示教的基本操作。如图6-70所示。

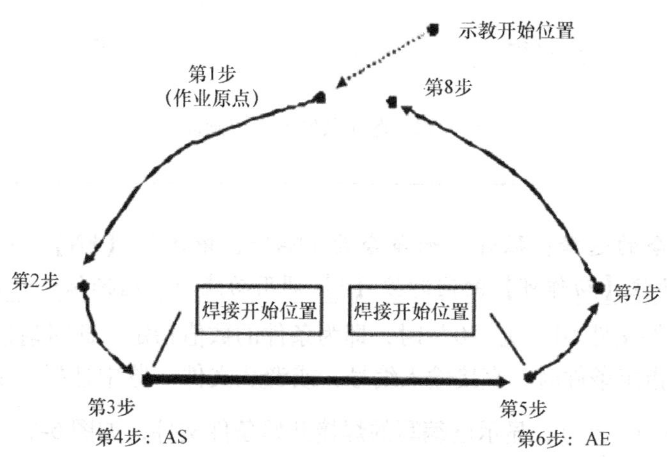

图6-70 示教焊接程序步骤

> **重点：**
> 使用数字键进行示教时，需要将硬键的使用设定为“使用”。

设定步骤如下：

(1) 示教起弧命令

1) 记录到焊接开始位置（第3步），如图6-71所示。

```
[1] 机器人程序                                  UNIT1
        100 %       JOINT  A1  T1
  0  [START]
  1     100 %       JOINT  A1  T1
  2     100 %       JOINT  A1  T1
  3     100 %       JOINT  A1  T1
[EOF]
```

图6-71　记录到焊接开始位置

2) 按f7 <AS>，或者在按【夹紧/弧焊】后，按f2 <AS>（ 或 ）。显示弧焊开始条件的设定画面。这里以使用数字脉冲的情形为例，说明条件的指定方法。使用其他的焊机时操作也相同。如图6-72所示。

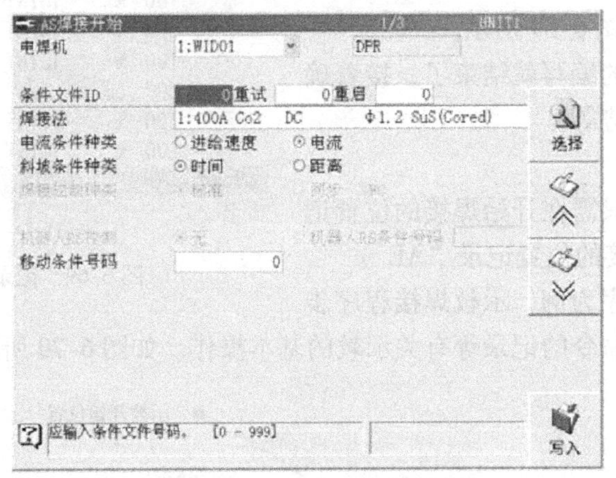

图6-72　起弧条件的设定画面

> **提示：**
> 弧焊开始命令的选择：弧焊开始命令为FN414，依次按【FN】→【414】→【Enter】，也可选择按住【动作可】的同时按【4】调用功能组，选择弧焊开始命令。

3) 指定“条件文件ID”为“0”时，即为条件的数值指定，此时请进行以后的操作。

4) 在文件中指定条件时，直接输入编号，或者从文件一览中选择。从文件一览中选择时，按f8 <选择>（ ），显示已编写的焊接开始条件文件，如图6-73所示。

用【上】【下】选择文件，然后按【Enter】（ ），指定的弧焊文件被调用。

5) 为“重试编号”指定电弧重试文件的编号。如果指定“0”，在电弧起始失败时，执

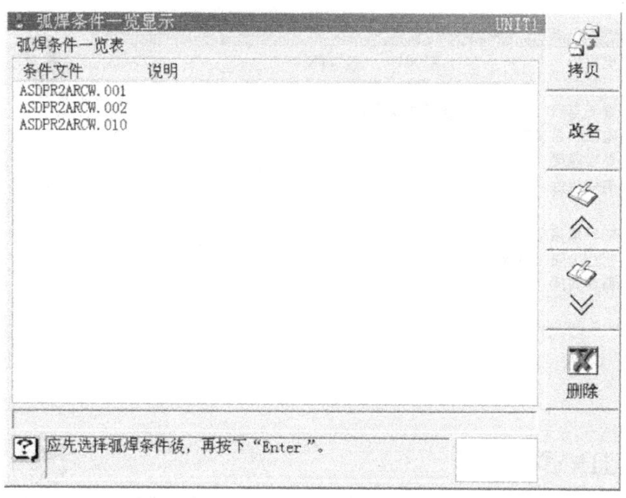

图 6-73　显示已编写的焊接开始条件文件

行标准的电弧重试。如果对机器人不熟悉，请直接用“0”，不要变更。要执行用户定义的电弧重试，请指定已编写的电弧重试文件。

6）为“重启编号”指定电弧重试文件的编号。如果指定已编写的电弧重试文件，在发生电弧断开异常时执行电弧重启动作。如果操作者对机器人不熟悉，直接用“0”，不要变更。

7）使光标对准“焊接法”“电流种类”，按【Enter】，从显示的选择项目的中选择期望的条件。如图 6-74 所示。

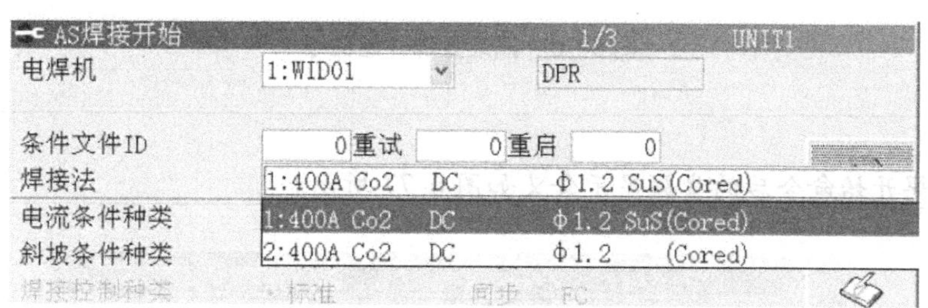

图 6-74　选择焊接条件

8）剩余的焊接条件在第 2 页以后设定，按【翻页】（ ）进行页面切换，如图 6-75 所示。

根据使用的焊机，有时第 2 页以后没有条件要设定。此时，执行 11）的操作。

9）用方向键移动光标，输入“焊接电流”“焊接速度”以及“电弧微调”。

10）如果第 3 页以后还有，按【翻页】（ ）使画面显示出来，然后输入与上述同样的操作条件。

11）设定全部条件后，按 f12 < 写入 >（ ），作为第 4 步，记录弧焊开始命令（AS），如图 6-76 所示。

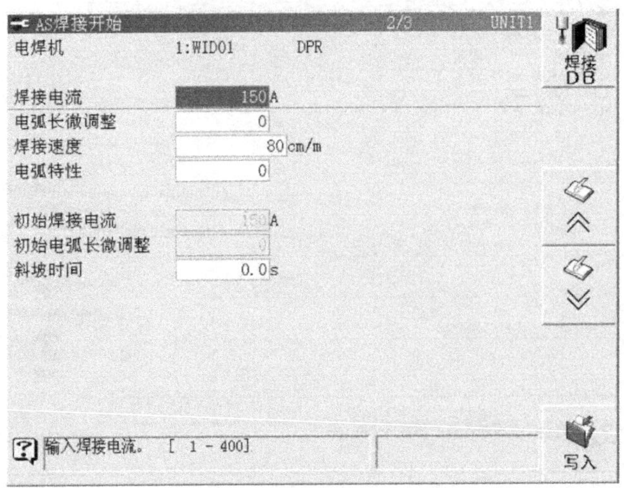

图 6-75　剩余焊接条件设定

```
[1] 机器人程序                                UNIT1
        100 %       JOINT  A1  T1
  0  [START]
  1     100 %       JOINT  A1  T1
  2     100 %       JOINT  A1  T1
  3     100 %       JOINT  A1  T1
  4  AS[W1,无,00,150A,  +0,  80cm/m,DC →]
[EOF]
```

图 6-76　记录弧焊开始命令

> **提示：**
> 记录弧焊开始命令后的步骤显示含义如图 6-77 所示。

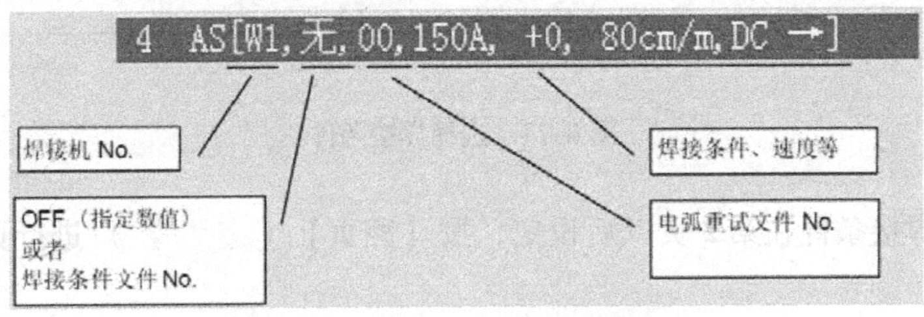

图 6-77　记录弧焊开始命令后的步骤显示含义

（2）示教收弧命令　在焊接结束位置尝试记录弧焊结束命令（AE），如图 6-78 所示（参见"5－2 直线示教及焊接"视频）。

1）记录焊接结束位置（第 5 步），如图 6-79 所示。

2）在按住【动作可】的同时按 f7 <AE>，或者在按【夹紧/弧焊】后，按 f3 <AE>（或）。弧焊结束条件的设定画面被显示，如图 6-80 所示。

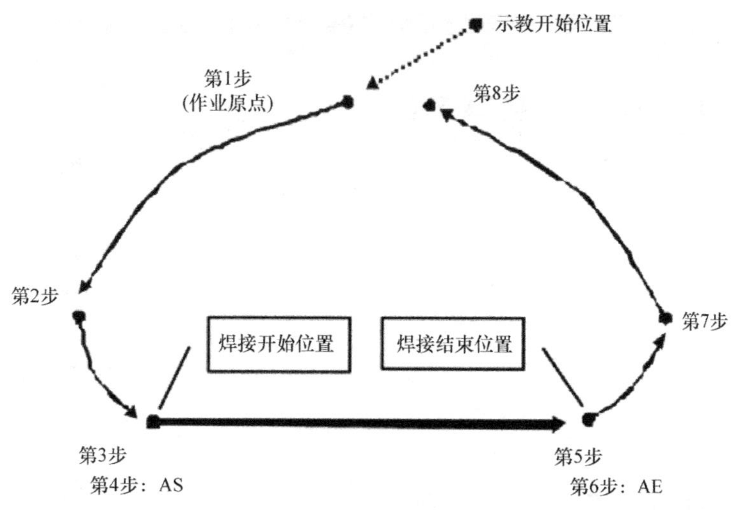

图 6-78　收弧命令（AE）示教例

```
[1] 机器人程序                                UNIT1
      20.0 %       JOINT  A1  T1
  0  [START]
  1     100 %      JOINT  A1  T1
  2     100 %      JOINT  A1  T1
  3     100 %      JOINT  A1  T1
  4  AS[W1,无,00,150A,  +0,  80cm/m,DC →]
  5     600  cm/m  S-LIN  A1  T1
[EOF]
```

图 6-79　记录焊接结束位置

> **提示：**
>
> 关于弧焊结束命令的选择如下：
>
> 1. 弧焊结束命令为 FN415，依次按【FN】→【415】→【Enter】。
> 2. 也可选择在按住【动作可】的同时按【4】调用功能组，选择弧焊结束命令。

3）指定“条件文件 ID”为“0”时，即为条件的数值指定，此时请进行下面的操作。

4）在文件中指定条件时，直接输入编号，或者从文件一览中选择。

从文件一览中选择时，按 f8 <选择>，显示已编写的弧焊枪件文件，如图 6-81 所示。

用【上】【下】选择文件，按【Enter】。指定的弧焊枪件文件被调用。

5）使光标对准“焊接法”“电流条件种类”，然后按【Enter】，从显示的选择项目的中选择期望的条件。

6）剩余的焊接条件，在第 2 页以后设定。按下【翻页】。>> 页面切换。根据使用的焊机，有时第 2 页以后没有条件要设定。此时，执行 8 的操作。

7）如果第 3 页以后还有，按【翻页】使画面显示出来，然后与上述同样的操作输入条件。

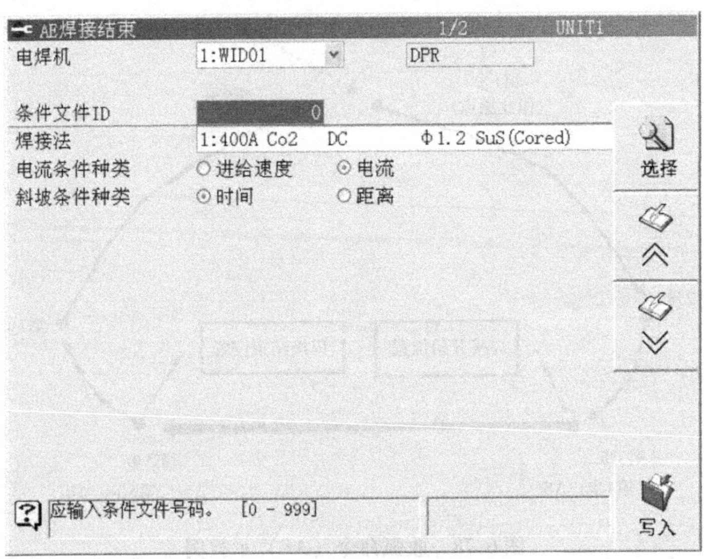

图 6-80　收弧条件的设定画面显示

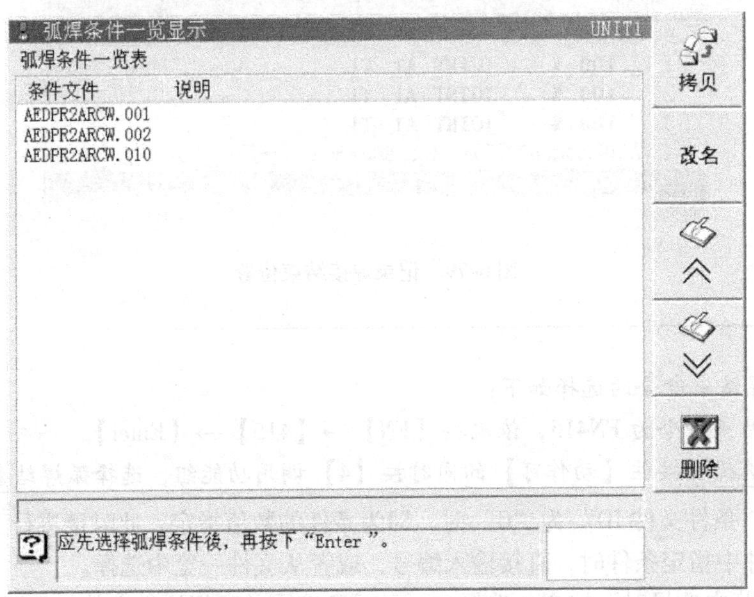

图 6-81　显示已编写的弧焊枪件文件

8）设定全部条件后，按 f12 <写入>。 >> 作为第 6 步，记录弧焊结束命令（AE）如图 6-82 所示。

6. 示教焊接摆动

当工件有间隙时或想要获得更大的焊脚长度时，使用焊接摆动。下面，以作业程序为例，尝试示教固定方式焊枪摆动（WFP）。这里不讲述移动命令的记录等有关示教的基本操作。如图 6-83 所示。

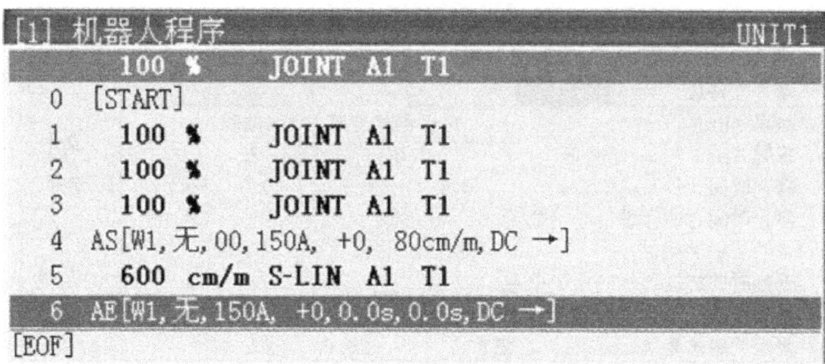

```
[1] 机器人程序                                  UNIT1
      100 %      JOINT  A1  T1
  0  [START]
  1     100 %      JOINT  A1  T1
  2     100 %      JOINT  A1  T1
  3     100 %      JOINT  A1  T1
  4  AS[W1,无,00,150A,  +0,  80cm/m,DC →]
  5     600  cm/m  S-LIN  A1  T1
  6  AE[W1,无,150A,  +0,0.0s,0.0s,DC →]
[EOF]
```

图 6-82　记录弧焊结束命令（AE）

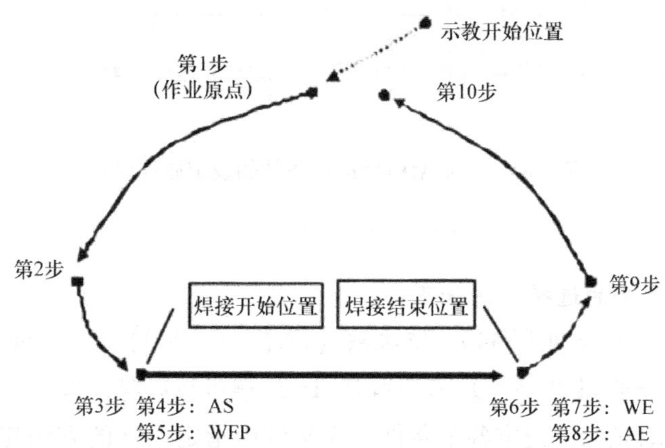

图 6-83　焊接摆动作业程序例

> **重点：**
> 使用数字键进行示教时，需要将硬键的使用设定设为“使用”。

（1）示教摆动开始命令

1）记录到第 4 步，如图 6-84 所示。

```
[1] 机器人程序                                  UNIT1
      100 %      JOINT  A1  T1
  0  [START]
  1     100 %      JOINT  A1  T1
  2     100 %      JOINT  A1  T1
  3     100 %      JOINT  A1  T1
  4  AS[W1,无,00,150A,  +0,  80cm/m,DC →]
[EOF]
```

图 6-84　示教焊枪摆动开始命令

2）按 f8 <WS>，或者在按【夹紧/弧焊】后，按 f4 <WFP>（WS 或 ➡ WFP），固定型横摆运枪条件的设定画面被显示，如图 6-85 所示。

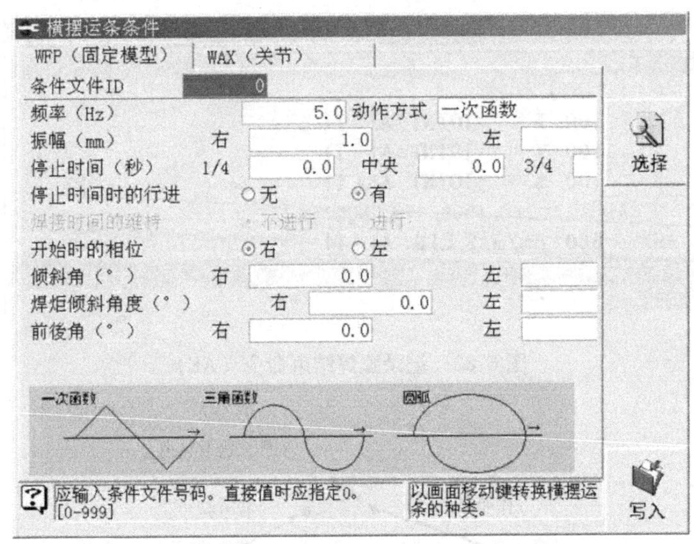

图 6-85　固定型横摆运枪条件的设定画面显示

> **提示：**
>
> 焊枪摆动开始命令的选择方法如下：
>
> ① 焊枪摆动开始命令为 FN440。依次按【FN】→【440】→【Enter】。
>
> ② 也可选择在按住【动作可】的同时按【4】调用功能组，选择焊枪摆动开始命令。

3）用方向键移动光标，设定各个条件。在文件中指定条件的方法与焊接开始和结束命令时相同。“停止时间时的行进”或“开始时的相位”的条件，一边按住【动作可】一边按【左】【右】来切换。

4）设定全部条件后，按 f12 <写入> 作为第 5 步，记录固定方式焊枪摆动开始命令（WFP）（+□+⇦⇨），如图 6-86 所示。

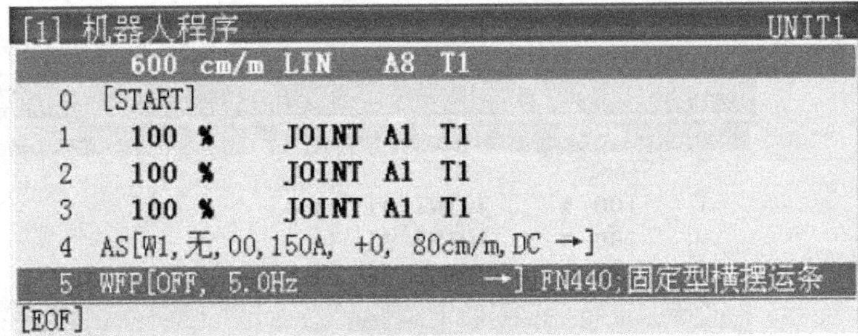

图 6-86　记录固定方式焊枪摆动开始命令（WFP）

（2）示教摆动结束命令

1）记录到第 6 步，如图 6-87 所示。

2）在按住【动作可】的同时按 f8 <WE>，或者在按【夹紧/弧焊】后，按 f5 <WE>

```
[1] 机器人程序                                          UNIT1
        600  cm/m  LIN     A8   T1
  0  [START]
  1     100  %         JOINT  A1   T1
  2     100  %         JOINT  A1   T1
  3     100  %         JOINT  A1   T1
  4  AS[W1,无,00,150A,  +0,  80cm/m,DC →]
  5  WFP[OFF,  5.0Hz                  →] FN440;固定型横摆运条
  6     600  cm/m  LIN     A1   T1
[EOF]
```

图6-87　示教焊枪摆动结束命令

（WE 或 → WE），作为第7步，横摆运枪结束命令（WE）被记录，如图6-88所示。

```
[1] 机器人程序                                          UNIT1
        600  cm/m  LIN     A8   T1
  0  [START]
  1     100  %         JOINT  A1   T1
  2     100  %         JOINT  A1   T1
  3     100  %         JOINT  A1   T1
  4  AS[W1,无,00,150A,  +0,  80cm/m,DC →]
  5  WFP[OFF,  5.0Hz                  →] FN440;固定型横摆运条
  6     600  cm/m  LIN     A8   T1
  7  WE                                  FN443;横摆运条结束
[EOF]
```

图6-88　横摆运枪结束命令（WE）

提示：

焊枪摆动结束命令的选择方法如下：

1. 焊枪摆动结束命令为FN443。依次按【FN】→【443】→【Enter】。
2. 也可选择在按住【动作可】的同时按【4】调用功能组，选择焊枪摆动结束命令。

6.2.4　作业程序动作检查及逻辑检查

程序示教完成后，需以低速对所编作业程序进行动作检查及逻辑检查（应用命令相关），以确认作业程序是否与周边夹具等存在干涉、焊接位置及姿势是否合适、焊接命令的位置是否合适等。

注意：

程序检查时，注意以低速操作机器人进行前进/后退检查，避免程序中出现不合适的动作及逻辑时动作过快导致人员伤害及设备损害。

6.2.5　修正作业程序

修正作业程序所记录的命令的方法及步的变更方法见表6-24。

表 6-24　步的变更方法

修正内容		操作方法
移动命令的修正	仅修正位置	【动作可】+【位置修正】
	仅修正速度 <操作模式 S>	【速度】
	仅修正精度 <操作模式 S>	【精度】
	一并全部修正（移动命令的覆盖）	【动作可】+【覆盖/记录】 无法个别修正插补种类、工具编号等，使用这一方法
追加移动命令		【动作可】+【插入】
追加应用命令		以与新示教同样方法，自动追加。追加位置与移动命令同样
删除移动命令和应用命令		【动作可】+【删除】
以屏幕编辑功能修正		【编辑】 无法在示教画面修正应用命令的参数，请用屏幕编辑功能修正

尝试变更如下所示的作业程序的第 2 步的示教点位置，如图 6-89 所示。

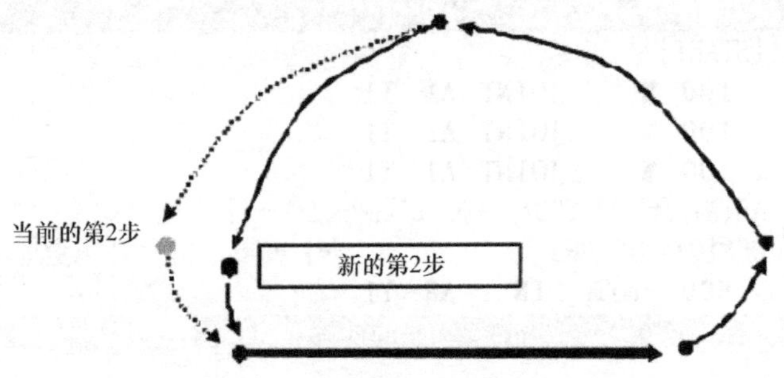

图 6-89　修正机器人的示教点位置

修正机器人的位置步骤如下：

1）用【检查前进】（或【检查后退】）（ ），使机器人移至第 2 步。

> **提示：**
> 也可调用步。在 1 的操作中，用【程序/步】→【2】→【Enter】调用第 2 步也没有问题。但是，此时仅显示移动，而机器人并不移至第 2 步。要使机器人移动，调用后按【检查前进】。

2）使用【轴操作键】（ ）手动操作机器人，使其处于想要变更的位置和姿势。

3）在按住【动作可】的同时，按【位置修正】（ ），显示确认画面，如图 6-90 所示。

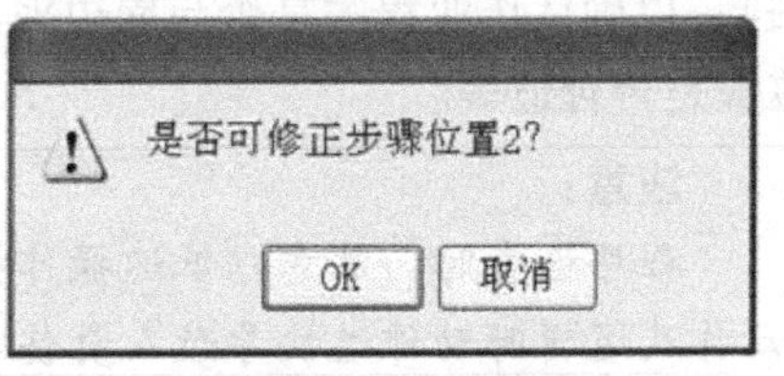

图 6-90　显示确认画面

4）选择“OK”，按【Enter】（ ），位置被修正。如此即可修正第 2 步的位置。

6.3 自动运行

6.3.1 自动运行时的按钮标识

以内部启动或工位启动进行自动运行（再生）时，使用【运转准备投入按钮】【启动按钮】【停止按钮】。

这些按钮设在控制装置前面的操作盒（工位1）、启动盒（工位2以后）、操作面板、示教器上。自动运转（再生）所需的按钮见表6-25。

表6-25　自动运转（再生）所需的按钮

	操作盒	起动盒	操作面板	示教器
【运转准备投入按钮】	运转准备 MOTOR ON	无		
【起动按钮】	起动 START			No.
【停止按钮】	停止 STOP			

> **重点：**
> 在出厂默认设置中，禁用了悬式示教作业操纵按钮台上的起动按钮。
> 如果要从悬式示教作业操纵按钮台上启动自动运转，请选择菜单<常数设定>【7f键】——【11启动键】来将【启动键】设置为“启用”。

6.3.2 自动运行时的开始步指定及开始步指定时的动作速度

1. 再生时的开始步指定

可从示教器自由指定要开始再生的步（在刚选择作业程序的状态，作业程序的开头被指定，亦即进入指定第0步的状态）。但是，只在以下情况可指定步，见表6-26。

表6-26　再生时的开始步指定

启动方式	选择程序后初次启动时	停止后启动时
多工位启动	不可步指定	可步指定
内部启动	可步指定	可步指定
外部启动	不可步指定	可步指定

> **重点：**
>
> 在出厂状态，不能指定应用命令的步进行再生，需要进行设定。即使本功能有效，有的应用命令也不能指定为开始步。

2. 指定开始步时的动作速度

从示教器选择0以外的步开始再生时，机器人以安全速度（250mm/s以下）从当前位置动作到指定的开始步。这是为避免步选择错误引起意想不到的干涉等故障。从下一步起，安全速度的限制就不起作用。

当选择的（0以外的）步为应用命令时，前往最初的移动命令步的动作被限制为安全速度。在出厂状态，不能指定应用命令的步进行再生。

若以作业程序的开头（即第0步）为开始步，不以安全速度，而以指定的速度动作。

如图6-91所示，从示教器选择第2步启动时，机器人以安全速度动作到第2步。从第3步起，则以指定的速度动作。

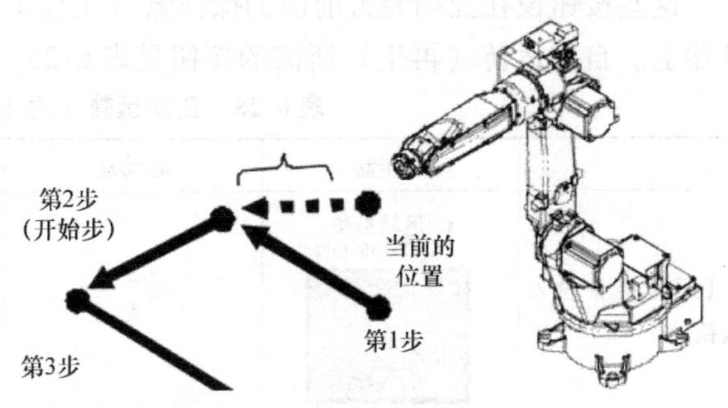

图6-91　指定开始步时的动作速度示意

> **警告：**
>
> 当<维护>——<1 示教和再生条件>——<20 以再生模式回归停止位置>被设为有效，且详细条件的“步设置后”被设为“当前位置”时，不以安全速度，而以指定的速度动作。需预先通过检查运行确认动作，然后执行再生运行。

6.3.3　自动运行

这里说明多工位启动方式时的再生步骤。

1. 把要启动的程序分配给各工位

采用多工位启动方式时，需要事先把要启动的作业程序分配给各工位，分配以示教模式进行。

1）按f9<工位启动分配>。

2）选择f5<常数设定>——【5 操作和示教条件】——【7 多工位启动分配】，显示分配画面。下述画面显示工位数有3个的情形，如图6-92所示。

3）为每个工位输入要启动的作业程序编号。

4）简单设定时，光标处在“程序”栏的状态下，按下f9<程序一览表>，显示作业程序一览，如图6-93所示。

5）选择作业程序，按【Enter】。选择的作业程序将被分配，如图6-94所示。

6）对所有工位的分配结束后，按f12<写入>，分配被存储。

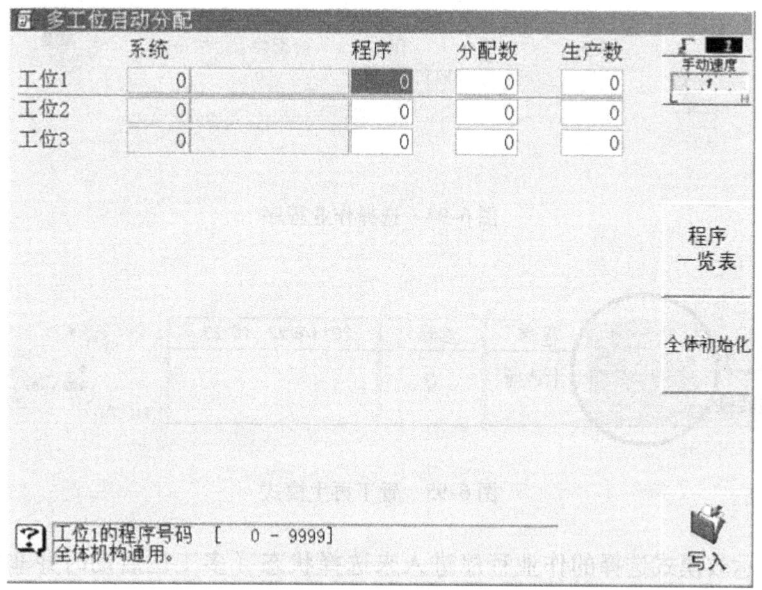

图 6-92　显示工位启动分配画面

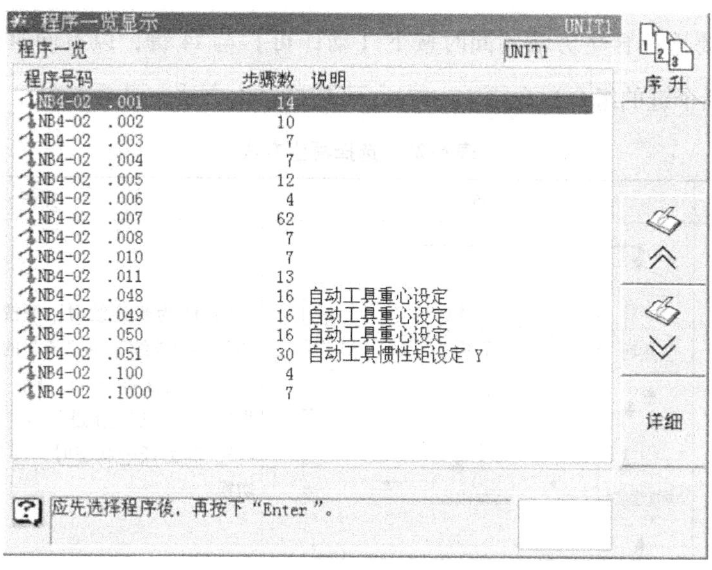

图 6-93　显示作业程序一览

重点：

f9 <工位启动分配>通过<常数设定>——【5 操作和示教条件】——【6 工位数】以工位数 1 以上的设定加以显示。工位数为 0 时，f9 <工位启动分配>则不显示。

2. 启动作业程序

分配结束后，启动作业程序。

1）置于再生模式，如图 6-95 所示。

多工位启动分配

	系统		程序	分配数	生产数
工位1	1	UNIT1	1	0	0
工位2	0		0	0	0
工位3	0		0	0	0

图 6-94　选择作业程序

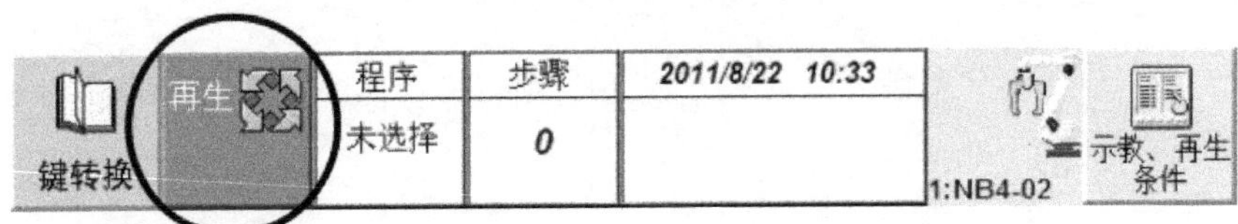

图 6-95　置于再生模式

此时，以示教模式选择的作业程序进入未选择状态（多工位启动时并非启动选择的作业程序，因此刚切换为再生模式时进入未选择状态）。

只要按任一工位的启动按钮，即显示分配给该工位的作业程序的编号和作业程序内容，并开始再生。

2）根据需要选择再生方法。同时按下【动作可】与 f4 键，以及同时按下【动作可】与 f5 键（亦即两个键的组合）（+□ + f4/f5），可切换再生方法，见表 6-27。

表 6-27　选择再生方法

f4	f5	操作
步骤连续 ↑↓ 步骤单一	周期 → 连续 → 步骤（循环） ↑↓　↑↓　↑↓ 周期跳进 → 连续跳进 → 步骤（循环）	1）f4 为步连续时，每按一次 f5，按照“循环”→“连续”→“步”的顺序切换 2）f4 为步单一时，每按一次 f5，按照“循环步进”→“连续步进”→“步”的顺序切换 3）f5 为任一状态时，按 f4 在单一/连续之间切换

3）按操作盒的【运转准备投入】按钮。运转准备变为 ON，【运转准备投入】按钮点亮，即做好进行自动运行的准备，如图 6-96 所示。

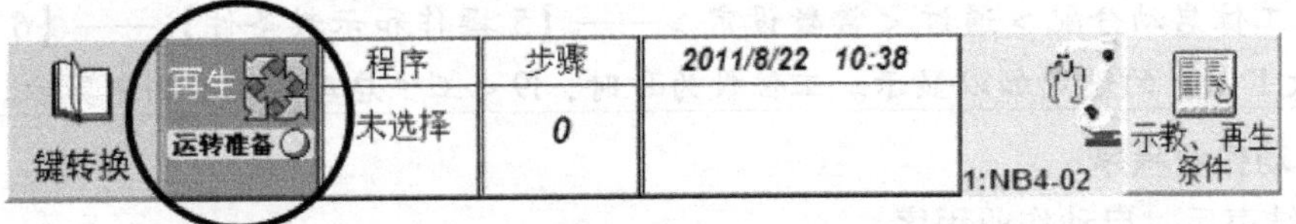

图 6-96　【运转准备投入】按钮点亮

4）按装设在想要启动的工位的操作盒上的【启动】按钮，依照指定的再生方法，开始自动运行。

3. 预约/解除下一次要启动的工位

有多个工位时，工位（A）已启动时按下另一工位（B）的【启动】按钮，工位（B）就进入预约状态。等工位（A）的再生结束后，工位（B）即被启动。但是，无法预约启动中的工位【工位（A）启动中，无法预约工位（A）】。

1）按想要预约的工位的【启动按钮】，分配给工位的作业程序进入预约状态，【启动】按钮闪灭。

2）要解除预约，按预约中的工位的【启动】按钮，预约被解除。

4. 确认预约

要确认已预约的工位与作业程序，启动“工位启动预约状况”监视器。

1）按<工位监视器>（）。“工位启动预约状况”监视器启动，如图6-97所示。

2）要结束监视器，按【关闭/画面移动】（），激活“工位启动预约状况”监视器。其后，在按住【动作可】的同时按【关闭/画面移动】（+）。

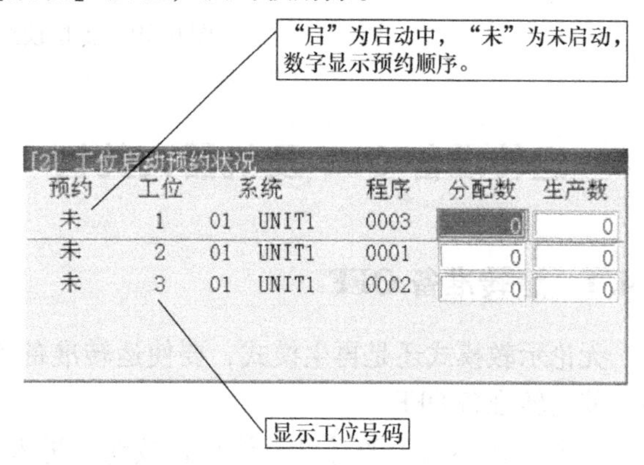

图6-97　工位预约启动状况监视器

3）也可采用将工位预约启动状况监视器分配给监视器2的方法，即按<维护>（）——【4 监视器2】。显示监视功能一览，如图6-98所示。

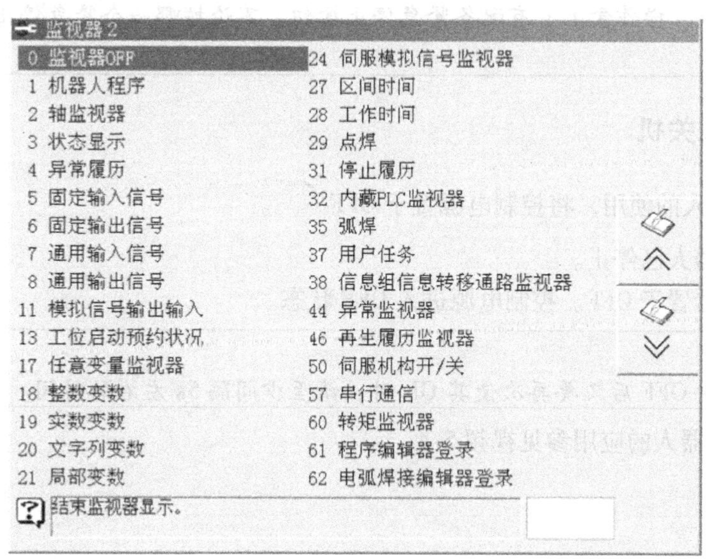

图6-98　监视功能一览

4）选择【2 工位启动预约状况】，按【Enter】（[↵]）。工位起动预约状况监视器被起动。如图 6-99 所示。

[2] 工位启动预约状况

预约	工位	系统	程序	分配数	生产数
未	1	01 UNIT1	0003	0	0
未	2	01 UNIT1	0001	0	0
未	3	01 UNIT1	0002	0	0

图 6-99　工位预约启动状况

6.4　运转准备 OFF 及机器人关机

6.4.1　运转准备 OFF

无论示教模式还是再生模式，要使运转准备置于 OFF（伺服 OFF），都要按紧急停止按钮，使运转准备 OFF。

1. 按示教器右上的【紧急停止】按钮。进入运转准备 OFF（伺服 OFF）状态。如果机器人正在动作，将立即停止。

2. 【紧急停止】按钮被锁定。要使运转准备再次置于 ON，需要解除锁定。

要解除，将按钮朝箭头方向旋转。

提示：

在操作面板、操作盒上也有配备紧急停止按钮。不论按哪一个紧急停止按钮机器人都会停止。

6.4.2　机器人关机

要中止机器人的使用，将控制电源置于 OFF。

1）确认机器人已停止。

2）将断路器置于 OFF。控制电源进入 OFF 状态。

提示：

使控制电源 OFF 后又要再次使其 ON 时，请至少间隔 5s 左右的时间。

OTC 焊接机器人的应用参见视频 5-4。

参考文献

[1] 刘极峰. 机器人技术基础 [M]. 北京：高等教育出版社，2006.
[2] 日本机器人学会. 机器人技术手册 [M]. 宗光华，程君实，等译. 北京：科学出版社，2006.
[3] 中国机械工程学会焊接学会. 焊接手册 [M]. 3 版. 北京：机械工业出版社，2008.
[4] 林尚扬，等. 焊接机器人及其应用 [M]. 北京：机械工业出版社，2000.
[5] 中国焊接协会成套设备与专用机具分会. 焊接机器人使用手册 [M]. 北京：机械工业出版社，2014.